Gaebert · Der große Augenblick in der Technik

Hans W. Gaebert

Der große Augenblick in der Technik

Erfindungen machen Geschichte

Loewes Verlag Ferdinand Carl Bayreuth

ISBN 3 7855 1811 0
© 1971 by Loewes Verlag Ferdinand Carl KG, Bayreuth
Gesamtherstellung: Richterdruck Würzburg
Printed in Germany

Inhaltsverzeichnis

Die Schwarze Kunst

Es gehört zu den Ungeheuerlichkeiten der Weltgeschichte, daß die älteste Bücherei des Altertums in der Stadt Alexandria, nachdem sie bereits mehrfach im Laufe der Geschichte von Bränden heimgesucht worden war, im Jahre 642 n. Chr. von dem die Stadt erobernden Kalifen Omar absichtlich niedergebrannt worden war. Über 400 000 Schriftrollen fielen der kurzsichtigen Unduldsamkeit dieses Fanatikers zum Opfer. Sie enthielten das gesamte Wissen, die Dichtkunst und alles, was die Philosophen des Altertums hinterlassen hatten. Die meisten dieser Manuskripte waren unersetzlich, denn sie waren von den Autoren selbst oder von Sklaven mit der Hand geschrieben worden und es gab kaum Abschriften, die sich in anderen Bibliotheken befanden.

So wurde das Kulturgut einer tausendjährigen Epoche zum größten Teil vernichtet. Ein Geschehnis, das sich in der Weltgeschichte nur noch einmal in diesem Umfang wiederholte, als die Mönche, welche die spanischen Eroberer nach Mittelamerika begleiteten, alle Hieroglyphen-Aufzeichnungen der Mayas und Azteken als „heidnisches Machwerk" auf den Scheiterhaufen warfen.

Heutzutage wäre eine solche Katastrophe kaum mehr möglich. Das verdanken wir einer der bedeutendsten Erfindungen, welche die Menschheit wohl je gemacht hat und die unsere gesamte Kultur in den letzten fünfhundert Jahren formte und ausrichtete: dem Buchdruck. Nur hierdurch wurde es möglich, die mühsam mit der Hand geschriebenen Manuskripte in so großer Stückzahl aufzulegen, daß sie von vielen erworben und gelesen werden können; eine entsprechende Verbreitung des darin enthaltenen Kulturgutes ist die Folge.

Über die Anfänge des Buchdrucks gibt es verschiedene sich widersprechende Berichte. Wahrscheinlich, so nimmt man heute an, waren es die Chinesen, die als erste die Schriftzeichen ihrer Sprache in Holzplatten schnitten, sie untereinandersetzten, mit schwarzer Farbe bestrichen und Papierblätter darauf drückten.

Auf diese Weise erschien auf schwarzem Grund die Schrift in Weiß. Da aber bei dem Verfahren ein Überlaufen der Farbe in die Einkerbungen schlecht verhindert werden konnte, arbeitete man später die Schriftzeichen erhaben heraus, während der Untergrund zurücktrat, und pinselte nur die Zeichen mit Farbe an. So erschienen diese schwarz, während der Hintergrund weiß blieb.

Nun aber besteht die chinesische Schrift nicht aus einzelnen Buchstaben, sondern aus Wortzeichen, also Hieroglyphen, die einen bestimmten Begriff darstellten. Man nimmt heute an, daß sie sich aus einer bildlichen Darstellung in Form einer Abstraktion entwickelt haben.

Auch in Europa erfolgte die Herstellung von Bildkopien, z. B. Heiligenbildern, Kalenderblättern und Spielmarken, mit Holzschnitten. Dabei mag der Gedanke aufgekommen sein, den Heiligenbildern und Kalenderblättern Texte beizufügen, die nicht mehr mühselig in die Holzblöcke eingeschnitten werden mußten, sondern unten mit hölzernen, immer wieder zu gebrauchenden Blöcken angefügt wurden.

Sicher wird mancher der Holzdrucker dabei gedacht haben, es sei günstiger, die einzelnen Worte wiederum in Buchstaben zu unterteilen und so die Worte zusammenzusetzen. Das hatte den Vorteil, daß diese Buchstaben immer wieder benutzt werden konnten. Allerdings hatten alle die in Holz geschnittenen Buchstaben nur eine begrenzte Haltbarkeit.

Wer zuerst auf den Gedanken kam, mit derartigen beweglichen Schrifttypen ein Buch zu drucken, ist heute höchst strittig. Die Hol-

**Johannes Gutenberg, eigentlich
Johannes Gensfleisch (circa 1398–1468)**

länder behaupten, ein Küster in Harlem mit Namen Laurens Coster (1404–1484) habe als erster auf diese Weise ein Buch gedruckt, wobei er die Typen in einem noch unvollkommenen Sandgußverfahren aus Blei herstellte. Auch die kleine italienische Stadt Feltre errichtete ein Denkmal für ihren Erfinder der Buchdruckerkunst, der in diesem Falle ein Arzt gewesen sein soll.

Städte wie Straßburg und Prag glauben, daß einer ihrer Bürger als erster ein Buch mit beweglichen Lettern gedruckt habe. Zweifellos lag der Gedanke damals in der Luft; denn man suchte ganz allgemein nach einem Verfahren, Bücher auf billigere Weise herzustellen. Wem die Ehre wirklich zukommt, den Buchdruck erfunden zu haben, ist nicht eindeutig festzustellen.

In Deutschland nimmt man an, daß es Johannes Gutenberg gewesen ist.

Von Johannes Gutenberg selbst ist uns nur wenig bekannt. Er soll um 1398 in Mainz geboren worden sein und stammte aus der Patrizierfamilie Gensfleisch zur Laden. Später nannte er sich nach seinem Elternhaus „Zum Gutenberg". Wie viele Erfinder, scheint er nicht zu denen gehört zu haben, die im Leben Glück hatten. Er hatte schwer um seinen Lebensunterhalt zu kämpfen, obwohl er sehr zur Mißbilligung seiner reichen Verwandten das Goldschmiedehandwerk erlernt hatte. Um diese Zeit war es in Mainz zu heftigen Auseinandersetzungen zwischen den Patriziern und den Zünften gekommen, und man boykottierte den jungen Goldschmiedemeister, wo es nur ging. Da er so kein ausreichendes Einkommen fand, wanderte er, nachdem er seinen Namen in Gutenberg verändert hatte, im Jahre 1430 nach Straßburg aus.

Hier betätigte er sich zunächst als Goldschmied, und da er den Kopf stets voll neuer Ideen hatte, wie man dieses oder jenes verbessern könnte, erfand er schon bald eine Methode, mit der man das Edelsteinschleifen erleichtern konnte. Da man Spiegel damals wegen ihrer wertvollen Rahmen beim Goldschmied kaufte, sah er immer wieder, wie sehr der Glanz verblaßte. Das mißfiel ihm, und er überlegte sich, ob er nicht auch hier Abhilfe schaffen könnte. Er entdeckte zunächst eine neue Poliermethode des damals noch zur Reflexion benutzten Bleis oder Zinns. Das gab zwar für einige Zeit den Spiegeln einen helleren Glanz und erhöhte damit die Verkaufserfolge, aber ganz befriedigend war das Ergebnis auch nicht.

Schließlich kam Gutenberg auf den Gedanken, irgendein anderes Material als Blei und Zinn für den Spiegelhintergrund zu benutzen. Er probierte verschiedenes aus und entdeckte schließlich, daß man das Glas auch mit Quecksilberdämpfen „beschlagen" lassen und mit Hilfe eines Farbüberstriches den helleren Glanz haltbar machen konnte.

Da die neuen Spiegel sich sehr gut verkaufen ließen, gründete er schließlich mit zwei Straßburger Handwerkern eine *Spiegelmachergesellschaft*. Die neuen Spiegel fanden guten Absatz und wurden durch reisende Kaufleute weit im Lande auf den verschiedensten Jahrmärkten vertrieben. Gutenberg unternahm auch eine solche Reise, die zu einem der großen Wallfahrtstage nach Aachen ging. Dabei sollen ihm zum ersten Mal an den Heiligenbilderständen die Gebete und Psalmen aufgefallen sein, die hier feilgeboten wurden. Sie waren nicht wie üblich mit der Hand geschrieben, sondern durch Holzstöcke hergestellt, in welche die Buchstaben in Spiegelschrift umständlich und mühselig hineingeschnitzt werden mußten.

Bleibuchstaben

Seit dieser Zeit beschäftigte sich Gutenberg in seiner Freizeit mit dem Blockdruck. Man mußte, so sagte er sich immer wieder, die Buchstaben einzeln schnitzen, und zwar auf kleinen Blöcken, um sie dann zu beliebigen Wörtern und Texten zusammenzusetzen. Dann konnte man sie wieder auseinandernehmen und erneut zusammensetzen. Das war jedoch schwieriger getan, als es gesagt wurde.

Er schnitzte viele Male ein Alphabet in Spiegelschrift unter unsäglichen Mühen und Schwierigkeiten. Die Buchstaben waren ungleich in der Höhe, und wenn man sie zusammenschob, bildeten sie nie eine ebene Fläche. Er versuchte es nun mit Zwischenstegen, die man ineinanderschob. Die Zeilen verzogen sich trotzdem, und von einer Gradlinigkeit waren sie weit entfernt.

Dabei mußte dieses Verfahren, eine Schrift in einzelne Buchstaben aufzulösen und damit ganze Texte wiederzugeben, sicherlich der richtige Weg sein. Und lohnen würde sich das auch! Eine handgeschriebene Bibel kostete um diese Zeit fünfhundert Gulden. Gerade in der Spiegelwerkstatt hatte man ihm vor kurzem erzählt, daß eine Nonne aus dem Kloster Wessobrunn für den Erlös, den sie für eine handgeschriebene und bebilderte zweibändige Bibel erhielt, ein Landgut für ihr Kloster hatte erwerben können. Wenn das stimmte, dann mußte auch ein Druck entsprechend bezahlt werden!

Aber mit hölzernen Druckbuchstaben ging es augenscheinlich nicht! Gutenberg dachte immer wieder darüber nach, ob sich nicht doch ein anderer Ausweg finden ließe. Er hatte sein Handwerk als Goldschmied trotz der Spiegelfabrikation nicht aufgegeben und gravierte gerade einen Goldring, als er die Lösung plötzlich vor sich sah!

Er mußte die Buchstaben aus Metall machen, dann waren sie nicht so klobig wie die Holzklötze und konnten, wenn sie sauber gearbeitet waren, gut nebeneinander befestigt werden. Am besten sollte man die einzelnen Lettern aus Blei gießen. Dann benötigte man nur eine Form und konnte ohne große Mühe immer gleiche Buchstaben anfertigen.

Die Buchstaben oder Lettern, wie Gutenberg sie nannte, mußten außerdem eine neue Form bekommen. In den Büchern waren sie viel zu verschnörkelt gemalt, zumal jeder Mönch es als eine Ehre ansah, sie möglichst mit Ranken und anderem Beiwerk zu verzieren. Es mußten klare und einfache Buchstaben sein, die man, ohne einen Schnörkel zu beachten, bequem und gut lesbar nebeneinander setzen konnte.

Gutenberg entwarf also zunächst eine neue Schrift. Sie war ein kunstvoller Mittelweg zwischen den praktischen Erfordernissen und einer das Auge befriedigenden Form.

Damit allein war es nicht getan! Er ersann nun eine Gußmethode, um die Lettern mit der nötigen Genauigkeit herzustellen. Ein Sandkorn schon konnte die benötigte Schärfe des Buchstabens beeinträch-

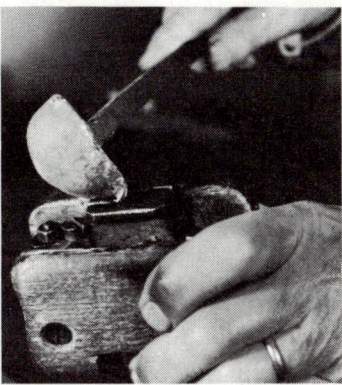

**Typenguß mit dem Handgießinstrument
aus der Gutenbergzeit**

tigen. Vor seinen Gesellen Andreas Heilmann und Georg Andreas Dritzehn konnte Gutenberg seine Arbeit nun nicht mehr verheimlichen. Sie ahnten schon lange, daß der Meister wieder etwas Neues plante, und wurden verständlicherweise immer neugieriger.

Er nahm sie deshalb eines Tages zur Seite. „Ihr habt sicher bemerkt, daß ich seit einiger Zeit an etwas arbeite. Könnt ihr mir unter Eid Schweigen geloben, dann will ich euch erklären, um was es geht, und mich mit euch von nun an gemeinsam ans Werk machen. Es ist eine große Sache und wird nicht nur uns, sondern auch der ganzen Menschheit von unschätzbarem Nutzen sein!"

Die beiden Gesellen beschworen ihr Schweigen feierlich. Gutenberg mußte ihnen dieses Versprechen abnehmen; denn damals gab es noch keinen Patentschutz. Nur eine möglichst lange Geheimhaltung konnte einen Erfinder vor Nachahmern schützen und ihm so die Früchte seiner Arbeit erhalten.

Dann erst erklärte ihnen der Meister, was er vorhatte. Alle drei gingen voll Eifer an die Arbeit. Zunächst gossen sie eine große Zahl von Lettern, um für den Druck einen entsprechenden Vorrat zu haben. Die Lettern wurden in einem großen Kasten untergebracht, der ebensoviel Fächer wie das Alphabet Buchstaben hatte. Dazu gab es noch Kästen für Ziffern und Satzzeichen.

Gutenberg entdeckte, daß für das Zusammensetzen der Buchstaben in Wörter und Sätze sich gut ein Winkelhaken eignete, den man in der linken Hand hielt und auf dem man die einzelnen Lettern nebeneinanderschob. Wenn mehrere Zeilen fertig waren, wurden sie mit einem festen Band umschnürt, damit sie nicht wieder auseinanderfallen konnten. Um diesen *Satz* drucken zu können, reichte es jedoch nicht aus, das darübergelegte Papier mit Bürsten oder einer Rolle abzuwalzen, wie man es bei Holzschnitten machte. Der Druck wurde dabei zu ungenau. Man mußte das Papier mit einem größeren Druck auf den Satz pressen. Aber wie?

Gutenberg knobelte, doch es fiel ihm nichts Rechtes ein. Mit seinen Gedanken beschäftigt, wanderte er eines Tages nach Feierabend vor die Tore der Stadt. Es war Herbst geworden, und in einem nahegelegenen Dorf sah er, wie die Weinbauern von den benachbarten Hügeln ihre Weintrauben einfuhren und sie in die Keltern schütteten, um die Trauben darin auszupressen. Gutenberg schaute zu, wie die Trauben zusammengepreßt wurden und der Saft herausfloß. Gerade drehte man die Spindel wieder hoch, um neue Trauben einzuschütten ... Das war es! Konnte er nicht einen ähnlichen Mechanismus als Druckpresse bauen? Anstelle der Wanne mit dem Abfluß mußte unten eine feste Platte angebracht sein, auf die der Satz gelegt wurde. Eine zweite starke Platte wurde von der Spindel kräftig heruntergedrückt.

Die Weinbauern wunderten sich, welches Interesse der Herr aus der Stadt mit einem Mal an ihrer alten Kelter hatte. Gutenberg zog nämlich ein Stück Papier aus der Tasche und bemühte sich, mit einem Stift den Mechanismus der Spindel abzuzeichnen. Besonders die Schraubeinrichtung hatte es ihm angetan, die man mit einer hineingesteckten Stange herunterdrehen und fest auf die Platte pressen konnte, um auch den letzten Rest aus den Trauben herauszudrücken.

Zu Hause angekommen, machte er sich noch in der Nacht an den Entwurf für die Druckpresse. Als er sie endlich mit Hilfe seiner Gesellen fertiggebaut hatte, zeigte es sich, daß es doch recht mühsam war, den Satz auf die feste untere Eichenplatte unter die Spindel zu schieben, da der Zwischenraum sehr eng war. Die Buchstaben verschoben sich, auch wenn man sie noch so fest zusammengebunden hatte, selbst wenn man sie mit Hilfe eines dünnen Brettes auf die Unterlage schieben wollte.

Man müßte einen Tisch haben, überlegte Gutenberg, direkt vor der Presse, damit der Satz auf die Druckplatte geschoben werden konnte, ohne daß man ihn anheben mußte. Er setzte seinen Einfall sofort in die Tat um und baute, nach vorn herausragend, eine Art Tisch vor die Presse. Aber die richtige Lösung war das auch nicht!

Inzwischen war es Winter geworden, und der erste Schnee lag draußen in den Gassen von Straßburg. Die Kinder holten ihre Schlitten heraus und freuten sich. Gutenberg, dessen Druckpresse immer noch nicht befriedigend arbeitete, sah ihnen während einer Arbeitspause durch das geöffnete Werkstattfenster belustigt zu. Weit atmete er die frische Winterluft ein. Gerade schob ein Nachbarssohn einen anderen auf einem Schlitten vorbei.

Jäh wie ein Blitzschlag durchfuhr es Gutenberg! Das war es, was er für seine Druckpresse brauchte – einen Schlitten, auf den er seinen Satz an dem äußeren Ende des vorgebauten Tisches legte und den er dann bequem unter die Spindel schieben konnte. Er mußte natürlich kräftig und so gebaut sein, daß er den Druck der Spindel aushielt.

„Kommt schnell her!" rief er seinen beiden Gesellen zu. „Wir müssen sofort die Druckpresse umbauen. Der vorgebaute Tisch muß Schienen bekommen, auf denen man die Auflegeplatte verschieben kann. Schnell, schnell."

Die ersten Bibeln werden gedruckt

Die Idee mit dem *Schlitten*, wie die Satzablage vor der Presse von Gutenberg nunmehr genannt wurde, bewährte sich bestens. Gutenberg konnte nun – es war inzwischen 1442 geworden – mit den ersten Probedrucken beginnen.

Der Meister legte selbst den Satz auf den Schlitten, und einer der Gesellen färbte ihn mit einem Farbbeutel ein, der einen Griff hatte, so daß man sich die Finger nicht schmutzig machte. Als Farbe benutzte man eine Mischung aus Ruß und Firnis. Ein Blatt Papier wurde daraufgelegt und der Satz mit Hilfe des Schlittens unter die Spindel geschoben.

Dann kam der große Augenblick! Die Spindel wurde heruntergedreht und kräftig mit der Stange angezogen. Dann lockerte man sie wieder und schob den Schlitten zurück. Behutsam mit beiden Händen faßte Gutenberg an den oberen Ecken das noch von der Farbe feuchte Papier an. Sauber und klar standen die Buchstaben auf dem Papier.

Der Meister hielt es lächelnd seinen Gesellen hin. Es war einer der größten Augenblicke nicht nur im Leben Gutenbergs, sondern auch für die Kulturgeschichte der Menschheit.

Diesem ersten Druck folgten weitere, zumeist waren es Flugblätter, mit denen der Meister seine Erfindung ausprobierte und laufend verbesserte. Aber die gerichtliche Auseinandersetzung mit einem der Erben seines Teilhabers bei der Spiegelmachergesellschaft störte den Fortgang des geheimgehaltenen Unternehmens.

Da traf Gutenberg ein harter Schlag! Nach der Schlacht bei Sankt Jakob an der Birs, am 26. August 1444, waren die Reste des geschlagenen Heeres des Grafen von Armagnac, die von den Schweizern vertrieben worden waren, in das Elsaß und in Schwaben eingefallen. Sie erschienen auch vor Straßburg. Sie drangen in die Vorstadt ein und steckten das Kloster St. Arbogast in Brand, in dessen Nähe die Werk-

Nachbildung einer Druckpresse aus der Zeit Gutenbergs. Sie ist in gebrauchsfähigem Zustand. Der Satz, der auf dem Schlitten liegt, wird gerade eingefärbt.

statt Gutenbergs lag. Alles verbrannte in der Werkstatt, und die beiden Gehilfen, die sich den Mordbrennern entgegenstellten, wurden umgebracht. Durch Zufall war Gutenberg dem Gemetzel entgangen, weil er sich in der Stadt aufhielt, sonst hätte die weitere Entwicklung der Druckkunst wahrscheinlich einen anderen Verlauf genommen.

Da sie die Stadt selbst nicht einnehmen konnten, zogen die mordenden Söldnerhaufen weiter und wurden schließlich von Karl VII. von Frankreich auseinandergetrieben, der dem Elsaß zu Hilfe kam. Völlig mittellos geworden, kehrte Gutenberg nach Mainz zurück. Ein Onkel nahm ihn bei sich auf und verschaffte ihm ein Darlehen von 150 Gulden. Mit dem Geld konnte Gutenberg sich eine Werkstatt in der Schustergasse mieten und Blei, Papier, Pergament und das Holz für eine neue Presse kaufen.

Diesmal saß der Meister allein bis in die Nacht hinein in seiner Werkstatt und fertigte Musterlettern für seine Druckbuchstaben an. Er schnitt die Muster nicht mehr in Spiegelschrift aus Buchenholz, sondern gravierte sie in Messing. Er drückte sie auch nicht mehr in

15

Tonsand, sondern in halb erkaltetes Blei. So erhielt er Matrizen, die nicht mehr durch Sandkörner beschädigt wurden. Um beim Ausgießen der Formen das Zusammenschmelzen des Bleis zu verhindern, pinselte er sie vorher mit Rußstaub aus, und das war wieder eine Entdeckung, auf die bisher niemand gekommen war.

Nachdem eine neue Druckpresse entstanden war, stellte er wiederum drei Gesellen an, die er ebenfalls unter Eid zur Verschwiegenheit verpflichtete. Dann begann er 1447 sein erstes Buch zu drucken. Es hatte dreißig Seiten und war ein *Donatus*, eine lateinische Sprachlehre.

Die erste Auflage betrug 300 Exemplare und der Preis pro Stück einen Gulden. Gutenbergs Vater hatte, als er ihn vor knapp 50 Jahren auf die Domschule schickte, noch neun für ein handgeschriebenes Exemplar bezahlen müssen.

Gutenbergs Plan war, eine Bibel zu drucken, um so Gottes Wort allen Menschen zugänglich zu machen. Wahrscheinlich dachte er dabei auch an das Geschäft; denn eine handgeschriebene Bibel kostete um diese Zeit immer noch 500 Gulden. Um seinen Plan verwirklichen zu können, benötigte Gutenberg weiteres Kapital. Einer seiner Gesellen, Peter Schöffer, vermittelte die Bekanntschaft zu dem reichen Juwelier Johannes Fust, der ihm schließlich auch 800 Goldgulden gegen sechs Prozent Zinsen „darleihen" wollte, wofür ihm der Meister das „Gezüge", also die Werkstatteinrichtung, verpfänden mußte.

Gutenberg zögerte zunächst, sich so dem Geldgeber auszuliefern. Fust aber erklärte ihm unumwunden, daß er auch Peter Schöffer, der ja wohl genug in seiner Werkstatt gelernt habe, das Darlehen geben könne. So in die Enge getrieben, blieb Gutenberg nichts anderes übrig, als den Vertrag zu unterschreiben. Das Darlehen sollte innerhalb von vier Wochen zurückzuzahlen sein, wenn es Gutenberg nicht gelang, innerhalb von drei Jahren die erste Bibel auszudrucken. Als der Notar am 22. August 1450 den Vertrag feierlich siegelte, ahnte Gutenberg noch nicht, in welche Falle er damit gegangen war.

Er begann sofort mit der Vorbereitung für den Bibeldruck. Es sollte eine 42zeilige lateinische Bibel werden, deren Text und äußere Gestalt bis in jede Einzelheit den zeitgenössischen Prachthandschriften entsprach. Sie war in zwei Spalten gesetzt und hatte einen berechneten Umfang von 1282 Folioseiten. Die Initialen sollten später mit der Hand ausgemalt und die wichtigsten Stellen rot gedruckt werden. Diese ungeheuere Arbeit hatte Gutenberg wahrscheinlich unter-

16

schätzt. Die Arbeiten gingen nicht so schnell voran, wie es sich der Meister vorgestellt hatte. Erst im Frühjahr 1452 konnte mit dem eigentlichen Satz begonnen werden, so lange hatte es gedauert, bis die benötigten Lettern in den verschiedenen Größen endlich fertig waren. Vor allem die später auszumalenden Initialen machten erhebliche Schwierigkeiten.

Bei diesem Arbeitstempo war es natürlich unmöglich, die erforderlichen 1282 Bibelseiten bis zum 22. August 1453 fertigzustellen. Aber Johannes Fust tat nichts und erinnerte den Meister auch nicht an seine Verpflichtung, nach der er bis zu diesem Zeitpunkt die Bibel ausgedruckt haben sollte. Im Gegenteil, er gab ihm immer wieder neue Darlehen, bis Gutenberg ihm schließlich 1550 Goldgulden schuldete.

In die Falle gegangen

Gutenberg war froh, von seinem Geldgeber nicht weiter belästigt zu werden, und arbeitete wie ein Besessener. Er hatte in Peter Schöffer trotz seines anfänglichen Mißtrauens einen wirklich fähigen Mitarbeiter gefunden, der ihm bei der weiteren Vervollkommnung des Druckverfahrens erhebliche Dienste leistete. Es war Schöffers Vorschlag gewesen, die Herstellung der Lettern mit Hilfe einer Bleiform aufzugeben und als Matern Stahlstempel zu verwenden. Damit ließ sich der positive und leichter herzustellende Abdruck in kupferne Formen treiben, die eine bessere Schrift ergaben. Schöffer verbesserte auch die Metallmischung der Tpyen und ihre Form und schaffte so eine praktischere, kleinere Schriftgattung, aus welcher sich später die Frakturschrift entwickelt hat. Schließlich gelang es ihm sogar, eine bessere Druckfarbe herzustellen.

Als Johannes Fust erkannte, wie wertvoll die Hilfe Peter Schöffers war, machte der gerissene Kaufmann den nächsten Schachzug. Er wollte diesen fähigen Mitarbeiter noch fester an sich binden, um so das Buchdruckmonopol ganz in die Hand zu bekommen. Deshalb nahm er Peter Schöffer als seinen Schwiegersohn ins Haus und besprach hinter Gutenbergs Rücken alles, was in der Werkstatt zur Weiterentwicklung getan werden mußte.

In den nächsten beiden Jahren schritt der Druck der weiteren Bibelseiten voran. Anfang Oktober 1455 gingen endlich die letzten Bibelseiten in Druck. Nun wollte Johannes Fust die Früchte seines hinterhältigen Planes ernten. Unter Hinweis auf die Vertragsklausel und die noch immer unfertige Bibel kündigte Johannes Fust den Vertrag und verlangte sein Geld mit Zins und Zinseszins zurück, noch ehe Gutenberg den geringsten Nutzen aus seinem Unternehmen gezogen haben konnte. Er stellte eine Rechnung von 2026 Gulden auf und verlangte die Rückzahlung dieser Summe bis zum 3. November 1455. Da Gutenberg nicht zahlen konnte, erhielt Fust am 6. November 1455 das gewünschte Urteil, nach dem Gutenberg entweder zahlen sollte oder der Vertragsklausel entsprechend die verpfändete Druckerei herausgeben mußte.

Fust nahm mit der Einrichtung auch alle Vorräte und die ganze Auflage der noch unvollendeten Bibel an sich. Man schätzt heute, daß mindestens 150 Exemplare daraus gebunden worden sind, von denen eine ganze Anzahl auf Pergament gedruckt worden waren. Selbst wenn man nur einen Mindesterlös von 100 Gulden pro Bibelexemplar einsetzt, verdiente Fust rund 15 000 Gulden, von denen allerdings noch die Bindekosten abgesetzt werden mußten. Mit anderen Worten: Der Juwelier hatte das Siebenfache seiner Darlehenssumme einschließlich Zinsen herausgeholt. Ein einmaliges Geschäft also, das diesem ehrenwerten Kaufmann gelungen war. Hinzu kam, daß er die Werkstatt mit ihrem Zubehör viel zu niedrig einschätzen ließ, so daß Gutenberg noch eine Restschuld von 121 Gulden anerkennen mußte. Da er aber keinen Kreuzer mehr besaß, warfen die Gerichtsdiener ihn in den Schuldturm.

Zur Ehre der Stadt Mainz sei jedoch gesagt, daß sich über die Handlungsweise des Johannes Fust der Stadtsyndikus Dr. Humery empörte. Er löste Gutenberg aus dem Schuldgefängnis aus und ermöglichte ihm sogar den Aufbau einer neuen kleineren Druckerei.

Natürlich war die Übernahme des Druckbetriebes damals eine zeitraubende Angelegenheit, da das meiste durch die Hand des Meisters neu angefertigt werden mußte. Daher erscheint erst fünf Jahre später, und zwar im Sommer 1460, das erste größere Produkt aus Gutenbergs Druckerei. Es trägt den Titel: *Joanis de Balbis de Janua, Summa quae vocatur Catholicon* und enthält 374 zweispaltige und enggedruckte Blätter in einer Schrift, die in den Werken anderer Druckereien aus dieser Zeit nicht noch einmal vorkommt und ohne Zweifel aus der Werkstatt Johann Gutenbergs stammt. Gutenberg hat nie seinen

Namen unter seine Druckwerke gesetzt. Die Gründe dafür kennen wir nicht. Aus einem aber noch vorhandenen Dokument aus dem Jahre 1459, einer Verzichtserklärung Gutenbergs auf die Habe seiner Schwester, die als Nonne im St.-Klara-Kloster in Mainz verstorben ist, ergibt sich übrigens, daß er um diese Zeit mit dem Druck einiger Werke beschäftigt gewesen sein muß; denn er erklärt in diesem Dokument, daß er nicht allein die Bücher, welche er als von ihm gedruckt, der Klosterbibliothek bereits geschenkt, sondern auch alles, was er in Religion und Kultus zum Lesen und Singen noch drucken werde, der Klosterbibliothek zustellen wolle.

So dürfte auch das *Catholicon* aus dieser Zeit stammen. Mit dem Jahre 1465 tritt eine Wende in Gutenbergs Leben ein. Er wurde nämlich von dem Kurfürsten und Erzbischof Adolf von Nassau zum „Hofkavalier" ernannt. Dadurch war ihm der spätere Lebensunterhalt gesichert. Er gab deshalb seinen Wohnsitz in Mainz auf und übersiedelte in das kurfürstliche Hoflager zu Eltville im Rheingau. Zwar nahm er seine Buchdruckerei mit sich, trat sie aber bald darauf an seine Verwandten Hennrich und Nikolaus Bechtermünz pachtweise ab. Den Pachtertrag aber überwies Gutenberg seinem Freund und Darlehensgeber Dr. Humery zur Tilgung der ihm geliehenen Gelder. Aus dieser Zeit stammt das mit den Lettern des *Catholicon* gedruckte *Vocabularium latino-teutonicum*, ein lateinisch-deutsches Wörterbuch mit 165 Blättern, das am 4. November 1467 erschien.

Kurze Zeit später dürfte Johannes Gutenberg nicht mehr am Leben gewesen sein. Sein Todestag muß in der Zeit zwischen dem 24. November 1467 und dem 24. Februar 1468 liegen. Der genaue Tag ist heute nicht mehr bekannt. Aus den Stadtakten geht lediglich hervor, daß er am 26. Februar 1468 nicht mehr unter den Lebenden weilte. Er wurde in der Franziskanerkirche in Mainz beigesetzt, die 1742 bei der Beschießung durch die Franzosen verbrannte.

Die Buchdruckerkunst löste eine geistige Revolution aus

Die Buchdruckerkunst trat nach dem Tod Gutenbergs ihren Siegeszug an. Die Drucker Fust und Schöffer, die Gutenberg beinahe um den Erfolg seiner Arbeit gebracht hatten, erlitten nach anfänglich großen Erfolgen im Jahre 1462 einen schweren und gerechten Schicksalsschlag.

Bei den Auseinandersetzungen zwischen Diether, dem Kurfürsten von Mainz, und dem vom Papst und Kaiser ernannten Erzbischof von Mainz, Adolf von Nassau, war es in diesem Jahr zur Fehde gekommen. Da die Stadt Mainz die Partei Diethers ergriff, wurde sie in der Nacht vom 27. zum 28. Oktober 1462 von den Leuten Adolfs von Nassau überfallen, erstürmt und geplündert. Auch die Fust-Schöffersche Druckerei ging dabei in Flammen auf, und es dauerte einige Jahre, bis sie wieder aufgebaut werden konnte. In der Zwischenzeit aber verliefen sich die ausgebildeten Gesellen. Zunächst entstanden in Köln neue Druckereien, dann in Bamberg, Nürnberg und Augsburg, später in Venedig, Rom, Florenz, Paris, Lyon und schließlich in Leipzig. Die Gesellen nahmen in ihrem Reisegepäck die Buchstabenstempel mit, und da sie überall Blei für die Lettern kaufen konnten, fertigten sie sich in ihrer neuen Heimat damit Druckbuchstaben an. Da die Druckpresse einer Weinpresse sehr ähnlich war, fanden sie auch an allen Orten geschickte Tischler, die ihnen die Presse bauten.

Die Kunde von der neuen Möglichkeit, Bücher nicht mehr mit der Hand zu schreiben, sondern zu drucken, verbreitete sich sehr schnell. Schon 1458 schickte der französische König den geschickten Goldschmied Nikolaus Jenson nach Mainz, damit er bei Gutenberg die „Kunst des Buchstabenschneidens und Gießens" erlerne.

Den Gedanken, den gedruckten Text noch durch Bilder zu erläutern, hat augenscheinlich erstmals der nach Bamberg gezogene Drucker Albrecht Pfister gehabt. Er illustrierte die Texte mit Holzschnitten, die nicht schwer in den Schriftsatz einzubauen waren, da ja auch sie das erhabene Bild abdruckten.

Pfisters bebilderte Bücher waren der Anlaß zu erheblichen Streitereien mit den sogenannten „Buchmalern", die bisher die handgeschriebenen Bücher illustriert hatten. Die Buchmaler fürchteten, brotlos zu werden, da viele von ihnen nichts von der Holzschnittkunst verstanden. Doch die Holzschnitte erfreuten sich schon kurze Zeit später großer Beliebtheit. Ein Beispiel hierfür ist das 1494 erschienene *Narrenschiff* von Sebastian Brandt. So stellten die Buchdrucker immer mehr bebilderte Bücher her.

Nicht nur die Berichte von neu entdeckten Ländern jenseits der Meere, sondern auch die Erkenntnisse der Gelehrten wurden durch das Buch verbreitet. Besonders solche Erkenntnisse erweiterten und erschütterten das gewohnte Weltbild. Nie zuvor hat eine Erfindung

20

die Entwicklung der Kultur so beeinflußt wie der Buchdruck. Das gedruckte Wort wurde eine mächtige Waffe gegen Unwissenheit und Rückständigkeit. Gewaltige Kräfte des menschlichen Geistes wurden auf diese Weise mobilisiert! Schwarz auf weiß drang die Freiheit der Gedanken in die Finsternis des Mittelalters ein. Der schlimmste Feind gegen die politische und geistige Unterdrückung war das Buch, das immer mehr gelesen wurde. Es ermöglichte die Renaissance und ihre künstlerische Erneuerung.

Auch die Reformation und der größte soziale Aufstand zu Beginn der neuen Zeit, die Bauernkriege, wären ohne das Buch nicht denkbar gewesen. Mit Streitschriften und Flugblättern kämpfte man für eine neue Gerechtigkeit. Martin Luthers Schrift *Von der Freiheit eines Christenmenschen* zwang Abertausende zum Nachdenken, die noch in dem Trott des Heiligen Römischen Reiches Deutscher Nation verharren wollten. Im Jahre 1522 brachte der Drucker Melchior Lotter die erste Ausgabe von Luthers Neuem Testament in deutscher Sprache auf den Markt. Die Auflage von 3000 Stück war bereits nach einem Vierteljahr vergriffen. Der Preis des Buches – und das war für die damalige Zeit eine Sensation – betrug nur anderthalb Gulden. Der niedrige Preis ermöglichte es fortan auch weniger begüterten Leuten, ein Buch zu kaufen. Der Preisrückgang war vor allem dadurch erreicht worden, daß in der Zwischenzeit aus den im Jahre 1480 vorhandenen 382 Druckereien im Jahre 1500 mehr als tausend in Europa geworden waren; und ihre Zahl stieg unaufhaltsam weiter.

Fünfzig Jahre später war Luthers Bibelübersetzung schon in 120 000 Exemplaren verbreitet. Durch die Druckpressen, die Flugschriften der verschiedensten Art verbreiteten, wurden die großen geschichtlichen Ereignisse auch den Massen bekannt. Man erfuhr von der Entdeckung Indiens durch Christoph Columbus, von der Fahrt Vasco da Gamas in dieses Land und von der Weltumseglung Fernando Magellans. Das Verlangen nach schnellerer Unterrichtung wichtiger Tagesereignisse wuchs. Die ersten zeitungsähnlichen Flugschriften wurden 1529 von den österreichischen Behörden herausgegeben, als die Türken vor den Toren Wiens erschienen. Die Kunde von der Gefahr sollte dem ganzen Abendland vor Augen geführt werden. Aber auch Naturereignisse, wie das Erscheinen eines Kometen über Konstantinopel im Jahre 1556, wurden auf diese Weise bekanntgemacht.

Die erste, in regelmäßigen Abständen erscheinende Zeitung wurde im Jahre 1609 in Straßburg herausgebracht. Sie nannte sich *Relation Aller Fürnemmen und gedenckwürdigen Historien*. Sie brachte übrigens auch Berichte über Erfindungen. Die erste Wochenzeitung, die *Weekly News*, gab der Engländer Nathaniel Butter im Jahre 1622 heraus. Ihr folgte im Jahre 1642 in Deutschland die *Newe A Visen* von Henrico Chorhammer in Nördlingen. Seit 1660 konnte man in Leipzig fünfmal in der Woche die *Leipziger Zeitung* lesen. Alle diese Blätter durften nur mit behördlichen und landesfürstlichen Privilegien erscheinen. Sie standen unter einer strengen Zensur. Damit begann der Kampf der Regierungen gegen die Presse, deren Macht im Guten wie im Bösen unaufhaltsam wuchs.

Vom Handdruck zur Schnellpresse

Zum Kommunikationsmittel konnte die Presse jedoch erst werden, nachdem eine Druckmaschine für die schnellere und billigere Herstellung von größeren Auflagen erfunden worden war. Es dauerte aber noch eine lange Zeit, bis eine solche Druckanlage geschaffen wurde. Noch im 18. Jahrhundert arbeitete man wie zu Gutenbergs Zeiten mit einer hölzernen Handpresse.

Zwar hatte es nicht an Versuchen gefehlt, die Mängel der mittelalterlichen Holzpressen zu beseitigen. Um die Mitte des 16. Jahrhunderts hatte bereits Danner in Nürnberg eine Schraubspindel aus Messing an die Stelle der hölzernen gesetzt. Auch das Fundament, die Grundplatte, die früher aus Holz oder Stein war, wurde ein Jahrhundert später aus Eisen gegossen. Danach fertigte man die bewegliche Oberplatte, den *Tiegel*, aus Eisen und glaubte, damit schon viel getan zu haben. Die Tiegel aber waren klein, und der Druck konnte nicht auf einmal über die ganze Fläche gegeben werden. Deshalb wurde zunächst nur der Tiegel erst zur Hälfte eingefahren und der *Bengel* angezogen. Nach einem weiteren Einfahren der anderen Hälfte der Form folgte dann ein zweiter Zug des Bengels, und nun war erst die ganze Form fertig ausgedruckt. Das war ein mühseliges und umständliches Verfahren und änderte sich erst, als man die ganze Presse schließlich aus Eisen herstellte und Lord Stanhope den Zugmechanismus verbesserte. Aber der Druckvorgang, das ständige Hochheben und Herunterdrücken der Presse, blieb derselbe.

Die erste Schnellpresse, die Friedrich Koenig 1810 erfunden hat

Der deutsche Buchdrucker Friedrich Koenig, der am 17. April 1774 in Eisleben geboren wurde und in der bekannten Druckerei von J. G. Breitkopf in Leipzig sein Handwerk erlernte, fand schließlich hier eine Verbesserung. Auch er konnte eine Beobachtung des Alltags umsetzen und richtig verwerten. Er soll bei einem seiner abendlichen Spaziergänge eine Frau beim Mangeln ihrer Wäsche beobachtet haben. Ganz unbewußt blieb er vor dem Fenster stehen und sah zu, wie die Frau ein Kopfkissen zwischen die Rollen schob. Dabei drückten sich selbstverständlich die Knöpfe in dem Leinen ab. Wenn man anstelle des Wäschestückes Papier zwischen die Walzen schob und auf der einen Walze sich ein Letternsatz befand, dann mußte sich dieser genauso abdrücken, wie es die Knöpfe von dem Kopfkissen machten.

Immer wieder beobachtete er die Frau, bis dieser schließlich die Geduld riß. „Hat der junge Herr nichts anderes zu tun", meinte sie sichtlich verärgert, „als mir beim Mangeln zuzuschauen? Was gibt es denn daran so Geheimnisvolles?"

Koenig bekam einen roten Kopf und ging. Was sollte er der Frau auch antworten. Sie würde ihn sicherlich nicht verstehen, wenn er ihr sagte, er habe soeben die Möglichkeit entdeckt, den Druck statt mit einer starren Oberplatte mit einem Zylinder durchzuführen und die Buchstaben selbst auf eine Walze zu setzen. Der Gedanke war ihm noch zu kühn, um seine Überlegung überhaupt laut auszusprechen.

Aber die Idee mit der Andruckwalze ließ ihn nicht mehr los! Er nahm sie mit nach Rußland und England, wohin er als Geselle wanderte. Hier fand er in seinem Arbeitgeber Thomas Bensley einen Förderer, der ihn zwar zum Bau der neuen Druckmaschine anregte, aber auch auf seinen Vorteil bedacht war.

Im Jahre 1810 erhielt Koenig zunächst ein Patent auf eine Tiegeldruckpresse, der dann im Jahre 1811 eine Zylindermaschine folgte. Diese Schnellpresse wurde in *Bensleys Offizin* im Jahre 1811 erstmals in Gang gesetzt, aber erst nach allerlei Verbesserungen im November 1814 bei der *Times* aufgestellt. Als sie dort am 14. November 1814 in Betrieb genommen wurde, war dies ein denkwürdiger Tag in der Geschichte des Zeitungswesens. Den Redakteuren dieses Blattes schien dieses Ereignis so sensationell, daß sie darüber in einem Leitartikel ihren Lesern folgendes berichteten: „Unser heutiges Blatt legt dem Publikum das praktische Resultat des größten Fortschrittes vor, den die Buchdruckerkunst seit ihrer Erfindung erlebt hat. Der Leser dieser Zeilen hält in seiner Hand eines von vielen tausend Exemplaren der *Times*, die zum erstenmal auf einer mechanischen Presse gedruckt worden sind. Ein nahezu organisches Maschinensystem wurde erdacht und konstruiert, das an Schnelligkeit und Leistungsfähigkeit alle Menschenkraft überbietet, während es den Menschen zugleich von den größten Mühen des Druckprozesses befreit!"

Fortgesetzte Verdrießlichkeiten, besonders mit Bensley, verleideten Koenig den Aufenthalt in England und veranlaßten ihn, im Jahre 1817 nach Deutschland zurückzukehren, um hier ein neues Unternehmen zu gründen. Bei dem Aufbau der in der Nähe von Würzburg in Oberzell entstehenden Fabrik half ihm sein treuer Freund und Mitarbeiter Andreas Friedrich Bauer aus Stuttgart, der technisch ausgebildet und sehr begabt war. Beide gründeten im Jahre 1817 die Schnellpressen-Fabrik *Koenig & Bauer AG*.

„Die Tätigkeit, welche der Mensch beim Betrieb der neuen Schnellpressen ausübt", so heißt es in einem zeitgenössischen Bericht über die von der Fabrik Koenig & Bauer gelieferten Maschinen, „ist sehr gering und einfach. Während die Druckform unter der Farbwalze hin- und zurückgeht, nimmt der auf einem hohen Tritt stehende Einleger einen Bogen von dem vor ihm liegenden Papierstapel und legt ihn während des Stillstandes des Cylinders dicht an diesen auf eine schiefe Fläche an, so daß der Greifer, welcher in diesem Augenblick offen- steht, ihn erfassen kann. In dem Moment, wo die Drehung des Cylin- ders beginnt, klappen die fingerartigen Greifer zu und ziehen den Bogen mit fort, der sonach, glatt auf dem Cylinder sich anschmiegend, zwischen diesen und den Schriftsatz gelangt und also bedruckt wird. In weiterem Fortgang wird der Bogen durch Laufbänder hinten nach dem Auslegetisch geführt, von dem Bogenfänger aufgenommen, um- gewendet und auf einem Tisch ausgelegt."

Die nächsten Maschinen von Koenig & Bauer wurden sogar mit einem mechanischen Ausleger geliefert. Die Schnelligkeit des Druck- tempos richtete sich bei diesen Pressen nach dem Tempo, mit wel- chem es dem Einleger möglich war, die Bogen genau nach der Maßgabe der vorhandenen Marken und Punkturstifte anzulegen. Eine Schnell- presse kam auf diese Weise auf 1500 Bogen in der Stunde, das war eine Leistung, zu der eine Handpresse einen ganzen Tag benötigte.

Um diese Geschwindigkeit noch zu erhöhen, baute man eine Doppel- zylinderpresse. Bei der Londoner Firma *Applegath & Cowper* arbeitete schließlich sogar eine achtzylindrige Schnellpresse, die 9000 Bogen stündlich auf einer Seite bedruckte. Sie wurde noch übertroffen von der Riesenschnellpresse von *Hoe & Company*, die zehn Druckzylinder besaß und an der zehn Anleger zugleich arbeiteten. Sie wurde in ihrer Leistung allerdings von einer Zeitungs-Geschwinddruckpresse über- boten, die von Marioni für den Pariser Zeitungsdruck entwickelt wor- den war. Sie bedruckte beide Seiten zugleich und war mit der 300 000 Stück starken Auflage des *Petit Journal* in zwei Stunden fertig. Um das zu erreichen, wurden von dem Schriftsatz vierfache Stereotypplatten abgenommen und auf die Druckzylinder gelegt, die Papierbogen aber so groß genommen, daß sie, in vier Teile zerlegt, vier Exemplare ergaben.

Alle diese Maschinen sind jedoch durch die sogenannten „Endlosen", das heißt *Rotationsmaschinen*, für den Druck auf Papierrollen mittels Stereotypen auf Zylindern an Geschwindigkeit bald übertroffen wor- den. Sie wurden durch eine Erfindung ermöglicht, die bereits im Jahre

Eine moderne Rotationsmaschine

1799 von dem Franzosen Louis Robert in der Papiermühle von Essonne
bei Paris gemacht worden war und die auf einer Papierherstellungs-
maschine beruhte, welche die flüssige Papiermasse über ein langes, in
sich zurückkehrendes Drahtsieb-Band zu einem endlosen Papierstreifen formte, der über Trockentücher und warme Zylinder schließlich
auf einer Rolle aufgewickelt wurde.

Diese so geschaffenen Papierrollen könnte man doch, so überlegte
sich bereits um die Mitte des vergangenen Jahrhunderts der Leiter der
österreichischen Staatsdruckerei in Wien, Alois Auer, in fortlaufender
Weise mit einer Zylinder-Druckpresse bedrucken. Er ging schon bald
an die Durchführung des Planes, aber es zeigten sich bereits im An-
fangsstadium zahlreiche Schwierigkeiten. Erstens mußte die Papier-
rolle angefeuchtet werden, wobei das gefeuchtete Wickel im nassen
Zustand erhebliche Schwierigkeiten bot. Dann verwendete Auer zum

26

Druck eine einfache Schnellpresse mit nur einem Zylinder und eine auf einem flachen Fundament ruhende Schriftform. Aus diesem Grunde mußte der Papierbogen noch vor dem Übergang auf den Druckzylinder von der Rolle abgetrennt werden und kam als ein gewöhnlicher, auf der einen Seite bedruckter Bogen wieder zum Vorschein, der dann schließlich in ähnlicher Weise auf eine andere Schnellpresse angelegt und auf der zweiten Seite bedruckt wurde. Das Ganze war also eine Glocke ohne Klöppel, und von der Auerschen Erfindung blieb schließlich nichts weiter übrig als einige kleine Modelle in dem Ausstellungsraum der k. u. k. Staatsdruckerei in Wien.

Erst der Amerikaner William Bullock brachte im Jahre 1863 wesentliche Verbesserungen an der Auerschen Maschine an. Der Erfinder kam bei der Erprobung seiner Maschine ums Leben. Die mechanische Werkstatt der *Times*-Druckerei in London nahm sich darauf des Projektes an, und der leitende Ingenieur MacDonald vollendete die Erfindung Bullocks. Die *Endlos-Druckmaschine*, die später *Rotationspresse* genannt wurde, arbeitete jetzt zufriedenstellend. Sie erreichte bereits eine Stundenleistung von 12 000 auf beiden Seiten bedruckten Exemplaren. Damit begann eine neue Zeit im Zeitungsdruck!

Eine leistungsfähige Druckmaschine hatte man also gegen Ende des vergangenen Jahrhunderts. Was aber noch wie zu Zeiten Gutenbergs mit der Hand geschah, war das Setzen der für den Druck benötigten Lettern. Man benutzte sogar im Zeitungsdruck bis in die neunziger Jahre immer noch den Winkelhaken, wobei der Setzer die Buchstaben, Ziffern, Ausschließungen und was er sonst zur Wiedergabe des zu setzenden Manuskriptes brauchte, Stück für Stück aus dem Setzkasten mit der rechten Hand herausnahm und in das mit der linken gehaltene Setzinstrument gleiten ließ.

Ähnlich wie bei Gutenberg wurden die einzelnen Typen aus den pultartigen, schräg liegenden flachen Kästen mit der Hand herausgeholt, in die sie inzwischen nach einem gewissen System eingeordnet waren. Nur noch die großen Buchstaben und Ziffern lagen in diesen Setzkästen in ihrer alphabetischen Reihenfolge, und zwar in den obersten Fächern. Die kleinen Buchstaben waren so untergebracht, daß die am häufigsten vorkommenden, wie beispielsweise „e" und „n", der Hand des Setzers am nächsten waren und zugleich auch die größten Fächer besaßen, weil von ihnen mehr vorrätig sein mußten. Auch die Interpunktionszeichen, Ziffern, sowie verschiedene schmälere und breitere Typenkörper, die *Ausschließungen*, welche zur Hervorbringung der weißen Zwischenräume im Satz dienen, hatten ihren bestimmten Platz.

Die Setzersäle waren damals große Räume, in denen eine beträchtliche Anzahl von Leuten arbeitete, da der Handsatz verständlicherweise eine erhebliche Zeit in Anspruch nahm. Es hat deshalb seit der Mitte des vergangenen Jahrhunderts nicht an Bemühungen gefehlt, den Satz schneller durch eine Maschine erledigen zu lassen. Große Mühe und viel Scharfsinn wurden aufgewendet, um hier eine Lösung zu finden. Die Zahl der Erfinder, die sich mit dieser Aufgabe befaßten, war ganz beträchtlich.

Aber alle Konstrukteure legten ihren Setzmaschinen das Prinzip des Klaviers zugrunde. Es erscheint brauchbar, wenn man bedenkt, wie viele Tasten ein gewandter Pianist in einer Stunde anschlagen kann.

Danach hatte das so konstruierte *Setzklavier* so viele Tasten, als Buchstaben und andere Zeichen zu einer Druckschrift gehörten. Diese waren über den Tasten in Fächern eingereiht, ein Druck auf eine Taste öffnete eine Klappe an dem betreffenden Fach, und ein Buchstabe glitt nach unten. Soweit schien alles klar. Die Schwierigkeiten begannen, als es darum ging, die verwendeten Lettern zu einem Sammelpunkt zu leiten und dort nebeneinander aufzureihen.

Der Deutsche Kastenbein wollte das Problem mit folgendem System lösen: Die durch das Niederdrücken einer Taste gewünschte Type gleitet durch ein *Vorratsrohr* auf eine dreieckige Leitplatte und tritt von da in eine Leitrinne, in der sich die einzelnen Worte zusammensetzen. Ist nun eine Zeile beendet, wird sie mit Hilfe eines Fußpedales und eines Schwungrades über eine bewegliche Stange auf ein *Ausschließschiff* geschoben, in dem Zeile um Zeile der Satz einer Seite gestapelt wird.

Das alles klang einfach, war aber mit laufenden Störungen verbunden. Ein Versuch, den man bei der *Times* in London mit der Maschine machte, verlief daher nicht ganz befriedigend, zumal man diese Zeitung zugleich in Antiqua und Kursiv druckte und die dafür von Kastenbein konstruierte Doppelmaschine nunmehr 200 Tasten haben mußte. Die Suche nach der geeigneten Taste und das Niederdrücken sowie der sonstige mechanische Vorgang erforderten ebensoviel Zeit wie der Handsatz. Die aufwendige Maschine fand daher keinen Anklang.

Wie wenig erfolgreich alle Versuche verliefen, eine mechanische Setzmaschine zu konstruieren, geht am besten aus dem *Buch der Erfindungen* hervor, das im Jahre 1885 bei Otto Spamer in Leipzig erschien. Dort heißt es wörtlich: „Alle Versuche, eine brauchbare Setzmaschine zu entwickeln, haben nur einen bescheidenen Erfolg gehabt. Zahlreiche Erfinder, die ihr ‚Heureka' mit lauten Trompetenstößen verkündeten, sind in aller Stille spurlos von der Bühne verschwunden. Bis jetzt ist das Problem einer wirklich praktischen Setzmaschine, d. h. einer solchen, die zu dem Handsetzen dieselbe Stellung einnimmt, wie die Schnellpresse zum Drucken auf der Handpresse, nicht gelöst, und es wird mutmaßlich noch lange dauern, ehe es gelöst wird."

Als man diese Feststellung veröffentlichte, wußte man nicht, daß sich im fernen Amerika ein Uhrmacher seit Jahren mit dem Gedanken trug, eine brauchbare Setzmaschine zu bauen. Es war der deutsche Einwanderer Ottmar Mergenthaler, der als Sohn eines Dorflehrers am 11. Mai 1854 in Hachtel bei Bad Mergentheim geboren worden war. Entgegen dem Wunsch seines Vaters, auch Lehrer zu werden, ging er bei seinem Onkel in Bietigheim in die Uhrmacherlehre. Dort zeigte er bereits eine derartige technische Begabung, daß ihm sein Onkel riet, in das „Land der unbegrenzten Möglichkeiten" auszuwandern, da er dort ohne ein entsprechendes Studium möglicherweise zu beachtlichen Erfolgen kommen könnte.

Der Junge folgte dem Rat und wanderte mit 18 Jahren in die Staaten aus. Er arbeitete zunächst als Uhrmacher und beschäftigte sich gelegentlich auch als Mechaniker. In dieser Eigenschaft kam er verschiedentlich in Druckereien, um hier kleinere Reparaturen an den mechanischen Druckpressen auszuführen. Er bemerkte dabei, wie trotz der modernen Maschinen noch immer der Satz per Handarbeit vor sich ging.

Eine Schreibmaschine war Vorbild

Es müßte doch möglich sein, so sagte er sich, eine Maschine zu bauen, die den Handsatz ersetzt. Es gab doch auch Schreibmaschinen! Er hatte erst vor kurzem eine *Remington* repariert, die von dem Senator Sholes erfunden worden war.

Ottmar Mergenthaler (1854–1899), der Erfinder der Linotype-Setzmaschine

Der Gedanke war verlockend und beschäftigte den jungen Mergenthaler immer wieder. Da er aber viel zu tun hatte, fand er zunächst keine Zeit, das Problem zu lösen.

Durch Zufall lernte er bei einer Uhrenreparatur den Gerichtsstenographen James O. Clephane kennen, dessen Steckenpferd es war, Erfinder dadurch zu fördern, daß er sie mit den geeigneten Leuten zusammenbrachte. So hatte er bereits vor einigen Monaten zwischen einem gewissen Charles Moore aus White Sulphur Springs, der eine neuartige Schreibmaschine entwickelt hatte, und dem Mechaniker Hahl in Baltimore als Geldgeber und Mitarbeiter vermittelt.

Als der Stenograph Clephane nun im Gespräch von Mergenthaler hörte, daß dieser eine schreibmaschinenähnliche Maschine bauen wollte, mit der es möglich sein sollte, einen Drucksatz herzustellen, hielt er es für zweckmäßig, ihn mit Hahl und Moore bekanntzumachen, die einen ähnlichen Plan hatten.

Die Begegnung fand, wie Mergenthaler seinem Bruder Adolf schrieb, in dem Büro Hahls in der Mercer Street 13 in Baltimore statt. Die Maschine sollte, so erfuhr Mergenthaler, mit Hilfe eines bestimmten Farbbandes eine Schreibmaschinenvorlage liefern, die auf einen lithographischen Stein übertragen und so von diesem abgezogen werden konnte. Auf diese Weise hoffte man, den Schriftsetzer auszuschalten und, wie Clephane meinte, die Gerichts- und Parlamentsberichte schneller und billiger vervielfältigen zu können.

Aber die von Moore entwickelte Schreibmaschine, auf die er bereits am 8. Februar 1876 ein Patent erhalten hatte, arbeitete nicht zufriedenstellend, und man bat Mergenthaler, sie sich einmal genauer anzusehen. Das tat er auch und fand einige Fehler, welche die Mechanik behinderten. Er überlegte sich, wie das abgeändert werden könnte, und machte Hahl und Moore den Vorschlag, die Maschine so umzubauen, daß nicht nur die Mängel beseitigt, sondern zugleich auch der Schreibvorgang erheblich vereinfacht würde. Er plante, daß Hahl die Neukonstruktion auf eigene Kosten und Gefahr übernahm, da nach seiner Meinung ein gutes Ergebnis ganz außer Zweifel stand. Voraussetzung hierfür war allerdings, daß es Mergenthaler freistehen würde, Änderungen in der Konstruktion nach seinem Belieben vorzunehmen und er eine gerechte Entschädigung erhalten würde.

Hahl und Moore waren mit dem Vorschlag einverstanden. Sie machten allerdings zur Bedingung, daß „die neue Maschine Buchstaben, breite und schmale, klar und deutlich auf ein Blatt drucken würde, jeder Buchstabe im richtigen Abstande, und so der Eindruck erweckt würde, als wenn die Schrift mit regulären Typen gedruckt worden wäre". Falls alles nach Plan verlief, sollte Hahl 1600 Dollar erhalten, die er mit Mergenthaler zu teilen hatte. Im Falle des Mißlingens aber sollte keine Entschädigung gezalt werden.

Mergenthaler hatte anfangs geschätzt, daß der Umbau der Schreibmaschine nicht mehr als 500 Dollar kosten würde und er deshalb noch ein gutes Geschäft machen könnte. Aber die Umkonstruktion der Maschine machte doch wesentlich mehr Schwierigkeiten. Die zugesagten 1600 Dollar wurden verbraucht, ohne daß ein sichtbarer Erfolg eintrat.

Auf lithographischem Wege ein neues Druckverfahren zu entwickeln, schien also doch nicht so erfolgversprechend, wie es Mergenthaler, Hahl und Moore anfangs angenommen hatten. Erst 50 Jahre später sollte hierfür eine Lösung vorliegen.

Mergenthaler überlegte sich einen anderen Weg, der allerdings nicht mit einer Schreibmaschine in Verbindung stand. Er beruhte auf einem neuartigen Prägungsverfahren der Typen, dem mechanischen Ausguß der so gewonnenen Formen und einer selbsttätigen Aneinanderreihung der Buchstaben.

In einem Brief vom 28. November 1876 schrieb Ottmar Mergenthaler an seinen Bruder Adolf: „Gegenwärtig stehe ich gerade an einem Wendepunkt, und jeder Tag bringt Neues. Wenn alles glücklich geht, hoffe ich in kurzer Zeit mein eigener Herr in einem schönen Geschäft zu sein. Ich habe diese Hoffnung in Hinsicht auf eine neue Erfindung, welche ich machte in bezug auf eine neue Art, Drucksachen herzustellen, ohne die Buchstaben zu setzen, bin jedoch nicht vollständig fertig damit, ist also noch zu frühe, etwas Gewisses zu sagen, weshalb ich es vorziehe, weitere Erklärungen lieber liegenzulassen, bis ich Dir Factas mitteilen kann!"

Die Vorstellung, die Ottmar Mergenthaler damals von seiner Maschine hatte, war etwa folgende: Ähnlich wie bei einer Schreibmaschine durch das Herunterdrücken einer Taste ein Typenhebel ausgelöst wird und gegen das Papier der Schreibwalze schlägt, sollte auch hier ein mechanischer Vorgang in Gang gesetzt werden, und zwar sollte aus einem Magazin, das sich oberhalb der Maschine in einem großen, ausgefächerten Kasten befand, eine sogenannte Matrize herausfallen, in welcher der gewünschte Buchstabe als Negativ eingeprägt war. Diese heruntergeholte Matrize sollte dann durch einen beweglichen Kanal, den Mergenthaler später *Elevator* nannte, auf eine Rinne geführt werden, in der die einzelnen Gußformen gesammelt und zu Worten zusammengesetzt wurden.

War auf diese Weise eine Zeile von der gewünschten Länge fertig, dann ertönte ähnlich wie bei der Schreibmaschine ein Glockenzeichen. Auf dieses Zeichen hin sollte die fertige Zeilengießform durch einen Hebeldruck mit einer weichen Masse, Mergenthaler dachte dabei zunächst an Papiermaché, ausgefüllt werden, um so die gewünschten Druckbuchstaben zu erhalten.

Dieser Weg erwies sich aber schon bald als nicht gangbar. Das Material war zu weich, um für den Ausdruck verwendet zu werden. Mergenthaler versuchte es nun von der anderen Seite. Die Buchstaben kamen in der positiven Form herunter und wurden in der Hochdruckform, ähnlich wie heute in der Stereotypie, abgenommen. Sie bildeten durch ihren Abdruck in Papiermaché eine Art Gußform, die nun ausgegossen werden konnte. Aber auch dieses Ergebnis war nicht befriedigend, weil die so geschaffene Mater so lange auf der Satzform liegenbleiben mußte, bis sie trocken war. In der neuen Setzmaschine mußte aber die Papiermater von den Stempeln getrennt werden, wenn sie noch feucht war, weil ja die Maschine schnell arbeiten sollte. Der Abguß wurde dabei ungenau und war kaum brauchbar. Wie war das Problem zu lösen?

Vielleicht ging es mit einer Metallmatrize, und diese mußte aus Messing oder einem ähnlichen Metall bestehen, in das normale Buchstaben aus Stahl einen negativen Abdruck, also nicht hervortretend, sondern vertieft drückten. Eine Lösung, die sich bewährte, zunächst aber erhebliche Kosten machte, da für die geplante Maschine 4500 Typen notwendig waren, von denen jede damals zwei Dollar kostete und damit insgesamt 9000 Dollar allein hierfür notwendig waren.

Aber das blieb nicht die einzige Schwierigkeit! Da war zunächst das *Ausschließen*, wobei zwischen die einzelnen Wörter kleine Keile geschoben wurden, damit die Zeile so die gewünschte Länge erhielt. Dieser Vorgang sollte auf mechanischem Wege durch einen Hebeldruck erfolgen. Mergenthaler brauchte Jahre, bis er endlich das ersonnene geniale Verfahren nicht nur in den USA, sondern auch in Deutschland und anderen Ländern zum Patent anmelden konnte.

Nun war der deutsche Erfinder endlich soweit, daß die fertiggesetzten Zeilen aus Messingmatrizen durch einen Hebeldruck vor eine Gießform aus flüssigem Blei, Antimon und Zinn geschoben, gefüllt und so ausgegossen werden konnten. Eine zweite Hebelbewegung schob die Gußzeile nun in ein Sammelschiff, in dem die gegossenen Zeilen zu einer Seite zusammengesetzt wurden. Damit war der mechanische Setzvorgang eigentlich durchgeführt.

Mergenthaler wollte aber noch weiter gehen. Seine Setzmaschine, so stellte er sich vor, sollte ununterbrochen arbeiten können. Dazu war es nötig, daß die teuren Stahltypen, die ja nur in einer begrenzten Zahl vorhanden waren, so schnell wie möglich wieder benutzt werden konnten.

Die Typen nach Anfertigung der Matrize wieder nach oben in den Sammelkasten zu schaffen, war auf mechanischem Wege verhältnismäßig einfach zu lösen. Wie aber konnte man die einzelnen Typen sofort in ihr Fach sortieren?

Dieser Vorgang war im Grunde so einfach, daß er möglicherweise einem anderen nicht eingefallen wäre.

Mergenthaler hatte seinen Wohnungsschlüssel verloren und wollte sich anhand eines zweiten Schlüssels, den seine junge Frau Emma besaß, einen neuen anfertigen. Genau nach dem Muster feilte er an einem Rohling die erforderlichen Einkerbungen ein. Er tat das zunächst rein mechanisch, indem er innerlich diese Mehrarbeit verwünschte, die ihn gerade jetzt von anderen, wichtigeren Aufgaben abhielt.

Dabei befaßten sich seine Gedanken zum hundertsten Mal mit der vergeblich gesuchten Lösung der Ablegevorrichtung. Aber was feilte er denn da? So mußte die Ablegevorrichtung sein. Genau passende Einkerbungen, welche die einzelnen Sperriegel seines Schlosses bewegen sollten! Um die Tür öffnen zu können, mußten sie genau auf den Millimeter passen. Wenn er aber – nachdenklich legte er die Feile zur Seite – solche Sperriegel an dem Ablagekasten anbrachte und die abzulegende Type Einkerbungen wie der Schlüsselbart hatte, konnte die Type an einer bestimmten Stelle in die dafür vorgesehene Ablagespalte fallen.

Die Idee war einfach, die Durchführung schon weniger. Es dauerte eine ganze Zeit, bis alles einwandfrei funktionierte.

Zunächst baute Mergenthaler eine kleinere Versuchsmaschine für nur zwölf Buchstaben, um das Prinzip zu erproben. Zwar wies auch diese Maschine noch verschiedene Mängel auf, aber sie zeigte zugleich, daß der Grundgedanke richtig war. Endlich im Jahre 1883 ging Mergenthaler an den Bau der vollständigen Maschine. Aber er kam hierbei nur langsam vorwärts, da er und sein Teilhaber Hahne nicht mehr über die ausreichenden Geldmittel verfügten. Voller Verzweiflung schrieb Mergenthaler damals an seinen Bruder: „Die Arbeit an der neuen Setzmaschine hat mich nicht nur eine Unsumme von Arbeit und emsiges Nachdenken gekostet, ich habe auch fast meine ganzen Einnahmen und Ersparnisse darein stecken müssen. Wie es weitergehen soll, weiß ich noch nicht, zumal meine verschiedenen Erfindungen außer den Patentgebühren noch nichts eingebracht haben. Es wird auch sicher noch Jahre dauern, ehe ich durch die neue Maschine irgendwelche Einkünfte haben werde."

Aber der Mäzen Clephane verstand es wieder, neue Leute für das Projekt zu interessieren, die ihr Geld zur Verfügung stellten. Der geschäftstüchtige Kaufmann C. G. Hine bestellte sogar kurz entschlossen zwei Maschinen. Eine davon verkaufte er an den Verleger der *New York Tribune*, Whitelaw Reid. Sie wurde Ende Juni 1886 in dem Setzersaal dieser Zeitung aufgestellt. Nach mancherlei Tag- und Nachtarbeit konnte sie am 3. Juli in Gang gesetzt werden. Voller Sorge wartete Mergenthaler am Morgen dieses Tages auf den Chef der Zeitung. Würde auch alles klappen? Um ihn herum standen die Setzer an ihren Arbeitsplätzen, die mißmutig zu ihm herüberschauten und mit entsprechenden Worten ihr Mißfallen über die neue Maschine äußerten. Er werde sie mit seiner Erfindung noch alle brotlos machen, hatten sie ihm bereits mehrfach zugerufen.

Vergeblich hatte Mergenthaler schon wiederholt zu erklären versucht, daß die Zeitungen nunmehr billiger werden würden und nicht nur von den Reichen gekauft werden könnten. Dasselbe sei mit den Büchern der Fall, die sich nunmehr jeder leisten könne. Und außerdem – und das sei wohl das Wichtigste – würde auch ihre Arbeit leichter werden.

Aber die Setzer hörten gar nicht hin, sondern murrten und drohten immer lauter. Er hatte gut daran getan, die Maschine in der Nacht nicht aus den Augen zu lassen. Immer heftiger wurden die Worte, die man ihm zurief. Er fühlte, daß es sicher auch bald zu Handgreiflichkeiten kommen werde. Deshalb war er froh, daß Reid mit seinem Vertriebsleiter den Saal betrat.

„Soll das eine Meuterei sein?" rief dieser empört den Setzern zu. „Wem es hier nicht paßt, der kann sofort gehen! Bis jetzt bin ich noch immer der Herr im Haus."

Fast augenblicklich gingen die Setzer an ihre Arbeitsplätze zurück. Zu Mergenthaler gewandt, fuhr Reid fort: „Sind Sie für den Probelauf bereit?"

Dieser nickte und drückte, vor innerlicher Spannung bebend, den Anlaßhebel herunter. Der Motor begann zu laufen. Dann wurde ein zweiter Hebel umgelegt, und Mergenthaler setzte sich vor die schreibmaschinenartige Tastatur. Er schrieb einige Buchstaben, sie wurden zu Worten. In die Maschine schien Leben zu kommen. Jedesmal, wenn er eine Taste herunterdrückte, fiel klickend eine Matrize in einen Kanal, wurde von einer unsichtbaren Hand erfaßt und weiter in eine Rinne geschoben. Ein Glockenzeichen ertönte.

„Die Zeile ist fertig gesetzt", erklärte Mergenthaler. „Nun bringe ich den Ausschluß hinein", fuhr er fort und zog einen Hebel. Wie von Geisterhand geschoben, wanderte die Zeilenmatrize vor das Gießloch. Ein neuer Hebel wurde bedient, flüssiges Metall floß in die Zeilenmatrize und glitt auf einen Handgriff hin zur Seite. Die Matrize löste sich, und die frisch gegossene, blitzende Zeile wurde sichtbar.

Begeistert klopfte Reid Mergenthaler auf die Schulter. „A line of types!" – „Eine ganze Reihe von Druckbuchstaben!" rief er erregt.

„A line o'type!" wiederholte Mergenthaler ein wenig verwirrt. Er wußte noch nicht, daß er mit diesem Ausruf der Maschine ihren Namen – *Linotype* – gegeben hatte.

Fast atemlos verfolgten der Verleger und natürlich auch die Setzer,

**„A line o'type", dieser überraschte Ausruf Mergenthalers gab der Setzmaschine
den Namen Linotype**

wie die Matrizen wieder in den Sammelkasten zurückwanderten und
dort nach dem auf ihrem oberen Ende befindlichen Einschnitt genau
in den für die einzelne Type bestimmten Kanal fielen.

„Es ist wie ein Wunder!" meinte einer der alten Setzer feierlich.
Aber Mergenthaler schrieb weiter, schnell wuchs die Druckseite in
einem ununterbrochenen Kreislauf: Setzen, gießen, ablegen – setzen,
gießen, ablegen. Dann war die Seite fertig. Sechzehnhundert Buchstaben hatte Mergenthaler in der kurzen Zeit geschrieben. Ein Hand-
setzer schaffte das in einer ganzen Stunde, Mergenthaler hatte nicht
einmal zehn Minuten gebraucht.

36

Die Linotype wurde schon bald ein großer Erfolg! Neben der *Tribune* kauften das *Courier-Journal* in Louisville, die *Chicago News* und die *Washington Post* gleich mehrere Maschinen. Rund fünfzig Maschinen hatte Mergenthaler bereits nach einem Jahr zu liefern. Er hatte inzwischen eine Reihe von geschulten Arbeitern herangebildet, die den Zusammenbau der Maschinen im Teamwork durchführten.

Viele Jahrzehnte hindurch hat die Linotype der Entwicklung im Zeitungswesen genügt und die Anforderungen erfüllt, die man von einer modernen Setzmaschine verlangt. Mergenthaler selbst hat seine ersten Erfolge nicht lange überlebt. Er starb am 28. Oktober 1899 an Tuberkulose.

Für andere Setzarbeiten, bei denen man mit erheblichen Korrekturen zu rechnen hat, wie beispielsweise für Fachbücher, hat sich jedoch eine Setzmaschine als geeigneter erwiesen, die man *Monotype* nennt. Sie wurde von Tolbert Lanston aus Iowa, einem jungen Mann aus armer Familie, der später Beamter in Washington wurde, in mühsamer Kleinarbeit entwickelt und arbeitete auf völlig andere Weise als die Linotype.

Wir wissen heute nicht mehr, ob die Lochkarten-Maschine von Hollerith, die fast zur gleichen Zeit entstand, die Anregung zu dieser Maschine gegeben hat. Jedenfalls ist es verblüffend, daß die einzelnen gewünschten Buchstaben zunächst durch eine mit einer Tastatur versehene Perforiermaschine in einen Lochstreifen übertragen werden. Durch die Löcher dieses Streifens – und das ist das Geniale an dieser Konstruktion – wird nun Preßluft geblasen und auf diese Weise aus einem Magazin die gewünschte Buchstabenmatrize herausgeholt und unter einen Behälter mit flüssigem Gußmetall geschoben. Die Buchstaben werden darauf einzeln gegossen und später in Zeilen geordnet. Deshalb nennt man die Maschine, die nur einen Buchstaben gießt, *Monotype*.

Wie Lanston zu dieser sonderbaren Konstruktion gekommen ist, konnte bis heute nicht einwandfrei geklärt werden. Man erzählt sich, daß eines der damals in Mode gekommenen „mechanischen Klaviere", die mit Hilfe von Preßluft und Streifen die verschiedensten Klaviertasten automatisch herunterdrückten, dem Erfinder die Anregung zu seiner neuartigen Setzmaschine gegeben hat.

Erst in der Zeit nach dem Zweiten Weltkrieg bahnte sich eine völlig neue Entwicklung in der Drucktechnik an. Die *Fernsetzmaschine* gestattet es, einen mit der Linotype hergestellten Maschinensatz zugleich auf einen Lochstreifen zu übertragen und zur selben Zeit über Draht oder Funk an verschiedene andere Orte weiterzugeben. Die so hergestellten Lochstreifen werden in eine andere Maschine eingesetzt, die den Satz nunmehr ohne Hilfe eines Setzers herstellt, so daß die gleichen Zeilen entstehen, wie sie an dem Ausgangsort im Original getippt wurden. Auf diese Weise ist es möglich, an verschiedenen Orten dieselbe Zeitung zu setzen und auszudrucken und so einen langen Transportweg zu ersparen, der das gleichzeitige Erscheinen des Blattes verhindern würde.

Eine völlig neue Technik ist der heute viel angewendete Fotosatz, der mit Hilfe von Licht- oder Fotosetzmaschinen durchgeführt wird. Die erste brauchbare Setzmaschine dieser Art war die *Uhertype* des ungarischen Fotografen Uher, mit der bereits das Problem des Fotosatzes einwandfrei gelöst wurde. Eine praktische Anwendung fand dieses neue Verfahren jedoch zunächst nicht. Vor rund zwanzig Jahren wurde es in Gestalt des *Intertype-Fotosetters* weiterentwickelt, der wie eine Zeilensetzmaschine arbeitet. Nur ist der Gießkessel durch eine Projektionseinrichtung und Filmkassette ersetzt.

Die auf dem gleichen System beruhenden *Linofilm-* oder *Photonsetzmaschinen* arbeiten heute mit elektronischen Einrichtungen, durch die mit großer Geschwindigkeit der mit einer schreibmaschinenähnlichen Tastatur geschriebene Text auf das Filmmaterial übertragen wird. In letzter Zeit wurde auch eine elektronische Schreib-Setzmaschine entwickelt, die einen Lochstreifen herstellt, der das automatische Schreiben des endgültigen Klartextes steuert, wobei die Wortzwischenräume und Trennungen elektronisch eingesetzt werden. Die weitere Entwicklung ist noch gar nicht abzusehen und wird uns sicher noch manche Überraschung bescheren.

Not macht erfinderisch

Die Geschichte des Druckes wäre unvollkommen, wollte man nicht auch der Entwicklung des Steindruckes gedenken, die schließlich zum Offsetdruck führte.

Wie es zu dem Steindruck gekommen ist, dürfte eine der eigenartigsten Begebenheiten in der Geschichte der Erfindungen gewesen sein.

Der Mann, dem wir den Steindruck verdanken, Aloys Senefelder, war eine echte Erfindernatur, die ein sehr bewegtes Leben hinter sich hatte. Bittere Not trieb ihn zu den ersten technischen Versuchen, die er zunächst ohne alle Mittel und Vorkenntnisse durchführte. Geist, Genie und Durchstehvermögen sowie ein bißchen Glück haben ihm geholfen, ein Wiedergabeverfahren zu entwickeln, an das vorher kein anderer gedacht hatte.

Aloys Senefelder war der Sohn eines Schauspielers aus Königshofen und wurde am 6. November 1771 in Prag geboren. Der Vater wurde später Mitglied des Münchner Hoftheaters und zog mit seiner ganzen Familie in die bayerische Hauptstadt. Aloys besuchte mit Auszeichnung das Gymnasium und studierte danach an der Universität Ingolstadt Jura. Wahrscheinlich lag ihm dieses Studium nicht; denn er kehrte schon bald nach München zurück und betätigte sich hier mit beachtlichem Erfolg als dramatischer Schriftsteller.

Als im Jahre 1790 sein Vater starb, wurde er Schauspieler und trat zwei Jahre hindurch mit den verschiedensten Provinzialbühnen auf. Er wurde jedoch dieses unstete Leben bald überdrüssig, ging nach München zurück und schrieb wieder dramatische Stücke. Drei davon wurden gedruckt, für die anderen aber, auf die er große Hoffnungen gesetzt hatte, fand er keinen Verleger mehr.

Da kam ihm eines Tages die abenteuerliche Idee, seine Werke selbst zu drucken oder zumindest zu vervielfältigen. Obwohl er nicht die geringsten Geldmittel besaß, versuchte er sein Ziel auf die verschiedenste Art zu erreichen. Zu arm, um auch nur soviel Druckschrift anzuschaffen, um damit nur eine einzige Seite drucken zu können, wollte er sich anfangs Stahlstempel schneiden, um später damit Buchstaben in Holz oder in ein anderes Material einzuschlagen. Er merkte aber schon bald, daß er sich doch zu viel zugemutet hatte. Hierauf drückte er hölzerne Buchstaben in weichen Teig ab, goß Siegellack darüber und erhielt so eine erhabene Schrift, die aber für seine Zwecke nicht brauchbar war. Übrigens war er damit auf ein Verfahren gekommen, welches man später bei der Stereotypie anwandte.

Natürlich hörte Senefelder schon bald mit dem unergiebigen Verfahren auf und versuchte das Problem auf andere Weise zu lösen. Er überlegte sich, ob es nicht möglich wäre, eine Schrift in Kupfer zu ätzen. Ein Stück Kupfer, mit Ätzgrund überzogen, die Schrift mit einer Stahlspitze verkehrt hineingeätzt und die bloßgelegten Zeichen mit

Scheidewasser tiefer gemacht, dies dünkte ihm sehr einfach und mußte nach seiner Ansicht gehen. Allerdings ist das, wie mancher Künstler von der Radierung her weiß, ein Verfahren, das eine gewisse Lehrzeit verlangt, bei der viel Kupfer verdorben wird. Senefelder hatte aus Geldmangel nur eine einzige Platte anschaffen können, deren Stärke sich bei jedem Versuch in so bedenklicher Weise verminderte, daß er den gänzlichen Stillstand seiner Arbeiten ziemlich genau vorherberechnen konnte. Eine neue Platte zu kaufen, lag außerhalb seiner finanziellen Möglichkeiten.

Sein Trachten ging also dahin, ein Material zu finden, das ihm das kostbare Kupfer ersetzte, wenn auch nur so lange, bis er eine hinreichende Übung im Verkehrtschreiben und Ätzen erworben hatte, um kein Kupfer mehr zu verderben. Bei den verschiedenen Stoffen, die er zu diesen Zwecken einer Prüfung unterzog, war er auch auf eine zerbrochene Platte aus Solnhofer Kalkstein gekommen, der seit Jahrhunderten in München wie im ganzen südlichen Bayern zum Belegen von Hausfluren, zu Fensterstöcken, Grabsteinen und Tischplatten eine vielfache Verwendung fand. Die feine Glätte, welche diese Platten besitzen, war Senefelder aufgefallen. Er verschaffte sich aus einem Hausabbruch einige beschädigte Platten und begann sie zu ätzen, zu beschreiben und mit Scheidewasser zu bearbeiten. Er behandelte sie wie eine Kupferplatte, hatte aber noch keine Ahnung von den merkwürdigen Eigenschaften des neuen Materials.

Eines Tages – so wird erzählt – als er eben in seine Versuche vertieft war, kam seine Wäscherin. Sein Papiervorrat war so erschöpft, daß er kein Stückchen mehr finden konnte, um sich die mitgegebene Wäsche zu notieren. Er schrieb daher auf einen soeben polierten Solnhofer Stein, und zwar mit derselben Mischung von Wachs, Seife und Ruß, die er als Ätzgrund zum Überziehen seiner Platte benutzte.

Nachdem er später sein Wäscheverzeichnis auf die Rückseite eines Zettels übertragen hatte und die Schrift vom Stein wieder entfernen wollte, fragte er sich plötzlich, was wohl mit dem Verzeichnis geschähe, wenn er Säure darauf brächte.

Bei der großen Empfindlichkeit des Solnhofer Kalksteins gegen jede Art von Säuren konnte es sehr wohl sein, daß dieser Versuch vielleicht irgendein Ergebnis brächte. Senefelder machte sich also sofort ans Werk und stellte schon bald mit Erstaunen fest, daß die Säure nur die freigebliebenen Stellen angegriffen hatte, während die von der Schrift

Aloys Senefelder (1771–1834), der Erfinder des Steindrucks

bedeckten Teile etwa um die Stärke eines Kartenblattes über der Fläche herausstanden.

Vielleicht konnte man so die Schrift abdrucken? Senefelder versuchte es zuerst mit einem Buchdruckerballen. Dieser aber färbte auch den Grund zwischen den Buchstaben ein, und so gab es, als er ein Stück Papier darüberlegte, keine reine Wiedergabe seiner Schrift.

Aber so leicht ließ sich Senefelder nicht entmutigen. Er versuchte eine neue Art der Einfärbung, indem er ein Brettchen mit einem Tuch überzog und auf dieses die Farbe übertrug. Dann legte er das Ganze in horizontaler Lage über die Buchstaben, die nun allein eingefärbt waren und einen verhältnismäßig einwandfreien Abdruck ergaben.

Ich verkaufe mich!

Endlich nach vielen Mühen und Anstrengungen war Senefelder durch Zufall zu einem ersten mittelmäßigen Ergebnis gelangt. Was er allerdings gefunden hatte, war nicht die eigentliche und später so berühmt gewordene Lithographie, sondern eine Art Hochätzverfahren. Dazu aber eigneten sich – wie er schon bald herausfand – die Solnhofer Platten nicht besonders, da die einzelnen, feinen Schichten sehr leicht abblätterten und die Herstellung scharfer Linien nicht gerade einfach war.

Er probierte deshalb zunächst den Abdruck von Musiknoten; denn die damals gangbaren Drucke dieser Art waren keine Meisterwerke. Er hoffte, daß seine Wiedergaben auch nicht schlechter ausfielen. Bald hatte er sich eine gewisse Geschicklichkeit bei der Arbeit angeeignet und erhielt Abdrucke, die sich sicher verkaufen ließen.

Gern hätte er nun eine eigene kleine Notendruckerei aufgemacht. Aber woher sollte er die Geldmittel nehmen? In dieser Ratlosigkeit faßte er den Entschluß, das einzige, was er besaß – seine Freiheit – zu verkaufen. Er wollte, wie man damals sagte, „Stellvertreter" in der Armee werden. Das bedeutete, daß ein anderer als der „Gezogene" für diesen den Dienst im Heer übernahm. Die übliche Vergütung betrug dafür etwa 200 Gulden, und diese Summe – so hoffte Senefelder – würde gerade ausreichen, um damit eine Notendruckerei zu eröffnen.

Aber sein Plan mißlang! Da Senefelder in Prag geboren worden war, konnte er nicht als Stellvertreter einrücken, da das bayerische Gesetz nur Landeskindern den Zutritt zum Militärdienst gestattete.

In der höchsten Not kam unerwartet Hilfe, und zwar in Gestalt des Hofmusikus und Komponisten Gleißner. Senefelder machte diesem den Vorschlag, einige seiner Werke billig zu drucken. Gleißner willigte ein und gab darüber hinaus einen Vorschuß zur Anschaffung des Nötigsten. Senefelder kaufte Steine und Papier und machte sich sofort an die Arbeit. Er hatte damals eine alte, schlechte Kupferdruckpresse, die ihn nur sechs Gulden gekostet hatte. Auf ihr druckte er, indem er den Stein nach Art der Kupferdrucker durch die Walzen laufen ließ. So brachte er in zwei Wochen 120 Exemplare einer Sammlung von sechs Liedern einer Gleißnerschen Komposition fertig und verdiente daraus 100 Gulden. Da die Unkosten nur 30 Gulden betragen hatten, kann man sich unschwer vorstellen, wie freudig Senefelder die so erzielten 70 Gulden, die erste Frucht seiner Bemühungen, begrüßt hat und wie sehr sein Arbeitseifer und seine Hoffnungen anschwollen, als sein Betriebskapital sich noch weiter vermehrte. Gleißner hatte nämlich dem Kurfürsten von Bayern ein Exemplar seiner Lieder überreichen lassen und dafür ein Geschenk von 100 Gulden erhalten, das er mit Senefelder teilte.

Durch den Erfolg ermutigt, schlossen sich Gleißner und der Erfinder zusammen und starteten größere Unternehmungen. Zunächst ließen sie sich eine neue Presse bauen, von der sie sich natürlich auch bessere Abdrücke versprachen. Es war wieder eine Walzen- und Kupferdruckpresse. Aber zur großen Enttäuschung der beiden Unternehmer arbeitete die neue Presse weit schlechter und lieferte trotz aller Bemühungen nur verschmierte und unbrauchbare Blätter. Die alte Presse aber war schon zerhackt, und die neue wußten sie nicht zu verbessern. Da sie nun die übernommenen Arbeiten nicht liefern konnten, standen sie so auf einmal am Ende aller ihrer Hoffnungen und Pläne.

Senefelder fand später die sehr einfache Ursache für das Mißlingen, die er in seiner ersten Bestürzung nicht entdeckt hatte. Die obere Walze seiner alten Presse hatte nämlich einen breiten Sprung gehabt. Damit dieser beim Abdruck nicht hinderte, stellte ihn Senefelder stets so, daß er mit der Kante des Steins zusammentraf, und auf diese Weise wurde das Papier gleich beim Beginn des Durchziehens fest an den Stein geklemmt. Die neue Walze hielt dagegen das Papier nicht fest. Es rutschte und verdarb den Abzug.

In seiner Verlegenheit versuchte Senefelder auch eine Buchdruckpresse, doch konnten die Steine ihren Druck nicht aushalten und zerbrachen nach wenigen Abzügen. Der kleine Gewinn, den man mit den ersten Notendrucken gemacht hatte, war bald aufgezehrt, und die Not kehrte trotz der Unterstützung von Gleißner von neuem ein.

Aber Senefelder war nicht der Mann, der so schnell aufgab. Er machte sich im Jahre 1797 daran, ein neues Verfahren zu entwickeln. Es wurde eine völlig neue Anlage, die nicht mehr mit einer Rollenpresse arbeitete. Der Druck wurde mit einem Rahmen durchgeführt, in welchen das Papier gelegt wurde. Der Stein mit der Schrift oder Zeichnung lag auf einer Platte und wurde mit einem beweglichen Klöppel, an dem eine Art Schaber hing, gegen den eingefärbten Stein gepreßt. Die Anlage war einfach und arbeitete schon bald zufriedenstellend.

Nun konnte das Drucken weitergehen! Es fanden sich auch schnell neue Kunden. Einer von ihnen war Karl Maria von Weber, der um diese Zeit mit seinem Vater Anton in München weilte. Der junge Komponist, der damals gerade zwölf Jahre alt war, hatte bereits verschiedene Kompositionen geschaffen. „Aber trotz aller Bemühungen fand sich", wie sein Biograph und Sohn Max Maria von Weber später berichtete, „kein Musikalienhändler, der gewillt war, die Arbeiten zu veröffentlichen, und Franz Antons [des Vaters] Verhältnisse gestatteten ihm nicht, den Druck auf eigene Kosten zu veranstalten."

Zufällig traf dieser dann mit dem Hofmusikus Gleißner zusammen und sah die sechs Lieder, die durch Senefelder vervielfältigt worden waren. Ohne Gleißner etwas davon zu sagen, verstand es Franz Anton Weber, sich mit Senefelder bekannt zu machen und sich Einlaß in dessen Werkstatt zu verschaffen.

„Der Enthusiasmus, mit dem ihn diese Erfindung erfüllte", so berichtete der Biograph, „war außerordentlich, wenn er auf seines Knaben Talent blickte, dem es bei seiner Handfertigkeit im Zeichnen leicht werden mußte, seine Kompositionen selbst zu vervielfältigen. Ruhm und Ehre und Glücksgüter mußten ja dann auf sie herabströmen. Er verstand es auch, seinem Sohn solchen Eifer dafür einzuflößen, daß dieser, unablässig in Senefelders Werkstatt beschäftigt, sich bald die Handgriffe der Kunst vollständig zu eigen machte und besonders Noten mit Geläufigkeit, Sicherheit und Klarheit abzudrukken vermochte.

Der Knabe hatte aber nicht allein künstlerischen, sondern auch einen praktischen offenen Sinn, und es entging ihm nicht, daß die Schwächen der Verlebendigung von Senefelders Idee weit weniger in der unvollkommenen Erzeugung der Figur auf dem Stein, dem Material der Schwärzung und der Methode des Druckes, als in der Unreife seiner mechanischen Einrichtung liege.

Durch eifriges Grübeln von Vater und Sohn bemühten sie sich, die Anlage zu verbessern, von der beide Wunder erwarteten und mit deren Ausführung sie sich eifrig zu beschäftigen begannen."

Soweit der Bericht des Biographen, der damit eine Seite des später so berühmt gewordenen Komponisten aufzeigt, die wirklich nicht zu seinem Ruhm dient. Die Webers haben auch tatsächlich eine nach ihrer Ansicht verbesserte Maschine gebaut und darauf im Selbstverlag ein Heft mit Variationen ausgedruckt. Die Kritik äußerte sich sowohl über die Druckwiedergabe als auch den musikalischen Wert höchst mißliebig.

Zu dem Mißerfolg kam aber noch etwas, das die Freunde Senefelders als eine gerechte Vergeltung für diese Hinterhältigkeit ansahen. Bei einer nächtlichen Feuersbrunst verbrannte nämlich nicht nur die Werkstatt, sondern auch ein Teil der Kompositionen von Karl Maria von Weber. Wie die von den beiden Webers konstruierte Presse in Wirklichkeit ausgesehen hat, ist daher heute mangels weiterer Beschreibungen nicht mehr festzustellen. Jedenfalls dürfte sie keine so wesentlichen Verbesserungen besessen haben, wie es der Biograph darstellt. Denn Senefelder ließ sich davon durchaus nicht beeindrucken und baute seine als Stangen- oder Galgenpresse bezeichnete Anlage ohne wesentliche Abänderungen weiter.

Eine wichtige Entdeckung

Trotz aller Widerwärtigkeiten, die Senefelder in diesen Jahren erfuhr, überlegte er sich immer wieder, ob es nicht eine andere, einfachere Herstellung der Drucksteine gab. Er hatte trotz aller Mühe keine große Fertigkeit im „Verkehrtschreiben" der Noten erlangt, und die Wiedergabe war daher alles andere als vollkommen.

Vielleicht – so überlegte er – konnte man die Noten in richtiger Stellung auf eine Vorlage schreiben und dann auf den Druckstein übertragen. Er unternahm deshalb in diese Richtung hin zahlreiche Versuche. Um die Übertragung auf den Stein zu erleichtern, war er schon anfangs darauf bedacht gewesen, das Papier vor dem Beschreiben mit einer in Wasser löslichen Schicht zu überziehen, wozu er anfangs Stärke und Gummi arabicum benutzte. So kam also der wichtigste lithographische Stoff, das Gummi, unter die Hände des vielseitigen Erfinders. Eines Tages, als er eben ein so gummiertes und beschriebenes Blatt Papier in einen Eimer mit Wasser tauchte, auf dem zufällig einige Tropfen Öl schwammen, bemerkte er, daß sich das Öl an die fetten Schriftzüge angehangen, die weiße Fläche aber durchaus vermieden hatte.

Diese eigenartige Feststellung machte den Erfinder sofort stutzig! Ähnlich wie das Öl reagiert vielleicht auch die Druckerschwärze. Er riß ein Blatt aus einem alten Buch, tauchte es in Gummilösung und betupfte es mit verdünnter Druckerschwärze. Und richtig: Die Schwärze hing sich nur an die Buchstaben und ließ den Grund des Papieres weiß.

Er legte nun ein weißes Blatt auf das eingeschwärzte, schob beide in die Presse und erhielt so einen ziemlich guten Gegendruck von der alten Schrift. Hoch erfreut über diesen Erfolg, hatte er natürlich nichts Eiligeres zu tun, als zu untersuchen, ob sich seine Steinplatten ebenso wie das Papier verhalten würden.

Auf eine frischpolierte Platte wurde ein Strich mit Seife gemacht, Gummiwasser darauf gegossen und der Stein mit Farbe betupft. Der Strich nahm die Farbe an, der Rest blieb weiß – und damit war im Jahre 1798 der Grundgedanke der heutigen Lithographie gefunden worden. Er beruhte darauf, daß die Zeichnung oder die Schrift nicht erst durch ein besonderes Ätzverfahren erhöht zu werden brauchte, sondern sich auch auf chemischem Weg darstellen ließ.

Ein Stück Seife wurde dabei das Vorbild des späteren lithographischen Kreidestiftes; denn dieser ist nichts anderes als geschwärzte und durch Zusätze gehärtete Seife. Auch die flüssige, fette Tinte, mit der Senefelder bisher bei seinen Notenschriften gearbeitet hatte, wurde nun durch einen Zusatz von Seife verbessert. Das Wiedergabeverfahren bestand nunmehr aus drei Arbeitsgängen: der Herstellung der Bildplatte (Lithographie), dem Andruck oder Umdruck (Fettkopie) und schließlich dem Auflagendruck. Dafür war nicht mehr ein Abdruck zwischen Walzen geeignet, sondern die von Senefelder entwickelte *Stangenpresse*, die er jetzt weitgehend mechanisierte. Der *Reiber* saß an einer beweglichen, oben an einem federnden Brett befestigten Stange und wurde, nachdem er durch Treten auf einen Hebel herunter-

Hölzerne Stangenpresse von Senefelder, 1797

gebracht worden war, über den festliegenden, mit dem Rahmen bedeckten Stein weggezogen. Nach erfolgtem Druck wurde der Tritthebel wieder freigelassen, die Reiberstange hob sich durch die Elastizität des Brettes von selbst und wurde so lange, bis der Stein wieder eingeschwärzt war, zur Seite geschoben und befestigt.

Nunmehr war Senefelder imstande, besser und schneller zu arbeiten, und bald fehlte es nicht mehr an Bestellungen. Es war auch höchste Zeit, daß eine solche Wendung eintrat; denn er saß wieder tief in Schulden, und die Familie Gleißner mit ihm, denn unentwegt hatte diese ihn unterstützt und selbst alles nur Erdenkliche verkauft, um die laufenden Bedürfnisse zu decken. Um vertrauenswürdige Arbeitskräfte zu bekommen, nahm Senefelder nunmehr seine beiden Brüder zu sich und weihte sie in sein neues Verfahren ein. Auf seine wiederholten Eingaben hin erhielt er jetzt für Bayern ein fünfzehnjähriges Privilegium, das eine Art Patentschutz sein sollte, ihm aber in der Folgezeit nur wenig nützte.

Im Sommer des Jahres 1799 reiste der Musikalienverleger André aus Offenbach nach München und besuchte auch Senefelders Anstalt. Er war höchst erstaunt über das neuartige Wiedergabeverfahren, dessen Bedeutung er sofort begriff. Er bot dem Erfinder 2000 Gulden, wenn er ihn in seinem Verfahren unterweise und bei ihm in Offenbach eine Steindruckerei einrichten würde. So entstand dort die zweite lithographische Anstalt. André war von den Ergebnissen des neuen Wiedergabeverfahrens so befriedigt, daß er beschloß, ähnliche Steindruckereien in ganz Europa einzurichten. Die drei Brüder Andrés sollten die Filialen in London, Paris und Berlin, Senefelder die in Wien leiten und dafür ein Fünftel des Gesamtgewinnes erhalten.

Der Erfinder ging auf dieses ihm so vorteilhaft erscheinende Geschäft ein und überließ seine Münchner Druckerei seinen beiden Brüdern gegen eine Gewinnbeteiligung. Um die geplanten Betriebe einzurichten, sollte Senefelder zunächst mit André nach London fahren und dort ein Patent zu erlangen versuchen. André befürchtete jedoch, der Erfinder würde bei seiner großen Offenheit und Mitteilsamkeit sein Geheimnis nicht zu bewahren wissen, und behielt ihn deshalb während des siebenmonatigen Aufenthaltes ständig im Auge.

Senefelder, der Beaufsichtigung überdrüssig, verließ schließlich London, ohne daß das Unternehmen in der britischen Hauptstadt in Gang gekommen war. Verärgert löste er die Verbindung zu André ganz und versuchte selbst, die Zweigbetriebe einzurichten. Zuerst wollte er deshalb nach Wien reisen.

Hier aber erwartete ihn die erste Überraschung! Ein Student aus Straßburg mit Namen Niedermayer, der mit den beiden Brüdern Senefelders befreundet gewesen war, hatte oft die Druckerei besucht. Nachdem er dort genügend gesehen hatte, versuchte er zuerst den Steindruck in Frankreich einzuführen, und als dies nicht gelang, ging er nach Wien, um hier das Privileg für Österreich zu erwirken. Um Niedermayer zuvorzukommen, sandten die Brüder Senefelders, während er selbst noch in London weilte, zuerst ihre Mutter und dann Frau Gleißner ebenfalls nach Wien. So lagen fast gleichzeitig drei Anträge für das Privileg vor, die aber die österreichische Regierung abschlägig beschied, da sie nicht festzustellen vermochte, wer die Priorität von den dreien besaß.

So standen also die Dinge durchaus nicht günstig, als Senefelder schließlich in Wien erschien. In Gemeinschaft mit einem Herrn von Hartl errichtete er hier eine Notendruckerei und erhielt endlich aufgrund seines bayerischen Privilegs im Jahre 1803 eines für Österreich. Aber die Wiener Musikalienhändler sahen die neuen Konkurrenten mit scheelen Augen an und hüteten sich, „dem Eindringling" Arbeiten zu übergeben. So ging das Geschäft sehr schlecht und wurde schließlich aufgegeben.

Senefelder versuchte nun auf andere Weise einen Broterwerb zu finden und wandte sich dem Kattundruck zu. Mit einer Baumwollspinnerei in Pottendorf sollten eine Weberei und Druckerei verbunden werden. Senefelder wollte dort den Stoffdruck auf lithographische Weise ausführen. Es war jedoch zu schwierig, das eine Ende des Musters an das andere anzupassen, daß er schließlich diesen Plan aufgab. Nun ätzte Senefelder die Muster auf eiserne Zylinder und versuchte eine Art Walzendruck. Das Ergebnis war höchst zufriedenstellend und versprach ein gutes Geschäft in der Zukunft.

Aber wieder kam alles anders! In dem Augenblick nämlich, in dem der Kattundruck in größerem Umfang durchgeführt werden sollte, führte Napoleon die Kontinentalsperre ein, welche die englischen Garne für den festländischen Markt sperrte. Damit fehlte der benötigte Rohstoff.

Wieder stand Senefelder vor dem Nichts! Es war deshalb für ihn ein glücklicher Zufall, daß ein Herr von Aretin ihn einlud, nach München zu kommen und dort auf gemeinsame Rechnung eine lithographische Anstalt einzurichten. Senefelder verließ im Jahre 1806 Wien und kehrte nach München zurück. Hier erlebte er wieder eine Enttäuschung! Seine Brüder hatten nämlich ihr gemeinsames Geschäft an die Direktion der dortigen Kunstschule verkauft. Auf sein Privileg gestützt, wollte Senefelder der Anstalt die Ausübung des Steindruckes verbieten. Ein langer Rechtsstreit begann, der aber schließlich gegen Senefelder entschieden wurde.

In der Münchner Kunstschule jedoch, vor allem unter der Leitung des begabten Professors Mitterer, der sein ganzes Können einsetzte, um die Lithographie künstlerisch zu vervollkommnen, sah die Öffentlichkeit erst, welchen unermeßlichen Vorteil die Zeichenkunst aus der neuen Erfindung ziehen konnte. Zu den vielen Verbesserungen, die Professor Mitterer einführte, gehörte auch die *Roll- oder Sternpresse.* Die Stangenpresse reichte für den von Mitterer bevorzugten Kreidedruck nämlich nicht aus. Mitterer entwickelte deshalb eine Einrichtung, deren Vorteil darin bestand, daß der auf einer verschiebbaren Unterlage liegende Stein unter einem feststehenden Reiber durchgezogen wird. Dadurch erreichte er einen stärkeren und zugleich auch gleichmäßigeren Druck.

Auch Senefelder nützte das neue Verfahren später aus, und zwar dann, als er die mit Herrn von Aretin gegründete Anstalt mangels ausreichenden Gewinnes aufgegeben hatte. So war Senefelder selbst ohne eine eigene Steindruckerei, während in München und in anderen Städten eine lithographische Anstalt nach der anderen entstand, ohne daß es der Erfinder trotz seines Privilegs verhindern konnte. Zahlreiche Reisende kamen in den nächsten Jahren nach München, um den Steindruck zu studieren und geschulte Arbeiter mitzunehmen. So war bald Europa mit Steindruckereien übersät, während der Erfinder bei dem einen oder dem anderen seiner Nachahmer um Arbeit bitten mußte. Schließlich befaßte sich die Öffentlichkeit mit der Person des Erfinders. Deshalb sah die Regierung sich endlich veranlaßt, dem genialen Mann ein regelmäßiges Einkommen zu sichern. Er wurde 1810 bei der Steuerkatasterkommission als Druckerei-Inspektor mit einem lebenslänglichen Gehalt von 1500 Gulden angestellt. Sein Arbeitsbereich war der Landkartenteil des Katasterinstituts. Kurze Zeit später gelang es ihm auch, für seinen Freund Gleißner eine Anstellung mit einem Gehalt von 1000 Gulden zu erwirken.

Obwohl nun Senefelders Existenz gesichert war, ließ ihn doch seine lebhafte Phantasie, sein fortwährendes Jagen nach Verbesserungen und neuen Erfindungen nicht zur Ruhe kommen. Zunächst beschäftigte er sich mehrere Jahre mit der Idee, künstliche leichte Platten als Ersatz für die schweren Steine zu benutzen. Er überzog anfangs Papier, später Zink- und andere Metallplatten mit einer teigigen Masse, die nach dem Trocknen die Eigenschaften der natürlichen Steine haben sollte. Er konnte hier nicht weiterkommen. Erst ein Jahrhundert später wurde sein genialer Gedanke wieder aufgegriffen.

In den wenigen Ruhepausen, die ihm blieben, schrieb er ein *Lehrbuch der Steindruckerey*, das im Jahre 1818 erschien und in mehrere Sprachen übersetzt wurde. In diesem Buch erwähnt er auch die *Graviermethode*, die später zu einer besonderen Kunst entwickelt wurde. Der Stein wird dabei für die Gravierung zuerst mit Bimsstein glattgeschliffen, dann wird er mit einer verdünnten Gummilösung überstrichen und anschließend mit Wasser reingewaschen. So ist er gegen Fett unempfindlich geworden und wird nun mit einer Rußgummilösung geschwärzt. Die gewünschte Zeichnung oder Schrift wird mit Hilfe einer Pause auf den Stein übertragen und mit einer in Holz gefaßten Stahlnadel oder einer eigens dazu entwickelten Diamantspitze in den Stein eingraviert. Dann wird der ganze Stein mit Leinöl eingerieben, welches nun an all den Stellen in den Stein eindringt, die durch die Nadel oder den Diamanten bloßgelegt wurden. Nachdem das Leinöl einige Minuten gestanden hat, wird der Stein mit einem Lappen oder Wasser gereinigt und dann mit einem Farbballen eingeschwärzt, ein Papier darübergelegt und durch die Presse gezogen. Ein Verfahren übrigens, dessen sich später namhafte Maler wie Goya, Delacroix, Corot, aber auch Achenbach und Menzel bedienten. Bekannt wurden auch die satirischen Steindrucke von Daumier, Descamps und Gavarni. Der Kreidesteindruck hingegen kam der Malweise der Impressionisten wie Manet, Renoir und Degas entgegen.

Im Jahre 1826 gelang es Senefelder, den Druck farbiger Blätter durchzuführen, den er *Mosaikdruck* nannte. Er ahnte wohl kaum, daß er damit sechzig Jahre später einen ganzen Kunstzweig revolutionierte und die Möglichkeiten für das künstlerische Plakat schuf, das durch Toulouse-Lautrec berühmt wurde.

Senefelder starb am 26. Februar 1834 in München in einem Alter von 62 Jahren. In den folgenden Jahrzehnten wurde seine Steindruckpresse immer weiter entwickelt. Auf der Pariser Weltausstellung im Jahre 1867 war eine lithographische Schnellpresse mit selbständigem Einfeuchter eine der technischen Sensationen. Die Entwicklung ging bis in die heutige Zeit weiter. Anstelle des Drucksteines werden neuerdings, wie es bereits Senefelder versuchte, Zink- oder Aluminiumplatten verwendet, auf die das Bild oder die Zeichnung auf photographischem Wege übertragen wird.

Das ist auch die Grundlage für eines unserer modernsten Verfahren, den *Offsetdruck*. Das Druckelement ist hier wiederum eine Zink- oder Aluminiumplatte, die auf einen Zylinder gespannt wird und auf welche die Schrift oder das Bild photomechanisch übertragen wird. Auch diese angefeuchteten Druckformen nehmen nur die druckenden fetthaltigen Teile der Farbe an. Doch im Unterschied zur Lithographie erfolgt der Druck nicht unmittelbar auf das Papier, sondern zunächst auf ein Gummituch und von diesem auf den durchlaufenden Bogen. Der Grund für dieses dem Laien umständliche Verfahren liegt in dem sehr scharfen Druck, der so auch auf einer sehr rauhen und damit billigen Papieroberfläche möglich ist, weil das Gummituch sich den Unebenheiten besser anschmiegen kann, als dies bei einem normalen Hochdruck möglich wäre. Auf diese Weise vermögen Offsetmaschinen im Schön- und Widerdruck gleichzeitig bis zu sechs Farben auszudrucken. Eine Leistung, deren wesentliche Grundlage vor mehr als 150 Jahren von Aloys Senefelder geschaffen wurde.

Das Zeitalter des Dampfes beginnt

Vor der Erfindung der großen Kraftmaschinen war der Mensch auf seine eigene Muskelkraft und auf die von Haustieren wie Rind und Pferd angewiesen. Gewiß hat man es verstanden, auch einige Naturkräfte wie den Wind und die Strömung der Flußläufe auszunutzen. Wind- oder Wassermühlen wurden auf diese Weise betrieben. Aber die so erzielten Leistungen waren nur gering.

Um größere maschinelle Anlagen betreiben zu können, war man daher immer noch gezwungen, die Kraft von Menschen und Tieren einzusetzen. Der Energiebedarf stieg, und so suchte man nach einer Maschine, mit der die menschliche und tierische Arbeitskraft ersetzt oder sogar gesteigert werden konnte.

Einige Erfinder waren dabei ihrer Zeit weit voraus.

So befaßte sich der Holländer Huygens mit einer *atmosphärischen Explosionsmaschine*, einem entfernten Vorläufer unserer heutigen Benzinmotoren, die sogar funktionierte. Allerdings war die Kraft zu gering, die sie erbrachte, so daß die Versuche eingestellt wurden. Ein Assistent von Huygens, Papin, der aus Glaubensgründen nach England ausgewandert war, beschäftigte sich in Gedanken weiter mit dem Problem. Papin baute, die Ideen Huygens' weiterverfolgend, die erste *Kolbendampfmaschine*. Ob sie wirklich gearbeitet hat, wissen wir heute nicht mehr.

Zu dieser Zeit war ein Notstand in den englischen Kohlengruben aufgetreten. In den Schächten stieg das Wasser schneller, als man es herausbefördern konnte. Alle bisherigen krafterzeugenden Maschinen wie Windräder, Wasserräder oder Pumpanlagen, die von Mensch und Tier angetrieben wurden, hatte man erfolglos eingesetzt. Ihre Leistung war einfach zu gering. Das Wasser stieg immer mehr.

Ein Bergbeamter namens Thomas Savery kam auf den Gedanken, eine Art Dampfpumpe zu entwickeln. Als Savery dabei den Dampfdruck vergrößerte, explodierte die Maschine. Die Bergwerke waren daraufhin mißtrauisch geworden und setzten sie nicht mehr ein. Nur für Bewässerungsanlagen und Springbrunnen wurde sie einige Zeit weiterverwendet.

Der Schmied und Eisenwarenhändler Thomas Newcomen entwarf bald eine Dampfmaschine, die zufriedenstellend arbeitete: In einem Zylinder befand sich ein beweglicher Kolben, der durch Dampf nach oben gedrückt wurde. Dann wurde der Dampf durch einfließendes Wasser abgekühlt und kondensiert, wodurch sich ein Unterdruck im Zylinder bildete und der Kolben wieder nach unten sank. Die Leistung der Maschine betrug bald zwölf Hübe in der Minute.

Alle Handgriffe wurden dabei noch mit Hand durchgeführt, bis ein junger Arbeiter namens Humphrey Potter entdeckte, daß sie im Rhythmus der Hübe erfolgen mußten. Er hatte die Idee, diese Handgriffe der Maschine selbst zu übertragen. So entstand die Selbststeuerung der Dampfmaschine. Trotzdem hatte Newcomens Maschine viele Nachteile: Die Kessel waren zu klein, die Rohre zu eng. Oft mußten Betriebspausen eingelegt werden. Die Maschine machte einen ohrenbetäubenden Lärm. Und vor allem: Sie verbrauchte unendliche Mengen von Kohle, obwohl sie in den folgenden Jahren auch von Smeaton verbessert wurde.

Eine bessere Maschine muß her!

Und sie kam, aber es war ein langer Weg, bis sie in Betrieb genommen werden konnte. Ihr Erfinder war James Watt.

Sein Vater, der als Schiffsbauer und Zimmermann tätig war, ist nicht sehr mit irdischen Gütern gesegnet gewesen. Er mußte daher alles mögliche unternehmen, um Geld zu verdienen. So schreinerte er Möbel und handelte mit Schiffsausrüstungen, die er zum Teil selbst anfertigte. Sogar an mathematischen Instrumenten versuchte er sich.

Die Werkstatt seines Vaters war für den kleinen und schon früh an mechanischen Dingen interessierten James die beste Lehrstätte, die man sich denken konnte. Dem schwächlichen und kränklichen Knaben bereitete es mehr Freude, seinem Vater bei der Arbeit zuzusehen, als mit seinen Altersgenossen herumzutoben. Alles ließ er sich dabei vom Vater und den Gehilfen erklären. Wenn er etwas nicht verstand, fragte er so oft zurück, bis er es wenigstens ungefähr erfaßte.

Eines Tages war in der Werkstatt die Rede davon, daß man wahrscheinlich schon in absehbarer Zeit Schiffe mit Dampfkraft fortbewegen werde, wie es Papin bereits geplant hatte. Über dieses Gespräch dachte der junge James Watt lange nach. Bei jeder Gelegenheit studierte er aufmerksam die Wirkung der Dampfkraft. Fasziniert sah er zu, wenn bei der nachmittäglichen Teestunde der Dampf den Deckel des Teekessels hob. Später hielt er einen Löffel über den Schnabel des Kessels und beobachtete genau, wie der Löffel sich langsam oder ruckartig nach oben bewegte.

Zwar waren diese Versuche Kinderspielerei, sie kennzeichnen jedoch das Bestreben Watts, sich durch genaue und eingehende Versuche die Kenntnis von physikalischen Vorgängen zu verschaffen.

Es war daher fast selbstverständlich, daß er nach dem Besuch der Schule, wo er sich zwar nicht in Latein und Griechisch, um so mehr aber in Mathematik auszeichnete, Ingenieur werden wollte.

Dazu mußte er zunächst eine Lehrzeit als Mechaniker absolvieren. Er lernte jedoch nicht in der väterlichen Werkstatt, sondern in der nahe gelegenen kleinen Universitätsstadt.

Hier hörte er wiederholt von den Mängeln der Newcomenschen Maschine, die in Bergwerken eingesetzt wurde. Er las darüber in den wissenschaftlichen Mitteilungen, die von der physikalischen Fakultät der Universität herausgegeben wurden. Obwohl er hart arbeiten mußte, dachte er immer wieder darüber nach, wie man die Maschine verbessern könnte.

Glück im Unglück

Der junge Watt merkte bald, daß er in Glasgow nicht viel Neues dazulernen konnte. So entschloß er sich, nach London zu reisen.

Hoch zu Roß kam er nach zwölf Tagen ziemlich erschöpft dort an. So lange brauchte man damals, um von Glasgow nach London zu gelangen. Heute fliegt ein Flugzeug die Strecke in fünfzig Minuten.

Nur mit Mühe konnte er hier bei einem kleinen Mechaniker eine Lehrstelle finden, wo er gegen ein hohes Lehrgeld noch schwer arbeiten mußte. Ein Jahr lang hielt er es dort aus, dann brach er fast zusammen unter der harten Arbeit und den zahllosen Entbehrungen. Niedergeschlagen kehrte er schließlich knapp nach seinem zwanzigsten Geburtstag nach Glasgow zurück.

Doch das bedeutete für ihn Glück im Unglück! Während seiner früheren Lehrzeit hatte er verschiedentlich Reparaturen von physikalischen Instrumenten in der Universität durchgeführt. Als er dort nach Arbeit fragte, stellte ihn einer der Professoren als eine Art Universitätsmechaniker gegen ein geringes Gehalt ein. Ein Kellergewölbe der Universität wurde seine Werkstatt.

Bei diesen Arbeiten lernte er beinahe ebensoviel wie einer der Studenten. Jedesmal, wenn eines der Vorführmodelle zur Reparatur in seine Hände kam, befaßte er sich mit den physikalischen Gesetzen, die es demonstrieren sollte. Er tat dies eingehend und fast pedantisch wie in seiner Jugend und fragte die Professoren, wenn er dieses oder jenes in den Büchern nicht verstand.

Männer wie der Physiker Black, der auf dem Gebiet der Wärmelehre viel geleistet hat, und Robinson, ein Meister in der Berechnung physikalischer Probleme, hatten ihre Freude an dem lernbeflissenen Mechaniker. Sie unterstützten und förderten seine Weiterbildung, lag es doch auch in ihrem Interesse, einen so eifrigen Mechaniker zur Hand zu haben.

Eine folgenreiche Reparatur

Entscheidend für den weiteren Lebenslauf Watts wurde ein Auftrag, den er im Winter 1763 erhielt. Das kleine Modell der Newcomenschen Dampfmaschine arbeitete nicht mehr, und er sollte es wieder in Gang setzen.

Das gelang Watt schon nach kurzer Zeit. Gründlich wie er war, sah er sich die Maschine genau an und prüfte sie eingehend auf ihre Leistungsfähigkeit.

Es fiel ihm vor allem auf, daß sich im Kessel nur Dampf für wenige Hübe bildete, dann mußte man warten, bis wieder neuer entstanden war. Watt staunte gleichfalls über den hohen Verbrauch an Dampf, der ein Vielfaches des Zylinderinhaltes betrug.

Vergeblich versuchte er, dafür in den damals vorhandenen Veröffentlichungen über die Dampfmaschine eine Erklärung zu finden. Dazu stellte er selbst Versuche an. Er wollte einen Weg suchen, den Dampf besser zu nutzen.

Eines war ihm bald klar: Will man die dampffressende Kondensation

– also die Rückbildung in Wasser – günstiger gestalten, muß der Zylinder mindestens so heiß sein wie der eintretende Dampf. Um aber einen möglichst großen Unterdruck zu erzielen, hat der Zylinderraum wiederum möglichst kalt zu sein.

Wie könnte man diese beiden Dinge miteinander verbinden? Monatelang dachte Watt darüber nach. Endlich fand er eine Lösung:

Man muß den Zylinder von dem Kondensator trennen! Der Dampf als ein elastisches Gas hat sich in einem von dem Zylinder getrennten Behälter in Wasser umzubilden. Wie aber kann man dann das Einspritzwasser, das Kondenswasser und die Luft entfernen?

Er sah zwei Möglichkeiten! Im Schacht hilft man sich gegen das Wasser mit einer Fallröhre, und Luft und Wasser kann man mit einer Pumpe entfernen. Ist diese Änderung aber auch bei der Dampfmaschine durchzuführen?

Aufgeregt eilte Watt nach Hause. Eilig baute er den Versuchsapparat zusammen, der heute noch im Science Museum in London zu sehen ist. Er bestand nur aus drei einfachen Zylindern, die aber ausreichten, um die Arbeitsweise der neuen Dampfmaschine auszuprobieren.

Die Lust am Erfinden erfüllte den jungen Mechaniker. Zum Glück ahnte er nichts von den ungeheuren Schwierigkeiten, die er noch zu überwinden hatte, bis aus seiner Vorstellung eine brauchbare Maschine entstand.

Sorgen und Fehlschläge

Von dem Gedanken besessen, durch seinen Versuchsapparat den Weg zu einer neuartigen besseren Dampfmaschine gefunden zu haben, machte er sich sofort an die Arbeit.

Ein alter Klempner half ihm dabei. Beide verstanden nicht viel vom Maschinenbau. Trotzdem war ihre Enttäuschung groß, als die Maschine nach sechsmonatiger, anstrengender Arbeit nicht funktionierte.

„Um es offen zu sagen", so schrieb Watt an einen Freund, „die Maschine ist ein Fehlschlag!"

Er war verzweifelt! Sein ganzes Vermögen, gut 20 000 Mark, hatte er für die Konstruktion ausgegeben. Das konnte er kaum vor seiner inzwischen gegründeten Familie verantworten.

Er mußte sich schnellstens nach einer anderen Beschäftigung um-

Mit James Watt (1736–1818) begann das Zeitalter der Dampfmaschine

sehen, um Frau und Kinder ernähren zu können. Damals herrschte starke Nachfrage nach Fachleuten, die Straßen, Kanäle und Häfen vermessen können. Da er gute mathematische Kenntnisse besaß, betätigte er sich auf diesem Gebiet.

Trotzdem vergaß er seinen Plan nicht, die Dampfmaschine zu verbessern. Jede freie Stunde dachte er darüber nach. Er trug ständig sein Notizbuch bei sich, entwarf, verwarf und konstruierte von neuem.

Endlich nach drei Jahren glaubte er wieder soweit zu sein. Er hat den Kondensator mit dem damals von ihm entwickelten Arbeitsprinzip wesentlich verbessert. Zur Vorsicht legte er jedoch die neue Konstruktion seinem Freund und Gönner Professor Black in Glasgow zur Begutachtung vor. Dieser hielt sie für einen wesentlichen Fortschritt und machte einen seiner Bekannten, Dr. Roebuck, auf Watts Pläne aufmerksam.

Dr. Roebuck, der ursprünglich Arzt und dann als Unternehmer zur chemischen Industrie und zum Bergbau gegangen war, erkannte sofort die Bedeutung der Pläne des jungen Erfinders. Er sprang mit einigen Geldzuwendungen ein. Eine neue Maschine wurde gebaut, die aber durch die Ungeschicklichkeit eines Arbeiters beschädigt wurde.

Schließlich gelang es doch, die Maschine zum Laufen zu bringen. Dr. Roebuck riet Watt, sofort einen möglichst weitreichenden Patentschutz zu beantragen. Dieser Rat wirkte sich ein Jahrzehnt später, als man Watt seine Erfindung in zahllosen Patentprozessen streitig machen wollte, sehr zu seinem Vorteil aus.

Am 5. Januar 1769 wurde James Watt das in der Geschichte der Technik berühmte Patent Nr. 913 erteilt. Es wurde dank Roebucks Beziehungen sehr weit gefaßt und legte sich auf keine besonderen Einzelheiten fest.

Dr. Roebuck veranlaßte Watt, eine größere, leistungsstärkere Maschine zu bauen. Er stellte ihm dazu eine Werkstatt an seinem Wohnort zur Verfügung. Aber die Arbeiten gingen nicht so recht vorwärts. Watt war überarbeitet und gesundheitlich völlig am Ende. Um seine Familie ernähren zu können, arbeitete er am Tage als Landmesser und abends an seiner Maschine.

„Es gibt nichts Törichteres im Leben", schrieb er damals wiederum an einen Freund, „als das Erfinden! Anstatt mir etwas Ruhe zu gönnen und mir zu sagen, daß mich gerade ein Beruf schon genug ausfüllt, verbringe ich die Nächte mit der Konstruktion einer Maschine, von der ich nicht einmal weiß, ob sie jemals das leisten wird, was ich mir vorstelle."

Trotzdem arbeitete Watt weiter. Er wollte und mußte es schaffen! Aber die Schwierigkeiten wurden immer größer. Sein Gönner Dr. Roebuck hatte sich wohl zu stark an verschiedenen Unternehmungen beteiligt und kam selbst aus den Schulden nicht mehr heraus. Damit fiel für Watt die Geldquelle weg.

Er kämpfte verzweifelt weiter. Er konnte die Patentkosten nicht mehr bezahlen. Zwölf Jahre hatte er sich nun mit der Dampfmaschine befaßt, aber immer noch war sie nicht fertig.

„Ich bin jetzt 35 Jahre alt", schrieb er in sein Tagebuch, „und habe der Welt nicht für 35 Pennies genützt."

Auch die Sorge um seine Familie ließ ihn nicht mehr los. Seine Frau war schwer erkrankt. Er nahm eine Vermessungsarbeit in einer einsamen und trostlosen Gegend in Schottland an. Die Herbststürme fegten über das Land, und sein Gesundheitszustand verschlimmerte sich.

Dann erhielt er die Nachricht, daß seine Frau im Sterben lag. So schnell er konnte, eilte er nach Hause. Als er ankam, war seine Frau tot. Verzweifelt schrieb er in sein Tagebuch: „Es hat keinen Sinn mehr, ich gebe meine Erfindung auf!"

Endlich ein Wendepunkt!

Drei Jahre vergingen. Watt arbeitete weiter als Landvermesser. Die Beschäftigung mit der Maschine hatte er schon kurz nach dem Tod seiner Frau wieder aufgenommen.

„Es ist das beste Heilmittel gegen die zahllosen Schicksalsschläge", sagte er zu seinem Freund Dr. Small. „So komme ich auch leichter über den Tod meiner Frau hinweg."

Ohne daß es Watt zunächst wußte, hatte sich Dr. Small in der Zwischenzeit bemüht, einen Geldgeber und Teilhaber für Watt zu suchen. Es gelang ihm schließlich, den großen englischen Industriellen Matthew Boulton für die Pläne Watts zu gewinnen.

Boulton stand bereits damals in einem brieflichen Gedankenaustausch mit Benjamin Franklin, dem späteren Erfinder des Blitzableiters, über den Bau einer Dampfmaschine. So war er mit einigen der Probleme vertraut. Er erfaßte rasch, was Watt mit seinen Umkonstruktionen vorhatte.

Es kam ein Vertrag zustande, nach dem Boulton der Fabrikant und Teilhaber Watts wurde. Er bezahlte dessen Schulden und sicherte dem Erfinder ein ausreichendes Einkommen zu.

„Ich wollte", so schrieb Watt im Frühling 1774 voller Dankbarkeit an seinen Freund Dr. Small, „meine Frau hätte diesen Tag noch erlebt. Vielleicht wäre sie dann nicht so von den Sorgen zermürbt worden, und der Tod hätte nicht so schnell nach ihr gegriffen!"

Watt siedelte nun nach London über und arbeitete von nun an nur noch in der im Stadtteil Soho gelegenen Maschinenfabrik. In Ruhe konnte er sich hier mit seinen zahllosen Konstruktionsverbesserungen befassen. Zunächst wandelte er die Auf- und Abbewegung des Balanciers, mit dem ursprünglich die Wasserpumpe betätigt wurde, durch eine Zahnradanordnung in eine Drehbewegung um.

Dann kam ihm der geniale Einfall, den Dampf nicht nur von unten, sondern nach einer entsprechenden Bewegung des Kolbens auch von oben in den Zylinder eintreten zu lassen und so eine Doppelwirkung zu erzielen. Dieses Prinzip ist heute noch bei jedem Zylinder einer Dampflokomotive, der die Kolbenstangen für den Antrieb bewegt, zu beobachten.

In einer alten Beschreibung, die aus dieser Zeit stammt und die den Arbeitsvorgang gut darstellt, wird die neue, nunmehr von Watt entwickelte Maschine wie folgt dargestellt:

„Die Dampfmaschine besteht aus einem weiten Zylinder oder einer Röhre, in welche ein luftdichter Stempel, wie in den Pumpen, genau eingepaßt ist. Der Dampf wird in einem getrennten Kessel erzeugt, treibt den Stempel in die Höhe und öffnet zugleich eine Klappe, durch welche kaltes Wasser hereinfließt. Nun wird ein anderer Dampf ein-

Nachbildung der ersten Dampfmaschine für Drehbewegung von James Watt (1788)

gelassen, welcher den Stempel wieder nieder und das Wasser mit ungeheurer Gewalt aus der Röhre heraustreibt. Der Dampf hebt den Stempel von neuem, preßt ihn wieder herab, und durch diese abwechselnde Bewegung läuft die Maschine ununterbrochen."

Um den Lauf der neuen Maschine gleichmäßig und möglichst störungsfrei zu gestalten, baute Watt ein großes Schwungrad ein. Der „tote Punkt" und die Bewegungsunterschiede bei dem Auf und Ab des Zylinderkolbens wurden jetzt zwar ausgeglichen, aber die neue Maschine arbeitete immer noch nicht so einwandfrei, daß sie auch zu anderen Zwecken, wie beispielsweise in einer Spinnerei, eingesetzt werden konnte.

Aber auch diese Schwierigkeit löste Watt durch einen genialen Einfall: Er erfand den *Zentrifugalregulator*, eine Einrichtung, die sich über 150 Jahre bewährt hat.

Der Zentrifugalregulator besteht aus einer senkrecht stehenden Achse, an der zwei kurze gegenüberliegende Metallstangen mit Eisenkugeln an den Enden beweglich angebracht sind. Im Ruhezustand hängen die Kugeln nach unten. Dreht sich aber die Achse, werden sie durch die Zentrifugalkraft nach außen von der Achse weggezogen. Je schneller sich die Achse dreht, um so weiter schieben sich die Kugeln nach außen. Koppelt man nun diesen Zentrifugalregulator mit dem Dampfzuführungsventil der Dampfmaschine, dann reguliert die Maschine ihre Dampfzufuhr selbst: Schießt zuviel Dampf in den Zylinder, dreht sich der Zentrifugalregulator schneller, die Kugeln schieben sich nach außen und schließen durch ein Gestänge die Dampfzufuhr: Der Dampfdruck sinkt, der Zentrifugalregulator läuft langsamer, wodurch das Zufuhrventil weiter aufgeht: Der Dampfdruck nimmt wieder zu. Auf diese Weise stellt sich ein mittlerer gewünschter Dampfdruck im Zylinder von selbst ein, und die Maschine läuft gleichmäßig.

Um der Maschine ein besseres Aussehen zu geben, wurde der bisher hölzerne und schwere Balancier durch eine gefällige, beinahe elegant wirkende Eisenkonstruktion ersetzt.

Zahlt mir ein Drittel von dem, was ihr an Kohlen erspart

Man sollte meinen, daß die so verbesserte Dampfmaschine einen leichten Absatz vor allem in den englischen Kohlengruben gefunden hätte. Aber das war nicht so! Viele der Bergwerksbesitzer hatten schon vor Jahren die ersten Newcomenschen Maschinen für die Pumpanlagen in ihren Schächten erworben und glaubten, damit alles Erforderliche für die Erhaltung ihres Besitzes getan zu haben.

Sie dachten deshalb nicht an eine Neuanschaffung, mochten auch die alten Dampfmaschinen erhebliche Kohlenmengen benötigen. Aber Boulton kannte seine Pappenheimer. Er ließ einen Prospekt drucken, in dem er erklärte, er wolle die neuen Maschinen gar nicht verkaufen, sondern nur vermieten. Dafür brauchte man auch keine neuen Geldmittel aufzuwenden, sondern man sollte ihm nur ein Drittel der Kohlenmenge geben, die man bei dem Betrieb der neuen Dampfmaschine einsparte.

Die Grubenbesitzer horchten auf! Das war ein Geschäft nach ihrem Geschmack. Sie brauchten nicht nur kein Geld anzulegen, sondern würden – wenn die Angaben stimmten – noch Kohlen einsparen.

Bereitwillig ging man auf den Vorschlag ein. Die Firma Watt und Boulton hatte alle Hände voll zu tun, die angeforderten Maschinen überhaupt liefern zu können. Bald reichten selbst die großen Geldmittel Boultons nicht mehr aus, um die vielen Mietmaschinen zu finanzieren. Er nahm Kredite auf, aber er hielt durch! 1783 waren alle alten „Kohlenfresser" durch Wattsche Maschinen ersetzt, und jede von ihnen brachte laufend eine beachtliche jährliche Rente ein.

Nun aber murrten die Grubenbesitzer unzufrieden! Sie hatten bald bemerkt, daß die neuen Dampfmaschinen nur ein Viertel der Kohlenmenge verbrauchten, dabei jedoch eine gleichmäßige und verläßliche Leistung brachten. Man erkannte, daß es günstiger war, die Maschine zu kaufen, und schimpfte über die hohen Abgaben, die zu zahlen waren. Erregt nannte man das Verleihen der Maschinen ein wucherisches Monopol und versuchte es mit allen nur möglichen Mitteln zu umgehen.

Einige gingen sogar dazu über, die Maschinen nachzubauen. Es kam zu erbitterten Patentstreitigkeiten. Zahllose ermüdende Prozesse folgten, die Watt aber dank des klugen und von Dr. Roebuck ihm verschafften Patentanspruches gewann.

„Nichts ist meiner Natur mehr zuwider", schrieb er damals an seinen Freund Dr. Small, „als diese ewigen Streitereien!"

Aber sie mußten durchgestanden werden, und es waren nicht die einzigen Schwierigkeiten! Man benötigte genau passende Maschinenteile und mußte alles mit der Hand herstellen. Damals gab es noch keine Hobel-, Fräs- oder Bohrmaschinen. Die Drechselbank und der Drillbohrer waren fast die einzigen Hilfsgeräte der Mechaniker. Man brauchte aber genau abgedrehte Kolbenstangen und auf den Millimeter stimmende Zylinder. Watt hatte überdies Stopfbüchsen und Lager entwickelt, die bisher unbekannt waren. Die Maschinen wurden auch nicht in der Fabrik hergestellt, wie es heute üblich ist. Man montierte sie an Ort und Stelle erst zusammen, wie man etwa ein Bauwerk oder ein Haus errichtet. Immer gab es dabei Unterbrechungen, weil dieses oder jenes nicht paßte und die Vorarbeiten nicht sorgfältig genug durchgeführt worden waren. Oft glaubte Watt, daß die immer von neuem auftretenden Hindernisse kaum mehr zu überwinden seien.

Wie das PS entstand

Aber der Umsatz und damit die Zahl der verkauften Maschinen stieg trotz allem. Sie waren bald nicht allein an den Pumpen der Kohlenschächte zu finden, sondern betätigten ähnliche Anlagen in den Salzbergwerken und Brauereien. Sie trieben die Dampfhämmer in den

Eisenhütten oder die Webstühle in den Textilfabriken an. Die Dampfmaschine wurde zu einer allgemein verwendbaren Kraftanlage.

Um ihre Leistungsfähigkeit irgendwie zu normen, zerbrach sich Watt lange den Kopf, welche Maßeinheit er dafür wählen sollte.

Der Zufall kam ihm dabei eines Tages zu Hilfe! Ein Brauereibesitzer, der eine Dampfmaschine bei Watt kaufen und nicht übers Ohr gehauen werden wollte, machte ein eigenartiges Experiment. Um sicher zu gehen, daß die Maschine ebensoviel leistete wie sein Pferd, trieb er das arme Tier acht Stunden lang bis zur völligen Erschöpfung vor dem Antriebsrad einer Pumpanlage herum. Unter ständigen Peitschenhieben förderte das Pferd in dieser Zeit zwei Millionen Liter Wasser.

Watt errechnete danach die Leistung des Pferdes. Sie ergab, daß das unglückliche Tier pro Sekunde 75 Liter Wasser einen Meter hoch gefördert hatte. Da ein Liter Wasser aber ein Gewicht von einem Kilopond hat, setzte er ein wenig willkürlich eine Pferdestärke als die Kraft fest, die angewendet werden muß, um in einer Sekunde 75 Kilopond einen Meter hoch zu heben.

Mit dieser Einheit berechnete Watt die Leistungsfähigkeit seiner Maschinen und veranschaulichte sie so auch seinen Kunden. Der einleuchtende Vergleich verfehlte bei den Käufern seine Wirkung nicht. Der Umsatz begann zu steigen, und der Gewinn des Unternehmens wuchs. Zum ersten Mal in seinem Leben konnte Watt unbesorgt in die Zukunft sehen. Er hatte sich in dem Schotten William Murdock einen Ingenieur und Gehilfen herangezogen, der bald zum fähigsten Maschinenbauer seiner Zeit wurde. Die Möglichkeiten, die in der Dampfmaschine lagen, voll erfassend, hatte er bereits heimlich in Cornwall einen Dampfwagen gebaut, mit dem er die ersten Versuche unternahm.

Im Laufe der nächsten Jahre gelang es Murdock, die Produktion der Dampfmaschinen wesentlich zu verbessern und allein in der Fabrik in London die Montagen durchzuführen. Erst wenn die Maschine einwandfrei lief, wurde sie auseinandergenommen und dann an ihren zukünftigen Bestimmungsort geschafft.

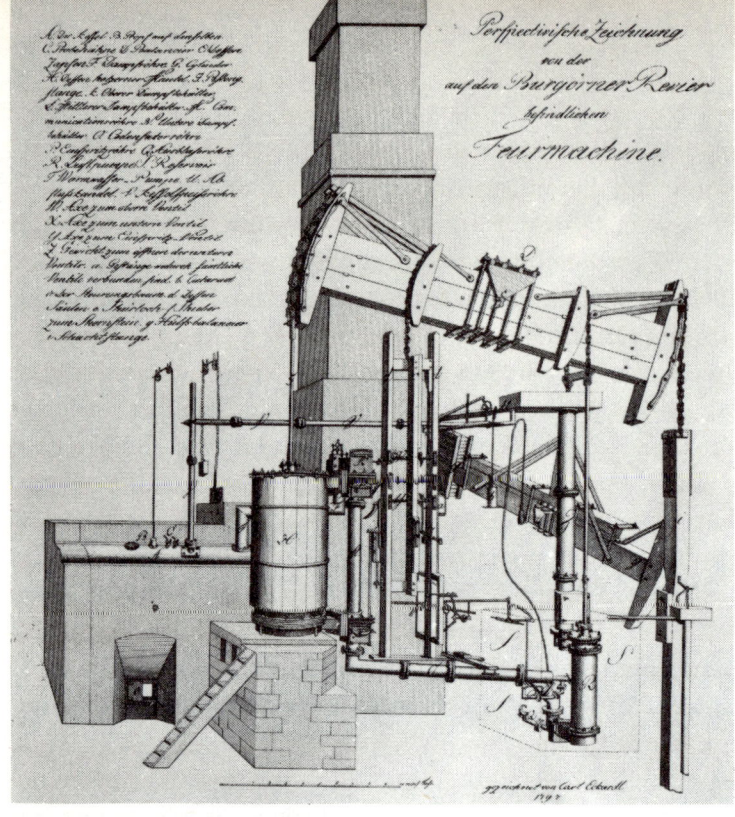

Konstruktions-Zeichnung der ersten in Deutschland gebauten Dampfmaschine. Sie wurde im Jahr 1785 bei Hettstadt in Betrieb genommen.

Die ersten Maschinen in Deutschland

Die *Wattsche Niederdruckmaschine*, wie sie später genannt wurde, trat ihren Siegeszug durch die Welt an. Auch in Deutschland tauchten bald die ersten Dampfmaschinen auf, die in Lizenz gebaut wurden.

Die *Feuermaschine*, wie sie anfangs in Deutschland hieß, verdrängte bald jede andere Kraftmaschine. Die erste wurde im Jahre 1785 im Mansfelder Revier unweit von Halle in Burgörner aufgestellt. Sie war in deutschen Werkstätten von völlig ungeschulten Arbeitskräften gebaut worden. Trotzdem arbeitete sie einwandfrei. Über sechzig Jahre war sie in Betrieb. Nur der Kessel mußte verschiedene Male erneuert werden.

Nach diesem Muster wurden in den nächsten Jahrzehnten mehr als fünfzig weitere Maschinen gebaut, und zwar von dem Maschinenmeister Richards und seinem Gehilfen Holtzhausen.

Das von Watt und Boulton gegründete Unternehmen wuchs allmählich zu einer Weltfirma heran. Mit dem Beginn des 19. Jahrhunderts

64

erlosch dann das Generalpatent, das Watt an der Dampfmaschine besaß.

Überall in der Welt entstanden jetzt Fabriken, die Dampfmaschinen herstellten. Trotzdem lief das Wattsche Unternehmen weiter, das nunmehr von Boulton und Murdock geleitet wurde. James Watt aber zog sich zurück. Der ihm jährlich zufallende Gewinn ermöglichte es ihm, sich ungestört seinen wissenschaftlichen und technischen Neigungen zu widmen. In einem bescheidenen Heim in London, das mit einer guteingerichteten Werkstatt verbunden war, entstanden manche neue Erfindungen.

Am 17. August 1809 starb sein Freund und Gönner Matthew Boulton. Watt überlebte ihn um zehn Jahre. Von seinen Zeitgenossen als eine Art Genie verehrt, bewahrte er seine Bescheidenheit. Als einer seiner Freunde eine Biographie schreiben wollte, sagte er ihm: „Bewahre die Würde eines Philosophen und eines Geschichtsschreibers. Berichte nur Tatsachen und überlaß es der Nachwelt, das Urteil zu sprechen!"

Diese Nachwelt setzte ihm schon bald ein würdiges Denkmal. Als er am 19. August 1819 starb, begrub man ihn in der berühmten Westminsterabtei inmitten von Kriegshelden, Staatsmännern, Königen und Dichtern. Die Tafel auf seinem Grab lautet:

„Nicht einen Namen zu verewigen,
der dauern muß, solange die Künste des Friedens blühen,
sondern zu zeigen,
daß die Menschen gelernt haben, die zu ehren,
die ihren Dank am meisten verdienen, haben
Der König,
Seine Minister und viele der Adligen und
Bürgerlichen des Königreiches
dieses Denkmal errichtet
James Watt
welcher, indem er die Kraft eines schöpferischen, frühzeitig in wissenschaftlicher Forschung geübten Geistes auf die Verbesserung der Dampfmaschine wandte, die Hilfsquellen seines Landes erweiterte, die Kraft der Menschen vermehrte und so emporstieg zu einer hervorragenden Stellung unter den berühmtesten Männern der Wissenschaft und den wahren Wohltätern der Welt."

Edison erfand nicht die erste Glühlampe

„Du mußt etwas tun, um die Leute auf dich aufmerksam zu machen", sagte an einem Juniabend des Jahres 1853 Frau Hermine Goebel ein wenig ärgerlich zu ihrem Mann. „Seit fünf Jahren sind wir nun in den Vereinigten Staaten, und wir haben kaum das tägliche Brot. Dann hätten wir auch in Hannover bleiben können!"

Heinrich Goebel, der seit drei Jahren in der New Yorker Monroe Street ein kleines Geschäft mit Brillen und optischen Instrumenten betrieb, schaute betroffen auf.

„Du hast recht", meinte er schließlich nachdenklich. „Aber was soll ich tun? Ich hatte gehofft, daß mein neues patentiertes Brillengestell mir weitere Kunden bringen würde."

„Deshalb solltest du eben etwas anderes unternehmen! Irgend etwas, von dem man spricht und von dem vielleicht sogar die Zeitungen berichten. Das wird die Aufmerksamkeit der Leute auf deine Fähigkeiten lenken, und du findest dann sicher eine Beschäftigung, die mehr einbringt."

Seine Frau hatte allen Grund, unzufrieden zu sein. Goebel wußte es nur zu gut. Man mußte hier in der Neuen Welt, wenn man etwas werden wollte, die Ellbogen gebrauchen und in marktschreierischer Weise sein Können anpreisen.

„Ich werde ein wenig an die frische Luft gehen und nachdenken", sagte er endlich, nachdem er einige Zeit im Zimmer herumgewandert war.

Goebel lief jedoch nur wenige Schritte auf der noch von trüben Öllaternen beleuchteten ärmlichen Monroe Street, dann drehte er sich plötzlich um und kehrte eilig in seine Wohnung zurück.

„Ich weiß, was ich tun muß", sagte er dabei hastig zu seiner Frau, die erstaunt war über seine schnelle Rückkehr. „Ich werde eine neuartige Straßenlaterne bauen. Die Beleuchtung ist hier mehr als jammervoll.

Ich habe da vor kurzem etwas gelesen von einer elektrischen Brennerlampe, die Acherau und Jacobi entwickelt haben. Ich werde etwas Ähnliches bauen und auf das Dach unseres Hauses setzen. Dann wird man sehen, wie hell eine Straßenbeleuchtung sein kann. Vielleicht werden auch die Zeitungen darüber schreiben, und vielleicht wird man mir sogar solche Lampen in Auftrag geben."

Feuer!

In den nächsten Wochen wurde bei den Goebels jeder Cent, der nur eben vom Munde abgespart werden konnte, in die neue Bogenlampe gesteckt.

„Sie soll", so erklärte Goebel seiner Frau, „auf folgendem Prinzip beruhen. Ich bringe die Enden zweier Drähte, die mit einem genügend kräftigen Stromerzeuger verbunden sind, miteinander in Berührung, so daß der Strom zunächst kreisen kann.

Ich hebe dann die Berührung auf, indem ich die Enden der Drähte um einige Millimeter voneinander entferne. Der Strom wird dann trotz der trennenden Luftschicht zwischen beiden Enden nicht unterbrochen, sondern springt von einem Drahtende zu dem anderen über, wobei er eine stark leuchtende kleine Flamme von intensiver Glut entwickelt.

Dieser Stromübergang – das hat man inzwischen festgestellt – beruht unter anderem auf dem Schmelzen und der Verflüchtigung des Drahtmetalles an den beiden Enden, die die Luft leitfähig machen.

Verwendet man statt der metallenen Drahtenden zwei zugespitzte Kohlenstäbchen, leuchtet das Licht besser.

Ich glaube, wenn man die Retortenkohle mit einem Metall wie Quecksilber vermischt, wird das Licht noch klarer und intensiver. Ich werde deshalb versuchen, einen solchen Kohlestift herzustellen."

In den nächsten Monaten arbeitete Goebel mit aller Energie an der Lampe. Im Oktober 1853 war es endlich soweit, daß er die neue Lampe ausprobieren konnte.

Goebel hatte 18 Zinkkohle-Elemente zusammengebastelt, die den Strom für die Bogenlampe abgeben sollten. Sie wurden im Keller aufgestellt und aneinandergeschaltet. Zwei Leitungsdrähte führten von dort zu dem schmalen flachen Dach, auf dem der *Lichtapparat*, wie ihn Goebel nannte, festgeschraubt worden war.

„Ich werde heute abend zunächst einen Versuch machen", sagte er zu seiner Frau. „Wenn alles zufriedenstellend ausfällt, werde ich morgen die Zeitungen benachrichtigen."

Voller Spannung wartete die ganze Familie auf den Abend. Als es dunkel geworden war, legte Heinrich Goebel den Batterieschalter um. Die Leitung zu seinem Lichtapparat stand unter Strom.

Dann kletterte er aufs Dach und schraubte vorsichtig die beiden Kohlestäbchen auseinander.

Zischend bildete sich ein greller Flammenstrom zwischen den beiden Polen. Das Licht wurde schließlich so intensiv, daß man kaum in die Flammen hineinsehen konnte. Die Frau und die beiden Kinder verfolgten den Versuch staunend vom Dachfenster aus.

„Es ist so hell wie am Tage", rief einer der Jungen begeistert und schaute auf die Monroe Street hinunter, die von einem gleißend grellen Licht völlig ausgeleuchtet wurde.

Fenster flogen auf, und die Leute starrten mit entsetzten Blicken zu dem Goebelschen Haus hinüber.

„Es brennt!" schrien einige. „Feuer!" brüllten die anderen.

Viele liefen auf die Straße und gafften zu dem Lichtapparat hinauf. Allmählich begriffen sie, daß kein offener Brand ausgebrochen war und es nichts zu löschen gab. Nun erkannten sie auch Goebel, der dabei war, die beiden Kohlestifte näher aneinanderzuschrauben, damit das Licht nicht schwächer wurde.

„Es ist der deutsche Uhrmacher! Was zum Teufel soll das Ganze? — Irgend etwas brennt da oben! — Er wird das Haus anstecken, wenn er nicht sofort aufhört, und dann brennen auch bald die anderen Häuser. — Polizei!"

Goebel sah natürlich die erregte Menge und konnte aus ihren Gebärden erkennen, daß sie ihm nicht gerade freundlich gesonnen war.

„Ich werde die Lampe vorerst wieder ausschalten", rief er deshalb seiner Frau zu und griff zum Schalter. Im nächsten Augenblick lag die Straße wieder im Dunkeln, gegen das die trüben Öllaternen vergeblich ankämpften.

Von dem Erfolg befriedigt, kletterte Goebel vom Dach herunter und zog sich in seine Wohnung zurück, ohne sich um die gestikulierende Menge der Zuschauer zu kümmern. Plötzlich donnerten kräftige Faustschläge gegen die Haustür, und eine Stimme rief: „Öffnen Sie, im Namen des Gesetzes!"

Erschrocken lief Goebel an die Tür. Draußen standen zwei Polizisten.

„Haben Sie das Feuer da oben auf Ihrem Dach gelegt?" fragt der eine von beiden.

„Ein Feuer?" Goebel verstand zunächst nicht recht, begriff dann aber, daß sie seine Lampe meinten.

„Ich habe lediglich eine Bogenlampe angezündet", antwortete er. „Das dürfte doch wohl erlaubt sein?"

„Machen Sie keine Ausflüchte!" herrschte ihn nun der andere Polizist an. „Sie geben selbst zu, etwas angezündet zu haben. Das genügt wohl! Der Richter mag entscheiden, ob das nach den Feuerschutzbestimmungen ein Hantieren mit offenem Feuer war oder nicht.

Wir müssen Sie deshalb verhaften, nachdem von mehreren Seiten gegen Sie Anzeige erstattet wurde. Kommen Sie also bitte mit!"

Als Goebel, nachdem ihm seine Frau eilig Hut und Mantel gebracht hatte, das Haus verließ, wartete draußen eine tobende Menge auf ihn, und einige erhobene Fäuste streckten sich ihm entgegen.

„Er hat uns alle in Gefahr gebracht!" kreischte jemand. „Ein Unruhestifter und Hexenmeister ist er. Sicher steht er mit dem Teufel im Bunde!" Und erstaunt sah Goebel, wie die Frau eines polnischen Einwanderers aus dem Nachbarhaus entsetzt vor ihm zurückwich und sich dabei bekreuzigte.

Schuldig

In der nahegelegenen Polizeiwache wurde zunächst ein ausführliches Protokoll aufgenommen.

Auf Vorhalt — so hieß es darin — habe der Angeschuldigte erklärt, auf dem Dach seines Wohnhauses kein offenes Feuer gelegt, sondern lediglich eine neuartige elektrische Lampe in Betrieb genommen zu haben. Er habe die Absicht gehabt, die Aufmerksamkeit der Öffentlichkeit auf sich zu lenken, seine Nachbarn wollte er nicht erschrecken.

Für die Nacht wurde Goebel in Gewahrsam genommen, um am folgenden Tag dem Richter vorgeführt zu werden.

Mit anderen Gefangenen, Trunkenbolden, Randalierern und einem Taschendieb wartete er am nächsten Morgen auf den Richter.

Dieser war ein strenger und von den kleinen Gaunern und Ver-

Heinrich Goebel (1818–1893), der die Glühlampe erfand

brechern sehr gefürchteter Mann. Zu seinen Eigenarten gehörte es, zunächst jeden Angeklagten zu befragen, ob er sich „schuldig" oder „nicht schuldig" bekenne.

Das erleichterte ihm, wie er meinte, die Arbeit. Denn dann bestand die Urteilsbegründung lediglich in dem Satz: „Der Aufgerufene ist durch sein freimütiges Geständnis dessen überführt, was ihm nach dem Polizeiprotokoll zur Last gelegt wurde."

Wer sich von vornherein freiwillig schuldig bekannte, konnte mit einer geringen Strafe rechnen. Das wußte man natürlich in Gaunerkreisen und richtete sich danach.

Wehe aber dem, der sich für „nicht schuldig" hielt und seine Behauptung nicht durch entsprechende Beweise zu untermauern wußte. Der wanderte, von ganz wenigen Ausnahmen abgesehen, für längere Zeit ins Gefängnis oder erhielt zumindest eine entsprechende Geldstrafe.

Es erregte deshalb beim Gerichtsschreiber höchstes Erstaunen, als sich Heinrich Goebel für „nicht schuldig" erklärte und außerdem mit erregten Worten bestritt, auf dem Dach seines Wohnhauses ein Feuer entzündet zu haben.

Mißmutig zog der Richter die Augenbrauen hoch. Das hier war wieder ein Fall, der viel Arbeit zu machen schien.

Der Sprache nach war der Angeklagte ein Einwanderer, der erst kürzlich in die Staaten gekommen war und sicherlich glaubte, hier könne jeder tun und lassen, was er wollte.

Da Goebels Englisch noch immer mangelhaft war, vermochte er dem Richter nicht klarzumachen, was er in Wirklichkeit „entzündet" hatte und nach welchem Prinzip eine Bogenlampe arbeitete.

70

Deshalb unterbrach dieser mit einer Handbewegung die Ausführungen Goebels.

„Sie sagten doch selbst, daß Sie etwas auf dem Dach ‚entzündet' haben! Das aber ist nach den Feuerschutzbestimmungen verboten und strafbar."

„Aber Euer Ehren", stotterte Goebel, völlig verwirrt über so viel Unverständnis. „Ich habe doch nur eine Bogenlampe in Betrieb genommen und kein offenes Feuer angelegt. Solche Lampen hat man bereits vor Jahren, allerdings mit einem Scheinwerfer, in Paris auf dem Place de la Concorde und in Petersburg eingesetzt, und in Frankreich beleuchtet man jetzt sogar des Nachts wichtige Bauplätze damit. Niemand sieht das als feuergefährlich an!"

Nun aber wurde der Richter sichtlich ärgerlich. „Wir sind nicht in Paris und auch nicht in Petersburg", fuhr er den Angeklagten an. „Hier bei uns herrscht eine andere Ordnung. Sie haben mir selbst erklärt, und hier liegt noch Ihre Zeichnung, daß zwischen den beiden Drahtenden – Sie nennen es wohl Pole – ein Flammenbogen entsteht und sogar überspringt.

Wollen Sie mir jetzt weismachen, daß ein solcher ‚Bogen aus Flammen' kein offenes Feuer ist und deshalb kein Verstoß gegen die Feuerschutzbestimmungen vorliegt? Außerdem ist das, was Sie getan haben, um die Aufmerksamkeit der Öffentlichkeit auf sich zu lenken, nach unserem Gesetz ein grober Unfug.

Sie haben Ihre Nachbarn durch Ihre angebliche Bogenlampe in einen solchen Schrecken versetzt, daß sie nicht nur für ihr Hab und Gut, sondern auch für ihr Leben fürchteten, und, um das Feuer zu löschen, auf die Straße stürzten und die Polizei alarmierten.

Ich verurteile Sie deshalb wegen eines Verstoßes gegen die feuerpolizeilichen Vorschriften in Tateinheit mit grobem Unfug zu einer Geldstrafe von zehn Dollar. Ich mache Ihnen weiterhin bei einer Strafandrohung von hundert Dollar die Auflage, in Zukunft derartige Verstöße gegen die Feuerschutzbestimmungen zu unterlassen."

Betroffen starrte Goebel den Richter an. Er begriff überhaupt nichts!

„Nimm an", raunte ihm der Taschendieb zu, dessen Fall bereits als nächster aufgerufen wurde. „Er steckt dich sonst bestimmt ins Gefängnis."

So verbeugte Goebel sich kurz, ging dann zum Schreiber, schob diesem den Geldschein hin und erhielt eine Quittung.

Auf die Straße gesetzt

Zu Hause angekommen, erreichte Goebel die nächste Unglücksnachricht. Ein Brief des Hauswirtes lag dort, der ihm den Laden und die Wohnung zum nächsten gesetzlichen Termin kündigte.

Verstört ging der Deutsche sofort zu ihm. Er hatte stets pünktlich seine Miete bezahlt und konnte deshalb nicht verstehen, warum er den Uhrmacher- und Optikerladen verlassen sollte. Der Hauswirt sagte ihm das jedoch ohne große Umschweife auf den Kopf zu.

„Ich kann nicht zusehen, daß mir bei Ihren sonderbaren Experimenten das Haus abbrennt. Außerdem muß ich haften, wenn dabei auch noch andere Häuser in Flammen aufgehen. Das Risiko kann und will ich nicht auf mich nehmen!"

„Aber ich verspreche Ihnen, daß ich keine derartigen Versuche mehr mache", wandte Goebel schüchtern ein.

„Ich bin nicht sicher, ob Sie es nicht trotzdem tun; außerdem habe ich auch bereits anderweitig über den Laden verfügt. Es bleibt also dabei!"

„Aber der Laden ist doch meine Existenz . . ."

„Das hätten Sie sich früher überlegen müssen."

Niedergeschlagen kehrte Goebel nach Hause zurück. Erst nach einigen Tagen hellte sich seine Miene wieder auf.

Er las nämlich in dem in deutscher Sprache erscheinenden *Herold*, daß in der Grand Street ein Uhrmachergeschäft mit allem Inventar zu verpachten sei.

Die Grand Street, so überlegten Goebel und seine Frau, war eine breite Straße und lag in einem besseren Geschäftsviertel.

„Vielleicht wird es uns dort besser gehen, Sophie", meinte Goebel. „Ich werde sofort hingehen und mich nach der Pacht erkundigen."

Er hatte Glück und fand verständige Landsleute. Die Witwe, die gern zu ihrem Sohn nach Philadelphia ziehen wollte, überließ ihm schließlich den Laden und war damit einverstanden, daß er ihr das Inventar und die noch vorhandenen Waren in kleineren Raten abbezahlte. Die Pacht sollte nur auf drei Jahre laufen, dann aber war das Geschäft sein Eigentum.

Zu dem Laden gehörte nicht nur eine gesonderte Werkstatt, sondern auch eine größere Wohnung. So waren die Goebels wohl zufrieden mit dem Tausch.

Da die Grand Street näher am Hafen lag, hatte bereits der Vorbesitzer Geschäfte mit Chronometern für die Marine gemacht, die Goebel jetzt weiter verkaufte und zur Zufriedenheit seiner Kunden reparierte.

Schon in Deutschland, in seiner Uhrmacherlehrzeit in Springe bei Hannover, war der junge Goebel mit dem Privatgelehrten Mönighausen zusammengekommen, bei dem er die verschiedenartigsten Geräte zur Reparatur hatte abholen müssen.

Mönighausen hatte an dem aufgeweckten Jungen Gefallen gefunden und diesen bei seinen Versuchen zur Verbesserung von Barometern zusehen lassen. An einigen Sonntagen durfte er ihm sogar dabei helfen.

An die Einzelheiten dieser Experimente erinnerte sich der neue Ladenbesitzer noch sehr genau, als er unter den von ihm übernommenen Waren auch einige Barometer fand.

Sie waren bei weitem nicht so gut wie die von Mönighausen und zeigten noch die Mängel, die dieser mit seinen Experimenten beseitigt hatte.

So lag es auf der Hand, daß sich Goebel nunmehr bemühte, verbesserte Barometer herzustellen. Die ersten Modelle wurden natürlich mit einem entsprechenden Hinweis ins Schaufenster gestellt.

Eine neue Beleuchtung für das Schaufenster

Um die neuen Barometer, vor allem aber die zahllosen übernommenen Schmuckstücke in seinem Schaufenster besser anbieten zu können, mußte Goebel eine günstigere Beleuchtung schaffen. Das Gaslicht, das noch der Vorbesitzer ins Schaufenster gelegt hatte, brannte doch zu trübe.

„Ich muß eine Beleuchtung im Schaufenster haben", sagte er deshalb eines Abends zu seiner Frau, „die stärker ist als die aller anderen Geschäfte hier in der Straße und die Kunden anzieht."

Seine Frau Sophie erschrak: „Willst du wieder ins Gefängnis, Heinrich? Ich denke, die eine Nacht dürfte dir doch wohl genügt haben!"

„Nein, natürlich will ich keine Bogenlampe wie in der Monroe Street aufs Dach stellen. Die braucht viel zuviel Strom und deshalb auch zahllose Akkumulatoren. Ich habe vielmehr an mehrere kleine Lampen gedacht. Man müßte sie allerdings zusammenbasteln; denn kaufen kann man sie noch nicht."

„Mach, wie du denkst, Heinrich! Aber vernachlässige dabei die Reparaturwerkstatt nicht. Die neuen Barometer haben dir schon Zeit genug weggenommen. Wir brauchen jeden Cent, um die Schulden für das Geschäft abzuzahlen."

Dem Rat seiner Frau folgend, beschäftigte sich Goebel zunächst mit den Lampen für das Schaufenster nur in den späten Abendstunden, wenn er nicht mehr in der Reparaturwerkstatt arbeitete. Das hinderte ihn natürlich nicht, auch am Tag darüber nachzudenken.

Dabei fiel ihm ein, was Mönighausen gesagt hatte:

„Man kann sicher die Wärmewirkung des elektrischen Stromes, der einen Draht zum Glühen bringt, auch zu Leuchtzwecken ausnutzen. Die Schwierigkeit ist nur, daß der Leiter bei der großen Hitze, die sich in ihm entwickelt, sehr bald verbrennt und den Strom unterbricht. Dieser Verbrennungsprozeß, der ja eine reine Oxydation ist, kann nur unterbunden werden, wenn das Leuchtglühen in einem Raum oder Behälter erfolgt, der keinen Sauerstoff enthält, also luftleer ist."

Einige Tage später – es war wohl im Sommer 1838 – hatte ihm Mönighausen einen Artikel zum Lesen gegeben, in dem ein Professor Jobard aus Brüssel den Vorschlag machte, Kohle im luftleeren Raum elektrisch zum Glühen zu bringen und zur Beleuchtung zu verwenden.

Eine alte Eau-de-Cologne-Flasche

Seit dieser Zeit hatte sich Goebel vergeblich bemüht, etwas über die neue elektrische Lampe zu erfahren.

Ein gewisser Frédéric de Moleyns aus Cheltenham in England – so stand einmal in der Zeitung – hätte ein Patent auf eine elektrische Glühlampe erhalten, die sich in einem schwach luftleer gemachten Glaskolben befinden sollte. An beiden Enden seien zwei Kupferelektroden eingeführt und durch einen spiralförmigen Platindraht miteinander verbunden worden.

Die eigentliche Erfindung aber – und das war durch eine Zeichnung veranschaulicht – bestand aus einer Art Sanduhr, die oben in dem Glasbehälter eingeschmolzen war und aus der langsam Kohlenstaub auf die Platinspirale herausrieselte und diese, wenn sie glühte, zum Leuchten brachte.

„Ein umständlicher Unsinn ist das!" hatte seinerzeit Mönighausen gemeint. „Wer will eine Lampe haben, in die man dauernd oben Kohlenstaub hineinschütten muß? Das ist genauso umständlich wie jene Lampe von William Grove, bei der sich der Platindraht in einem umgestülpten Wasserglas befindet, das in einer mit Wasser gefüllten Schüssel steht.

Eine derartige elektrische Lampe, die ja das Gaslicht verdrängen soll, muß praktisch und handlich sein. Sonst besteht keine Aussicht, daß sie sich jemals durchsetzt!"

An dieses Gespräch dachte Goebel, als er eines Abends am Bett seines an Lungenentzündung erkrankten Sohnes wachte.

Die Lampe mußte luftleer sein, so hatte Mönighausen gesagt! Das konnte man niemals mit einer Art Sanduhr oder mit zwei ineinandergestellten Schüsseln erreichen.

Der Behälter, in dem der Draht aufglühen sollte, durfte nur einen Ausgang haben, durch den man den Draht steckte und auf einem Sockel befestigte, nachdem man das Ganze luftleer gepumpt und verschlossen hatte.

Suchend sah sich Goebel im Zimmer um. Auf dem Nachttisch standen einige Medizinflaschen für seinen Sohn Hans.

Er nahm eine davon in die Hand und betrachtete sie von allen Seiten, als habe er zuvor nie eine Flasche gesehen.

Gewiß, die Flasche hat nur eine Öffnung. Man könnte den Sockel mit dem Glühdraht darin anbringen oder besser noch beides zusammen hineinschieben und dann luftdicht verschließen.

Wie aber sollte man sie dann luftleer machen? Wieder schaute sich Goebel in dem matt erleuchteten Zimmer um.

Auf dem kleinen Frisiertisch seiner Frau stand eine Flasche mit Kölnisch Wasser. Goebel ließ die Medizinflasche außer acht und griff nach der schmäleren Duftflasche. Vielleicht könnte man mit der Gasflamme den Boden des Glases erweichen und so den Lampensockel befestigen, dann luftleer pumpen und über der Flamme zuschweißen.

Dazu müßte man eine Pumpe haben, wie sie die physikalischen Institute benutzten. Die aber würde viel Geld kosten.

Oder ließe sich das Vakuum auch auf andere Art erzeugen, in ähnlicher Weise etwa wie es der alte Mönighausen bei seinen Barometern gemacht hatte?

Dieser hatte eine Glasröhre mit Quecksilber gefüllt und die Röhre dann mit einem Ruck umgedreht, damit das Quecksilber wie ein

Pfropfen in einer zusammenhängenden Masse nach unten rutschte und sich so ein Vakuum bildete.

Das war ohne Zweifel eine Arbeitsmöglichkeit!

Erregt stand Goebel auf und ging im Zimmer umher. Er war so mit seinen Gedanken beschäftigt, daß er den kranken Sohn beinahe vergaß.

Erst als der Junge, durch das Geräusch gestört, sich unruhig im Bette hin und her warf, fiel Goebel seine eigentliche Aufgabe wieder ein.

Schuldbewußt setzte er sich auf einen Stuhl und betrachtete voller Sorge sein Kind, das allmählich ruhiger wurde und schließlich weiterschlief.

„Ich hätte ihn bald aufgeweckt", murmelte er vorwurfsvoll. „Was bin ich doch für ein zerstreuter Professor!"

Doch es dauerte nicht lange, da war er wieder in Gedanken bei seiner Glühlampe. Er hielt noch immer die Kölnisch-Wasser-Flasche in der Hand und starrte sie an.

Ich muß, so sagte er sich dabei, den länglichen schmalen Raum voll ausnutzen. Am besten mit einer Art Galgen aus Metall, an den ich den Draht aufhänge, den ich zum Glühen bringen will.

Am liebsten hätte er den Inhalt der Flasche ausgegossen und sich sofort an die Arbeit gemacht. Aber er wußte, wie wertvoll das aus der Heimat stammende Duftwasser seiner Frau war und wie sehr sie sich gefreut hatte, als er ihr diese Flasche zum Geschenk gemacht hatte.

So verschob er alles auf den nächsten Tag und schlief schließlich ein, nachdem er mit wenigen Strichen seine Gedanken zu Papier gebracht hatte.

Wochenlange vergebliche Bemühungen

Am nächsten Morgen erzählte er sofort seiner Frau von der Idee, die er während der Nacht gehabt hatte.

„Ich muß mir zuerst einige Eau-de-Cologne-Flaschen besorgen", beendete er seine Erklärungen. „Aber ich kann sie mir doch nicht gefüllt kaufen?"

„Das ist auch nicht nötig", antwortete seine Frau. „Die Kinder haben wiederholt solche Flaschen gefunden und nach Hause geschleppt. Wenn ich nicht irre, habe ich sogar einige in ihrer Spielkiste gesehen."

Sie eilte davon und brachte in der Schürze mehrere leere Flaschen mit.

Methodisch begann Goebel die Arbeiten an seiner elektrischen Lampe. Zunächst beschäftigte er sich mit der Herstellung des Glassockels, durch den die beiden Drähte gehen sollten.

Er führte verschiedene Versuche durch, kam aber zu keinem befriedigenden Ergebnis. Eines Abends ging er an die Spielzeugkiste seiner Kinder, um nach weiteren Flaschen zu suchen. Da entdeckte er einige große gläserne Murmeln.

Eine davon paßte genau in den Hals der Flasche.

Das wäre eine einfache und gute Lösung, erkannte der Uhrmacher sehr schnell. Er könnte die Kugel mit seinem Diamantbohrer, den er sonst für die See-Chronometer verwandte, durchbohren, die Drähte hindurchführen und dann über der Gasflamme wieder zusammenschmelzen.

Das Experiment gelang auf Anhieb. Er schob die Glaskugel mit dem Galgen in den Flaschenhals und schmolz die Öffnung darauf über dem Gasbrenner luftdicht zu. Später brauchte er nur noch den Boden der Flasche über der Gasflamme aufzuweichen, langzuziehen und zu öffnen, um das Quecksilber einfüllen zu können.

Zunächst aber mußte er sich überlegen, welche Art von Draht er in seiner Lampe zum Glühen bringen wolle. Er versuchte es zuerst mit einem dünnen Platinfaden.

Er befestigte ihn an dem kleinen Kupfergalgen, den er wiederum in einer gläsernen Murmel eingeschmolzen hatte. Dann schmolz er die Konstruktion in der Öffnung der Eau-de-Cologne-Flasche ein.

Schwierigkeiten bereitete ihm die Herstellung des Vakuums; denn die weit geräumigere Flasche verlangte eine größere Menge Quecksilber als ein Barometerrohr. Sie kostete natürlich auch entsprechend mehr.

Damit diese größere Menge auf einmal herausrutschte, hatte er sich ein besonderes Verfahren ausgedacht.

Er füllte das Quecksilber ein, bevor er mit der Glasmurmel die Öffnung verschloß. Dann weichte er über der Gasflamme den Glasboden auf, zog ihn zu einem Rohr aus, das er dann abfeilte, um so das Quecksilber herausfließen zu lassen.

Ein Teil des Quecksilbers blieb so zwar an dem Platinfaden hängen und brachte ihn, wenn Goebel den Strom einschaltete, zu einem stärkeren Leuchten. Doch eine befriedigende Lösung ergab das nicht, denn das Leuchten ging schon nach einer Minute in ein schwaches Glühen über.

Goebel versuchte es mit anderen Metallen. Das Ergebnis blieb gleich. Mit einer wahren Verbissenheit baute er immer neue Lampen aus dem verschiedenartigsten Material, das er sich in der City besorgte.

Über diesen Versuchen war es Winter geworden, trüb und kalt, und der Frühling des Jahres 1854 ließ sehr lange auf sich warten. Hans erkrankte an den Blattern, und jeder, der bei ihm Wache hielt, mußte ihm laufend kühlende Umschläge machen.

Ein einfacher Spazierstock

Nachts saß meist der Familienvater am Bett des kranken Kindes. So war es auch am Abend des 14. Mai 1854.

Goebel legte dem Knaben warme Tücher auf, wie es der Arzt verordnet hatte. Über die Herdstange hatte seine Frau eine Menge Tücher gelegt, damit ständig warme zur Hand waren.

Ein weiterer Vorrat hing über einem Bambusspazierstock, dessen Griff auf dem Küchenbüfett und dessen Zwinge auf dem Herdrand lagen. Goebel achtete nicht darauf, als er auftragsgemäß noch etwas Holz und einige Kohlen in den Herd schob.

Seine Gedanken waren wie immer bei seiner elektrischen Lampe. Alle Versuche, die er in der letzten Zeit mit den verschiedenartigsten Metallfäden unternommen hatte, waren fehlgeschlagen.

Sicher eigneten sich die Legierungen, die er benutzte, für einen Leuchtfaden nicht. Er mußte weiter suchen!

In Gedanken ging er nochmals alles durch, was er von elektrischen Lampen wußte. Da war zunächst die Bogenlampe. Sie arbeitete am besten, wenn man zwei Kohlestäbe benutzte. Auch de Moleyns hatte bei seiner Vakuumlampe zusätzlich zum Platindraht noch eine Kohlenstoffberieselung eingebaut. Das hatte natürlich das Vakuum erheblich beeinträchtigt, wenn nicht gar aufgehoben ...

Unwillkürlich hob Goebel die Nase. Ihm war, als rieche es ein wenig verbrannt in der Wohnung. Er sah sich im Zimmer um, bemerkte aber nichts und ging weiter seinen Gedanken nach.

„Der Kohlenstoff" — so überlegte er, laut vor sich hin sprechend — „scheint demnach für das Leuchten erforderlich zu sein, sonst hätte de Moleyns nicht diese umständliche Sanduhrberieselung eingebaut. Aber konnte man den Kohlenstoff denn nicht auf andere Weise in die Lampe bringen? Einen Faden aus Retortenkohle zu ziehen, ist doch kaum möglich . . ." Goebel unterbrach plötzlich seine Gedanken. „Zum Teufel", fluchte er vor sich hin. „Hier brennt doch etwas . . ."

Er stand auf, sah sich nochmals im Zimmer um, nahm dann die Petroleumlampe vom Tisch und ging in die Küche. Der Brandgeruch wurde intensiver, dann sah er die Bescherung, die er angerichtet hatte.

Augenscheinlich hatte er zuviel eingeheizt. Die Herdplatte war zu heiß geworden und der Spazierstock ein wenig angekohlt.

Einige dunkle Fasern waren aus der Zwinge gesprungen und standen nach den Seiten ab.

Schade, der Bambusspazierstock ist verdorben! Er betrachtete ihn von allen Seiten. Vielleicht kann man die dunklen Fäden abreißen? Sie sind richtig angekohlt.

Jäh kam ihm die Erleuchtung . . . Das sind doch verkohlte Fäden? Fasern aus verkohltem Bambus . . . Sollten sie nicht in ähnlicher Weise zum Leuchten zu bringen sein wie solche aus reiner Kohle? Hatte nicht de Moleyns zusätzlich zu seinem Platindraht den Kohlestaub nur als eine Art Hilfsmittel genommen und trotzdem, wie es damals in den Zeitungen hieß, ein reines Licht von großer Leuchtkraft erhalten?

Vorsichtig schnitt Goebel die dunklen Bambusfasern von dem angekohlten Ende seines Spazierstockes ab. Ihm war es, als hätte er plötzlich durch eine Laune des Zufalls einen Schatz gefunden, der es ihm ermöglichte, seine Versuche fortzusetzen.

„Sie brennt!"

Schon am nächsten Morgen, nachdem ihn seine Frau von der Krankenwache abgelöst hatte, ging Goebel mit einer wahren Besessenheit daran, einen weiteren Versuch mit seiner Lampe zu unternehmen.

Eine erhebliche Schwierigkeit bereitete ihm die Befestigung der angekohlten Bambusfaser. Er konnte sie ja nicht einfach ankleben, denn die entstehende Hitze würde jeden Leim sofort verbrennen.

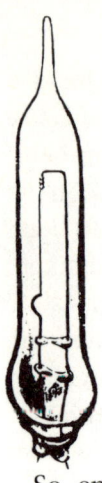

Aus einfachsten Mitteln baute Goebel seine erste Glühlampe zusammen

So entwickelte er mit seinem feinen Uhrmacherhandwerkszeug einen winzigen Schraubverschluß, in den er die Bambusfaser fest einschraubte. Falls sie allzu schnell durchbrennen sollte, konnte er sie so leichter erneuern.

Mit diesen Arbeiten verging wieder eine ganze Woche. Dann war es endlich soweit! Die Batterie war frisch geladen und hatte genügend Spannung für den ersten Versuch mit der angekohlten Bambusfaser. Um seine Frau nicht zu beunruhigen, falls auch dieser Versuch wieder scheitern sollte, wählte Goebel die Nacht, wenn er am Bett des Sohnes wachen mußte.

Spannung hatte ihn erfüllt, und er konnte es kaum erwarten, bis seine Frau endlich ins Bett ging.

So leise wie möglich holte er den Zink-Kohle-Akkumulator aus der Werkstatt. Er stellte ihn unter den Küchentisch, auf dem bereits die erste am gleichen Tag fertiggestellte Bambusfaserlampe lag.

Vorsichtig schloß er zunächst an die beiden aus der ehemaligen Kölnisch-Wasser-Flasche herausragenden Enden mit Kupferklemmen zwei isolierte Drähte an. Dann verband er den einen mit dem negativen Pol des Akku und schraubte ihn fest.

Darauf nahm er die Lampe in die linke Hand und das noch freie Drahtende in die rechte.

Für einen Augenblick hielt er den Atem an, Aufregung erfaßte ihn: Die nächsten Sekunden würden entscheiden, ob sein Vorhaben endlich gelang!

Seine Hände zitterten ein wenig, als er sich mit dem zweiten, noch nicht befestigten Draht dem positiven Pol näherte. Vorsichtig schob er ihn in die Kupferklemme.

80

Im gleichen Augenblick erstrahlte die ganze Küche in einem weißen grellen Licht. Es spiegelte sich dutzendfach in der vernickelten Wasserpfanne des Herdes, dem blanken Kupferkessel und den zahllosen Tassen und Tellern in dem Anrichteregal.

Obwohl ihm schon nach wenigen Augenblicken die Augen schmerzten, starrte Goebel verzückt in das grelle Licht der Lampe.

„Es ist gelungen", murmelte er dabei betroffen, als habe er selbst nicht an den Erfolg geglaubt.

Frau Goebel, die durch sein Hantieren in der Werkstatt und das Geräusch beim Transport des Akku bereits erwacht war und nicht gleich wieder einschlafen konnte, sah das helle Licht durch die Ritzen der Schlafzimmertür schimmern.

Besorgt stand sie auf und ging in die Küche. Immer noch die strahlende, ehemalige Eau-de-Cologne-Flasche hochhaltend, sah sie ihren Mann vor dem mit Werkzeugen beladenen Küchentisch sitzen.

Er schien sie gar nicht zu bemerken. Besorgt rief sie ihn an. Da hielt er ihr die leuchtende Flasche entgegen.

„Sieh, Sophie", sagte er dabei, „sie brennt! All die Arbeit war doch nicht vergebens . . ."

In hundert Jahren — das konnte allerdings kaum jemand zu diesem Zeitpunkt voraussehen — würde es auf der Welt kaum eine andere Beleuchtung als diese geben.

Das Schicksal vieler Erfinder

Bei den ersten Versuchen mit der Glühlampe, der Goebel den Namen *Kohlenfadenlampe* gab, erreichte sie eine Brenndauer von 220 Stunden.

Er vergrößerte bei der nächsten Lampe den Durchmesser des Fadens und kam damit auf eine Lebensdauer von 400 Stunden.

Mit diesen Leuchten lockte er die Spaziergänger an sein Schaufenster.

Im stillen hatte er gehofft, daß die Zeitungen darüber berichten würden. Doch darin wurde er enttäuscht. Wahrscheinlich konnten die Journalisten diese epochemachende Erfindung damals noch nicht richtig einschätzen.

Selbst Heinrich Goebel war sich der Tragweite seiner Erfindung nicht bewußt. Ihm fehlte außer dem Geld allerdings auch der entsprechende Einfluß, um seine Erfindung in der erforderlichen Weise auswerten zu können.

Die Speisung mehrerer Lampen mit den schweren Akkus war außerdem wohl zu umständlich, um sie der Öffentlichkeit als besonders praktisch erscheinen zu lassen. Eine Erfindung muß, um sie den Leuten angenehm zu machen, auch bequem sein, wie zum Beispiel die Gasbeleuchtung. Hier brauchte man nur den Hahn aufzudrehen und die Gasflamme anzuzünden. Die Akkumulatoren aber mußten laufend aufgeladen werden.

Das wurde erst einfacher, nachdem Werner von Siemens im Jahre 1866 das dynamoelektrische Prinzip entdeckt hatte und einige Jahre später die ersten Dynamos gebaut wurden. Erst damit war eine billigere und praktischere Energiequelle für das elektrische Licht gefunden worden.

Goebel hatte zunächst auch wohl nicht damit gerechnet, daß seine Erfindung ihm Geld einbringen würde. Er wollte lediglich auf sein Geschäft aufmerksam machen, um weitere Kunden zu bekommen.

Aus diesem Werbegedanken heraus baute er eine „Nachtuhr", auf deren Zifferblatt zwölf kleinere Glühlampen angebracht waren, die bei jedem Stundenschlag aufleuchteten, um im Finstern anzuzeigen, wie spät es war.

Eine Spielerei zwar, die aber im Schaufenster von vielen bewundert wurde. Ein wenig praktischer war da schon die Glühbirne, die er an der Nähmaschine seiner Tochter anbrachte, um ihr die Arbeit daran zu erleichtern.

Trotz allem geriet Goebel immer mehr in finanzielle Schwierigkeiten. Schließlich kam er auf den Gedanken, ein fünf Meter langes Fernrohr auf einen Wagen zu montieren, um damit die New Yorker gegen ein kleines Entgelt in klaren Sternnächten die Himmelsgestirne beobachten zu lassen.

Um das Fernrohr herum hatte er auf einem Holzgestell eine Anzahl von Glühbirnen montiert. Sie wurden mit Strom durch sechzig Elemente versorgt, die sich in zwei großen Holzkisten unter dem Kutscherbock befanden.

Die Zeitungen schrieben zwar über „die Sternwarte auf Rädern", erwähnten jedoch, falls es überhaupt geschah, die neuartigen elektrischen Lampen nur am Rande.

Zwar interessierte sich also wieder niemand für die Lampen, aber einen erheblichen Vorteil hatten die abendlichen Fahrten trotzdem: Die regelmäßigen Einnahmen gestatteten die Bezahlung der drückendsten Schulden, und nach zwei Jahren konnten die Goebels endlich sorgenfrei leben.

Der Streit um die Erfindung

Die Jahre vergingen. Bei den Goebels waren die Söhne inzwischen erwachsen geworden. Henry war in die Fußstapfen seines Vaters getreten und Optiker geworden. Er heiratete in ein Geschäft in Chikago ein, das er schließlich unter seinem Namen weiterführte.

Hans wurde Ingenieur und bekam eine gutbezahlte Stellung in New York.

Währenddessen entwickelte sich die Glühlampe weiter, die in den sechziger Jahren noch in den Kinderschuhen steckte. Im Jahre 1878 bastelte der Engländer Swan, ohne Kenntnis von der Goebelschen Glühlampe zu haben, eine Kohlenfadenlampe zusammen und schloß sie an die bessere Dynamo-Stromquelle an. Für die Schaffung des Vakuums benutzte er die im Jahre 1865 von Hermann Sprenge konstruierte Quecksilberluftpumpe.

Von all diesen Dingen wußte jedoch Goebel zunächst nichts. Er erfuhr erst im Jahre 1879 durch eine kurze Zeitungsmeldung, daß der bekannte Erfinder Thomas Alva Edison mit Hilfe eines angekohlten Baumwollfadens eine Glühlampe geschaffen habe, die eine Brenndauer von vierzig Stunden erreichte. Ein Zehntel also nur der Brennzeit, die Heinrich Goebel bereits vor 25 Jahren erzielt hatte.

„Um die Welt auf diese geniale Erfindung aufmerksam zu machen", so las Goebel einige Monate später im New Yorker *Herold*, „hatte Edison in der Silvesternacht des Jahres 1879 namhafte Politiker, Industrielle, Wissenschaftler und Zeitungsleute in sein Laboratorium nach Menlopark eingeladen und schlagartig, als die Glocken das Jahr 1880 einläuteten, Hunderte von Glühlampen an Bäumen, Zäunen, über Türen und auf dem Dach aufleuchten lassen." Das machte natürlich einen Eindruck, der seine Wirkung nicht verfehlte und auch entsprechend in den Zeitungen herausgestellt wurde.

Am 20. September 1880 erhielt Edison den ersten Auftrag über 250

**Thomas A. Edison (sitzend) führt Henry Ford (Mitte) die Beschaffenheit der Glüh-
birne vor.**

Glühlampen, mit denen der Dampfer *Columbia* ausgestattet werden
sollte.

Es war das erste elektrisch beleuchtete Schiff, das über die sieben
Weltmeere fuhr und den Namen Edisons in viele Länder trug.

Während diese Glühlampen wie die Goebelschen zwei Drähte besaßen, an die man sie anschließen mußte, konstruierte Edison im
Jahre 1885 die erste Lampe mit einer Schraubfassung. Um diese Zeit
brachte auch die deutsche Edison-Gesellschaft die ersten *Glühbirnen*
auf den Markt, nachdem zuvor *Siemens & Halske* in Berlin im Jahre
1882 eine Glühlampenfabrik eingerichtet hatten.

In den nächsten Jahren wurden die Lampen von Edison, Swan und
Siemens nicht nur in ihrer Leuchtkraft, sondern auch in ihrer Lebensdauer immer besser.

Niemand dachte in dieser Zeit an den deutschen Uhrmacher Heinrich Goebel, der bereits im Jahre 1854 die erste brauchbare Glühlampe

geschaffen hatte. Erst im Jahre 1893, als in einem Patentprozeß in New York die beiden größten amerikanischen Elektrizitätsgesellschaften, die *General Electric Company* und *Beacon Vacuum Pump and Electrical Company* sich um das Urheberrecht an der Glühlampenerfindung stritten, behauptete die beklagte Firma, keineswegs die Edison-Patente verletzt zu haben, sondern ihre Lampen nach dem Verfahren von Goebel zu bauen.

Man stand der Behauptung skeptisch gegenüber und hielt es für unmöglich, daß dieser unbekannte Mann bereits vor 40 Jahren – also 25 Jahre vor Edison – die erste Glühlampe erfunden haben sollte.

Tagelang wurde Heinrich Goebel vor Gericht im Beisein der verschiedenen Sachverständigen vernommen. Die Edison-Gesellschaft hatte allein 70 erfahrene Physiker, Chemiker und Ingenieure aufgeboten.

Da ein einsatzfähiges Muster dieser Lampe nicht mehr vorhanden war, erklärte sich Goebel bereit, vor einer Sachverständigenkommission den Bau der ersten Glühlampe nochmals zu wiederholen. Das geschah mit den damals vorhandenen Hilfsmitteln zur vollsten Zufriedenheit, und das Gericht fällte in dem Patentstreit folgendes Urteil:

„Durch die Zeugenaussagen und die Feststellungen einer vom Gericht eingesetzten Fachkommission wurde der Beweis erbracht, daß der Uhrmacher Heinrich Goebel, wohnhaft in New York, bereits im Jahr 1854 eine brauchbare Kohlenfadenglühlampe entworfen hat, die er auch jahrelang in Benutzung der Öffentlichkeit gezeigt hat. Es konnte dem Beklagten daher nicht widerlegt werden, daß er seine Glühlampenfabrikation auf diesem Verfahren aufgebaut hat, zumal es Heinrich Goebel unterließ, seine Rechte durch einen Patentschutz zu sichern."

So wird dem alten Mann spät – er starb noch im gleichen Jahr, am 16. Dezember 1893 – die Ehre zuteil, als Erfinder der ersten Glühlampe öffentlich anerkannt zu werden, ohne jedoch davon jemals einen finanziellen Vorteil gehabt zu haben. Er hatte den großen Augenblick in seinem Leben, als er in einer Sternstunde die erste brauchbare Glühlampe erfand, nicht auszunützen verstanden. Wahrscheinlich war ihm selbst die epochemachende Bedeutung seiner Erfindung für die spätere Entwicklung der elektrischen Beleuchtung nicht klar.

Immer besseres und stärkeres Licht

Die Kohlenfadenglühlampe war nur der Anfang einer sich über sieben Jahrzehnte hindurch fortsetzenden Entwicklung. Im Jahre 1898 ersetzt Auer von Welsbach den Kohlenfaden durch einen Osmium-Metallfaden. Es gelingt, dieses Metall zu spritzen, es sogar geschmeidig zu machen und Leuchtkörper aus gezogenem Wolframdraht herzustellen.

1910 finden Versuche statt, die Glaskolben mit einem indifferenten Gas zu füllen, das die Verdampfung des Wolframs verhindert. Dadurch war es möglich, es stärker zu erwärmen und bei gleicher Lebensdauer mehr Licht zu erzeugen.

Im Jahre 1913 wurde die Gasfüllung allgemein eingeführt und zur Erhöhung der Leuchtkraft der Wolframdraht *gewendelt*.

Wie schwierig die Herstellung einer solchen Glühlampe ist, wird deutlich, wenn man sich vorstellt, daß ein *Doppelwendel*, wie er sich in einer 40-Watt-Lampe befindet, nur eine Länge von 2,5 cm besitzt. Herausgenommen und auseinandergezogen, hat der Draht, der dünner als ein Frauenhaar ist, eine Länge von 1,50 m.

Auch in der Glühlampenherstellung begann um diese Zeit ein Wandel, denn man ging von der Gruppenfertigung zu der maschinellen über.

Neue Versuche mit dem Füllgas wurden unternommen. Während man bisher Stickstoff verwendete, benutzt man später die Edelgase Argon und schließlich Krypton. Krypton ist bekanntlich sehr selten. Während aus 100 Liter Luft ein Liter Argon gewonnen werden kann, sind für die gleiche Menge Krypton eine Million Liter notwendig.

Aber der Erfolg war erstaunlich! Im Vergleich zu einer vor dem Ersten Weltkrieg hergestellten 40-Watt-Lampe beträgt die Steigerung einer 40-Watt-Doppelwendel-Krypton-Lampe in der Lichtausbeute 44 Prozent.

Damit war die Entwicklung jedoch noch lange nicht abgeschlossen, wie die vor fünf Jahren herausgekommene *Halogen-Glühlampe* zeigt. Besonders verblüffend ist ihr Volumen. Es beträgt bei einer 1000-Watt-Halogenlampe nur 0,5 Prozent der 1000-Watt-Allgebrauchslampe. Darüber hinaus ist ihre Lichtleistung um 17 Prozent größer und die mittlere Lebensdauer doppelt so hoch.

So ist die Wissenschaft ständig bemüht, die vorhandenen Lampen weiter zu verbessern. Der letzte Schrei ist die *Combilux-Glühlampe*, die zwei verschiedene Leuchtkörper mit unterschiedlicher Leistung besitzt. Jeder kann für sich oder beide können zusammen eingeschaltet werden. Durch diese Kombinationsmöglichkeiten lassen sich je nach Wunsch spezielle Beleuchtungen schaffen – vom gedämpften Licht beim Fernsehen bis zum hellen Arbeitslicht.

Beleuchtungsturm in San José in Kalifornien um 1882 (Holzschnitt)

Vom Spiel mit dem Licht
bis zur Photographie

Schon immer versuchte man, den Anblick eines geliebten Wesens im Bild festzuhalten. Bis in die chinesische Frühgeschichte reicht eine Sage, die von dem durch Zauberei bewahrten Antlitz eines wunderschönen Mädchens spricht. Auch indische Fakire sollen bereits vor langer Zeit das Geheimnis gekannt haben, durch das Licht das Profil eines Menschen im Bilde aufzubewahren.

Zahllose ähnliche Geschichten sind uns von vielen anderen Völkern überliefert, selbst von den sonst so nüchternen Römern. So berichtet der Dichter Papinus Statius (61–96 n. Chr.) von den Locken des Knaben Earinus, des Mundschenken Kaisers Domitians. Die Locken sollten zusammen mit einem goldenen Spiegel als Weihegeschenk für den Gott Aesculap nach Pergamon gebracht werden. Der göttliche Cupido ließ den Knaben in den Spiegel blicken und hielt das Bild im Metall fest. Allerdings bedurfte es der Macht eines Gottes, um dieses Wunder vollbringen zu können.

Auch die christliche Legende kennt eine solche Geschichte und erzählt, daß das Antlitz Jesu sich auf dem Tuch abbildete, mit dem die heilige Veronika ihm auf dem Weg zum Kalvarienberg den Schweiß abtrocknete.

Im finsteren Mittelalter glaubte man übrigens, daß es einen Hexenmeister gegeben hat, der ein in einem Gefäß mit Wasser sich spiegelndes Gesicht festhalten konnte, indem er das Wasser im Augenblick gefrieren ließ. Nichts war zu unwahrscheinlich, als daß man es damals nicht geglaubt hätte. Da waren die Beobachtungen schon fundierter, die uns von einem englischen Mönch berichtet werden. Sie waren für die Entwicklung der heutigen optischen Industrie von entscheidender Bedeutung. Damals, um das Jahr 1264, saß der Pater Rogerius Baco, mit britischem Namen Roger Bacon, in der Mittagshitze eines strahlenden Augusttages in seiner Zelle und dachte über ein mathematisches Problem nach, das ihn seit längerer Zeit beschäftigte.

Er hatte die hölzernen Fensterläden seiner Zelle geschlossen, so daß die Hitze des Tages und der Lärm von der Straße ihn nicht bei seiner Arbeit störten. Er pflegte oft stundenlang hier zu sitzen und nachzudenken. Gewiß, der Abt des Klosters sah das nicht gern und hatte ihn mehrfach ermahnt, die mit dem Klosterleben verbundenen Pflichten nicht zu vernachlässigen.

Aber Bruder Rogerius, dessen Herz nun einmal an der Chemie und der Mathematik hing und der alles, was ihm darüber zugänglich war, eifrig studierte, liebte es, über die Erscheinungen der Natur, soweit sie rätselhaft und bemerkenswert waren, nachzugrübeln und ihre Ursachen zu ergründen. Das war bei den damaligen Kenntnissen und den noch in den Anfängen steckenden wissenschaftlichen Vorstellungen des Mittelalters durchaus nicht leicht.

Aber heute wollten seine Studien nicht so recht vorwärtsgehen. Es fehlte ihm einfach das Rüstzeug, um das Problem lösen zu können. So kam es, daß seine Gedanken immer wieder abschweiften und seine Augen den Lichtschimmer verfolgten, der durch einen Riß oder ein Loch in die abgedunkelte Zelle drang. Zahlreiche Staubkörnchen tanzten in dem sich allmählich verbreiternden Strahl.

Pater Rogerius Baco (1214–1293), als Naturwissenschaftler unter dem Namen Roger Bacon bekannt

„Das Holz ist alt und rissig", dachte Rogerius. „Die Hitze und der Wind haben es ausgetrocknet."

Er blickte dem Lichtbündel nach, das auf der gegenüberliegenden weiß getünchten Zellenwand einen hellen Flecken zeichnete.

„Wie es wohl kommt", fragte sich der Mönch, „daß die Lichtstrahlen, nachdem sie durch das Loch hereingedrungen sind, sich so verbreitern?"

Er stand auf, um sich die erleuchtete Fläche auf der Zellenwand genauer anzusehen. Betroffen starrte er darauf. Er glaubte seinen Augen nicht zu trauen . . .

Die Welt stand kopf!

In dem hellen Fleck bewegten sich Menschen. Sie kamen von links und rechts und traten in die helle Fläche ein. Auch ein Pferdekarren erschien und rollte gemächlich von einer Seite zur anderen.

Das Merkwürdigste von allem aber war: Die Menschen, der Wagen und die gegenüberliegende Hauswand, die er gut erkennen konnte, standen auf dem Kopf. Wie war das möglich?

Jetzt ging jemand quer über die Straße auf die Klostermauer zu. Sein Bild wurde zusehends größer und füllte fast die ganze helle Fläche aus. Pater Rogerius eilte zum Fenster und stieß die Läden auf. Geblendet von dem starken Sonnenlicht, schloß er für einen Augenblick die Augen. Dann aber sah er unter sich den Mann, der soeben die Straße überquert hatte und in Richtung Pforte ging. Pater Rogerius schloß die Fensterläden und verfolgte das Bild des Mannes weiter, das auf dem weißen Fleck immer größer wurde.

Jeder andere Mönch im Mittelalter, der eine solche Beobachtung gemacht hätte, wäre entsetzt auf die Knie gesunken, hätte sich bekreuzigt und „apage satanas" – „Weiche von mir, Teufel" gemurmelt.

Aber Pater Bacon glaubte nicht an die Hexerei. „Nichts auf der Welt", so hatte er einmal in einem unbedachten Augenblick gesagt, „geschieht ohne ein Naturgesetz."

„Auch ein Wunder nicht?" hatte ihn damals sein Gesprächspartner hinterhältig lauernd gefragt.

„Nein, selbst das nicht! Wenn tatsächlich etwas Übernatürliches geschieht, dann beruht es darauf, daß wir die dem Vorgang zugrundeliegenden Gesetze nicht begreifen oder, besser gesagt, nicht kennen." Diese Äußerung war seinerzeit seinem Prior zu Ohren gekommen, und Bacon hatte öffentlich im Conzilium Abbitte leisten müssen. Seitdem hütete er sich, ähnlich Ketzerisches noch einmal laut zu sagen.

Deshalb behielt er auch die Entdeckung, die er soeben gemacht hatte, für sich. Es bereitete ihm sichtlich Vergnügen, die Dinge immer wieder durchzuprobieren, um die dem Phänomen zugrundeliegenden Gesetze zu erforschen. Damit er seine Untersuchungen genauer durchführen konnte, baute er schließlich einen völlig abgedunkelten Behälter, den er *Camera obscura – Dunkelkammer –* nannte. Das Loch für den Lichteinfall legte er genau in die Mitte, damit die gegenüberliegende Fläche weitgehend ausgenutzt werden konnte. Er fand bald heraus, wie lang der Kasten sein mußte, damit das Bild schließlich die Hinterwand ganz ausfüllte.

Die Aufzeichnungen, die er über seine Arbeiten anfertigte, übergab er seinem Bruder mit der ausdrücklichen Anweisung, daß sie erst nach seinem Tode veröffentlicht werden durften. So konnten sie ihm wenigstens bei Lebzeiten nicht schaden.

Leonardo da Vinci, der 250 Jahre später das gleiche Phänomen entdeckte, veröffentlichte seine Beobachtungen ebenfalls nicht, sondern hielt sie bloß in einer Geheimschrift in seinen Notizbüchern fest. Auch er hat sich anscheinend noch gefürchtet, seinen Zeitgenossen dieses verblüffende Geheimnis der Optik zu offenbaren.

Etwa fünfzig Jahre nach Leonardo da Vinci beschäftigte sich Hieronymus Gardanus aus Pavia mit dem gleichen Problem. Auch er arbeitete bei seinen Untersuchungen mit einer Camera obscura. Er versuchte vor allem herauszufinden, welche Folgen die Vergrößerung und Verkleinerung der Lichtöffnung hatte und welche Form, rund, oval oder viereckig, die günstigsten Abbildungen ergab.

Er setzte als erster in die Öffnung geschliffene Brillengläser ein, die zu dieser Zeit bereits von Handwerkern hergestellt wurden. Je nach der Krümmung der Gläser erzielte er ein größeres und helleres Bild. Manche Bilder waren allerdings noch immer sehr verschwommen. Er konstruierte deshalb seine Camera um und baute eine zweite, bewegliche Wand ein, auf die das Bild fiel. Mit Verblüffung stellte er fest, daß man durch eine Veränderung des Abstandes von der Lichteinfall-Öffnung das Bild klarer und schärfer machen konnte. Sein Verfahren nützte man noch drei Jahrhunderte später durch die Beweglichkeit des

Ein zeichnerisches Hilfsgerät zur Reproduktion von Landschaften war im 17. Jahrhundert die Camera obscura. Sie wurde so groß gebaut, daß der Künstler darin bequem die auf einen Bogen geworfenen Bilder nachzeichnen konnte.

Auszuges bei den Plattenkameras aus und wendete man auch bei der Scharfeinstellung des Objektives im Photoapparat an. In ihrer Grundform war also bereits damals die mit einer Linse ausgerüstete Kamera vorhanden. Über seine Arbeiten und Feststellungen veröffentlichte Gardanus eine Schrift.

Wahrscheinlich durch diese angeregt, befaßte sich der deutsche Mathematiker und Astronom Christoph Schreiner (1575–1650) mit den Möglichkeiten der Camera obscura. Er wollte sie vor allem für die astronomische Beobachtung der Sonne einsetzen, die ja mit bloßem Auge nicht möglich war; ein Gedanke, der uns heute sehr modern vorkommt, da das neueste Sonnenobservatorium in den Vereinigten Staaten nach einem ähnlichen Prinzip arbeitet. Schreiner benutzte ein fernrohrähnliches Teleobjektiv, welches das Bild der Sonne auf einen weißen Beobachtungsschirm warf. Durch eine Verschiebung des Objektivs erreichte er auch hier ein scharfes Bild.

Mit Hilfe dieser Beobachtungsmöglichkeit berechnete er die Umdrehungszeit der Sonne und die Lage ihres Äquators. Er erkannte aber auch die Eigenbewegung der Sonnenflecke. In einem 1619 in Innsbruck erschienenen Buch *Oculus, h. e. Fundamentum opticum* schrieb er darüber im einzelnen.

92

Die Idee der Photographie wird geboren

Was aber noch fehlte, war die Möglichkeit, das auf die Innenwand der Camera obscura geworfene Bild auch für dauernd festzuhalten. Man half sich zunächst damit, daß man die Rückseite der *Kamera*, wie man sie von nun an nannte, mit einem lichtdurchlässigen Bogen bespannte und dann mit einem Stift die Linien nachzog.

Man baute auch riesige Ungetüme, wobei in die Camera obscura eine zweite gestellt wurde, die das Bild nochmals mit Hilfe einer Linse umdrehte. So konnte es der vor der letzten Wand stehende Maler nachzeichnen und man erhielt ein aufrechtes, nicht umgekehrtes Bild.

Bereits im 17. Jahrhundert kam man auf den Gedanken, die Spiegelreflexion auszunützen und so die Seitenverkehrtheit des Kamerabildes zu umgehen. Die Rückwand der Kamera bildete in diesem Falle ein großer Spiegel. Der Spiegel warf das Bild auf das auf einem Tisch befestigte Zeichenpapier, der Tisch stand in der Riesenkamera. Wenn sich außerdem der Zeichner vor den Tisch setzte statt hinter ihn, hatte er das reflektierte Bild nicht mehr auf dem Kopf stehend vor sich und konnte es bequem nachziehen.

Das alles waren natürlich Methoden, auf höchst unvollkommene Weise das von der Camera obscura aufgefangene Bild für dauernd festzuhalten. In der zweiten Hälfte des 18. Jahrhunderts hatte man eine kleine tragbare Beobachtungskamera geschaffen, von deren Rückseite man das auf eine Glasplatte geworfene Bild durch ein Okular betrachten konnte. Die Feineinstellung erfolgte hier durch die Längenveränderung des mit bikonvexen Linsen ausgestatteten Teleskopes.

Damals schrieb Carl Wilhelm Scheele (1742–1786): „Die reizend schönen und getreuen Abbilder, welche die Camera obscura auf die Betrachtungsfläche werfen, mögen den Gedanken aufkommen lassen, wie großartig es doch wäre, wenn man sie auf einer matten Glastafel oder auf Papier für dauernd festzuhalten vermöchte."

Eine interessante Ausführung von Tiphaine de la Roche in seinem 1760 gedruckten *Giphantie* erklärt, wie man glaubte, ans Ziel zu kommen. Dieses Buch befaßt sich in Form einer Erdbeschreibung auch mit den damaligen technischen Problemen. Es erzählt unter anderem, wie der Verfasser während eines Sturmes in den Palast der Elementargeister geführt und von ihrem Beherrscher mit den derzeit laufenden Arbeiten und Geheimnissen bekannt gemacht wird.

„Du weißt", sagt er zu ihm, „daß die reflektierten Lichtstrahlen auf glänzenden Flächen Bilder entstehen lassen, wie dies im Wasser und im Spiegel der Fall ist. Die Elementargeister suchen die Bilder festzuhalten und haben eine sehr feine und gut haftende, klebrige Materie zusammengesetzt, welche äußerst leicht trocknet und hart wird. Damit fertigen sie in einem Augenblick ein Gemälde. Sie überziehen mit diesem Stoff ein Stück Leinwand, worauf sich die Bilder nicht nur spiegeln, sondern auch haften bleiben, wenn man den Überzug im Dunklen trocknen läßt."

Diese Darstellung war zwar noch ein Wunschtraum, aber sie zeigte deutlich Möglichkeiten auf, mit denen die damaligen Chemiker das Kamerabild festzuhalten erhofften. Bereits im Jahre 1565 hatte Fabricius in seinem Werk *De rebus metallicis* von der Veränderung berichtet, welche das Hornsilber (Chlorsilber) im Licht erfährt. Seine Beobachtung gewann aber erst eine wesentliche Bedeutung, als Carl Wilhelm Scheele auf der Suche nach einem für die Bilderhaltung der Kamera geeigneten Stoff die Wirkung der prismatischen Farben auf das Chlorsilber im Jahre 1777 genau untersuchte und dabei feststellte, daß im violetten Licht die Schwärzung am schnellsten erfolgte.

Im Jahre 1778 veröffentlichte Scheele seine Beobachtungen, die allgemeines Aufsehen erregten und auch ins Englische und Französische übersetzt wurden. Das Interesse an der Veränderung vieler Stoffe im Licht wurde aufgrund dieser Veröffentlichung immer stärker. Nicht nur Chemiker, sondern auch Laien befaßten sich mit der sonderbaren Erscheinung. Zu ihnen gehörte der Prediger und spätere Oberbibliothekar der Stadt Genf, Jean Senebier (1752–1809), der darüber eines der klassischen Werke der Photochemie schrieb, das im Jahre 1785 unter dem Titel: *Physikalisch-chemische Abhandlung über den Einfluß des Sonnenlichts auf alle drei Reiche der Natur* auch in deutscher Sprache erschien. Für die Entwicklung der Photographie ist das Werk insofern von Bedeutung gewesen, als darin zum ersten Mal auf die Lichtempfindlichkeit des Asphaltes hingewiesen wurde, eines Materials, das schon bald eine erhebliche Rolle in der Photographie spielen sollte.

Senebier machte in seinem Buch noch auf ein anderes Phänomen aufmerksam, das bereits im Jahre 1727 von dem deutschen Medizinprofessor Johann Heinrich Schulze entdeckt worden war: die Lichtempfindlichkeit des Silbernitrats, die schon bald für die Papierphotographie wichtig war. Schulze schildert selbst seine Entdeckung:

„Oft lernen wir durch Zufall, was wir durch Nachdenken und ziel-bewußte Arbeit kaum gefunden hätten. So ging es auch mir, da ich anderes suchte und betrieb, daß ich fand, was ich nicht erhoffte ... Fast zwei Jahre sind es nun, als mir beim Studium über den Phosphor der Gedanke kam, den Balduinschen Prozeß [Leuchtsteine herzustellen] zu prüfen. Es war mir damals gerade etwas Scheidewasser zur Hand, das eine mäßige Menge von Silber enthielt. Solches Scheidewasser verwendete ich, um damit, wie es der Balduinsche Versuch verlangt, Kreide zu befeuchten. Ich unternahm diese Arbeit bei offenem Fenster, welches die hellsten Sonnenstrahlen hereinließ. Ich bewunderte die Veränderung der Farbe an der Oberfläche in dunkelrot mit Neigung zu veilchenblau. Mehr aber noch wunderte ich mich, als ich sah, daß der Teil der Schale, welchen die Sonnenstrahlen nicht trafen, nicht im mindestens jene Farbe annahm."

Schulze erkannte noch nicht, welche Entdeckung er gemacht hatte. Erst auf Senebiers Veröffentlichung hin wurde man erneut auf dieses Phänomen aufmerksam. Als erster versuchte der französische Gelehrte Jacques Alexander César Charles mit Silbernitraten und der Kamera Silhouetten zu erzeugen. Den Versuch wiederholte der berühmte englische Keramiker Josiah Wedgwood und Humphry Davy (1778–1829), Professor der Chemie an der Royal Institution. Sie tränkten weißes Papier und Leder mit einer Silbernitratlösung und kopierten so im Jahre 1803 Schattenrisse, aber auch Glasgemälde, die sie jedoch gegen das Tageslicht nicht unempfindlich zu machen wußten, so daß sie nur bei Lampenschein besehen werden konnten, wenn nicht das ganze Papier sich bräunen sollte. Erst im Jahre 1819 fand Sir John Herschel in einer schwefelsauren Natronlösung das benötigte Fixiermittel.

Die erste brauchbare Kamera

Noch immer konnte man jedoch das Bild der Camera obscura nicht festhalten. Nach vielen Bemühungen und Versuchen aller möglichen Leute gelang es erst zwei Franzosen völlig unabhängig voneinander, eine einigermaßen befriedigende Lösung zu finden.

Der eine, Joseph Nicéphore Niépce, begann im Jahre 1813 lithographische Versuche zu unternehmen. Die Lithographie war nach ihrer Erfindung durch Aloys Senefelder im Jahre 1797 schließlich auch in Frankreich bekannt geworden. Niépce versuchte sie auf photochemischem Weg zu verbessern, indem er die zum Druck benutzten Steinplatten mit einem lichtempfindlichen Firnis überzog, hinter Zeichnungen und Stiche, die er mit einer ölhaltigen Lösung transparent machte, legte und der Sonne aussetzte. Auf der Suche nach einem besonders lichtempfindlichen Stoff probierte er die verschiedensten Lösungen aus. Er stieß dabei auch auf das sogenannte *Asphaltverfahren*, bei dem dieser Stoff in hellem Petroleum aufgelöst und dann auf einer Glasplatte dünn ausgegossen wurde. Sobald die Lösung angetrocknet war, wurde sie unter einen transparent gemachten Stich geschoben und zwei bis drei Stunden lang dem Sonnenlicht ausgesetzt. Unter den dunklen Strichen der Zeichnung blieb die Asphaltschicht unverändert und konnte mit einem Lösungsmittel, das aus Lavendelöl und hellem Petroleum bestand, abgewaschen werden. Unter den hellen Teilen des Bildes wurde der Asphalt jedoch hart und konnte nicht mehr entfernt werden. So entstand ein Negativ, das man zum Steindruck benutzen konnte und das dem Original mit allen Feinheiten entsprach, wie das Bild des Kardinals Amboise, eine der ersten Asphaltreproduktionen, zeigt.

Durch den Erfolg ermuntert, überlegte sich Niépce, ob es nicht möglich sei, auf ähnliche Weise das Bild der Camera obscura festzuhalten. Er benutzte zu seinen Versuchen eine Zinkplatte, die er mit einer Asphaltlösung bestrich. Für die Aufnahme selbst aber baute er eine besondere Kamera, die mit einer Linse aus dem Sonnenmikroskop seines Großvaters arbeitete. Dieser erste *Photoapparat* war sehr handlich und hatte eine Plattengröße von 20,5 × 16,5 Zentimeter.

Voll Stolz schrieb er am 6. Mai 1816 seinem Bruder Claude über seine Arbeiten und fügte auch zwei Probebilder bei, die er in dunkles Papier verpackt hatte, da sie nur bei künstlicher Beleuchtung betrachtet werden konnten. Es handelte sich um seitenverkehrte Negative, deshalb mußte er seinem Bruder erst erklären, was die Aufnahmen darstellten. Immerhin sind einige dieser Asphaltbilder so beständig gewesen, daß man später Positivkopien davon machen konnte. Eine davon, die sich in der Gernsheim Collection in London befindet, läßt noch deutliche Einzelheiten erkennen. Die Bilder wurden durch das geöffnete Fenster des Arbeitszimmers gemacht und zeigen den auf dem Dach stehenden Nicéphore Niépce.

In der Folgezeit beschäftigte sich Niépce mit Versuchen, die auf-

**Nicéphore Niépces
Kamera hatte schon eine
Irisblende**

genommenen Bilder zu fixieren und damit haltbarer zu machen. Aber alle seine Bemühungen hatten keinen Erfolg! Auch wußte er nicht, wie er die belichteten Zink- und Glasplatten, wie es später gemacht wurde, ins Positive auf Papier kopieren sollte. So blieb ihm zunächst nichts anderes übrig, als, wie er in einer Veröffentlichung vom 8. Dezember 1827 schrieb, „seine Methode zu vervollkommnen, das Bild von Gegenständen durch Wirkung des Lichtes festzuhalten und mit Hilfe der aus der Kunst des Gravierens bekannten Prozesse durch den Druck zu reproduzieren."

Was jedoch die Kamera anging, so bemühte er sich, sie laufend zu verbessern. Er wußte schon bald, daß die Veränderung der Lichteinfallöffnung bei stärkerer und geringerer Helligkeit durch die Bündelung der Lichtstrahlen einen Einfluß auf die Bildschärfe hatte. Auch benutzte er bereits bei seinen ersten Apparaten eine *Irisblende*, wie sie mit ihren übereinandergreifenden Lamellen noch heute in der Photographie und bei astronomischen Teleskopen verwendet wird.

Zu den weiteren Verbesserungen gehörte es, daß er das für die Feineinstellung ausziehbare Rückteil nunmehr durch einen Lederbalgen ersetzte und mit Hilfe des Pariser Optikers Chevalier die Optik und damit die Qualität seiner Kamera laufend verbesserte. Da es ihm zugleich gelang, die Lichtempfindlichkeit der Asphaltschicht noch zu erhöhen, konnte die Belichtungszeit, die bisher noch Stunden dauerte, beachtlich verkürzt werden.

97

Bei seinen photographischen Versuchen benutzte Niépce auch eine Vorsatzlinse, die er *Megaskop* nannte und die ihm dazu diente, eine Blume oder einen anderen Gegenstand aus der Nähe aufzunehmen.

Übrigens war es der Optiker Chevalier, der im Januar 1826 die persönliche Bekanntschaft zwischen Niépce und Louis Jacques Mandé Daguerre vermittelte. Dieser war in Paris dadurch bekannt geworden, daß er ein sogenanntes *Diorama* einrichtete, in dem riesige Gemälde durch besondere Beleuchtungseffekte bei Tag und Nacht gezeigt wurden. Eines seiner berühmtesten Stücke war das Innere der Kirche St. Etienne du Mont in Paris. Es erschien zunächst bei Tagesbeleuchtung und machte dann alle Veränderungen durch bis zur Mitternachtsmesse. Daguerre arbeitete dabei außer mit selbstleuchtenden Substanzen auch mit einer Laterna Magica, die beispielsweise auf dem Hintergrund eines Seebildes Schiffe am Horizont auftauchen und wieder verschwinden ließ. Die Raffinesse dabei war, daß ein entsprechender Bildstreifen gegen die Leinwand geworfen wurde. Durch seine langsame Verschiebung wurde der Eindruck der Bewegung erweckt.

Um seine Landschaften möglichst naturgetreu zu gestalten, benutzte Daguerre, der ohne Zweifel ein guter Maler war, auch eine Camera obscura zum Nachzeichnen der Natur, und vermutlich kam er dabei auf die Idee, ein Verfahren zu suchen, mit dem es möglich war, das gesamte Bild auf mechanische Weise als Arbeitsunterlage festzuhalten. Etwa seit 1825 hatte er dabei die verschiedensten Methoden und die unterschiedlichsten lichtempfindlichen Stoffe durchprobiert, ohne zunächst zu einem Ergebnis zu kommen.

Der Zufall führt zu einer erstaunlichen Entdeckung

Auf einer Reise nach England machte Niépce einen kurzen Aufenthalt in Paris und lernte dabei durch die Vermittlung seines Optikers Chevalier Daguerre kennen. Er war von dem energischen, beredsamen und talentvollen Künstler begeistert, der damals 39 Jahre alt war und auf der Höhe seines Ruhmes stand. Mit großer Offenheit zeigte er Niépce bei der ersten Zusammenkunft die Ergebnisse seiner Arbeit, über die er sogar Chevalier gegenüber geschwiegen hatte.

Im Gegensatz zu Niépce verwendete Daguerre für seine Lichtbilder Silberplatten, die er mit Joddämpfen empfindlich gemacht hatte; ein

Frühes Foto von Nicéphore Niépce aus dem Jahr 1826. Es wurde auf eine Asphalt-platte mit einer Belichtungszeit von acht Stunden aufgenommen. Das Bild gilt als die erste Fotographie. Die Unschärfen erklären sich aus der langen Belichtungs-zeit, in der die Schatten wandern.

Verfahren, das Niépce zwar auch einmal probiert, aber dann zugunsten des Asphaltes aufgegeben hatte.

Die Ergebnisse, die die beiden erreicht hatten, veranlaßten sie, in Zukunft gemeinsam weiterzuarbeiten. Anstelle sich Konkurrenz zu machen, wollten sie versuchen, die Lichtbildnerei zu vervollkomm-nen.

Am 14. Dezember 1829 schlossen sie einen auf zehn Jahre befristeten Gesellschaftsvertrag, dessen Zweck es sein sollte, „mit Hilfe eines neuartigen Verfahrens ohne Mitwirkung eines Zeichners die Ansich-ten, welche die Natur bietet, festzuhalten und zu verbessern, um alle nur möglichen Vorteile aus diesem neuen Gewerbezweig zu ziehen".

Der Vertrag war also, besonders wenn man den letzten Passus be-trachtet, die erste gesellschaftliche Vereinbarung zur gewerbsmäßigen Ausnutzung der Erfindung und damit zugleich eine Art „Gründungs-urkunde" für den Stand der berufsmäßigen Photographen.

Die nächsten Jahre verbrachten die beiden Partner damit, ein Ver-fahren zu finden, um die Lichtempfindlichkeit des für die Photographie benutzten Materials zu erhöhen. Man versuchte es zuerst mit Jod, das in höchst unterschiedlichen Dosen dem Silbernitrat beigegeben wurde. Als die beiden hiermit nicht weiterkamen, verwendeten sie

Brom. Damit betraten sie „chemisches Neuland"; denn Brom wurde erst im Jahre 1826 von Balard in der Mutterlauge des Meerwassers entdeckt, und zwar als Brommagnesium und Bromnatrium. Da es das einzige nichtmetallische Element ist, das sich bei gewöhnlicher Temperatur verflüssigt, und da es sich viel leichter als Jod in Alkohol und Äther auflöst, versuchte Daguerre eine Bromsilber-Verbindung herzustellen, was ihm auch ohne Schwierigkeiten gelang. Zusammen mit Chlor und Jod wurde so endlich eine Substanz gefunden, die von großer Lichtempfindlichkeit war. Wie schwierig dann aber die Herstellung einer Aufnahmeplatte war, schildert Daguerre in einem von ihm im Jahre 1838 veröffentlichten Buch:

„Die Arbeit beginnt mit dem Putzen und Polieren der versilberten Kupferplatte, was immer große Sorgfalt und Mühe erfordert und mittels Tripel, Spiritus und Baumwolle, nachher mit Polierrot und weichem Leder bewirkt wird. Die größte Sauberkeit ist dabei zu beobachten, und es darf die Platte durchaus nicht mit den Fingern berührt werden. Die letzte Bearbeitung, das sogenannte Fertigputzen, darf nie früher als unmittelbar vor der Aufnahme stattfinden. Nunmehr wird der Silberspiegel für das Licht empfänglich gemacht, d. h. es muß eine Schicht auf ihm erzeugt werden, die sich unter Einfluß des Lichtes rasch verändert. Es muß daher in einem dunklen Raum geschehen, der nur durch eine kleine Lampe oder eine Wachskerze spärlich erhellt wird.

Das Jodieren der Silberplatte geschieht gewöhnlich in folgender Weise: Die Platte wird zunächst auf ein Kästchen gelegt, in welchem sich trockenes Jod befindet; die Dauer der Einwirkung der Joddämpfe muß nach Sekunden bemessen werden, denn sie ist verschieden, je nachdem man Porträts oder Landschaften machen will. Weil die nur mit Jod behandelte Platte eine zu lange Aufnahmezeit erfordern würde, kommt dieselbe, um empfindlicher zu werden, noch auf den Bromkasten. In diesem befindet sich eine Schicht Kalk, in welchen man das flüssige Brom hat einziehen lassen. Zuweilen wird auch noch Chlor damit verbunden. Über den Dämpfen dieser Substanzen wechselt die Platte verschiedentlich ihre Farbe, und man kann daran mit einiger Übung erkennen, wann die richtige Einwirkung stattgefunden hat. Auf alle Fälle kommt die Platte noch einmal auf den Jodkasten und ist dann zur Aufnahme bereit."

Ein höchst umständliches Verfahren, wenn man bedenkt, wie mühelos wir heute einen aufnahmebereiten Film in die Kamera einlegen. Auch das war damals weit schwieriger. Daguerre schreibt weiter darüber:

„Soll zur Aufnahme geschritten werden, so muß natürlich die richtige Stellung des Apparates und alles sonst Erforderliche schon besorgt sein, so daß bloß die Platte eingeschoben zu werden braucht. Sie wird zu diesem Zweck in dem dunklen Atelier in eine Kassette gelegt, wo sie auf beiden Seiten von einem schützenden Holzdeckel umgeben ist. Sobald die Kassette in den Apparat geschoben ist, wird der Schieber hochgezogen, und die Platte bleibt an der Stelle stehen, wo sie den Lichteindruck empfangen soll. Noch aber ist es im Kasten dunkel; denn das Rohr der Objektivlinse ist mit einem Deckel verschlossen. Sobald die Beleuchtung günstig ist, öffnet man den Deckel, und die Wirkung des Lichtes auf die Platte beginnt. Die richtige Belichtungszeit aber zu treffen, gelingt erst nach langer Erfahrung und Übung und ist eine der Hauptschwierigkeiten der Kunst. Es kann des

Die beiden Erfinder der Photographie: J. N. Niépce (sitzend) und L. J. M. Daguerre (stehend)

Guten bald zu viel, bald zu wenig geschehen. Nach entsprechender Belichtung wird das Objektiv wieder mit dem Deckel geschlossen und der Schieber der Kassette heruntergeschoben und in die Dunkelkammer gebracht."

Nun aber begannen erst die Schwierigkeiten; denn die präparierten Silberplatten gaben bei zu kurzer Belichtung kein sichtbares Bild und konnten zunächst auch nicht entwickelt werden. Eines Tages wurde während einer Aufnahme das Wetter plötzlich trübe. Daguerre nahm daher die zu kurz belichtete Platte wieder aus der Kamera und stellte sie in einen Schrank. Als er diesen am nächsten Tag öffnete, fand er zu seinem größten Erstaunen das fertige Bild auf der Platte. Er vermutete gleich, daß in dem Schrank etwas sein müsse, was die Entstehung des Bildes verursacht hatte. Sorgsam räumte er ihn aus.

Der Schrank enthielt eine Reihe von Chemikalien in Flaschen, die er für seine Versuche benötigt hatte. Von diesen geschlossenen Behältern konnte jedoch die Beeinflussung nicht ausgehen. Er nahm jede heraus und untersuchte sie sorgfältig.

Langsam leerten sich die Fächer. Daguerre hatte bisher nichts finden können, was den rätselhaften Vorgang erklären konnte. Da sah er plötzlich eine Reihe von kleinen blitzenden Kugeln zwischen den Ritzen eines Schrankbrettes, auf dem die Platte gestanden hatte.

Neugierig versuchte er sie auf ein Stück Papier zu schieben. Es waren Quecksilberkügelchen, die, wie er beim weiteren Ausräumen feststellte, aus einem zerbrochenen Thermometer stammten.

Sie mußten – und darüber bestand für Daguerre nunmehr kein Zweifel – das Bild aus der nur schwach belichteten Platte herausgeholt haben. Er machte sofort die Probe aufs Exempel, fertigte eine neue Platte an und belichtete sie nur drei Minuten lang. Dann stellte er sie in der Dunkelkammer in ein Gestell, unter das er ein Schälchen mit Quecksilber schob. Da Quecksilber schon bei gewöhnlicher Temperatur zu verdunsten beginnt, erschien schon bald, wie durch Zauberhand hervorgerufen, das aufgenommene Bild auf der Platte.

Nachdem ihm das Bild genügend entwickelt schien, schob er die Quecksilberschale zur Seite und fixierte die Platte, indem er sie in ein Bad von schwefelsaurem Natron legte. Er spülte sie darauf in destilliertem Wasser ab und hielt, wie er später schrieb, „mit zitternden Händen die erste wirklich haltbare und sich nicht mehr verändernde Platte gegen das Tageslicht".

Um die Entwicklungszeit der belichteten Platten noch wesentlich abzukürzen, benutzte er einen kleinen Spirituskocher, auf den er das Quecksilberschälchen stellte. So verdampfte das Quecksilber wesentlich schneller. Um den Vorgang rationeller vor sich gehen zu lassen, fertigte Daguerre einen Kasten an, der auf der einen Seite ein Glasfenster besaß, durch das man hineinleuchten und die Entstehung des Bildes beobachten konnte.

„Die Hitze des Spiritusflämmchens", so berichtet er, „ließ nun die unsichtbaren Quecksilberdämpfe bald den ganzen Kasten füllen und wirkte von allen Seiten auf die Platte ein. So wurde die Entwicklung nicht nur beschleunigt, sondern auch gleichmäßig vorgenommen. Sobald der durch das Fenster beobachtete Entwicklungsgrad erreicht ist, wird die Platte herausgenommen und wie bereits geschildert fixiert."

Dieses Kastenverfahren hatte außerdem noch den Vorteil, daß der Quecksilberdampf weitgehend ausgenutzt werden kann, indem man mehrere Platten hintereinander entwickelt. Man hat nun im Gegensatz zu den späteren photographischen Verfahren ein natürliches, allerdings umgekehrtes Bild, in welchem die hellen Stellen des Originals weiß, die dunklen schwarz erscheinen.

Wo die hellsten Lichter auf die Platte gefallen sind, wurde – wie man annahm – die Verbindung zwischen Jod und Silber durch das Licht am meisten gelockert, und das Quecksilber fand hier die Möglichkeit, sich in unsichtbar kleinen Kügelchen an das Silber anzuhängen; diese Tröpfchen erscheinen durch ihr enges Beieinanderstehen weiß. In den mittleren Tönungen war das Anhängen des Quecksilbers schon mehr oder weniger behindert, und im Schatten konnte es wegen der unveränderten Schicht von Jod und Bromsilber fast gar nicht stattfinden.

Daguerre hatte auf diese Weise eine Möglichkeit geschaffen, die mit der Kamera aufgefangenen Bilder in einer dauerhaften Form festzuhalten, allerdings immer nur in einem einzigen Exemplar. Vervielfältigen ließen sich seine Bilder nicht. Er selbst sah darin keinen Nachteil, da ja auch Gemälde Einzeldarstellungen sind, die einer Vervielfältigung nicht bedurften, zumal sie auch entsprechend bezahlt wurden. Er lehnte es deshalb ab, Vervielfältigungsversuche zu machen.

Bilder ohne Pinsel und Palette

Daguerre führte seine Erfindung, nachdem er sie nunmehr soweit vervollkommnet hatte, dem berühmten Physiker und Astronomen François Aragon vor, der zugleich Sekretär der Akademie der Wissenschaften war. Dieser war nicht nur überrascht, sondern von dem Erfolg so überzeugt, daß er sofort für den 19. August 1839 eine Sitzung der Akademie einberief. Da Niépce bereits im Jahre 1833 gestorben war, konnte nur sein Sohn Abel Niépce de Saint-Victor zu dieser Veranstaltung eingeladen werden. Professor Aragon stellte dabei den versammelten Gelehrten den einen der noch lebenden Erfinder vor und ließ diesen seine Methode vorführen, mit der, wie es in einer der damaligen Zeitungsveröffentlichungen hieß, „die Natur selbst ihr eigenes Abbild mit Hilfe des Lichtes zeichnete und auf einer Silberplatte festhielt".

Die Anwesenden waren, wie es Professor Aragon vorausgesehen hatte, von dem neuen Verfahren, „ohne Pinsel und Palette" Bilder zu schaffen, begeistert. Sie billigten deshalb einstimmig, was Aragon in seinem Schlußwort bekanntgab, nämlich daß diese Erfindung nicht geheimgehalten werden solle, sondern als Gabe Frankreichs der ganzen Welt gehöre und als Entschädigung Daguerre und Niépces Sohn ein Geldgeschenk vom Parlament erhalten müßten.

Diese Rente wurde auch alsbald genehmigt. In der Begründung des Antrages führte einer der Abgeordneten aus: „Eines Tages wird es möglich sein, die Natur an jedem beliebigen Ort zu reproduzieren, nicht nur auf der Erdoberfläche, sondern auch hoch oben aus der Luft und tief unten in den Ozeanen."

Das waren prophetische Worte, an die damals so recht noch niemand glauben wollte, die aber knapp hundert Jahre später voll in Erfüllung gingen. Doch was zunächst die Aufnahmen auf der Erde anging, so übertraf die Nachfrage nach den *Daguerreotypien*, wie die Bilder nunmehr genannt wurden, selbst die kühnsten Erwartungen. Jeder, der nur einige Francs übrig hatte, wollte an dem neuen Wunder teilnehmen und sich „daguerrotypieren" lassen. Man nahm es gern auf sich, bis zu einer halben Stunde in der prallen Sonne zu sitzen, um schließlich ein kleines Metallplättchen mit dem eigenen Bild nach Hause tragen zu können. Die ersten *Heliographien* von Niépce hatten immerhin noch eine Belichtungszeit von acht Stunden benötigt. Auch die Bestellungen auf Kameras gingen in solcher Stückzahl ein, daß sie Daguerre zunächst kaum liefern konnte.

„Man könnte den Verstand verlieren, wenn man diese von der Natur selbst geschaffenen Bilder sieht", schrieb am 26. September 1839 der Berliner Lithograph Louis Ferdinand Sachse und bestellte umgehend sechs Daguerre-Kameras. Er wurde damit zum ersten Photohändler Deutschlands. Heute gibt es in der Bundesrepublik mehr als 2000 Photogeschäfte, die im Jahr etwa eine halbe Milliarde umsetzen. Dazu kommen noch 7000 Drogerien, die auch Photoartikel führen, sowie große Versand- und Kaufhäuser, die mindestens den gleichen Umsatz machen.

Da das Daguerre-Verfahren auf Veranlassung der französischen Akademie nicht geheimgehalten wurde, versuchte man in aller Welt die Kameras nachzubauen. Bereits im September 1839 kündigte der Mechanikus und Optikus Carl Geiger aus Stuttgart in mehreren Zeitungsanzeigen an, daß er mit dem Bau von Photokameras in drei verschiedenen Größen zum Preise von sechs bis zwölf Carolins begonnen habe. Heute gibt es in Deutschland noch rund zwei Dutzend Fabriken, die jährlich zusammen 2,5 Millionen Photoapparate verkaufen. Auf der letzten *Photokina* in Köln zeigten rund 700 Firmen der Photoindustrie aus der ganzen Welt ihre Erzeugnisse.

Aber bereits zu Lebzeiten Daguerres und zum Teil schon bevor dieser seine so erfolgreiche Vorführung vor der Academie Française hatte, bemühten sich einige Erfinder, ein Verfahren zu entdecken, mit dem man dauerhafte Lichtbilder herstellen konnte. Einer von ihnen war der wohlhabende Privatgelehrte William Henry Fox Talbot. Auf häufigen Reisen versuchte er mit der Camera obscura Aufnahmen zu machen. Doch er hatte wenig Geschick dazu und kam daher auf den Gedanken, „mit Hilfe von lichtempfindlichen Chemikalien die Natur zu veranlassen, sich selbst auf dem Papier abzubilden und dort für immer zu bleiben".

Ohne von den Arbeiten Daguerres und Niépces Kenntnis zu haben, begann Talbot bereits im Jahre 1834 mit Silbernitrat die verschiedensten Versuche durchzuführen, deren Ergebnisse er im Jahre 1835 in einem Aufsatz *On the nature of light* niederlegte. Er konnte dazu auch einige Bilder vorlegen, die er mit einer selbstgebauten Kamera von seinem Herrensitz Lacock Abbey in Wiltshire gemacht hatte. Sie waren – und das bedeutete eine völlige Neuheit – nicht mehr seitenverkehrt und enthielten die feinsten Schattierungen in der Tönung. Außerdem aber legte Talbot – und das überraschte die Fachleute – verschiedene Kopien von der gleichen Aufnahme vor.

Talbot nahm nämlich im Gegensatz zu seinem französischen Erfinderkollegen ein negatives Bild auf das mit lichtempfindlichen Chemikalien präparierte Papier auf. Die hellen Stellen erschienen dunkel und die Schatten hell. Die Negativaufnahme wurde darauf mit überschwefelsaurem Natron fixiert, abgewaschen und nach der Trocknung auf ein anderes, ähnlich präpariertes Papier gepreßt und dem Sonnenlicht ausgesetzt. Der so gewonnene Abzug kam als Positiv in der richtigen Seitenlage und in der natürlichen Schattierung heraus.

Talbot nannte diese Art der Bilderzeugung *Kalotypie.* Sie bildete die Grundlage für das Negativ-Positiv-Verfahren, mit dem in Zukunft die Photographie arbeitete. Wie fein und vollkommen diese Wiedergaben waren, zeigte eine Veröffentlichung *Der Zeichenstift der Natur,* die im Jahre 1844 erschien. In ihr waren neben Gebäuden und Stillleben auch Landschaftsaufnahmen mit einer erstaunlichen Feinheit in der Wiedergabe zu sehen.

Photographische Apparate von Daguerre (1839), Steinheil (1839) und Voigtländer (1841)

Talbot erhielt im Jahre 1841 ein Patent für sein neues Photographier-
verfahren und ein Jahr später als Anerkennung die Medaille der *Royal
Society*. Um seine Arbeiten weiter zu verbessern, versuchte er das
Negativpapier durch Tränken mit Wachs noch lichtdurchlässiger zu
machen. Es hatte sich nämlich immer wieder gezeigt, daß Unrein-
heiten in der Papiermasse sich auch auf den Kopien bemerkbar
machten. Reines Glas war in dieser Hinsicht natürlich wünschens-
werter, aber es konnte nicht – und darin lag die Hauptschwierigkeit –
die benötigten chemischen Stoffe einsaugen und nach der durch Licht
erfolgten Umwandlung binden. Trotz aller seiner Bemühungen aber
kam Talbot nicht weiter.

Mehr Glück hatte der englische Chemiker Scott Archer, der im Jahre
1851 in den *Chemical News* ein neuartiges Kollodiumverfahren veröffentlichte. Dieses bestand aus einer Lösung von Schießbaumwolle,
Äther und Alkohol. Es war eine helle, klebrige Flüssigkeit, die sehr
schnell trocknete und ein durchsichtiges Häutchen hinterließ, welches
die lichtempfindliche Schicht des Negatives band. Auf diese Weise
ließen sich Positivkopien von außerordentlicher Schärfe und Klarheit
erzielen. Erst als man ganz allgemein dazu überging, anstelle des Papieres Glasplatten zu verwenden, begann sich die Kunst der Photographie immer weitere Kreise zu erobern.

Das lag vor allen Dingen daran, daß der Pariser Optiker Charles
Chevalier ein System von zwei achromatischen Linsen herausbrachte,
das nicht allein die Aufnahmezeit verkürzte, sondern auch den Bildern
eine größere Schärfe verlieh. Der Wiener Professor Josef Max Petzval
stellte lange und mühsame Berechnungen auf, um die bestmöglichen
Linsenkombinationen zu bauen. Aus seiner Arbeit entwickelten sich
später die so berühmt gewordenen Voigtländer-Objektive. Er baute
nach seinen Erfahrungen eine größere, mit einem besonderen Vorsatz
versehene Kamera und veröffentlichte außerdem seine Erkenntnisse
in einem Buch. Trotzdem war das Photographieren immer noch ein
mühsames Handwerk.

Belichtungszeiten von mehreren Minuten

Zunächst mußte der Photograph seine Platte selbst herstellen. Dazu war erforderlich, daß die Glasplatte zuerst mit einer Flüssigkeit, die aus Tripolinpulver, Weingeist und einigen Tropfen Ammoniak bestand, völlig gesäubert wurde. In diese wurde ein Wattebausch getaucht und damit auf der Platte einige Minuten hin- und hergefahren, hierauf spülte man sie mit reinem Wasser ab, trocknete sie mit einem weichen Tuch, um sie schließlich mit Seidenpapier blank zu polieren. Dann machte man den „Hauchtest", bei dem der Niederschlag des Atems sich gleichmäßig über die ganze Platte zu legen hatte und, ohne eine Spur von Wischstreifen zu zeigen, wieder verschwand.

Dann mußte man die Haftschicht aus Schießbaumwolle, Alkohol und Äther auftragen, die man jetzt kurz *Kollodiumschicht* nannte. Nachdem diese abgetrocknet war, wurde in der Dunkelkammer eine Lösung von salpetersaurem Silberoxid im Verhältnis von 1 g Silbernitrat zu 10 g Wasser vorbereitet und mit Jodsilber gesättigt. In dieser Lösung wurde die in das Silberbad getauchte Platte so lange hin- und herbewegt, bis die fettartigen Streifen verschwanden, die sich anfangs bildeten, weil der Äther die wäßrige Lösung zunächst abstößt. Die Platte war nun lichtempfindlich geworden, wurde in ein Gestell zum Abtrocknen gelegt und dann in die Kassette gegeben.

Dann erst konnte die Aufnahme gemacht werden, und die wieder geschlossene Kassette wurde erneut in die Dunkelkammer gebracht. Hier erfolgte nun die Entwicklung der Platte, zuerst mit Quecksilberdämpfen, später mit dem von Robert Hunt im Jahre 1851 entdeckten Eisenvitriolentwickler, der rascher und gleichmäßiger wirkte als die in einem Kasten ausgenutzten Quecksilberdämpfe. Er war übrigens in den nächsten 30 Jahren der gebräuchlichste Entwickler.

Nachdem die Platte nunmehr abgespült und getrocknet war, konnten in einem Kopierrahmen die Positivabzüge auf Chlor- oder Bromsilberpapier gemacht werden. Um hierbei das bestmögliche Resultat zu erreichen, mußte der Rahmen immer wieder geöffnet und die Bildschärfe kontrolliert werden.

Diese Art der „Naß-Photographie", wie man sie später bezeichnete, verlangte übrigens eine umfangreiche Ausrüstung, wenn man Aufnahmen im Freien machen wollte. Sie bestand nicht nur aus einem Zelt, das als Dunkelkammer fungierte, sondern auch aus zahlreichen Flaschen, Behältern und Schalen, um so die Platten überhaupt vorbereiten zu können. Findige Köpfe hatten schon eine Ausrüstung konstruiert, die man auf dem Rücken tragen oder mit Hilfe eines vierrädrigen Karrens mit Tretantrieb transportieren konnte.

Das aber waren nicht die einzigen Schwierigkeiten! Wir erwähnten bereits, daß Niépce für seine ersten Heliographien acht Stunden benötigte. Heute belichten wir eine Aufnahme bedeutend kürzer, mit einer hundertstel Sekunde etwa. Damals betrug die günstigste Zeit mehrere Minuten.

Damit aber die Personen, die man photographierte, sich in dieser Zeit nicht bewegten, wurden hölzerne Gestelle gebaut, die mit einer Klammer ihre Köpfe festhielten. Später, um das Jahr 1870, ersetzte man sie durch komplizierte und nach allen Seiten bewegliche Gestelle, die im Stehen oder Sitzen den zu Photographierenden festhielten. Erst als die Objektive und auch die Lichtempfindlichkeiten besser wurden, benötigte man eine wesentlich günstigere, kürzere Belichtungszeit und die Gestelle wurden überflüssig.

Die kürzere Belichtungszeit verdankte man dem britischen Arzt Dr. Richard Leach Maddox. Er entwickelte im Jahr 1871 die Gelatinetrockenplatte, die es ermöglichte, ohne eine unmittelbare Vorbereitung in der Dunkelkammer im und außerhalb des Ateliers zu photographieren. Man brauchte nur noch in entsprechender Anzahl die Platten in die Kassetten einzulegen und konnte sie überallhin mitnehmen.

Die Lichtempfindlichkeit der Platten nahm in den nächsten Jahren immer mehr zu, besonders als es dem Deutschen Hermann Wilhelm Vogel gelang, die *Silber-Eosin-Trockenplatte* herauszubringen, die schon bald von der Firma Perutz in München serienmäßig hergestellt wurde.

Zugleich mit der Trockenplatte kam in Amerika im Jahre 1884 auch der photographische Film auf den Markt. Die Versuche dazu liefen in den Vereinigten Staaten und auch in Europa schon seit längerer Zeit. Bereits im Jahre 1855 hatte der französische Photograph Relandin einen Mechanismus konstruiert, durch den mit Hilfe zweier Zylinder eine Tuchfläche bewegt werden konnte, die zwölf Papierblätter der Reihe nach in das Bildfeld brachte. Allerdings war das Gewicht dieser Einrichtung sehr groß. Es betrug 15 kg. Schon leichter war die Filmpackkassette, die sich sein Landsmann Plaut unter dem

Namen *Chassis multiple* patentieren ließ. Sie bestand nur aus einer Reihe empfindlich gemachter Papierblätter. Zwanzig Jahre später, im Sommer 1875, stellte Leon Warnercker eine Rollkassette vor, die mit Papierfilmen mit einer abstreifbaren Kollodiumschicht arbeitete.

Diese Idee wurde 1884 von dem Amerikaner George Eastman aufgenommen. Er erfand zunächst für die Herstellung der Filme eine besondere Gießmaschine und baute Kameras, die in einer Kassette Rollenhalter besaßen. Diese „Stripping-films" fanden bald eine weite Verbreitung. Die Gelatinehaut konnte nämlich abgestreift, auf Glas gelegt und kopiert werden. Im Jahre 1888 kam die erste *Kodak-Kamera* auf den Markt, die einen Film für 100 Aufnahmen enthielt. Die Kamera hatte nur einen Nachteil. Der belichtete Film mußte nämlich mit der Kassette in das Werk zur Entwicklung geschickt und inzwischen eine andere eingeschoben werden.

Das Erscheinen der Trockenplatte und des Filmes bedeutete in der Geschichte der Photographie den Anbruch einer neuen Epoche. Die Photographie wurde alsbald eine Nebenbeschäftigung für Amateure. Verschiedene Firmen auch in Deutschland erkannten nun bald, daß die Herstellung von Kameras ein gutes Geschäft sein werde. Schreiner, Optiker und Feinmechaniker waren daran gleichermaßen beteiligt. Man stellte vornehmlich Boxen und Balgkameras her. Damals tauchten neue Namen auf, wie die Firma Wünsche & Ernemann in Dresden, Hahn in Kassel, Goertz in Berlin, Linhof in München oder Haselblad in Schweden. Der Einfallsreichtum der verschiedenen Hersteller war groß. So baute Hüttig in Dresden schon im Jahre 1862 eine zusammenklappbare Magazinkamera mit Zylinderverschluß und sechs Kassetten. Sie war äußerst handlich und bequem zusammenzulegen. Noch erstaunlicher war die im Jahre 1867 gebaute Dubronis-Kamera, die eine Entwicklungseinrichtung besaß und somit zu einer Art Vorgänger unserer hochmodernen Polaroid-Kameras geworden ist, die sofort ein fertiges Bild liefern.

Der Trend jedoch ging dahin, einen Photoapparat herzustellen, der nicht viel Platz einnahm und möglichst flach war, sich mit anderen Worten bequem zusammenschieben ließ. Das wurde mit Hilfe eines Lederbalgens und einer Laufschiene erreicht. Solche Rollfilm-Kameras stellte seit 1885 die Firma Dr. Krügener in Frankfurt her.

Vom Blitzlicht zum Superobjektiv

Um auch bei fehlendem Tageslicht im Atelier und in der Wohnung photographieren zu können, versuchte man künstliche Lichtquellen auszunutzen. Eine davon war die sogenannte *Weißfeuerlampe*. Die große Glaslaterne besaß wie ein Ofen einen Abzug, der den stickigen Qualm fortschaffte, der sonst den ganzen Raum erfüllt hätte, wenn das Leuchtgemisch aus Salpeter, Schwefel und Schwefelantimon zur Entzündung gebracht worden war.

Diese künstliche „Blitzlichteinrichtung", die man in den sechziger Jahren des vergangenen Jahrhunderts benutzte, wurde jedoch bald durch das Gaslicht in den Ateliers abgelöst. Ein gutes Dutzend Gaslampen erhellten nunmehr am Abend das Atelier, und ihr Effekt wurde noch durch eine Spiegeleinrichtung verstärkt, die das Licht gebündelt auf die zu Photographierenden warf. Als man Elektrizität verwendete, wurden starke Bogenlampen eingesetzt. Allerdings waren solche Anlagen sehr aufwendig und kaum für einen Amateur erschwinglich. Deshalb wurde es sehr begrüßt, als im Jahre 1893 das sogenannte *Pustlicht* aufkam, das mit Magnesiumpulver arbeitete. Das Magnesiumpulver wurde mit Hilfe eines posthornähnlichen Glasbehälters, in dem es sich befand, durch das Zusammenpressen eines Gummiballes herausgeschleudert. Es entzündete sich dabei an einer Kerze, und der so entstandene Lichtschlag genügte, um eine Aufnahme belichten zu können.

Das Verfahren war natürlich ein wenig umständlich und wegen des erzeugten Rauches nicht ganz angenehm. Trotzdem war es mit verschiedenen Verbesserungen bis nach dem Ersten Weltkrieg üblich, so die Kunstlichtaufnahmen zu machen. Erst dann brachte die Firma Osram den *Vacublitz* heraus. Diese elektrische Blitzlampe enthielt eine hauchdünne Aluminiumfolie in einer Sauerstoffüllung, die ein elektrischer Stromstoß entzündete. Heute arbeitet man mit einem Elektronenblitz, der sich mit Hilfe einer besonderen Einrichtung automatisch auf die benötigte Lichtstärke unter Berücksichtigung der Entfernung und der Helligkeit des Aufnahmeobjektes einstellt.

Derartige Blitzlichtaufnahmen waren um die Jahrhundertwende nur möglich, weil man einen Objektivverschluß entwickelt hatte, der nach den verschiedenen Bedürfnissen eingestellt werden konnte; bei Kunstlicht und langzeitigen Aufnahmen beispielsweise durch eine automatische Ein- und Abstellung, die mit einem Gummiball vor sich ging und das frühere Abheben des Verschlußdeckels ersetzte. Dieser *pneumatische Verschluß* arbeitete – wie die Gebrauchsanweisung es damals beschrieb – nach dem Prinzip: „Je stärker der Druck auf den Gummiball, desto schneller die Belichtung". Von einer Genauigkeit der verschiedenen gewünschten Zeitwerte konnte dabei natürlich keine Rede sein. Das wurde erst anders, als die ersten automatischen *Compound-Verschlüsse* auf den Markt kamen. Diese arbeiteten anfangs noch pneumatisch, dann aber mit einem Drahtauslöser, der mit einer Federspannung und einer Reibungsbremse in Bruchteilen von Sekunden genau die gewünschte Belichtung durchführte.

Erst mit diesen Verschlüssen war es möglich, sogenannte „Momentaufnahmen" zu machen. Diese Aufnahmen waren eine Sensation; denn nun konnten auch Vorgänge in der Bewegung, ein auf der Straße gehender Mensch, ein galoppierendes Pferd oder sogar ein fahrender Zug im Bilde festgehalten werden. Zahllose Zeitdokumente entstanden auf diese Art, wie beispielsweise der Flugversuch Otto Lilienthals bei Stölln im Jahre 1895.

Diese Augenblicks-Aufnahmen führten übrigens zur Ausnutzung einer Photographiermöglichkeit, die uns heute kurios vorkommt und

Diese Photographie ist zu einem technischen Dokument geworden. Sie zeigt die ersten Flugversuche von Otto Lilienthal in der Nähe von Stölln im Jahr 1895. Die Aufnahme wurde von Dr. Neuhaus gemacht.

nur aus den damaligen Gegebenheiten zu verstehen ist. Noch um die Jahrhundertwende herrschte eine gewisse Scheu vor der Kamera. Um also unauffällig Straßenszenen oder eine berühmte Persönlichkeit, an die man sonst nur schwer herankam, photographieren zu können, versuchte man mit versteckten Kameras zu arbeiten. Sie waren natürlich sehr klein und konnten in einem Hut, einem Stock und sogar in einer Uhrenattrappe untergebracht werden. Trotz allem waren die Vergrößerungen dieser Aufnahmen, die man mit inzwischen entwickelten Apparaten vornahm, recht brauchbar und konnten sogar in den Zeitungen veröffentlicht werden.

Dieser Erfolg war der Anstoß zur Entwicklung von „Westentaschen-Kameras", die von den Firmen Goertz, Krügener und Liesegang hergestellt wurden. Das führte schließlich im Jahre 1924 zum Bau der *Urleica* durch die Firma Leitz, wobei noch der Vorteil ausgenutzt wurde, daß durch das Aufkommen der Kinematografie das hierfür benötigte Filmmaterial auch für die Kleinbildkameras benutzt werden konnte. Der *Leica* folgten die *Contaflex*, die *Kine-Exakta* und viele andere mehr. Die kleinste davon war die *Minox*, die Walter Zapf im Jahre 1938 konstruierte.

Einige dieser Kameras arbeiteten mit einer Spiegeleinrichtung, die auf einer Mattscheibe das anvisierte Bild zeigte. Eine solche Spiegeleinrichtung besitzen heute viele Kleinbildkameras. Sie haben sich bereits in den Spiegelreflexkameras bewährt. Bereits der deutsche Ingenieur Fritz Krichelsdorff hatte den Spiegelreflex im Jahre 1901 zum Patent angemeldet. Eine ähnliche Klappreflexkamera brachte 1913 und später in vervollkommneter Form im Jahre 1924 die Firma Goltz und Breutmann in Dresden heraus. Ihr folgte fünf Jahre später die zweiäugige *Rolleiflex* der Firma Francke und Heidecke in Braunschweig. Die Vereinigung des Suchers in derselben Größe wie die Kamera mit einer gleichzeitigen Scharfeinstellung der beiden Objektive war in der Tat ein Fortschritt, der dieser Kamera viele Freunde unter den Amateuren gewann.

Heute werden in allen Teilen der Welt Kleinbildkameras mit Spiegelreflexsuchern gebaut. Im Gegensatz zur zweiäugigen Rolleiflex, bei der man zur Festlegung der Belichtung zwei Zeiger zur Deckung bringen muß, wird bei vielen die Belichtung jetzt automatisch geregelt. Ein Kontrollzentrum im Sucher gibt über alle wichtigen Daten wie Belichtungszeit, Blende, Blendenbereich, Über- und Unterbelichtung und die Schärfe mit einem Blick Auskunft. Eine große Anzahl von Wechselobjektiven vom Ultraweitwinkel bis zum extremen Tele lassen diese Kameras sich auf jede Aufnahmesituation einstellen. Bei einigen Kameras wird durch ein variables Winkelmeßsystem die Belichtungsmessung der Brennweite des verwendeten Objektives optimal angepaßt.

Neben der Spezialausrüstung für die verschiedensten Weiten und Schärfen sind Spezialobjektive gebaut worden, um Mikrophotographien machen zu können oder mit einem besonderen Gehäuse Unterwasseraufnahmen durchzuführen. Von der Sternwarte angefangen bis zum Elektronenmikroskop ist die Photographie ein unentbehrliches Hilfsmittel der Wissenschaft geworden.

Lange Zeit hat es im übrigen gedauert, bis man die Natur in ihren natürlichen Farben abbilden konnte. Die ersten Versuche dazu lassen sich bis in die Anfänge der Photographie zurückverfolgen. Man ging dabei von der Erkenntnis aus, daß sich alle Farben durch nur wenige Grundfarben darstellen lassen. Man versuchte sie deshalb zunächst mit entsprechenden Filtern aufzunehmen. Nachdem bereits im Jahre 1860 der deutsche Physiker Hermann von Helmholtz die unbedingt erforderlichen Grundfarben als die Spektralfarben Blau, Grün und Rot angegeben hatte, versuchte als erster der Franzose Charles Cros drei Negative in diesen Grundfarben mit Farbfiltern zu machen und übereinander zu kopieren. Die Ergebnisse waren jedoch nicht sehr befriedigend. Auch die Bemühungen seines Landsmannes Ducos du Hauron, der die Negative in den Komplementärfarben machte, führten einige Jahre später nicht weiter, da die damals benutzten Aufnahmeschichten für die einzelnen Farben zu unempfindlich waren.

Erst als es dem Deutschen H. W. Vogel gelang, diese für Gelb und Rot empfindlicher zu machen, konnten die Versuche weitergehen. Diese „Sensibilität" wurde durch den Arzt Dr. Gustav Selle aus Brandenburg im Jahre 1895 noch weiter verbessert. Das nutzte Adolf Miethe aus und baute eine Dreifarbenkamera mit Filtern und Kassettenschlitten. Aus den so photographierten Negativen wurden dann farbige Kopien oder Diapositive durch Übereinanderkopieren hergestellt.

Dieses *subtraktive* System ist in den letzten Jahrzehnten immer mehr vervollkommnet worden. So entstanden bereits in den vierziger Jahren die sogenannten *Umkehrfilme*, mit denen man farbige Bilder

114

mit gewöhnlichen Kameras und ohne Filter aufnehmen konnte. Dabei erhält man ein Diapositiv, von dem aber heute ein Film für weitere Kopien abgenommen werden kann. Andere Verfahren ermöglichen die Herstellung von farbigen Bildern. In allen Fällen wird mit drei übereinandergegossenen Filmen gearbeitet, wobei meist die blauempfindliche Schicht oben, die rotempfindliche unten liegt. Eine Gelbfilterschicht hinter der obersten hält das blaue Licht von den beiden anderen fern. Sie wird erst durch den Entwicklungsprozeß herausgelöst. Bei einigen Verfahren lassen sich die beiden äußeren Schichten nach dem Entwickeln abziehen und auf je einen neuen Trägerfilm übertragen, so daß drei getrennte Farbauszug-Negative zur Verfügung stehen. Die allgemeine Tendenz ist heute jedoch auf den Mehrschichtenfilm gerichtet.

Die Zukunftsaussichten der Photographie

In den letzten 150 Jahren seit der Erfindung der Photographie hat diese eine Entwicklung durchgemacht, die sie befähigte, in fast allen Gebieten der Kultur und Wissenschaft eine führende Rolle einzunehmen. Auch aus der heutigen Presse ist sie kaum mehr wegzudenken. Die Erreichung dieses wahrhaft erstaunlichen Erfolges hat schon oft zu einem Vergleich mit der Erfindung der Buchdruckerkunst geführt, die es ja gleichfalls ermöglichte, das Kultur- und Wissensgut den Massen zu vermitteln.

Mit Recht stellt man sich daher die Frage, wie die weitere Entwicklung verlaufen wird. Wir haben in der Photographie bisher nur mit Lichtstrahlen gearbeitet, und die Vermutung liegt nahe, daß man auch andere physikalische Wellen ausnutzen und die damit aufgenommenen „Photos" festhalten will. Wilhelm Conrad Röntgen hat es ja bereits im Jahre 1895 mit Hilfe der X-Strahlen fertiggebracht, in das Innere der Dinge hineinzusehen, unseren Körper zu durchleuchten und das Geschehene im Bilde festzuhalten. Am Körper befindliches Metall ist auf diese Weise leicht zu erkennen. Auch die Knochen, die Calcium enthalten, erscheinen auf dem Röntgenphoto als dunkle Schatten. Die Muskeln jedoch und andere Weichteile können nur mit Hilfe von Kontrastmitteln sichtbar gemacht werden.

Im Gegensatz dazu ist es heute mit Hilfe der *Neutrographie* möglich, die verschiedensten Dinge trotz einer Umhüllung aus Metall sichtbar zu machen, die mit den Röntgenstrahlen nicht zu photographieren sind. Das Verfahren arbeitet mit Neutronenstrahlen, wie sie von Atomreaktoren erzeugt werden. Es wurde in jahrelanger Forschungsarbeit von dem amerikanischen Vallecitos-Kernforschungszentrum der General-Electric ein Klein-Reaktor entwickelt, der einen hohen gammastrahlenfreien Neutronenfluß liefert, der durch einen *Photokanal* ungehindert austritt. Dann galt es, einen Weg zu finden, der das Neutronenbild photographisch festhält. Während man bei einer Röntgenaufnahme den Film einfach hinter oder unter das zu untersuchende Objekt legt, ist dies bei einer Neutronenaufnahme nicht möglich, da die bisher benutzten Filmschichten gegen diese unempfindlich sind. Erst nach langen Versuchen fand sich ein Weg: Man deckte den hinter dem Objekt liegenden Film mit einer Folie aus Gadolinium ab. Dieses hat nämlich die Eigenschaft, Neutronen zu absorbieren und dabei Gammastrahlen auszusenden, die den Film ähnlich wie die Röntgenstrahlen belichten. So entstehen Bilder, die alles zeigen, was sich hinter dem Metall befindet, wie beispielsweise die aus Kunststoff bestehenden Bauteile eines Telefones, die Batterie in einem Spielzeugauto oder den Docht und das Benzin in einem Feuerzeug. Wie wichtig das neu entwickelte Photoverfahren sein kann, zeigte sich in diesen Tagen bei einer Apollo-Rakete, bei der man die mit Sprengstoff gefüllten Verbindungsbolzen einer Raketenstufe kontrollierte. Die Aufgabe des „Explosionsbolzens" ist es, nach dem Ausbrennen den Raketenteil abzusprengen. Auf der Neutronenaufnahme aber sah man, daß dieser nur unvollkommen gefüllt war. Die Sprengstoffmenge hätte auf keinen Fall ausgereicht, um den Raketenteil in der erforderlichen Weise abzutrennen. Ein Mißerfolg des ganzen Unternehmens konnte so durch eine Auswechslung des Verbindungsbolzens vermieden werden.

Ein anderer Wunschtraum der Menschheit ist es, auch im Dunklen photographieren zu können. Man erreicht das, wie auf der Hannover-Messe des Jahres 1971 zu sehen war, mit einer siebentausendfachen elektronischen Verstärkung. Aber es gibt noch ein anderes Verfahren, um einen ähnlichen Erfolg zu erzielen: die *Infrarot-Photographie*. Ein hierfür geschaffener Photoapparat wurde vor kurzem durch die Baird-Gesellschaft in Cambridge (Massachusetts/USA) der Öffentlichkeit vorgeführt. Das Verfahren ist verhältnismäßig einfach: In der

Natur strahlen die verschiedensten Stoffe je nach der Temperatur ihrer Oberfläche eine unsichtbare Wärmestrahlung – sogenanntes infrarotes Licht – von unterschiedlicher Stärke aus. Die Bezeichnung Infrarot stammt aus dem Spektrum des Sonnenlichtes und ist die langwellige Strahlung, die sich an das rote Ende des sichtbaren Spektrums anschließt.

Das jetzt vorgestellte Gerät ist eine Weiterentwicklung des vor zehn Jahren von derselben Gesellschaft herausgebrachten *Evaporographen*, der in seiner Arbeitsweise einem Photoapparat ähnelte. Eine besondere Linse sammelt die von dem Aufnahmegegenstand ausgehenden Wärmestrahlen und wirft sie gebündelt auf ein Ölfilter. Das Öl verdunstet daraufhin mehr oder weniger, je nach der Intensität der Strahlung, an den einzelnen Bildpunkten. Der so „belichtete" Ölfilm zeigt darauf unterschiedlich helle oder dunkle Stellen, genau wie früher auf einer Photoplatte. Auf diese Weise erhält man eine Wiedergabe, die in ihrer Tönung genau den Temperaturwerten an der Oberfläche der aufgenommenen Person oder des Gegenstandes entspricht.

Die Forschung und Industrie versprechen sich von diesem Gerät großen Nutzen. Man kann beispielsweise Tiere in der Nacht beobachten und Einbrecher im Dunkeln photographieren, ohne daß sie etwas davon merken. Aber auch bei Tageslicht können diese Apparate zur Überwachung eingesetzt werden. So lassen sich von Flugzeugen aus Wärmeüberwachungen von Vulkanen durchführen. Derartige Aufnahmen geben Aufschluß über die Wärmeverteilung eines feuerspeienden Berges und zeigen bisher unbekannte Erhitzungen an, die auf einen bevorstehenden Ausbruch hinweisen. In ähnlicher Weise lassen sich auch Meeresströmungen von Satelliten aus verfolgen, da sie entweder wärmer oder kälter als ihre Umgebung sind. Man kann auch unterirdische Wasseradern oder ganze Reservoire entdecken. So gibt es Dutzende von Anwendungsmöglichkeiten!

Ein neues, zum Teil noch in der Entwicklung befindliches Verfahren ist die Anwendung der Laserstrahlen für die Photographie, die selbst an ungünstig beleuchteten Stellen, wie beispielsweise unter Wasser, gutbelichtete Aufnahmen ermöglichen. Das alles sind nur einige der Verfahren, die sich aus der Photographie und deren Anwendung mit Hilfe der neuen Forschungen ergeben. Ihre weitere Entwicklung ist heute noch gar nicht zu übersehen!

Die Entdeckung des Elektromotors

Im Dezember 1819 machte der Physiker Hans Christian Oersted während einer Vorlesung an der Kieler Universität, die damals zu Dänemark gehörte, eine sonderbare Beobachtung. Er führte gerade seinen Studenten eine sogenannte galvanische Batterie vor, als ihm einer der Anschlußdrähte plötzlich aus der Hand rutschte und auf dem Arbeitstisch neben einem Kompaß liegenblieb.

Als der Professor den Draht wieder hochheben wollte, bemerkte er mit Erstaunen, daß sich die Kompaßnadel völlig gedreht hatte und nicht mehr wie bisher nach Norden, sondern nach Süden zeigte. Neugierig, ob es sich vielleicht um einen Zufall handelte, wiederholte er sofort den Vorgang. Wieder drehte sich die Kompaßnadel in entgegengesetzter Richtung, sobald er den Draht unter Strom setzte. Wenn er jedoch die Zuleitung unterbrach, kehrte die Magnetnadel in ihre alte Nordstellung zurück. Bei näheren Untersuchungen bemerkte der Professor, daß die Weite des Ausschlages von der Stärke des Stromes abhing und es einen Unterschied machte, ob der Draht ober- oder unterhalb des Kompasses vorbeigeführt wurde. In dem einen Fall wanderte die Richtung der Kompaßnadel nach links, im anderen nach rechts. Für den Vorgang im einzelnen vermochte Professor Oersted allerdings keine Erklärung zu finden. Soviel stand aber fest, daß ein Magnet durch einen elektrischen Strom zu beeinflussen war.

Christian Oersted

Oersted veröffentlichte seine Entdeckung in einer mehrere Seiten umfassenden Schrift, die den bescheidenen Titel trug: *Versuche über den Einfluß des elektrischen Stromes auf die Magnetnadel*. Er selbst war mehr als erstaunt, welches Aufsehen diese Veröffentlichung in der wissenschaftlich interessierten Welt erregte. Er hatte ein Echo ausgelöst, wie es in der bisherigen Geschichte der Wissenschaft nur etwa die ersten Luftballonflüge gehabt hatten.

Sein Name war bald in aller Munde, und doch konnte noch niemand die Tragweite seiner Wahrnehmung und der daraus abgeleiteten Schlüsse ahnen. Zu den Wissenschaftlern, die sich ebenfalls mit den Oersted-Beobachtungen beschäftigten, gehörten neben anderen auch der französische Physiker André Marie Ampère. Er machte noch eine erstaunliche Entdeckung: Wenn man weiter den Draht kreisförmig immer in derselben Richtung wickelt und innerhalb dieser Windungen eine Magnetnadel freischwebend aufhängt, so wird sie, sobald ein Strom durch den isolierten Draht läuft, auch mit einer um so stärkeren Kraft abgelenkt werden, je größer die Zahl der Windungen ist.

Von dem Einfluß auf die Magnetnadel aber abgesehen, beobachtete Ampère, daß zwei kreisförmig geschlossene Drähte, von denen der eine leicht beweglich aufgehängt war und der andere mit der Hand gehalten wurde, sich parallel zueinander auszurichten versuchten, wenn gleichlaufende Ströme sie durchflossen. Lief aber einer der Ströme entgegengesetzt, so stießen sich beide Kreise ab.

Ebenso wie auf die Magnetnadel vermögen also auch zwei Stromkreise aufeinander eine Wirkung auszuüben, und zwar ziehen sich zwei parallel laufende an, während sich entgegengesetzt fließende abstoßen. Diese Beobachtung ist eines der wichtigsten elektromagnetischen Fundamentalgesetze.

„Magnetismus und elektrische Ströme", so führte Ampère zu seinen Beobachtungen aus, „lassen also eine Übereinstimmung ihres Verhaltens erkennen, welche auf eine Gleichartigkeit der ihnen zugrunde liegenden Kraft hinweist."

Man kann – und das bewiesen weitere Versuche des Engländers William Sturgeon – die elektrische Kraft auch in die magnetische umwandeln und so Strom dazu verwenden, Magnetismus zu erzeugen. Sturgeon umwickelte eine kurze Eisenstange mit einem Stück Draht, durch das er einen elektrischen Strom schickte. Das Eisenstück wurde nun zu einem Magnet, und zwar so lange, wie Strom im Draht floß.

Auch dieses Experiment wurde veröffentlicht und erregte erhebliches Aufsehen, besonders bei einem Laboratoriumsgehilfen mit Namen Michael Faraday. Er wiederholte den Versuch Sturgeons und überlegte dabei folgendes: Wenn Elektrizität Magnetismus hervorrufen kann, müßte sich dieser Vorgang vielleicht auch umkehren lassen und möglicherweise durch Magnetismus Elektrizität erzeugt werden können.

Faraday stellte die verschiedensten Versuche an, um diese Umwandlung durchzuführen. Aber er kam zu keiner Lösung. Man erzählte sich später von ihm, daß er, wenn er in den Londoner Parks spazierenging, immer eine kleine Drahtspule und ein Stück Eisen in der Tasche trug, die er von Zeit zu Zeit hervorholte und nachdenklich zu betrachten pflegte. Auf einem solchen Spaziergang sah er einigen spielenden Kindern zu, die, festlich gekleidet, mit einem kurzen Stock ihre Reifen antrieben. Es war ein Vorgang, den er sicher schon viele Male gesehen, aber nie beachtet hatte. Jetzt aber, in Gedanken ganz mit der Stromerzeugung beschäftigt, kam ihm der geniale Einfall: Bewegung war nötig, um mit Hilfe eines Magneten elektrischen Strom zu erzeugen!

Er eilte in sein Laboratorium und versuchte seine Gedanken in die Tat umzusetzen. Er schloß eine Drahtspule an einen *Schweigerschen Mulitplikator* an, mit dem man auch die schwächsten Ströme nachzuweisen vermochte, und führte in die Drahtspule einen Magneten ein, den er lebhaft hin und her bewegte. Wie der Multiplikator anzeigte, begann ein schwacher Strom durch die Spule zu fließen. Diese Feststellung ergab eine grundlegende Tatsache. Man konnte elektrischen Strom nicht aus dem Nichts erzeugen. Irgendwelche Arbeit, wie hier das Bewegen des Magneten, mußte dazu geleistet werden.

Was Faraday auf diese Weise entdeckt hatte, war die elektromagnetische *Induktion*, auf der heute wesentliche Teile der Elektrotechnik beruhen. Er fand bald heraus, daß es verschiedene Wege gibt, um durch Bewegung elektrischen Strom zu erzeugen. Statt den Magneten in der Spule zu bewegen, konnte man auch die Spule drehen und damit denselben Effekt erreichen. Das gleiche Ergebnis erzielte man, wenn man die Rollen sozusagen vertauschte und den Strom durch die äußere Spule laufen ließ. Dann floß auch in der inneren ein Strom, wenn die äußere bewegt wurde oder wenn sich statt dessen der Strom in der äußeren Spule änderte.

Zunächst nutzte man jedoch nur die Möglichkeit aus, elektrischen Strom durch die Einwirkung des Magnetismus zu erhalten.

Induktionsmaschinen zur Erzeugung von Elektrizität

Die ältesten Apparate dieser Art waren die magnetelektrischen Rotationsmaschinen. Sie wurden so genannt, weil bei ihnen durch rasche Umdrehung entweder der Induktionsspirale vor den Polen eines Magneten oder bei Umdrehung des Magneten vor der feststehenden Induktionsspirale in dieser die Ströme durch das wechselnde Annähern und Entfernen der Pole erregt wurden.

Beim ersten von Pixiri im Jahre 1832 gebauten Apparat sind die Magnete so miteinander verbunden, daß ihre entgegengesetzten Pole den Spiralen, welche im Inneren weiche Eisenkerne enthalten, gegenüberstehen und daher in der Art wie die beiden Schenkel eines einzigen Hufeisenmagneten wirken. Bei der Drehung der unterhalb angebrachten Kurbel wechselt der Magnet seine Lage vor den Spiralen, und es werden in ihnen Ströme erzeugt, welche durch Drähte abgeleitet werden.

Später hat Störer in Leipzig diesen Apparat umkonstruiert und verbessert. Er benutzte einen liegenden und aus mehreren Lamellen bestehenden Hufeisenmagneten, der auf einer Unterlage festgemacht war. Über der Unterlage erhob sich eine Säule, an welcher sich die Kurbel befand. Die drehte das auf einer Stange befindliche Drahtgewinde, das einen kurzen Stromstoß abgab, wenn sich der Draht

Störer verbesserte die erste von Pixiri gebaute Rotationsmaschine. Das Geniale an dieser Maschine war der „Kommutator", der die entgegengesetzten Ströme auffing und sie in einer Richtung ausrichtete.

einem starken Magneten näherte, und einen gegenläufigen ebenso kurzen Strom, wenn man ihn wieder entfernte. Jede Umdrehung der Welle zwischen den beiden Magneten erzeugte also vier entgegengesetzt laufende Ströme. Das Geniale an der Störerschen Maschine aber war nun folgendes: Mit Hilfe einer Einrichtung, die er *Kommutator* nannte, war es möglich, die beiden entgegengesetzten Ströme einzeln abzufangen, so daß man zwei gleichgerichtete, aber gegeneinander laufende Stromkreise erhielt.

Allerdings waren die Leistungen dieser stromerzeugenden Maschinen noch sehr gering. Man versuchte sie deshalb durch größere Anlagen zu verstärken. Eine Pariser Gesellschaft mit Namen *L'Alliance* ließ einen Rotationsapparat bauen, der aus vierzig einzelnen Stromerzeugern bestand und an dem die Achse mit ihren 164 Induktionsspiralen durch eine Dampfmaschine von zwei Pferdekräften in der Minute 373mal umgedreht wurde. Jede Spirale ging bei einer Umdrehung an 16 Magneten vorüber, und es entstanden also in ihr bei jeder Umdrehung über 10 000 elektrische Stromstöße. Eine kleinere Ausführung dieser kombinierten Stromerzeuger von nur 24 Magneten wurde zwar vorübergehend zur Beleuchtung von Leuchttürmen eingesetzt. Sie waren allerdings sehr kostspielig und der Antrieb mit Hilfe einer Dampfmaschine in diesen engen Türmen nicht ganz einfach. Außerdem waren die Leistungen, gemessen an dem eingesetzten Kraftaufwand, doch recht bescheiden.

Das wurde erst anders, als zu Beginn der sechziger Jahre des vergangenen Jahrhunderts Dr. Werner von Siemens sich mit wissenschaftlicher Gründlichkeit mit den magnetelektrischen Maschinen befaßte. Er hatte zunächst festgestellt, daß ein sehr geringer Rest von Magnetismus in jedem Elektromagneten nach Aufhören der Stromerzeugung zurückbleibt, den er *remanenten Magnetismus* nannte. Diesen konnte man – so stellte er durch Versuche fest – zu einem höchstmöglichen Maximum wieder „erwecken", wenn um den Magneten eine Drahtwicklung gelegt wurde, welche mit der Spirale des rotierenden Ankers in Verbindung stand. Durch den remanenten Magnetismus werden nämlich aufgrund der erwähnten Verbindung zunächst Stromimpulse auf die Spirale des Ankers übertragen. Diese sind zwar äußerst schwach, verstärken aber dadurch, daß sie in die den Magneten umgebende Spirale treten, dessen ursprünglichen Magnetismus. Diese Vermehrung der magnetischen Kraft bewirkt ihrerseits sofort wieder eine

**Werner von Siemens (1816–1892), der
Begründer der Elektrotechnik**

Verstärkung im Strom der Ankerspirale, welche wiederum ein Plus von Magnetismus in dem Magneten erweckt, und so steigert sich in kürzester Zeit durch gegenseitige Einwirkung die Kraft der Ströme sowohl als die des Magneten, bis die „Sättigungsgrenze" des letzteren erreicht ist.

Auf diese Weise wird also mittels eines verschwindend kleinen Restes an Magnetismus eine erhebliche Leistungssteigerung erzielt. Es war einer der dramatischsten Augenblicke in der Geschichte der Elektrizität, als Werner von Siemens diese durch Versuche erarbeiteten Erkenntnisse zum ersten Mal in der Praxis ausprobierte.

Werkmeister Müller drehte die nach Angaben von Siemens aufgebaute und geschaltete Maschine, während der Erfinder das Galvanometer beobachtete. Die Wicklung brannte damals unter dem Einfluß des zu starken Stromes durch.

Die Wirkung war also viel stärker, als sie selbst Siemens erwartet hatte. Ein Jahr später, am 17. Januar 1867, legte er der Berliner Akademie der Wissenschaft seine berühmte Arbeit *Über die Umwandlung von Arbeitskraft in elektrischen Strom* vor. Er war es auch, der für den neuen Stromerzeuger den Namen *Dynamo* vorschlug, den er aus dem griechischen Wort „Dynamis", die Kraft, ableitete.

Es war nur eine kleine Maschine, die Siemens für seinen ersten Versuch gebaut hatte, und es dauerte zwei Jahre, bis im Sommer 1868 die erste Dynamo-Maschine für den praktischen Gebrauch herauskam. Weitere zehn Jahre vergingen, bis die für einen Dauerbetrieb gerichteten größeren Anlagen, die Vorläufer unserer heutigen E-Werke, die Belie-

Erste Dynamomaschine von Siemens, 1868

ferung mit Elektrizität für die Stadtbeleuchtung aufnahmen. Diese „Stromfabriken" sahen allerdings höchst merkwürdig aus. Dampfmaschinen, die den Lokomotiven glichen und anstelle der Vorderräder mächtige, für den Riemenantrieb konstruierte Laufräder besaßen, trieben die verhältnismäßig kleinen Dynamo-Aggregate an. Erst zwanzig Jahre später war das Bild etwas anders, nachdem Charles Parsons Dampfturbinen für den Antrieb einsetzte, deren Wellen direkt mit den Dynamos gekuppelt waren. Von da an bis zu den mit Kohle oder Öl oder mit Wasserkraft betriebenen Anlagen, die möglicherweise eines Tages zum Teil auf Atomenergie umgestellt werden, ist es kein sehr weiter Weg mehr gewesen.

124

Die Erzeugung von mechanischer Energie aus elektrischer

Wenn es möglich war, mechanische Energie in elektrische umzuwandeln, so müßte es umgekehrt ebenso zu machen sein. Man versuchte deshalb, elektrische Energie in mechanische umzusetzen, also einen Elektromotor zu bauen. Elektromagneten, welche die gewöhnlichen aus Stahl und Eisen an Zugkraft um das Hundertfache übertrafen, mögen die Anregung dazu gegeben haben.

Die ersten Versuche, den Elektromagnetismus als Triebkraft auszunutzen, unternahm im Jahre 1834 der Italiener dal Negro. Er schrieb dazu im einzelnen: „Denken wir uns einen Stahlmagneten so gestellt, daß seine Pole nach oben in einer Horizontalebene liegen, und darüber in ganz geringer Entfernung einen um seine Achse drehbaren Elektromagneten vom gleichen Abstand der Pole, so wird der Nordpol des Stahlmagneten dem Südpol des Elektromagneten nach der bekannten Wirkung der magnetischen Anziehung sich nähern und ihn festzuhalten suchen. Wechselt nun in dem Augenblick, wo die so entgegengesetzten Pole übereinander stehen, die Richtung des Stromes, so werden die Pole des Elektromagneten sich umkehren, was früher Südpol war, wird zum Nordpol, und was Nordpol war, zum Südpol. Dadurch kommen aber gleichnamige Pole übereinander, die, wie wir bereits erwähnten, sich abstoßen; der Elektromagnet macht auf diese Weise eine halbe Umdrehung, um den anderen ihn anziehenden Pol zu erreichen. In dem Augenblick jedoch, wo er soweit ist, wechselt der Strom wieder, und so geht es fort, nach jeder halben Umdrehung."

Diese Darlegung ist die einfachste und wohl auch am leichtesten faßbare Beschreibung eines Elektromotors. Sie zeigt, daß er in Wirklichkeit nichts weiter ist als ein elektromagnetischer Rotationsapparat mit umgekehrter Wirkung. Wahrscheinlich ist es aber dal Negro nicht gelungen, trotz seiner brillanten theoretischen Ausführungen einen leistungsfähigen Motor auf diesem Prinzip aufzubauen.

Mehr Glück hatte anscheinend ein Deutschrusse mit Namen Jakobi. Er soll einen Elektromotor konstruiert haben, mit dem er, in ein Boot eingebaut, im Jahre 1839 die Newa befuhr. Weitere Einzelheiten gingen jedoch verloren, und es wird lediglich noch berichtet, daß der Motor eine Leistung von 3 bis 4 PS zu entwickeln vermochte.

Eine Eisenstange befand sich zwischen zwei Elektromagneten, die abwechselnd ein- und ausgeschaltet wurden. Dadurch wurde die

Stange hin- und herbewegt. Mit Hilfe einer Pleuelstange wurde diese Hin- und Herbewegung in eine rotierende Bewegung umgewandelt.

Zwar hatte dieser Motor nur eine beschränkte Leistung, arbeitete aber mit einer beachtlichen Geschwindigkeit. Um seine Leistung noch zu erhöhen, baute der bereits erwähnte Störer aus Leipzig sie um und ließ acht starke Elektromagneten im Innern eines runden Eisenkäfigs kreisen. Er erreichte dies durch die außen angebrachten Eisenstücke, die jeweils von einem Magnetenpaar angezogen wurden, wobei sich ähnlich wie bei der Maschine von Page der Strom abschaltete und auf das nächste Spulenpaar übersprang. Die ganze so entstandene Drehbewegung aber übertrug sich auf eine Achse, von der dann die Energie für den Antrieb einer anderen Maschine abgenommen werden konnte. Diese Konstruktion bildete die Grundlage für die späteren *Käfigläufer*.

Die Elektromotoren, ihre Wicklungen und deren Anordnung bildeten in den nächsten beiden Jahrzehnten ein umfangreiches Betätigungsfeld für die verschiedensten Erfinder. Mit Hilfe zweier „elektrischer Maschinen", dem Stromerzeuger und dem Stromausnutzer – so schrieb man damals – ließ sich die Übertragung von Arbeitskraft auf jede Entfernung, wohin nur eine Leitung gelegt werden konnte, durchführen.

Begeistert von diesem Gedanken, beschäftigte sich vor allem Werner von Siemens mit den verschiedensten Anwendungsgebieten der elektrischen Kraftausnutzung. Für die Berliner Gewerbeausstellung im Jahre 1879 baute er die erste elektrische Eisenbahn. Den Antrieb besorgte eine kleine, mit einem Elektromotor ausgerüstete Lokomotive, die drei je sechssitzige Personenwagen über eine schmalspurige Schiene zog.

Dieses Geleis hatte außer den gewöhnlichen Fahrschienen noch eine aus Flacheisen bestehende Mittelschiene, welche die Stromzuleitung für den Elektromotor besorgte. Die Stromerzeugung erledigte ein Dynamo, der von einer Dampfmaschine angetrieben wurde und sich in einem Nebengebäude befand. Der Strom wurde von der Mittelschiene abgenommen und zu einem Gleichstrommotor geleitet. Die Drehung dieses Motors wurde über ein mehrfaches Zahngetriebe auf die Antriebsräder übertragen und setzte diese in Bewegung. Durch die Abschaltung des Stromes und mit einer direkten Radbremse konnte der Zug angehalten und zum Stillstand gebracht werden. Seine Höchstgeschwindigkeit betrug drei Meter in der Sekunde, d. h. ca. 10 km/h.

Die bewegte Last, Lokomotive, Wagen und Personen, hatte ein Gesamtgewicht von 3000 Kilogramm.

Die Rückleitung des Stromes aber erfolgte durch die beiden Fahrschienen, welche, wie es damals in einer Veröffentlichung hieß, „mittels der Lokomotivräder in bleibender Verbindung mit der auf der Lokomotive befindlichen Sekundärmaschine standen".

In ähnlicher Weise wurden später von der Firma *Siemens & Halske* auch andere Bahnen für Ausstellungen gebaut, wobei der Gedanke auftauchte, ob man derartige Fahrzeuge nicht auch für den regelmäßigen Personenverkehr einsetzen könnte. Um die Leistungsfähigkeit eines solchen Transportmittels unter Beweis zu stellen, baute die Firma Siemens vor den Toren Berlins im Jahre 1881 eine 2,5 km lange Verbindungsbahn zwischen der Hauptkadettenanstalt und dem Bahnhof Lichterfelde. Äußerlich sahen die dafür konstruierten Fahrzeuge den Pferdebahnen der damaligen Zeit ähnlich. Wo früher der Kutscher stand oder saß, befand sich jetzt der „Kondukteur", der den Elektro-

Elektromotor um 1855

motor bediente, also den Wagen fuhr und seine Fahrweise den Hindernissen entsprechend einrichtete.

Die Spurweite dieser Bahn betrug einen Meter. Die Mittelschiene, die man früher bei der Bahn für die Gewerbeausstellung noch eingebaut hatte, war weggelassen worden, und der Strom ging über eine der Fahrschienen durch die von den Achsen und dem übrigen Wagenkörper isolierten Bandagen der Räder zu Metallbüchsen, die ebenfalls isoliert auf den Achsen saßen, wurde hier von Schleiffedern abgenommen und zum Elektromotor geleitet. Zur Rückleitung des so ausgenutzten Stromes diente die andere Fahrschiene. Die mittlere Geschwindigkeit eines solchen Wagens betrug 20 km in der Stunde, sie konnte aber bis auf das Doppelte gesteigert werden.

In Scharen fuhren damals die Berliner nach Lichterfelde, um die erste elektrische Straßenbahn zu betrachten. Es war ein Ereignis, das man sich nicht entgehen lassen wollte, dessen verkehrsgeschichtliche Bedeutung aber nur wenige erahnten. Was die meisten noch als eine Art „Spielzeug" ansahen, sollte schon in einigen Jahrzehnten eine Verkehrsumwälzung zur Folge haben, die in ihrer Bedeutung der Erfindung der Eisenbahn kaum nachstand.

Nur wenige begriffen damals die „Mahnung der Stunde", wie Siemens es in einer Eingabe an den Berliner Senat ausdrückte. Er schlug vor, hoch über den schon seinerzeit beängstigend verstopften Straßen der Berliner Innenstadt sollte eine elektrische Schnellbahn fahren und die viel langsameren Pferdebahnen ablösen. Aber der Senat verstand die Zeichen der Zeit noch nicht und schwor nach wie vor auf seine Pferdebahn. So verstaubte der schöne Plan in den amtlichen Schubladen.

Zur gleichen Zeit aber erschienen in den Zeitungen zahllose Leserbriefe, die auf die Gefährlichkeit der Lichterfelder „Elektrischen" durch ihre Stromzuführung hinwiesen. Zwar war bisher noch kein Unglück geschehen, aber angebliche Fachleute und solche, die sich dafür hielten, warnten immer wieder vor dieser „außerordentlichen Gefahrenquelle". Deshalb mußte die Stromzuführung für die zweite elektrische Straßenbahn, die vom Spandauer Berg nach Charlottenburg fuhr, geändert werden.

Eine Stromzufuhr durch eine Oberleitung wurde bereits auf der Pariser Weltausstellung im Jahre 1881 gezeigt und im folgenden Jahr in der französischen Hauptstadt mit einer zweidrähtigen Fahroberleitung in Betrieb genommen. Sie wurde 1884 in Frankfurt/Main in eine eindrähtige umgewandelt, mit einer Stromrückführung über die Fahrschienen.

Den elektrischen Straßenbahnen folgten einige Jahrzehnte später die elektrischen Eisenbahnen, Bergbahnen und schließlich die von einem Elektromotor getriebenen Drahtseilbahnen.

Vom Verkehr aber ganz abgesehen, ist der Elektromotor zum gebräuchlichsten Antriebsmittel geworden. Er ersetzte allmählich in den Fabriken die Dampfkraft. Vom Staubsauger angefangen bis zu den verschiedenartigsten Haushaltsgeräten ist der Elektromotor selbst aus unserem Alltagsleben nicht mehr wegzudenken.

Inzwischen hat er allerdings in seinem inneren Aufbau mancherlei Änderungen erfahren. Bereits im Jahre 1888 erfanden völlig unabhängig voneinander die Italiener Galileo Ferraris in Turin und sein aus Kroatien stammender Kollege Nikola Tesla in Amerika den *Drehstrominduktionsmotor*.

Man nannte ihn auch den *Käfigankermotor*, weil sein innerer Aufbau jenen sich drehenden Drahtkäfigen ähnelte, in denen man im vergangenen Jahrhundert weiße Mäuse und Eichhörnchen hielt. Dieser Käfig setzte sich ähnlich wie der von Störer in Leipzig und vor vierzig Jahren gebaute Elektromotor aus zwei kräftigen Kupfer- oder Aluminiumringen zusammen, die durch parallele Stäbe aus demselben Material verbunden sind. Das Ganze ist in einem Eisenzylinder untergebracht, der auf der sogenannten *Triebwelle* montiert und der bewegliche Teil des Motors, der *Läufer* ist. Er wird einem rotierenden Magnetfeld, das man *Drehfeld* nennt, ausgesetzt, das in den ihn umgebenden Wicklungen entsteht, wenn in diese ein Drehstrom geleitet wird.

Der Läufer rotiert dabei etwas langsamer als das Drehfeld, bewegt sich also *asynchron*, weshalb diese Art des Elektroantriebes auch *Asynchronmotor* genannt wird. Die relativ verzögerte Bewegung ist die eigentliche Ursache der Induktion und bewirkt die Arbeitsleistung des Läufers.

Dieses Grundprinzip wird heute noch bei allen Drehstrommotoren ausgenutzt, obwohl seit der Erfindung die Leistungen beträchtlich erhöht worden sind. Einen Nachteil jedoch hatte der Motor lange Zeit: Seine Umlaufgeschwindigkeit blieb ständig die gleiche und konnte nicht verändert werden. Das änderte sich erst, als es im Jahre 1959

Turbo-Generatoren-Anlage der Marchwood-Station bei Southampton

einer englischen Forschergruppe an der Universität Bristol gelang, einen Motor mit zwei Umlaufgeschwindigkeiten zu bauen, was durch eine Änderung der Polamplituden erreicht wurde. Es war wohl die wichtigste Erfindung auf diesem Gebiet in den letzten Jahren und wird sicherlich nicht die einzige bleiben; denn zwei Drittel der in den Fabriken und in der Welt benutzten Motoren sind Drehstrommotoren und von der Industrie nicht zu entbehren. Sicher wird man deshalb bemüht sein, auch weiterhin an der Verbesserung der Motoren zu arbeiten.

Vom Kuhhirten zum Eisenbahnbauer

George Stephenson, den man heute ganz allgemein als den Begründer der Eisenbahn ansieht, war als Sohn armer Eltern in der Bergarbeitersiedlung Wylam in der Nähe von Newcastle aufgewachsen.

Um seinen Lebensunterhalt mitzuverdienen, hütete er als Junge für zwei Pennies am Tag die Kühe einer Witwe. An seinen Weiden führte die Schienenbahn vorbei, auf der die von Pferden gezogenen Kohlenwagen transportiert wurden.

Warum konnte man nicht – so mag sich der Junge damals gesagt haben – anstatt der abgetriebenen Gäule die Dampfmaschine davorspannen, die sein Vater als Heizer auf der Pumpstation der Grube bediente.

Dieser Gedanke sollte richtungsweisend für das spätere Leben des kleinen Kuhhirten werden! Eine solche Maschine müßte man doch bauen können. Es war sicher möglich, anstatt einer Wasserpumpe mit der Dampfkraft auch Räder anzutreiben!

Schüchtern äußerte er eines Abends seinem Vater gegenüber diesen Gedanken. Er arbeitete doch an der großen Dampfmaschine und mußte also mehr darüber wissen.

Der aber lachte ihn aus.

„Mein Junge", sagte er, „um solche Maschinen bauen zu können, mußt du erst Ingenieur werden. Mußt rechnen und lesen können, um alles das zu studieren, was über Dampfmaschinen geschrieben wurde. Ein solcher Ingenieur aus London behob einmal einen Schaden an einer von unseren Maschinen. Der Mann war hochgelehrt, und ich habe mich nicht getraut, ihn anzusprechen. Wir einfachen Leute aus dem Volk, die wir nicht einmal lesen und schreiben lernten, können uns mit den Herren nicht vergleichen, noch viel weniger ihre Aufgaben erfüllen."

Das war hart, was der Vater sagte, aber lesen, rechnen und schreiben konnte nur derjenige erlernen, der nicht für sein tägliches Stück Brot erst arbeiten mußte.

Mit wahrem Neid sah George die Kinder der „besseren Leute" zur Schule gehen. Aber er vergaß seine Idee von der beweglichen Dampfmaschine nicht. Wenn er schon nicht in die Schule gehen konnte, so war es vielleicht doch möglich, eines Tages praktisch an der Maschine arbeiten zu dürfen. Als Heizer gar – ihn schwindelte bereits bei der Vorstellung! Er wollte dann aufpassen und die Maschine genau kennenlernen. Konnte es nicht sein, daß er sie dann auch verstand, ohne lesen und rechnen zu können?

Mit Zähigkeit und Eigensinn träumte das Kind immer wieder davon. Zunächst allerdings baute er seine geliebte Dampfmaschine mit Steinen und Lehm nach. Er formte den Kessel, Äste bildeten die Hebel und Schilfrohr die Leitungen.

Eines Tages kam die große Chance! Ein Junge wurde gesucht, der die Schlacke der Maschine nach noch brauchbaren Kohlen auszusuchen hatte. George erhielt den Job und bekam dafür einen Tageslohn von 54 Pfennigen.

Monate später wurde ihm das Maschinenpferd übergeben, mit dem die Kohlen für die Dampfmaschine herangeschafft wurden, und schließlich durfte er sogar Gehilfe seines Vaters werden.

Ein Jahr danach wurde er „Maschinenbursche" und mußte die Maschinenhähne putzen und dem Maschinisten zur Hand gehen. Dafür bekam er zwölf Schillinge Wochenlohn. Einige Schillinge davon hungerte er sich ab und bezahlte damit Abendkurse, um Lesen und Rechnen, vor allem aber Schreiben zu lernen. Freiwillig meldete er sich zum zusätzlichen Nachtdienst, in dem die Maschine nur unter Dampf gehalten wurde und nur pumpte, aber keine Kohlen förderte.

Beim Schein der trüben Öllampe las er alles, was über die Dampfmaschine geschrieben wurde. In alten Zeitungen erfuhr er von den Versuchen, bewegliche Dampfmaschinen zu bauen. Er las von Dampfwagen und der neuartigen Maschine des Amerikaners Evans.

Die große Chance

Durch seinen Fleiß und seine Hilfsbereitschaft fiel der junge Stephenson bald seinen Vorgesetzten auf. Er erkannte, daß das Zugwerk, mit dem die Kohlenkörbe aus der Grube geholt wurden, unpraktisch war und sehr schnell die teuren Seile abnutzte. Deshalb änderte er das ab. Dann bat er, die Seilwinde verändern zu dürfen, damit sie schneller und besser arbeitete. Man gestattete es mit erheblichen Bedenken. Aber der Erfolg gab dem jungen Burschen recht.

Eines Tages kaufte die Grube eine neue Pumpmaschine in London. Aber obwohl sie aus einer bekannten Fabrik stammte, wollte sie nicht arbeiten. Ein Ingenieur kam, aber auch mit seiner Hilfe funktionierte die Anlage nicht. Immer wieder blieb sie stehen und gefährdete den ganzen Betrieb. Nach einem Jahr beschloß man, sie auszurangieren. Man war die ewigen Reparaturen und den ständigen Ärger leid. Die Fabrik weigerte sich, die Anlage zurückzunehmen, und so blieb wohl nichts anderes übrig, als die Maschine als Alteisen zu verkaufen.

Da meldete sich der junge Stephenson bei der Bergwerksdirektion und bat, einige Änderungen an der Anlage vornehmen zu dürfen. Da man der Ansicht war, daß ohnehin nichts mehr verdorben werden könnte, erhielt er die Erlaubnis.

Sofort machte sich Stephenson ans Werk. Nach vier Tagen arbeitete die Anlage einwandfrei. Die Betriebsleitung war überrascht und überreichte dem geschickten Mechaniker ein Geschenk von zehn Pfund, damals eine Menge Geld. Stephenson benutzte das Geld dazu, sich weitere Bücher zu kaufen und einen Maschinenkursus zu besuchen.

Im Jahre 1812 wagte er sich daran, seinem Direktor einen Plan zu unterbreiten: Er wollte die Kohlenwagen der Grube durch eine Dampflok ziehen lassen.

Gründlich wie er war, bereitete er sich sorgfältig auf den Versuch vor. Er befaßte sich mit der Murrayschen Lokomotive, von der man jetzt in den Zeitungen las. Ist dieses unförmige und teuere Zahngestänge denn nötig, fragte er sich.

Er sah sich die Grubenwagen an, die, von Pferden gezogen, seit einiger Zeit auf eisernen Schienen liefen. Die Schienen waren glatt, viele der eisernen Räder ebenfalls. Er belud einen der Kohlenwagen bis an die Grenzen seiner Tragfähigkeit. Um ihn überhaupt fortzubewegen, mußte er drei Pferde davorspannen. Aber die Räder drehten sich, obwohl er ständig Wasser auf die Schienen goß. Er hatte das auch nicht anders erwartet.

Sollte es einen Unterschied machen — so überlegte der junge Stephenson — wenn der Wagen nicht von Pferden gezogen, sondern durch eine auf die Räder wirkende Kraft fortbewegt würde?

Er hatte den Wagen mit 24 Zentnern Kohle beladen. Auf jedem Rad lastete also ein Druck von sechs Zentnern. Genauer gesagt, lag dieser Druck auf jener schmalen Radkrümmung, die auf der Schiene aufsaß. Diese erhebliche Belastung mußte nach seiner Ansicht genügen, um die für die Drehung des Rades benötigte Reibung zu erzeugen.

Er legte seine Gedanken in einem Bericht nieder, dem er die Überschrift gab: *Untersuchungen über den Zusammenhang zwischen Reibung und Schwere.*

Daß seine Berechnungen stimmten, bewies im nächsten Jahr die von Hedley gebaute *Puffing Billy*. Sie fuhr, das mußten alle Widersacher anerkennen, ohne die lästige Zahnstange neben den Schienen. Gerade diese Maschine studierte Stephenson sehr genau. Er erkannte ihre Schwächen und konstruierte sie auf dem Reißbrett völlig um.

Warum die komplizierte, teuere und kraftvergeudende Zahnrad-Übertragung auf die Achsen? Konnte man es nicht einfacher und billiger machen und die Auf- und Abbewegung der Zylinderstangen direkt auf die Räder übertragen? Eine Überlegung übrigens, die bahnbrechend im Lokomotivbau wurde und noch heute, wenn auch in anderer Weise über das Pleuelgestänge den direkten Radantrieb vom Zylinder aus ermöglicht.

Bereits Evans hatte ein solches Gestänge bei seiner Hochdrucklok verwertet. Es arbeitete aber nicht unmittelbar vom Zylinder aus, sondern über ein durch ein kompliziertes Gestänge betriebenes Zahnradgetriebe.

Der verschmähte Auftrag und seine Folgen

Stephenson löste es einfacher und zweckentsprechender. Die beiden Dampfzylinder, die Evans und auch Hedley links und rechts vor den Führerstand der Maschine gelegt hatten, legte er auf die Oberseite des Kessels genau über die beiden Achsen der Räder. Der Balancierbalken stand nicht mehr längs in der Fahrtrichtung, sondern quer dazu und war über ein Gestänge exzentrisch mit den Rädern verbunden. Um den Arbeitstakt genau aufeinander abzustimmen, waren die Räder überdies durch ein weiteres Gestänge miteinander verbunden.

Um die Leistung möglichst zu verstärken, übernahm Stephenson den Hochdruck-Dampfkessel von Evans.

Nun wartete der junge Ingenieur nur noch darauf, seine zu Papier

George Stephenson (1781–1848), der
Erfinder der Lokomotive und Begründer
der Eisenbahnen

gebrachten Gedanken auch in die Tat umsetzen zu können. Die Gelegenheit dazu kam schneller, als er es selbst erhofft hatte. Die Killingworther Kohlengrube wollte ihren Betrieb „modernisieren" und eine Dampflok für den Kohlentransport einsetzen.

Ein gewisser Trevithik sollte die neue Maschine bauen. Aber der hatte sich inzwischen verärgert von dem Lokomotivbau zurückgezogen und sich anderen, nach seiner Ansicht lohnenderen Plänen zugewandt.

Stephenson hörte davon und ging mit seinen Plänen zu Lord Ravensworth, dem Besitzer der Grube. Dieser hatte schon von dem tüchtigen, erst 23jährigen Bergwerks-Inspektor gehört und ließ sich durch dessen neue Pläne beeindrucken. Er stellte ihm dazu die erforderlichen finanziellen Mittel zur Verfügung. Der Traum des früheren Hirtenjungen, die abgetriebenen Grubenpferde durch eine Dampfmaschine zu ersetzen, schien in Erfüllung zu gehen!

Die Schwierigkeiten aber begannen jetzt erst! Zum Bau einer Lokomotive brauchte er gelernte Arbeitskräfte, Schlosser und Mechaniker, aber die gab es im Killingworther Bezirk nicht. Er fand schließlich einige Huf- und Grobschmiede und einen Mann, der einmal an einer Wattschen Dampfmaschine gearbeitet hatte.

Mit diesen ungenügend geschulten Hilfskräften baute der junge Ingenieur seine erste Lokomotive. Er nannte sie *Mylord*. Das Volk aber, das damals gerade begeistert den Sieg der Verbündeten über Napoleon feierte, nannte die neue Maschine *Blücher*.

Am 25. Juli 1814 nahm die Lok ihren Dienst in der Grube von Killingworth auf. Sie zog 30 000 Kilo Kohlen über die acht Kilometer lange Strecke. Ihre Geschwindigkeit war allerdings nicht größer als die eines Pferdetransportes.

In den nächsten beiden Jahren baute Stephenson zwei weitere, verbesserte Dampfloks. Die dritte Maschine vermochte schon eine Last von 70 Tonnen zu ziehen und eine Geschwindigkeit von acht bis zehn Stundenkilometern zu erreichen. Diese Maschine versah übrigens drei Jahrzehnte hindurch ihren Dienst.

Durch den Erfolg aufmerksam geworden, wollten nun auch andere Grubenbesitzer eine solche Eisenbahn für den Kohlentransport einsetzen. Neider und Gegner aber machten sich über die neue Spielerei lustig. Sie hatten es ausgerechnet und glaubten beweisen zu können, daß der Transport mit einer Dampflok nicht billiger sei als der mit Pferden. Man könne also nichts einsparen, aber es sei viel gefährlicher! Denn die mit dem Hochdruckkessel ausgerüstete Maschine könne explodieren. Das aber sei bei einem so braven und biederen Geschöpf wie einem Pferd nicht zu befürchten!

Man habe nicht einmal erkannt, so entgegnete ihnen Stephenson wütend, worum es eigentlich in der Neuzeit bei dem Einsatz der Maschinenkraft ginge. Man könne nicht den Vorteil nach Pennies berechnen, sondern es gehe doch hauptsächlich darum, die arme geschundene Kreatur aus der Fron der Arbeitsüberlastung und der Erschöpfung zu befreien.

Für solche Gedanken aber war wohl die Zeit noch nicht reif! Mensch und Tier galten nur als eine Ware, die nach ihren Gewinnchancen bewertet wurde.

Die Widersacher vermochten den Geist des Fortschrittes jedoch nicht zu hemmen. Als erste bestellten die Hettoner Gruben weitere Loks bei Stephenson. Es blieben nicht die einzigen Aufträge. Um alle durchführen zu können, gründete George Stephenson zusammen mit seinem Sohn Robert, der bereits die Universität in Edinburg besuchte, die *Stephensonsche Lokomotiv-Fabrik*.

Wieder verbesserte Stephenson die Maschinen und steigerte ihre Leistungsfähigkeit. Die Eisenbahnlinie der Hettoner Gruben mußte beachtliche Steigungen überwinden. Stephenson löste die Probleme, indem er verschiedene Schienenwege anlegte, die er wechselseitig nach dem Prinzip der schiefen Ebene ausnutzte. Mit Hilfe einer besonderen Kettenanlage wurden die leeren Wagen durch die vollen heraufgezogen, während die vollen Kohlenwagen durch die beiden Lokomotiven in die Höhe befördert wurden. Die Leistungsfähigkeit der neuen Loks war inzwischen auf 74 000 Kilo gesteigert worden.

Eisenbahnen zur Personenbeförderung

Mit diesem Erfolg aber war Stephenson durchaus noch nicht zufrieden. Warum sollte man die neuen Maschinen, so sagte er sich immer wieder, nur zum Transport von Kohlen einsetzen? Konnte man nicht ebensogut Menschen damit befördern?

Stephenson verstand es, eine bekannte Persönlichkeit in dem nahegelegenen Darlington, einen Mister Peace, für seine Pläne zu interessieren. Dem unermüdlichen Eintreten dieses Mannes und seinen wiederholten Bemühungen war es zu danken, daß schließlich der Bau einer Eisenbahnlinie zwischen den Städten Stockton und Darlington genehmigt wurde.

Stephenson baute für die erste Eisenbahnlinie der Welt zwei neue Lokomotiven. Er nannte sie *Hope* und *Locomotion*.

Am 27. September 1825 wurde die Strecke Stockton-Darlington erstmals befahren. Der Zug, dessen Leistungsfähigkeit zugleich unter Beweis gestellt werden sollte, bestand aus Last- und Personenwagen.

„Locomotion", 1825 von Stephenson für die Strecke Stockton–Darlington gebaut

Hinter der Lok kamen zunächst sechs mit Kohle und Mehl beladene, dann einundzwanzig mit Sitzen ausgestattete Wagen und zum Schluß nochmals sechs Kohlenwagen.

Besonders eigenartig waren die Personenwagen der ersten Eisenbahn. Man hatte einfach die Wagenkasten von alten Postkutschen abgehoben und mit dem auf den Schienen laufenden Untergestell verbunden. Dieser einfache Weg wurde auch später bei anderen Eisenbahnlinien gewählt, wie beispielsweise bei der ersten deutschen Eisenbahn zwischen Nürnberg und Fürth.

Die Fahrt selbst war ein voller Erfolg! Der Zug fuhr zunächst von Stockton nach Darlington und brauchte für die 15 Kilometer lange Strecke 65 Minuten. Dort hängte man die hinteren Kohlenwagen ab und koppelte statt dessen leere Lastwagen an, in denen eine Musikkapelle stand, die während der Fahrt lustige Weisen blies. Unter dem Jubel aller Beteiligten ging es dann wieder zurück nach Stockton.

Die erste Eisenbahnlinie Darlington–Stockton bewährte sich in den nächsten Monaten immer mehr. Der Personenverkehr stieg allerdings nur sehr langsam an, weil man dem „feuerspeienden Ungeheuer", wie man die Lokomotiven nannte, doch nicht so recht traute. Außerdem lag den Reisenden noch nichts daran, möglichst rasch am Ziel anzukommen. Man war von vornherein darauf eingestellt, daß eine Reise lang dauerte, und die Fahrt mit der Eisenbahn war deshalb wohl nur eine Frage der Bequemlichkeit.

Der Güterverkehr aber, und das hatte Stephenson nicht erwartet, machte gewaltige Fortschritte. Allein die im ersten Jahr beförderten Kohlenmengen übertrafen die anfänglichen Schätzungen um das Fünfzigfache.

Der kaum erwartete Erfolg ließ in Stephenson einen neuen Plan reifen: Man müßte noch eine weit wichtigere und sich sicher mehr rentierende Eisenbahnlinie zwischen Liverpool und Manchester bauen.

Nach Liverpool wurde nämlich die Baumwolle aus Nordamerika geliefert und dort im Hafen auf Pferdefuhrwerke umgeladen, die in langer und mühevoller Fahrt die Ware in das damalige Verarbeitungszentrum nach Manchester brachten.

Die Straßen waren jedoch dieser ständig zunehmenden Verkehrsbelastung kaum mehr gewachsen. Obwohl man auch nachts fuhr, kam es wiederholt zu Verstopfungen, die erhebliche Verzögerungen mit sich brachten. Dadurch war es verschiedentlich in Manchester zu Arbeitsausfällen gekommen.

Hier half nur ein Transportmittel, das imstande war, größere Lasten schneller zu befördern, und das konnte die Eisenbahn. Eine derartige Bahn, so überlegte Stephenson, war durch ihre Leistungsfähigkeit die beste Reklame, die es für dieses neue Transportmittel geben konnte.

Vorsichtig streckte der Erfinder zunächst in Manchester seine Fühler aus. Er überzeugte verschiedene große Fabrikanten. Sie trugen diesen Plan ihren Lieferanten in Liverpool vor, die sich ihren Argumenten nicht verschlossen.

Zeitungen brachten die ersten Vorschläge zu dem neuen Projekt. Sie lösten, was man allerdings nicht erwartet hatte, eine Welle der Empörung aus.

Zuerst rührten sich die Besitzer der Fuhrgeschäfte, die den Baumwolle-Transport nach Manchester als eine Art Monopol ausübten. Ihnen schlossen sich schon bald die Gastwirte an, die längs der Landstraße auf dem Wege nach Manchester lagen.

Die Inhaber der Posthaltereien folgten, die ihre Existenz durch die Eisenbahn gefährdet sahen. Bald war jeder in Liverpool oder Manchester ein Gegner des neuen Planes, der irgendwie, sei es als Stellmacher, Seiler oder Pferdehändler, an dem Fuhrgeschäft verdiente. Sogar die englischen Lords verfaßten eine energische Eingabe, da sie fürchteten, „durch die ratternden, dampfspeienden Lokomotiven" in ihren Fuchsjagden gestört zu werden.

Ein allgemeiner Tumult entstand. Man rief nach dem Parlament, das ein Gesetz erlassen sollte, um ein für allemal derartigen Unsinn zu unterbinden.

Um diesen Antrag auch begründen zu können, setzte man eine Kommission ein, die ein entsprechendes Gutachten ausarbeitete.

Es ist heute recht aufschlußreich, einige Stellen daraus zu erwähnen. Darin hieß es beispielsweise, daß die Hühner durch den vorbeifahrenden Eisenbahnzug erschreckt würden und deshalb keine Eier mehr legen konnten. Die Kühe würden beim Grasen gestört und hielten ihre Milch zurück. Die Lokomotive stieße überdies einen giftigen Rauch aus, der die Atmosphäre verpeste und die Vögel töte. Bei zunehmendem Eisenbahnverkehr würde der Himmel durch den Rauch so verdunkelt, daß die Sonne nicht mehr hindurchscheine und eine

Änderung des Klimas die Folge wäre. Die ganze Landwirtschaft aber sei bedroht, da sie durch die Eisenbahn in der Pferdezucht beeinträchtigt werde und schließlich keinen Absatz mehr für das Heu habe.

Der Reisende aber, der die Bahn benutze, schwebe ständig in Gefahr, durch eine Kesselexplosion zerrissen zu werden. Im günstigsten Falle aber müsse er, wenn er wiederholt Bahn fuhr, durch die hohe Geschwindigkeit wahnsinnig werden. Ein Einwand übrigens, den man auch später in Deutschland häufig gegen die Eisenbahn erhob und der schließlich mit dem Vorschlag endete, die Eisenbahn nur zwischen hohen Bretterzäunen fahren zu lassen.

Da diese angeblich gegen die Eisenbahn sprechenden Gründe noch dazu in verschiedenen Tageszeitungen veröffentlicht wurden, konnte das englische Parlament nicht umhin, Stephenson in einer öffentlichen Sitzung Gelegenheit zu geben, sich gegen diese Vorwürfe zu verteidigen.

Eine besondere Kommission wurde gewählt, und parlamentserfahren wie die Eisenbahngegner waren, gelang es ihnen, zehn redegewandte Advokaten darin unterzubringen. Sie sollten mit allen Mitteln ihrer Redekunst den in diesen Dingen wenig bewanderten Stephenson zur Strecke bringen.

Narren als Kritiker

Die Verhandlung vor der „Untersuchungskommission" war keine Ruhmestat des britischen Parlaments. Die Absicht der Gegner, die große Erfindung zu zerreden, ohne die unsere heutige technische Entwicklung gar nicht denkbar wäre, lag doch zu offen zutage.

Man versuchte zunächst, Stephenson in die Rolle eines Angeklagten zu drängen, der mit seinen verrückten Plänen die Öffentlichkeit gefährde.

Das machte man nicht ungeschickt, indem man ihn eingehend nach seiner Herkunft befragte, um so anzudeuten, daß er aufgrund seiner geringen Bildungsmöglichkeit gar nicht in der Lage sei, derartige Fragen richtig zu beurteilen.

Welche Notwendigkeit denn bestünde, wollte man wissen, um eine solche Bahnlinie zwischen Liverpool und Manchester einzurichten?

Gut, die Straßen seien etwas überlastet, aber das ließe sich doch

140

sofort abstellen, indem man auf den Bridgewater-Kanal auswiche. Man habe das bisher lediglich nicht getan, um ein doppeltes Umladen der Baumwolle zu vermeiden.

Stephenson, durch die Vernehmungsmethode empört, bemühte sich, ruhig mit Zahlenangaben zu antworten. Er wies anhand der Zahlen nach, daß der Bridgewater-Kanal nicht einmal für die Kohlentransporte ausreiche, die man jetzt in Manchester benötigte.

Als man sah, daß man so nicht weiterkam, griff man seine Erfindung selbst an. Stephenson fiel es nicht schwer, Fragen wie die folgenden, die charakteristisch für die Fragesteller waren, zu beantworten.

So wollte einer der Examinatoren wissen, ob er seine Lokomotive auch bei Regen fahren lassen könne. Es müsse doch während der Fahrt in den Schornstein hineinregnen, und der Regen würde dann das Feuer auslöschen. Ob er in diesem Falle eine Art Regenschirm über dem Rauchabzug anbringe und, damit keine unterschiedlichen Spannungen an den Kesselwandungen entstünden, die Maschine in Decken einhülle? Diese Schutzdecken aber könne jeder starke Windstoß wegreißen, das müsse er doch einsehen!

Außerdem könne auch, damit müsse er rechnen, ein plötzlicher Wind durch den Schornstein hineinblasen, das Feuer besonders stark anfachen und so den Kessel zur Explosion bringen.

Mit Ruhe und Gelassenheit, um den Fragesteller in seiner Unwissenheit nicht zu beleidigen, wehrte sich Stephenson gegen derartig unsinnige Behauptungen.

Er bemühte sich zu erklären, daß durch den Fahrtwind der Regen gar nicht in den Schornstein hineinkönne und wenn die Maschine stünde, durch die heißen Abgase wieder verdampft würde. Der Kessel aber sei durch Eisenblech verkleidet, und der Regen käme deshalb gar nicht an ihn heran. Ebensowenig vermöge der Wind in den Schornstein zu fahren und noch viel weniger die Feuerung zu erreichen.

Etwas erregt wurde er allerdings, als ein anderer wissen wollte, ob denn die Pferde nicht scheuten, wenn sie den rotglühenden Kessel und eine fahrende Lokomotive sähen.

„Der Kessel ist", antwortete er, sich sichtlich beherrschend, „wie ich bereits sagte, durch Blech verkleidet, also niemals rot. Außerdem haben sich die Pferde auf den Killingworth-Gruben, wo meine Lokomotiven seit über zehn Jahren laufen, völlig an die Maschinen gewöhnt. Es gibt allerdings Pferde, die vor jedem schwankenden Zweig scheu werden und durchgehen!"

Stephenson merkte sofort, daß er mit diesem Nachsatz, der der allgemeinen Erfahrung entsprach, unüberlegt argumentiert hatte. Denn unverzüglich rief sein Widersacher, indem er sich gestikulierend erhob:

„Der Herr Stephenson gibt also zu, daß durchaus die Möglichkeit besteht, daß Pferde vor seiner Maschine scheu werden. Die Gefahr für die Öffentlichkeit kann er demnach nicht ableugnen. So wird er uns auch liebenswürdigerweise bestätigen, daß vor einiger Zeit eine von seinem Kollegen Blenkinsop gebaute Lokomotive in der Nähe von Lees explodiert ist. Dabei kam der Maschinist ums Leben. Das stimmt doch, Herr Stephenson?"

„Ich bestreite den Vorfall durchaus nicht. Aber der Maschinist war betrunken, was sicher auch erwähnt werden muß. Er hat den Dampfdruck zu hoch emporgetrieben, daß auch das Sicherheitsventil ihn nicht mehr auszugleichen vermochte. An der Explosion ist deshalb nicht die Maschine, sondern der Alkohol schuld, den der Mann in überreichlichem Maße zu sich genommen hatte!"

„Sie verstehen es wunderbar, zu bagatellisieren und die Dinge immer für Sie in das günstigste Licht zu rücken. Ich jedenfalls stelle fest, die Maschine ist, durch welche Umstände auch immer, explodiert. Das aber ist eine weitere Gefahr bei dem Betrieb Ihrer Eisenbahn, mit der man rechnen muß."

„Das aber sind noch nicht alle Gefahren", fuhr ein anderer Parlamentarier fort, indem er sich bemühte, seinen Kollegen zu unterstützen.

„Nehmen wir einmal an, eine Kuh oder ein Ochse verirrten sich beim Grasen auf die Schienen, wäre das nicht eine weitere gefährliche Situation?"

„Allerdings", antwortete Stephenson, sich kaum noch beherrschend, „das wäre eine höchst gefährliche Sache für die Kuh oder den Ochsen. Der Lokomotive würde es nicht das geringste ausmachen."

In ähnlicher Weise ging die Fragerei weiter, und einer der wenigen Freunde, die Stephenson in der Kommission hatte, der Grubenbesitzer Mr. Joy, fühlte, daß man so nicht weiterkam. Im Gegenteil, Stephenson verlor immer mehr an Boden, je unsinniger die Fragen wurden. Denn die Abgeordneten, die wohl in politischen Dingen erfahren sein mochten, hatten von der Technik nicht die geringste Ahnung.

„Das Beste ist", so schlug er deshalb vor, „Sie überzeugen sich selbst einmal, wie eine solche Eisenbahn fährt und arbeitet. Ich lade Sie nach Stockton ein. Fahren Sie auf meine Kosten nach Darlington und zurück. Die Bahn dort arbeitet zur Zufriedenheit aller seit über einem Jahr. Sehen Sie sich die angeblichen Gefahren an und urteilen Sie danach!" Unter den Parlamentariern brach Unruhe aus.

„Da sei Gott davor, mich diesem Teufelszug anzuvertrauen", rief einer der eifrigsten Examinatoren. Andere stimmten ein.

Wieder erhob sich Joy. „Sie haben doch wohl keine Angst, meine Herren? Wenn es im Interesse der Öffentlichkeit liegt, muß auch ein Parlamentarier gelegentlich etwas wagen. Ich stelle deshalb ganz offiziell den Antrag, eine Abordnung zu wählen, die sich persönlich von den Nachteilen und Vorzügen dieser in Betrieb befindlichen Eisenbahnlinie überzeugt."

Da niemand von den Abgeordneten als feige gelten wollte, wurde dem Antrag stattgegeben, und nach vielem Hin und Her kam schließlich eine Kommission zustande, die das Wagnis einer Fahrt mit der Eisenbahn auf sich nahm.

Es muß zur Ehre dieser Männer gesagt werden, daß sie ein sachliches Gutachten verfaßten und es auch entsprechend bei der Untersuchungskommission verteidigten. Die Eisenbahnlinie wurde schließlich vom Parlament genehmigt.

Das Wettrennen der Lokomotiven

Man gründete eine Eisenbahngesellschaft, welche die nicht unbeträchtlichen Kosten des Unternehmens tragen sollte.

Diese schrieb zunächst, und das mutet sehr modern an, eine Art Wettbewerb für die beste Lokomotive aus. Ein Preis von 500 Pfund Sterling winkte demjenigen, der als erster die inzwischen bei Rainhill fertiggestellte Strecke von 3,2 Kilometer Länge zwanzigmal ohne Störung durchfuhr.

Weitere Bedingungen waren, daß die Lok imstande sei, 20,2 Tonnen Gewicht einschließlich des Kohlentenders mit einer Stundengeschwindigkeit von 16 Kilometer zu befördern. Der Dampfdruck der höchstens 6,1 Tonnen schweren Lok durfte 3,5 Atmosphären nicht überschreiten. Sie mußte ferner zwei Sicherheitsventile besitzen.

Alle Maschinen, die an dem Wettbewerb teilnehmen wollten, waren bis zum 1. Oktober 1829 zu melden. Es stand also für den Bau der Maschinen eine Frist von nur knapp vier Monaten zur Verfügung. Das bedeutete, daß die meisten Maschinenbauer in 120 Tagen nicht nur eine neue Maschine zu entwerfen hatten, die den geforderten Bedingungen entsprach, sondern sie auch in dieser kurzen Zeit bauen mußten.

Besonders Stephenson wußte, was nicht nur für ihn, sondern auch für die weitere Entwicklung der Eisenbahn von der Einhaltung der Bedingungen und der Frist abhing.

Man müßte, so überlegte er während der Planung, ein Heizsystem verwenden, das eine noch größere Ausnutzungsmöglichkeit der Hitze für die Dampfbildung besaß.

Bereits vierzig Jahre vorher hatte Murdock, als er seine mit Spiritus angetriebene Modellokomotive baute, den Abzugsschacht für die kleine Alkoholflamme schräg durch den Kessel gelegt, in ähnlicher Weise könnte man vielleicht durch eine weitere Ausnutzung der Abgase eine verstärkte Wärmeabgabe der Feuerung erreichen.

Die „Rocket", der Sieger des ersten Eisenbahnrennens der Welt

Vielleicht ließe sich das durch ein gewundenes Rohr erzielen, das man durch den Wasserkessel legte. Man hat später mehrfach darüber gestritten, wer wirklich die Idee einer solchen Ausnutzung der Abgase gehabt hat. Denn genau zur gleichen Zeit, im Sommer 1829, brachte auch der Franzose Marc Seguin einen Kessel für stationäre Dampfmaschinen heraus, dessen Abgase durch ein Röhrensystem im Dampfkessel liefen.

Stephenson baute erstmals einen solchen Röhrenabzug in eine Lokomotive ein und schuf damit eine Konstruktion, die sich schon bald ganz allgemein im Lokomotivbau einführte.

Der Feuerraum lag nicht mehr unter dem Kessel, sondern dahinter. Er war mit Ausnahme des unteren Teiles, dem Aschenkasten und dem Feuerrost allseitig vom Wasser umgeben. Das gab einen Heizeffekt, den man bisher noch nie erreicht hatte. Verständlicherweise beeinflußte diese neue Bauart auch das ganze Aussehen der Lok.

Gegenüber den bisherigen Maschinen mit ihrem umfangreichen und verwirrenden Gestänge sah die *Rocket*, wie Stephenson seine neue Konstruktion wegen ihrer erhöhten Anzugskraft nannte, beinahe leicht und elegant aus.

Er ging sogar noch einen Schritt weiter und verlegte die Dampfzylinder mit den sich auf- und abbewegenden Kolben seitlich schräg neben die Maschine, so daß sie vom Führerstand aus leicht beobachtet und bedient werden konnten.

Den anderen weit voraus!

Da Stephenson seine Konstruktion geheimzuhalten wußte, kann man die Überraschung verstehen, als er am 6. Oktober die Decken wegnahm, die seine Neukonstruktion verbargen, und mit der *Rocket* vorfuhr.

Man bezweifelte ganz allgemein, daß „dieses spillerige Ding" die schwere Leistungsprüfung bestehen konnte.

Da sah die *Perseverance*, die *Ausdauer*, ein Qualm und Feuer speiendes Ungeheuer, doch schon ganz anders aus. Aber die zur Schau gestellte Kraft reichte nur soweit aus, daß sich das Ungetüm kaum schneller als im Schrittempo fortzubewegen vermochte und daher wegen Nichterfüllung der Grundbedingung ausgeschlossen wurde.

Als nächste fuhr die *Novelty* vor. Sie war eine neuartige Konstruktion, die mit ihrem dünnen Schornstein und ihrem eigenartigen Kessel und der Feuerungsanlage mehr einer Dampfspritze als einer Lokomotive ähnelte. Tatsächlich sind ihre Konstrukteure, der schwedische Hauptmann Johan Ericson und der Engländer John Braithwaite, durch ihre Dampf-Feuerspritze bekannt geworden. Die Neuigkeit, nach der sie auch die Maschine benannten, bestand in einem Blasebalg, der in kürzester Frist die Feuerung zu größter Leistung anzufachen vermochte.

Die Maschine erreichte dadurch schnell die für den Wettbewerb vorgeschriebene Geschwindigkeit, und da sie auch die sonstigen Bedingungen erfüllte, wurde sie zugelassen.

Als vierte Maschine stampfte wiederum ein wahres Ungetüm heran. Sie trug stolz den französischen Namen *Sans Pareil – Die Unvergleichliche.* Ihr Erbauer war der Engländer Timothy Hackworth. Obwohl ihr Gewicht größer war, als es die Bedingungen vorschrieben, ließ man sie zu.

Drei Maschinen waren also übriggeblieben für das erste Lokomotivrennen der Welt, das am 7. Oktober stattfinden sollte. Man hatte Tribünen für die Zuschauer längs der Startlinie aufgebaut, die an diesem denkwürdigen Sonntagmorgen bis auf den letzten Platz besetzt waren.

Nun verlief aber an jenem „Siebenten" nicht alles so, wie es sollte. Die *Neuheit* konnte nicht fahren, da ihr Blasebalg undicht wurde. Ein ähnliches Mißgeschick hatte auch die *Unvergleichliche,* deren Kesselabdichtungen dem Dampfdruck nicht standhielten.

Nur Stephenson mit seiner *Rocket* stand am Start und wartete ungeduldig auf das Zeichen, damit er losfahren konnte. Aber das Signal dazu wurde nicht gegeben!

Auch das Publikum merkte bald, daß irgend etwas nicht stimmte. Es brach in wütendes Schimpfen und Pfiffe aus, als einer der Veranstalter erschien und erklärte, daß wegen des Defektes zweier Maschinen das Lokomotivrennen leider nicht stattfinden könnte.

Die Zuschauer, die ein einmaliges Rennen mit Kesselexplosionen, Toten und Verwundeten erwartet hatten, waren bitter enttäuscht. Sie fühlten sich um die Sensation, den Nervenkitzel betrogen. Ein Tumult brach aus, und einige der Zuschauer begannen bereits die Tribünen zu demolieren.

Da rettete Stephenson die Situation! Er lud die Nächststehenden zu

einer Fahrt ein, und diese kletterten hastig auf die bereits für die Wett-
fahrt belasteten Wagen. Wohl dreißig kamen auf diese Weise zu einer
kostenlosen Bahnfahrt.

Stephenson raste mit ihnen mit einer bis dahin noch nicht ge-
kannten Geschwindigkeit von 35 Stundenkilometern über die
Strecke. Der Ärger der Zuschauer wich bald einer allgemeinen Begeisterung. Immer mehr wollten den Rausch dieser hohen Geschwindigkeit am eigenen Leibe erleben.

Unermüdlich fuhr Stephenson mit seiner neuen Lok hin und her.
Er hatte dabei reichlich Gelegenheit, die Maschine zu testen.

Das abgebrochene Rennen allerdings fand nicht schon am nächsten
Tag, sondern erst am 13. Oktober statt.

So lange brauchten nämlich die beiden anderen Maschinen, um die
bereits vor dem Start aufgetretenen Schäden zu reparieren.

Zum erstenmal 50 Stundenkilometer

Auch dieser Tag hatte es in sich! Zwar waren nun alle drei Maschinen am Start, aber schon den ersten Teil der Strecke bewältigten die
beiden Konkurrenten nicht.

Bei der *Novelty* brach ein Rohr, und sie blieb schon nach einem Kilometer, in eine Dampfwolke gehüllt, auf der Strecke liegen.

Nicht anders ging es der *Unvergleichlichen*! Auch sie schaffte wegen
eines neuen Maschinenschadens die Strecke nicht. Nur Stephenson
dampfte zwanzigmal, wie es die Bedingungen vorschrieben, die 3,2
Kilometer abwechselnd vorwärts und dann rückwärts.

Die Zuschauer aber, deren Herzen er bereits am 7. Oktober durch
seine Probefahrten gewonnen hatte, jubelten ihm bei jeder neuen
Runde begeistert zu. „Steevy", schrien sie. „Zeig es ihnen!"

Die Runden wurden immer weniger und auch die Zeit, die Stephenson brauchte, um sie zurückzulegen, ständig kürzer. Man schloß bald
Wetten ab, wie schnell er noch fahren konnte.

Einige berechneten nach der Zeit und der Strecke die Geschwindigkeit. 45 Stundenkilometer! Bei der nächsten Runde 48 km! Ständig
wurde er schneller! In der Schlußrunde schaffte die *Rocket* 50 Stundenkilometer! Das war eine Geschwindigkeit, wie sie bisher noch nie
erreicht worden war, eine Sensation!

Die Begeisterung war grenzenlos, die Hochrufe auf den Sieger des Wettbewerbs wollten nicht enden.

Aber Stephenson wußte, was er seinen Zuschauern schuldig war. „Ich will es ihnen zeigen", sagte er zu seinem Freund Booth. Er ließ die beiden beladenen Waggons abhängen und startete allein nur mit dem Tender in dem Augenblick, als die verglichenen Uhren die volle Minute anzeigten. Dann drehte er den Dampfregulator bis zum letzten Anschlag bei beiden Zylindern zurück.

Die *Rocket* fegte wie eine Rakete los! Ihre Geschwindigkeit nahm ständig zu. Es ist kaum glaublich, daß sich diese immerhin doch primitive Lokomotive bei einem solchen Tempo auf den Schienen hielt.

Aber Stephenson hatte alles berechnet, auch den Schwerpunkt, den eine solche Maschine braucht, um auf den Geleisen zu bleiben. Das war eine Fahrt, so recht nach dem Herzen der Zuschauer! Eine Stimmung wie bei einem Pferderennen! „Wetten, daß er fünfundfünfzig schafft! Wer bietet dagegen?"

Und Stephenson überbot sich selbst! Er erreichte nach den genauen Berechnungen 56 Stundenkilometer. Natürlich war das für die damalige Zeit ein Wagnis. Aber Stephenson wußte, was er tat. Er brauchte ein solches Ereignis, einen derartigen Rekord, um die Eisenbahn in England populär zu machen.

Seine *Rocket* war nur der Anfang einer sich laufend vervollkommnenden Entwicklung. Schon die nächste Lok, die er für die neue Eisenbahnlinie baute, die *Planet*, war eine weiter verbesserte Konstruktion, bereits das Urbild einer heutigen Lokomotive. Stephenson war bei diesem Modell von den schrägliegenden Zylindern abgegangen und hatte sie neben die Vorderräder gelegt. So erfolgte über das Kurbelgestänge ein unmittelbarer Antrieb auf die Räder. Zu dem Röhrenkessel war außerdem noch ein Blasrohr gekommen, das den Abdampf der Zylinder direkt in den Schornstein leitete.

62 Brücken und zwei Tunnels

Für diese neue Maschine aber mußte erst die Eisenbahnlinie nach Liverpool gebaut werden. Die Schwierigkeiten, die sich der neuen Bahnverbindung entgegenstellten, waren ungeheuer groß, sie wären selbst für die heutige Zeit ein Problem gewesen.

Zwei Hügel mußten durchstoßen und zahllose Fluß- und Bachläufe überquert werden. Dafür waren 62 Brücken und zwei längere Tunnels notwendig.

Das größte Hindernis aber war das berüchtigte Katzenmoor. Tausende von Steinen mußten in das Moor versenkt werden, bis man endlich einen festen Untergrund für die Schienen hatte. Aber schließlich zog sich die erste Bahnlinie von Liverpool nach Manchester fast geradlinig durch das Land.

An den Krümmungen, die sie gezwungenermaßen machte, war der Starrsinn einiger Grundbesitzer schuld, die sich energisch weigerten, auch nur einen Fußbreit ihres Bodens abzugeben. So kamen bei dem Bau der ersten größeren Eisenbahnverbindung zu den schwierigen technischen Problemen noch die ermüdenden und langwierigen Verhandlungen, die oft nur mit der Zahlung eines erhöhten Grundstückspreises überwunden werden konnten.

Als der Schienenstrang dann endlich verlegt war, hatte Stephenson aber noch weitere Fragen zu lösen. Denn bei dieser Eisenbahn gab es außer den Schienen und einigen Erfahrungen, die man auf der kurzen Strecke zwischen Stockton und Darlington gesammelt hatte, nichts!

Da war zunächst eine verläßliche Signalanlage zu schaffen, die dringend erforderlich war, da im Gegensatz zur Stockton-Eisenbahn gleichzeitig mehrere Züge auf der längeren Strecke fahren sollten.

Stephenson hatte bereits Weichen entwickelt, die von der Hauptstrecke eine Fahrt auf ein Nebengeleis ermöglichten. Um dieses Manöver aber rechtzeitig durchführen zu können, stellte er längs der Strecke bewegliche Signalstangen auf, die in ihrer Form den heutigen ähnelten.

Höchst aufschlußreich ist die Anekdote, die man sich von der Erfindung der ersten Drehscheibe erzählt. Um die nur schlecht im Rückwärtsgang laufenden Maschinen wenden zu können, hatte Stephenson ursprünglich vor, ähnlich wie auf der Stockton-Eisenbahn große Geleisschleifen in Manchester und Liverpool zu bauen.

Ein Dienstmädchen aber, das nach dem Dinner den Tisch abräumte und dabei auch einen Teller, auf dem noch ein Messer lag, auf ihr Tablett setzte, soll Stephenson auf den richtigen Gedanken gebracht haben.

Das Messer drehte sich nämlich auf dem Teller. Stephenson sah es, und dabei soll ihm blitzschnell der richtige Gedanke für die Lösung seines Problems gekommen sein.

Für die erste Bahn nach Stockton hatte man einfach einige alte Postkutschen auf die Eisenbahnräder gesetzt. Das hatte zur Folge, daß man sich auch bei den Schienen nach der Breite dieser an sich als Notlösung gedachten Aufbauten richten mußte.

Die Postkutschen in England hatten, einer Vorschrift entsprechend, einen Radabstand von 1433 mm. Dieses Maß, das rein willkürlich durch die Benutzung der alten Postkutschenaufbauten entstand, wurde bis heute beibehalten. Stephenson wollte anfangs wenigstens bei der Manchester-Liverpool-Bahn die Schienen breiter bauen, aber die engstirnige Ansicht einiger Geldgeber siegte, die aus alten Postkutschen weiterhin billige Eisenbahnwagen machen wollten.

Er war deshalb schon froh, wenigstens für den Transport der Baumwolle einen neuen Transportwagentyp bauen zu dürfen. Die für den Personenverkehr bestimmten Waggons mußten den Postkutschen ähneln. Sie sollten die gleiche Farbe und auch das Aussehen der Postfahrzeuge haben. Ein Kuriosum, das angeblich auch dazu dienen sollte, die Hemmungen der ersten Reisenden bei der Benutzung der Eisenbahn zu überwinden.

Mit acht Lokomotiven und mehreren hundert Wagen wurde schließlich am 15. September 1830 die Manchester-Liverpool-Eisenbahn in Betrieb genommen. Während der Feierlichkeiten bei der Eröffnung der Bahnlinie kam es übrigens zu einem folgenschweren Unfall, der die ganze Festfreude überschattete.

Zur Einweihung hatte Stephenson auch die *Rocket* von der Stockton-Bahn herübergeholt. Als sie nach der ersten Runde Kohlen und Wasser aufnahm, gingen einige von den Ehrengästen, die mit ihr gefahren waren, die Pause ausnutzend, neben den Schienen spazieren. Unter ihnen befand sich auch Blüchers ehemaliger Waffengefährte von Waterloo, Wellington, und der Abgeordnete William Huskisson, ein Förderer der Eisenbahn und Freund von Stephenson.

Als die Maschine abgefertigt war, wollte Stephenson mit ihr zu dem ausgekoppelten Zug zurückkehren. Pfeifend näherte er sich den auf den Schienen Stehenden.

Wellington und Huskisson sprangen mit einem Satz von den Geleisen. Dabei stolperte Huskisson und fiel auf die Schienen. Ehe er sich wieder aufzuraffen vermochte, hatten ihn die Räder der *Rocket* bereits erfaßt und überfahren. Er starb an den Folgen dieses ersten Eisenbahnunfalls.

150

Dieses tragische erste Eisenbahnunglück konnte aber den Siegeszug des neuen Verkehrsmittels nicht mehr aufhalten. Man begann sich nun in aller Welt für die Eisenbahn zu interessieren.

Die von Stephenson mit seinem Freund Peace gegründete Lokomotivenfabrik konnte sich in der Folgezeit über mangelnde Aufträge nicht beschweren. Aber es gab auch zahllose Konkurrenten, die mit mehr oder weniger großem Erfolg ähnliche Maschinen bauten.

Auch Deutschland beteiligt sich

Auf dem europäischen Kontinent folgte im Jahre 1832 die erste Bahn zwischen Lyon–Rive de Gier. Sie war noch mit privatem Kapital gegründet. Die erste Staatsbahn baute Belgien im Jahre 1835 zwischen Brüssel und Mecheln. Wenige Wochen später wurde die Linie zwischen Nürnberg und Fürth eingeweiht.

Allerdings hatte die Eisenbahn auch hier bei uns zahllose Widersacher und Gegner. Da waren ähnlich wie in England nicht nur diejenigen, die durch die Eisenbahn eine Einbuße in ihrem Geschäft befürchteten, wie die Posthaltereien und die Gastwirtschaften, sondern auch andere, die eine ernste Gefahr in dem neuen Verkehrsmittel sahen.

Interessant dürfte das Gutachten sein, das das Medizinalkollegium in München aus Anlaß der Nürnberg-Fürth-Eisenbahn abgab. Darin heißt es, daß die Reisenden wegen der ungeheuren Geschwindigkeit Kopfschmerzen und Schwindelanfälle bekommen müßten. Außerdem aber wirkten sich die so rasch am Auge vorbeifliegenden Bäume schädigend auf das Sehvermögen aus. Deshalb solle man, wenn die Eisenbahn schon gebaut würde, doch wenigstens links und rechts einen hohen Bretterzaun neben den Schienen errichten, damit diese Schädigung nicht einträte.

Es gab auch Gegner, die vor allem die ungeheuren Kosten störten, die mit dem Bau derartiger Verbindungen entstanden. Man sagte ganz unverhohlen, ob es nicht gerade in „dieser schlechten Zeit" besser wäre, die erheblichen Geldmittel für andere Zwecke einzusetzen. Deshalb verfaßte Grillparzer ein „Mahngedicht":

„Wir fuhren schnell, nicht aber gut,
den alten Weg zum Staatsbankrutt;

Doch kommt man gar zu langsam an,
dann baut man eine – Eisenbahn!"

Aber alle warnenden Stimmen vermochten den Stein nicht aufzuhalten, der einmal ins Rollen gekommen war. Gewiß, man mußte, da man die Fachkräfte nicht besaß, oft erhebliche Summen als Gehalt für die ersten, aus England kommenden Lokführer bezahlen. So erhielt beispielsweise der erste Maschinist Wilson der Nürnberg-Fürther Eisenbahn ein Jahresgehalt von 2250 Mark, während der Direktor desselben Unternehmens in der gleichen Zeit nur 1000 Mark bekam.

Auch die Lokomotive, die den Namen *Adler* trug, stammte aus England, und zwar aus der Stephensonschen Lokomotivfabrik. Sie hatte bereits die Fabriknummer 118.

Neben der Eisenbahnlinie zwischen Nürnberg und Fürth entstanden in Deutschland bald andere Verbindungen, so die Bahnlinie Leipzig–Althen und Berlin–Potsdam.

Einen Teil der benötigten Lokomotiven stellte die englische Fabrik *Sharp & Roberts* her. Auch die Vereinigten Staaten besaßen inzwischen verschiedene Lokomotivfabriken und schalteten sich ein. Es schien, als wäre die Herstellung von Dampfloks ein Monopol der USA und Englands.

Borsig schlägt die Engländer

Zwar hatten verschiedene deutsche Firmen, wie die Sächsische Maschinenbau-Company in Chemnitz und die Unternehmen Jacobi und Huyssen in Sterkrade, Dobbs und Poesgen in Aachen und Welver in Barmen auch einige Lokomotiven gebaut. Aber gegen die mit erfahrenen Fachkräften rationell arbeitenden Engländer und Amerikaner kamen sie trotz der Transportkosten nicht an. Man überließ daher den Ausländern das Feld.

August Borsig war jedoch entschlossen, das Monopol zu brechen. Er besaß in Berlin eine Eisengießerei, die sich gelegentlich auch mit Maschinenbau befaßte.

Er hatte hin und wieder für die Potsdamer Eisenbahn verschiedene der Stephensonschen Maschinen zur Reparatur gehabt und sich dabei die Loks genau angesehen.

Warum sollte man sie nicht, ohne die bestehenden Patente zu ver-

Die erste Lokomotive in Deutschland, die „Adler"

letzen, in ähnlicher Weise bauen können? Er machte sich an die
Arbeit und schuf eine dreiachsige Lok, die etwas anders aussah als die
der Engländer. Sie hatte vor allem an ihrem hinteren Ende einen riesigen Dampfdom.

Aber die Maschine arbeitete einwandfrei und mußte nach den Berechnungen von Borsig eine Leistung erreichen, die sich durchaus mit
der der ausländischen Konkurrenten messen konnte.

Dank der Beziehungen, die Borsig hatte, gelang es ihm schließlich,
die Genehmigung zu erhalten, an den Ausschreibungen für die neue
„Anhalterbahn" teilzunehmen.

Wie es damals üblich war, wurde eine Art Wettrennen zwischen den

Lokomotiven veranstaltet. Jede Maschine sollte mit der größten Geschwindigkeit, die sie zu erreichen vermochte, nach Jüterbog fahren.

Da die Strecke nur eingeleisig war, hatte man beschlossen, die Maschinen in einen Abstand von jeweils zehn Minuten zu starten. Die Startfolge wurde ausgelost.

Den Vorschriften entsprechend, mußten die an diesem Wettbewerb teilnehmenden Maschinen bereits am Vortag auf dem Gelände des Anhalter-Bahnhofs stehen, damit sie von einer Prüfungskommission auf die einzelnen Bedingungen der Ausschreibung hin untersucht werden konnten.

Nach dem Los hatte Borsig die Startnummer 1. Er war deshalb noch am Abend des 23. Juli dieses denkwürdigen Jahres 1841 als erster aufgefahren.

„Am nächsten Morgen", so sagte er befriedigt seinem Werkmeister Müller, „brauchen wir nur noch das Feuer unter dem Kessel zu schüren."

Das hatten sie denn auch schon frühzeitig getan. Der Dampfdruck erreichte bald die erforderliche Höhe.

Einer der Herren von der Abnahmekommission hielt eine kurze Rede. Dann verglichen die Herren sorgfältig ihre Uhren. Als die volle Minute erreicht war, winkte der Stationsvorsteher und gab den Start frei. Werkmeister Müller griff zur Signalleine, und die Maschine stieß einen gellenden Pfiff aus. Dann drehte er den Dampfhahn auf. Die Maschine hätte nun anfahren müssen, aber sie rührte sich nicht vom Fleck.

Nochmals schloß der Werkmeister den Hahn und öffnete ihn wieder. Nichts ... Lediglich der Dampf zischte in verstärktem Maße aus den Ablaßventilen.

Verlegenes Husten bei den Herren von der Abnahmekommission, die ein wenig betroffen zu der in eine Dampfwolke gehüllten Lokomotive hinüberblickten!

„Da hat man nun endlich eine deutsche Maschine", mögen sie gedacht haben, „und die versagt schon beim Start!"

Während Müller noch aufgeregt an dem Dampfhahn herumdrehte, sprang Borsig von dem Führerstand der Lok herunter. Er ging um die Maschine herum.

Sollten die Bremsen verklemmt sein? Aber die Bremsklötze standen vorschriftsmäßig ab. Auch das Triebgestänge war in Ordnung.

154

Sein Blick glitt die Maschine entlang, zum Tender hinüber. Unwillkürlich fing er dabei den schadenfrohen Blick des Maschinisten von der hinter ihm stehenden englischen Lok auf.

„Sollte man vielleicht . . ?" Während die Herren auf dem Bahnsteig schon ungeduldig wurden, inspizierte Borsig die Maschine genau. Er überlegte, sich sichtlich zur Ruhe zwingend, was man an der Lok wohl verändert haben könnte, um die Maschine betriebsunfähig zu machen.

Man brauchte beispielsweise nur die Spannung der so sorgsam eingestellten Kolbenwände zu verstellen, daß sie sich fest gegen die Zylinderwände preßten. Ein Anfahren der Lok war dann unmöglich.

„Einen Augenblick bitte, meine Herren", rief er den Mitgliedern von der Abnahmekommission zu. „Ich glaube, in der Nacht ist hier an der Maschine etwas verändert worden!"

„Bringen Sie den Werkzeugkasten", befahl er dann seinem Werkmeister. Er brauchte nicht lange zu suchen, dann sah er schon, daß irgend jemand an den Zylinderdeckeln herumgeschraubt hatte. Eine der Muttern war mit dem verkehrten Ende, also mit der polierten Seite aufgesetzt. Wahrscheinlich hatte das der Saboteur während der Nacht nicht gesehen.

Es machte Schwierigkeiten, die Mutter überhaupt zu lösen. Als Borsig den Zylinderdeckel endlich abgeschraubt hatte, entdeckte er die Fehlerquelle sofort. Die Spannung am Kolben war anders eingestellt.

Wütend richtete er sich auf und bat einige der Herren zu sich.

„Damit Sie nicht glauben, irgend etwas an der Lok sei falsch konstruiert! Irgend jemand hat in der Nacht die Kolbenspannung verändert. Sie ist fest gegen die Zylinder verkeilt. Dabei hat man in der Dunkelheit die Mutter hier falsch aufgesetzt. Wahrscheinlich ist das auch bei dem anderen Zylinder der Fall."

Er schraubte den zweiten Deckel los und zeigte den Fehler.

„Sabotage also", meinte ein Regierungsdirektor. „Wieviel Zeit brauchen Sie, um den Schaden zu beheben?"

„Eine Viertelstunde vielleicht", antwortete Borsig und machte sich mit seinem Werkmeister sofort an die Arbeit.

Dann war es endlich soweit. Ein neuer Pfiff, und die Maschine fuhr an. Sie arbeitete einwandfrei. Das Gestänge flitzte spielend hin und her. Immer größer wurde die Geschwindigkeit.

Die für die Ausschreibung festgelegten 55 Stundenkilometer waren bald erreicht. Durch Groß-Beeren ratterte die Maschine schon mit sechzig. Und ihr Tempo steigerte sich noch weiter. Mit Volldampf keuchte sie durch Ludwigsfelde, Trebbin und Luckenwalde.

Wenn nicht ein Unglück passiert, die Lok in einer der Kurven aus den Schienen fliegt, dann würden sie Jüterbog in einer Zeit erreichen, die ihnen kaum jemand nachmachte.

Schneller als sie es erwartet hatten, kam Jüterbog in Sicht. Müller ging langsam mit dem Dampf zurück. Trotzdem mußte er noch scharf bremsen, damit sie nicht den Prellbock am Ende der Strecke mitnahmen.

Aufatmend stiegen die beiden Männer von der Maschine. Wenn die Engländer schneller als sie waren, müßten sie in weniger als zehn Minuten hier sein. Denn das war der Abstand, in dem die Maschinen starten sollten.

Aufgeregt liefen sie auf dem Bahnsteig hin und her. Die Zeit schien bleierne Füße zu haben, und die einzelnen Minuten wurden unerträglich lang...

Bei der achten Minute hielt es Müller nicht mehr aus. Er trat mit der Uhr bis an das Ende des Bahnsteiges. Aufgeregt blickte er die Strecke entlang...

„Neun Minuten", murmelte er vor sich hin. Er bemerkte gar nicht, daß Borsig neben ihm stand.

„Zehn!" Von der englischen Lok war nichts zu sehen... Wenn sie zur vorgeschriebenen Zeit gestartet war, dann war sie zumindest nicht schneller gewesen.

Elf Minuten.., zwölf.., dreizehn!

„Nur nicht zu früh jubeln!" sagte Borsig und legte seinem treuen Mitarbeiter die Hand auf die Schulter.

„Sechzehn!" zählte Müller, die Geleise entlangstarrend, weiter.

Erst in der achtzehnten Minute tauchte in der Ferne eine Rauchwolke auf. Die zweite Lok war, als sie dann neben dem Bahnsteig mit quietschenden Bremsen hielt, um zehn Minuten langsamer als die der Deutschen gewesen.

Für die deutschen Maschinenfabriken war dieser 24. Juli 1841 ein denkwürdiger Tag. Zum ersten Mal hatte ein Deutscher bewiesen, daß man imstande war, eine Lokomotive zu bauen, die die Leistungen der ausländischen nicht nur erreichte, sondern sogar übertraf.

Das Zeitalter der Eisenbahn beginnt

Immer neue und leistungsfähigere Lokomotiven wurden in der Folgezeit gebaut! Die Entfernungen zwischen den Großstädten begannen zu schmelzen. Die ungeheueren Weiten des nordamerikanischen Kontinents wurden durch die ersten Eisenbahnlinien erschlossen.

Selbst in die unwegsamen Gebirge stieß man vor. Erhebliche Steigungen mußten dabei überwunden werden. Die gewöhnlichen Lokomotiven reichten dazu nicht mehr aus. Man entsann sich wohl damals auf die erste von J. Blenkinsop „zur Überwindung der Schienenglätte" gebaute Zahnradlokomotive und begann in ähnlicher Weise eine Zahnradbahn zu entwickeln.

Genial war in diesem Zusammenhang die Lösung, die der Amerikaner Grassi mit einer Art unendlicher Schraube entwarf, mit deren Hilfe die Lok gleichsam die gefährlichsten Steigungen überwand.

Nicht nur für diese Bahnen, sondern auch für die Züge im allgemeinen war bei den zunehmenden Geschwindigkeiten das Problem der Bremsen von äußerster Wichtigkeit. Schon allein aus Kostengründen konnte man nicht jedem Wagen noch einen Bremser mitgeben. Man mußte ein System finden, das ein menschliches Versagen weitgehend ausschloß; denn bisher wurden stets die Bremsen von den einzelnen Bremsern auf einen Pfiff der Lokomotive hin angezogen. Ein Verfahren, das sich auch bei uns noch lange bei den Güterzügen erhalten hat.

Die erste selbsttätige Bremse schuf im Jahre 1853 der Engländer Newall. Ihm folgte Jakob Heberlein, der eine durchgehende Bremse konstruierte, bei der man die Fahrgeschwindigkeit des Zuges – also die Bewegungsenergie – für den Bremsvorgang ausnutzte. In mehr oder weniger abgewandelter Form wurde sie bis in die 90er Jahres des vergangenen Jahrhunderts benutzt.

Eine wesentliche Neuerung war dagegen die heute noch in Betrieb befindliche Luftdruckbremse, die Peter Kendall bereits im Jahre 1866 erfand und die in den nächsten Jahren von Georg Westinghouse wesentlich verbessert wurde.

Man lernte es, Brücken und Tunnels für die Eisenbahn in größerer Länge zu bauen. In Deutschland entstand der erste Eisenbahntunnel auf der Leipzig–Dresdener Strecke. Er wurde von Freiberger Bergleuten in den Jahren 1837–1839 gebaut und hatte bereits eine Länge von 512 Metern.

So wurde die Eisenbahn mehr und mehr vervollkommnet und den Bedürfnissen des Verkehrs immer weiter gerecht. Pullmann erfand den ersten Schlafwagen, den man auch heizen konnte. Bald wurden im Winter allgemein die Züge geheizt. Anfangs geschah das mit besonderen Öfen, später mit Hilfe einer von der Lok ausgehenden Dampfheizung.

Neue Versuche mit Lokomotiven

Die Antriebskraft der Lokomotiven wurde laufend verstärkt, aber man suchte auch Wege, um den Dampf besser auszunutzen. Im Jahre 1921 baute F. Ljungström die erste brauchbare Turbinenlokomotive. Um auch den Luftwiderstand noch abzuschwächen, entwickelte *Henschel & Borsig* die ersten Stromlinienloks für hohe Geschwindigkeiten.

Aber man begann auch über eine andere Antriebskraft nachzudenken. Bereits im Jahre 1879 hatte Werner von Siemens auf der Berliner Gewerbe-Ausstellung eine elektrisch betriebene Lokomotive vorgeführt, die mit Gleichstrom von 125 Volt arbeitete, der ihr durch eine in der Gleismitte liegende Schiene zugeführt wurde. Etwa dreißig Jahre später setzte in Deutschland der Probebetrieb auf der Strecke Bitterfeld–Dessau mit elektrischen Loks auf Vollbahnen ein. Mit einem Dreiphasen-Drehstrom-Triebwerk ist dabei im Sommer 1903 auf der Strecke Berlin–Zossen eine Geschwindigkeit von 210 Kilometern in der Stunde erreicht worden. Diese ersten elektrischen Loks hatten langsam laufende Motoren mit Antriebskuppeln, die über Treibstangen, Blindwellen und Stangen auf die Kuppelachsen wirkten. Erst 1928 wurde bei uns der Einzelachsenantrieb mit schnellaufenden Motoren eingeführt, ein Prinzip, das bei den Schnellzug-Lokomotiven immer mehr vervollkommnet wurde und beachtliche Dauergeschwindigkeiten zuläßt.

Schon vor fünfzig Jahren hat man versucht, den Dampfantrieb durch Dieselmotoren zu ersetzen. Rudolf Diesel selbst entwarf bereits im Jahre 1908 eine 1000-PS-Diesellok, die im Jahre 1912 als Versuchslok der Preußischen Staatsbahn eingesetzt wurde. Es war die erste Diesellok der Welt. Sie bewährte sich jedoch nicht, da der Dieselmotor unmittelbar die Treibachsen antrieb.

Erst im Jahre 1935 wurden die Versuche mit Dieselmotoren fortgesetzt. Die deutsche Reichsbahn hatte inzwischen eine diesel-hydraulische Lok entwickelt, deren 1400-PS-Dieselmotor über ein Voith-Flüssigkeitsgetriebe auf eine Blindwelle und von dieser mit einem Stangenantrieb auf drei im Hauptrahmen gelagerte Kuppel-achsen wirkte. Die später für Fernschnellzüge eingesetzte Baureihe *V-200* erreichte eine Höchstgeschwindigkeit von 140 Kilometern in der Stunde. Die Leistungen wurden immer weiter verbessert. Die Die-selloks der Serie *V-320* aus dem Baujahr 1962 besitzen bereits zwei 2000-PS-Dieselmotoren. Inzwischen sind auch im Ausland die Die-selloks weiterentwickelt worden und ziehen beispielsweise in den Vereinigten Staaten einen der schnellsten amerikanischen Expreß-züge, den *Colorado-Eagle*, der St. Louis mit Denver in Colorado ver-bindet.

Die reinen Dieselloks haben sich bis heute weiterentwickelt zu den dieselelektrischen Antrieben. Bei ihnen treiben die Dieselmotoren Gleichstromgeneratoren an, welche die elektrischen Antriebsmotoren speisen. Der Vorteil hierbei ist, daß der Dieselmotor stets mit seiner günstigsten Drehzahl läuft, kein Getriebe mehr notwendig ist und eine stufenlose Regelung des Antriebes erfolgt. Auch die elektrische Oberleitung fällt weg. Allerdings ist die Kraftstoffausnutzung gegen-über den reinen Dieselantrieben ungünstiger. Das größere Gewicht der Maschinenanlage wird heute durch die Leichtmetallzüge wieder ausgeglichen.

In diesem Zusammenhang liegt der Gedanke nahe, ob es nicht mög-lich ist, eine andere Kraft als die über den Umweg mit dem Diesel-motor erzeugte Elektrizität für den Antrieb zu benutzen. Gedacht wird dabei an Atomenergie als „Heizmaterial" für einen Dampfkessel, dessen Dampf dann eine Turbine antreibt.

Dieses Projekt, das von Professor Lyle B. Borst von der amerikani-schen Universität Utah entwickelt wurde, ließe sich ohne größere Schwierigkeiten durchführen. Auch die Frage der Brennstoffkosten wäre für eine solche *Atomlok* höchst interessant, da nach den Berech-nungen von Professor Borst fünf Kilogramm Uran genügen würden, um eine solche Lok ein ganzes Jahr laufen zu lassen. Ein amerikani-sches Pfund, also 450 Gramm Uran würden von der US-Atomenergie-Kommission für diesen Zweck für 3750 Dollar zur Verfügung gestellt, das wäre allerdings weniger, als die Dieselbetriebskosten in der glei-chen Energiemenge betragen würden. Auch die hohen Baukosten der

Lokomotive, die einschließlich der benötigten Schutzeinrichtungen 1,2 Millionen Dollar betragen, würden sich sehr schnell amortisieren.

Im Prinzip gleicht die Atomlokomotive den bisher üblichen Konstruktionen. Der wesentliche Unterschied besteht darin, daß sie nicht mit einer Kohlenfeuerung, sondern mit einem Kernreaktor ausgerüstet ist, in dem Uran gespalten wird. Die bei diesem Prozeß erzeugte riesige Wärmemenge wird an den Wasserkessel abgegeben und zur Erzeugung von Wasserdampf zum Antrieb für eine leistungsstarke Turbine ausgenutzt. Diese Turbine setzt dann ihrerseits elektrischen Strom erzeugende Generatoren in Tätigkeit. Der in der Turbine niedergeschlagene Dampf strömt in den Wasserkessel zurück, so daß dieser nicht nachgefüllt zu werden braucht.

Ähnlich wie bei den amerikanischen Atom-U-Booten kann aber auch statt des Wassers eine Flüssigkeit mit geringerem Siedepunkt verwendet werden und so den Betrieb noch verbilligen.

Nach den letzten Plänen wird die 48,80 Meter lange Atomlokomotive eine Dauerleistung von 7000 PS entwickeln. Es ist im übrigen recht aufschlußreich, daß nach einer Mitteilung von Professor Leonhard Konstantinow, dem Leiter des Physikalischen Institutes der Moskauer Universität, sowjetische Wissenschaftler und Techniker dabei sind, mit Atomenergie angetriebene Lokomotiven zu entwickeln. Technische Einzelheiten sind jedoch bisher noch nicht veröffentlicht worden.

Aber auch mit den herkömmlichen Mitteln sind bereits beachtliche Geschwindigkeiten erzielt worden. So fährt der *Metroliner* von New York nach Washington 260 Kilometer in der Stunde. Etwa dasselbe Tempo hat der japanische *Tokaido-Expreß*, der zwischen Tokio und Osaka verkehrt und von einer Zentrale aus elektronisch gesteuert wird.

Fast an diese Leistung reichte übrigens im Jahre 1931 der von Krukkenberg konstruierte *Propeller-Zug*, der bei Probefahrten 230 km/st schaffte und die Strecke Berlin–Hamburg in einer Stunde und 38 Minuten fuhr. Leider wurde dieses Modell wegen der für diese Geschwindigkeit unzureichenden Signalanlagen nicht in größerer Zahl eingesetzt.

In zwei Stunden von Hamburg nach München

Alle die vorher erwähnten Geschwindigkeiten wurden mit sogenannten Radzügen durch besonders leistungsstarke Antriebe erreicht. Seit langem aber zerbrachen sich Erfinder darüber den Kopf, ob es nicht eine andere Möglichkeit gäbe, außer über Räder und Schienen ein so wichtiges Verkehrsmittel fortbewegen zu können.

Den ersten Schritt in dieser Richtung machte der Schwede Dr. Axel L. Wenner-Gren, der eine *Einschienenbahn* entwickeln ließ, die nach den ersten Buchstaben seines Namens als *Alweg-Bahn* bezeichnet wurde. Es war eine sogenannte Balken- oder besser gesagt Einschienenbahn, die von deutschen Ingenieuren in Köln-Fühling gebaut wurde. Die Wagen, die auf dieser Schiene entlang gleiten, werden von seitlichen Lauf- und Stützrollen angetrieben und gesichert. Die Züge können aber auch elektrisch von Dieselmotoren fortbewegt und ferngesteuert werden.

Bei den Versuchsfahrten haben sich die grundlegenden Gedanken dieses neuen Verkehrsmittels als richtig und anwendbar erwiesen: Der Balken ist nicht nur tragende Brücke, sondern gleichzeitig Fahrbahn, und das Fahrzeug reitet auf dem Balken und erreicht dadurch einen hohen Grad von Sicherheit. Dazu kommen Raumersparnis für den Fahrkörper, da die Bahn von Stützpfeilern getragen in fünf Meter Höhe über dem Boden fährt und nur der Raum für die Betonpfeiler benötigt wird, während der unter der Schiene liegende Boden anderweitig genutzt werden kann. Hinzu kommen noch die Schnelligkeit, die Sicherheit, die Geräuscharmut, die hohe Beschleunigung und der niedrige Preis in Herstellung und Betrieb. Während jeder Kilometer bei der U-Bahn 20 Millionen Mark kostet, bei der Unterpflaster-Bahn mindestens 15, kommt man bei der Alweg-Bahn mit 2,5 Millionen aus. Das heißt, die Einschienenbahn ist nicht teurer als eine Straßenbahnlinie mit eigenem Gleisbett. Durch ihren Hochbau behinderte sie keine Kreuzung oder beeinträchtigt den Verkehrsfluß. Sie wäre also ein ideales Nahverkehrsmittel.

Der Gedanke der Einschienenbahn wurde in England aufgegriffen, wobei allerdings an die Stelle der seitlichen und senkrechten Laufrollen ein Luftkissen getreten ist. Der Zug schwebt also über dem Tragbalken, während für den Antrieb ein Linearmotor sorgt, der entweder über einen Radantrieb oder eine Luftschraube verfügt, ähnlich

Die Alweg-Bahn auf dem Versuchsgelände in Köln-Fühling

wie bei dem *Schienen-Zepp* vor vierzig Jahren. Dieser Zug, der von der für die Luftkissen-Fahrzeuge bekannt gewordenen *Hoverkraft Development Ltd.* entwickelt wurde, ist aber zur Zeit über das Probemuster noch nicht hinaus. Nachteilig erwies sich vor allen Dingen, daß für den Schwebevorgang eine beträchtliche Energie aufgewendet werden muß. Bisher brachte die Entwicklung des *Hover-Trains* einen recht schwerfälligen Versuchszug, der auf einer verhältnismäßig kurzen Erprobungsstrecke 23 Millionen als Entwicklungskosten verschlang. Wieweit sich natürlich die Dinge weiterentwickeln, läßt sich nicht voraussehen.

Interessanter scheint ein Projekt zu sein, das die Münchner *Krauss-Maffei AG* bearbeitet. Es handelt sich dabei um eine völlig neue Antriebsart für einen Zug, der auf einer Trasse dahinschwebt. Das geht so vor sich, daß um eine Aluminiumschiene in der Mitte der Trasse ein magnetisches Feld gelegt wird, durch dessen Antriebskraft der Zug sozusagen über der Schiene schwebt. Den Vortrieb besorgt ein sogenannter linearer Induktionsmotor. Dieser ist, wenn man es verständlich darstellen will, ein abgewickelter Elektromotor, bei dem sich die Wicklung im Fahrzeug befindet, der Anker aber in Form einer unendlichen Schiene auf der Trasse montiert ist.

162

Ähnlich wie bei dem Hover-Train berühren die Wagen die Schiene nicht, sondern schweben auf einem magnetischen Kissen dahin, die von dieselelektrischen Generatoren erzeugt werden. Das bedeutet allerdings den weniger befriedigenden Punkt dieses neuen Systems, da es bei dem heutigen Stand der Technik noch nicht möglich ist, bei einer Geschwindigkeit von 500 Kilometern in der Stunde den benötigten Strom für die Magnetfelder von einer Oberleitung abzunehmen. Aber man hofft, auch hier in absehbarer Zeit eine brauchbare Lösung zu finden.

Die Planer des Magnet-Superzuges, der als *Transrapid* bezeichnet wird, weisen darauf hin, daß dieses dahinrasende Verkehrsmittel bewußt eine Lücke schließen soll, da die Rad-Schienenbahnen auf Strecken zwischen 200 und 1200 Kilometern zu langsam sind und durch das Flugzeug vor allem wegen der außerhalb der Städte gelegenen Flugplätze zu großer Zeitverlust entsteht. Mit dem Transrapid, dessen Fahrstraße man über die vorhandenen Bahnkörper legen kann, vermag man direkt in das Herz der Städte zu fahren. In der gleichen Weise könnte man übrigens auch die Grünstreifen der Autobahn ausnutzen, um schnell vom Norden in den Süden zu gelangen.

Übrigens arbeitet auch die *Messerschmitt-Bölkow-Blom GmbH* (MBB) in Ottobrunn bei München an einem ähnlichen Projekt. Allerdings handelt es sich nicht um die Personen-, sondern um Lastwagenbeförderung. Die Firma erhielt einen Studienauftrag des Bundesverkehrsministeriums, die Lastwagen von den Autobahnen wegzuschaffen. Dreißig führende Wissenschaftler unter Leitung des Diplomphysikers Götz aus Heidelberg wollen auf einer Hochstraße einen von einem linearen Induktionsmotor angetriebenen und von einem Magnetfeld gestützten Lastwagenschnellzug bauen, in dessen Vorderluke, ähnlich wie bei einem Riesentransport-Flugzeug, die Lastzüge hinein- und herausfahren. Da die elektronisch gesteuerten Züge in kurzen Abständen hintereinander fahren können, vermag man so beachtliche Stückzahlen von Lastwagen zu befördern.

Welchem Zweck auch immer die neuen Züge dienen werden, sie werden das Reisen schneller und bequemer machen. So wird Opas Dampfeisenbahn in etwa zwanzig Jahren von einem Verkehrsmittel abgelöst, das die langen Reisezeiten nicht mehr kennt und mit dem man in zwei Stunden von München nach Hamburg fahren kann, während der Nahverkehr vielleicht mit Alweg-Bahnen durchgeführt wird.

Ein Fahrzeug verändert die Welt

Jahrhundertelang versuchten die Menschen, ein Fahrzeug zu bauen, das sich ohne die Zugkraft von Pferden selbst bewegt. Dieser *Selbstbeweger* oder lateinisch *Automobil* führte immer wieder zu merkwürdigen Konstruktionen. Schon im alten Rom sollen, wie uns überliefert wird, Fahrzeuge ohne Pferde als eine besondere Attraktion in Zirkussen vorgeführt worden sein. Ob der Antrieb dieser Fahrzeuge von Menschen durch eine Kraftübertragung auf die Räder erfolgte oder sich in seinem Inneren, durch Seitenblenden verborgen, Pferde befanden, die den Wagen schoben, ist heute unbekannt.

Es ist auch möglich, daß ein geschickter Trick das Gefährt vorwärtsbewegte, wie es die älteste Darstellung eines Selbstbewegers aus dem Jahre 1420 zeigt, die von dem Italiener Giovanni Fontana stammt. Hier wird das Automobil mit Hilfe eines Stricks fortbewegt, der über eine Rolle gezogen wird und nun eine zweite bewegt, deren Querstangen in ein großes Zahnrad eingreifen, das nun seinerseits über ein anderes Zahnrad die hintere Radachse dreht.

Im Jahre 1558 hat der Nürnberger Berthold Holzschuher einen an-

Die älteste Darstellung eines Selbstbewegers stammt aus dem Jahr 1420. Sie zeigt das Auto des Italieners Giovanni Fontana. Es wurde mit einem Strick fortbewegt, der über eine Rolle gezogen werden mußte. Dadurch bewegte sie eine zweite, deren Querstangen in ein Zahnrad eingriffen, das nun seinerseits die hintere Radachse drehte.

deren, weit größeren Selbstfahrer konstruiert, der wahrscheinlich auf ähnliche Weise fortbewegt wurde. Die Durchschnittsgeschwindigkeit dieses Ungetüms war allerdings recht bescheiden. Sie betrug umgerechnet etwa 12,5 Kilometer in der Stunde, wobei die Straße gut und eben sein mußte.

Ein Jahr nach Beendigung des Dreißigjährigen Krieges hat wiederum ein Nürnberger, der Zirkelschmied Hans Hautsch ein anderes Automobil gebaut. Diesen *Wagen ohne Vorspannung*, wie er genannt wurde, zog „weder Pferd noch Ochs". Dort, wo sich bei einem heutigen Auto der Kühler befindet, war bei jenem Methusalem eine kunstreiche Figur angebracht, die einen Meerdrachen darstellte. Dieser war aber nicht nur eine Kühlerfigur zur Zierde, sondern er verrichtete, wie es in der Beschreibung hieß, „allerlei Kurzweil". So konnte er, um sich den Weg freizumachen, Wasser spritzen, um die allzu neugierigen Zuschauer zu vertreiben.

Außerdem vermochte der Meerdrache „gar greußlich die Augen zu drehen". Schade, daß sie nicht als Scheinwerfer gebaut waren, sonst wäre es ein ganz moderner Kurvensucher geworden. Auch eine richtige Dreiklanghupe fehlte nicht an jenem Gefährt. Man brauchte nur einen bestimmten Hebel herunterzudrücken, und sofort hob eine hinter dem Drachen angebrachte Figur ein Horn und gab einen „wohlgefälligen Dreiklang von sich". Hinten unter dem Wagen hing übrigens ein anderes Meeresungeheuer, das den zuschauenden Damen mit allerlei Artigkeiten aufwartete. Es konnte nämlich „aus den Mund geben allerley wohlriechende Wasser, als Rosen-, Zimmet-, Aniswasser". Welch ein Unterschied zu unseren heutigen, übelriechenden Auspuffgasen!

Dieser Musterwagen, der eine Stundengeschwindigkeit von drei Kilometern erreichte, wurde von zwei Lakaien angetrieben, die ein Schaufelrad traten, dessen Zahnrad mit Hilfe einer Übersetzung die Hinterachse drehte. Die Vorderräder konnten durch eine Figur gesteuert werden, die der Fahrer mit seiner linken Hand umklammerte und deren Kopf dann jeweils in die gewünschte Fahrtrichtung zeigte.

Kurze Zeit später baute der gelähmte Nürnberger Uhrmacher Stefan Farfler einen kleineren Wagen für sich selbst, den er mit einer Handkurbel antrieb. Auf den Gedanken, nicht mehr einen Menschen, sondern einen Motor zum Antrieb eines Fahrzeuges zu benutzen, kam wohl als erster der niederländische Physiker und Mathematiker

Christian Huygens. Er war ein bekannter Astronom, der den Saturn-
ring und den ersten seiner Monde beobachtet hatte und den Orion-
nebel entdeckte. Zu seinen technischen Arbeiten gehörte die Verbesserung der Penduluhr und die Erfindung der Unruhe in Federuhren.
Huygens war also durchaus ein erfolgreicher und praktisch denkender
Erfinder.

Um den Antrieb eines Wagens, so sagte er sich, ohne Menschenhilfe
oder Zugtiere durchzuführen, müßte man einen Motor bauen, der die
menschliche oder tierische Kraft ersetzte. Seine Leistung mußte groß
sein, um eine entsprechende Nutzlast auch befördern zu können. Bei
einem Geschützschießen soll Huygens der Gedanke gekommen sein,
Pulver als Stoff für den Motor zu verwenden. Die schlagartige Ausdehnung der Pulverdämpfe nach einer Zündung könnten einen in
einem Bronzerohr nach oben laufenden Stößel emporschleudern und
die an ihm befestigte Stange hochdrücken, die an ihrer einen Seite
eine Einkerbung besaß, welche in ein Zahnrad eingriff und dieses
drehte. Diese Kraft ließ sich dann unschwer, ähnlich wie bei einer
Uhr, auf die Räder eines Fahrzeuges übertragen.

Was Huygens hier vorhatte und auch in einer Zeichnung niederlegte,
war ein Explosionsmotor, der als ein Vorläufer unserer heutigen Auto-
motoren angesehen werden kann. Wahrscheinlich jedoch — so nimmt
man an — gelang es Huygens nicht, den Stoß des emporgeschleuderten
Stößels in eine rotierende Bewegung umzuwandeln. So geriet dieser
Gedanke zunächst in Vergessenheit, bis sich 150 Jahre später der
Schweizer Isaak de Rivaz wiederum mit dem Explosionsmotor beschäftigte. Rivaz war ein ehemaliger Offizier, der zu Anfang des 19.
Jahrhunderts bereits im Ruhestand in einem kleinen Dörfchen im
Schweizer Kanton Wallis lebte. Aber die Ruhe bekam ihm durchaus
nicht, und da er ein geschickter Bastler war, richtete er sich in einem
Schuppen eine Werkstatt ein und beschäftigte sich mit den verschiedensten technischen Problemen. Ähnlich wie Huygens mag ihm dabei
als ehemaligem Artillerist der Gedanke gekommen sein, warum man
die Explosionskraft des Pulvers nicht für einen Motor ausnutzen
könnte. Aber er kam davon wieder ab, als er in Genf einen Vortrag des
bekannten italienischen Physikers Allessandro Volta hörte, der kleine
Pistolen mit Leuchtgas füllte, eine Kugel davor in den Lauf schob und
das Gas mit einem elektrischen Funken entzündete, den er mit dem
Strom aus der von ihm erfundenen elektrischen Batterie erzeugte. Das

Gas explodierte mit einem lauten Knall, und die Kugel flog aus dem Lauf.

Die Gasexplosion war nicht so stark wie die des Pulvers, und die Voltsche Batterie erleichterte das Entzünden. Ähnlich wie Huygens, von dessen Pulverantrieb Rivaz sicher nichts gehört hat, benutzte dieser ebenfalls ein Rohr, in dem durch die Gasexplosion ein gezahnter Stößel hochgeschleudert wurde, dessen Drehung automatisch gesperrt wurde, wenn der Kolben wieder herabsank und eine neue Gasfüllung erfolgen konnte. Die Drehung des Zahnrades übertrug Rivaz mit einem Seil auf die Vorderachse seines Wagens, den er auf diese Weise in Bewegung setzte. Aber auch dieses Fahrzeug hatte den Nachteil, daß es nach einer Explosion jeweils mit einem Ruck vorwärtsschoß, dann aber stehenblieb, bis der nächste Schub erfolgte. Aber trotz allem, es bewegte sich, und es war somit das erste Auto, das mit einem Explosionsmotor arbeitete und dazu auch noch eine elektrische Zündung benutzte.

Im Jahre 1805 meldete Rivaz sein Automobil in Paris zum Patent an. Unter der Nummer 731 erhielt er am 30. Januar 1807 die Patentschrift, die noch heute vorhanden ist. Doch weil er schon zu alt war, kam Rivaz nicht mehr dazu, die Lizenz in der Praxis auszunutzen.

Inzwischen aber hatten die Dampfmaschinen ihren Siegeszug angetreten. Man hat auch Dampfwagen konstruiert, die allerdings groß und schwer sein mußten, um genügend Platz für die Maschine, die Feuerung, den Brennstoff und das Wasser zu haben. Für einen handlichen Straßenwagen waren diese Anlagen nicht geeignet.

Die ersten Verbrennungsmotoren

Deshalb zerbrachen sich viele Erfinder darüber den Kopf, welchen Antrieb es noch gäbe, um ein leichteres Fahrzeug auf der Straße fortbewegen zu können. Zu ihnen gehörte auch der Franzose Jean Joseph Lenoir, der ursprünglich Mechaniker in einer Bronzefabrik war, sich aber später mit Galvanoplastiken beschäftigte und zusammen mit einem Herrn Gautier eine galvanoplastische Anstalt unter der Firma *Société Générale de Galvanoplatie* gründete. Dieses Unternehmen aber warf nicht den erwarteten Gewinn ab, und Lenoir sah sich deshalb nach anderen Möglichkeiten um, wie er Geld verdienen könnte.

Es lag auf der Hand, daß ein brauchbares, von einer mechanischen Kraft angetriebenes, leichteres Straßenfahrzeug dringend benötigt wurde. Lenoir dachte nach. Er wollte den Elektromagnetismus als bewegende Kraft ausnutzen. Aber die Kostspieligkeit dieser Energie war ein unüberwindliches Hindernis. Dann wollte er die Explosionskraft von Leuchtgas verwenden. Als einer der ersten stellte er darüber sorgfältige Untersuchungen an. Leuchtgas, das wußte er, ist Kohlenwasserstoff. Im Verhältnis von 3 : 1 mit Sauerstoff vermischt, explodiert es, wie häufige Gasexplosionen zeigten, mit großer Gewalt. Durch zahlreiche Versuche fand er heraus, daß für die von ihm benötigten Zwecke ein Gemenge von 91 bis 95 Teilen atmosphärischer Luft und nur 5 bis 9 Teilen Leuchtgas die zweckmäßigste Zusammensetzung ist. Unter dem Kolben der Lenoirschen Maschine erfolgte bei dieser Zusammensetzung keine eigentliche Explosion, sondern vielmehr nur eine weniger heftige Verbrennung des Leuchtgases mit einer entsprechenden Ausdehnung des Gasgemisches. Der Motor arbeitete dabei nach dem Zweitaktprinzip. Er besaß allerdings noch immer ein beachtliches Gewicht; Lenoir baute ihn zunächst auf ein Schiff ein, mit dem er auf der Seine spazierenfuhr.

In den nächsten Jahren war er bemüht, den Gasmotor auch in einen größeren Wagen einzuplanen. Das war jedoch erst dann möglich, nachdem Gewicht und Größe erheblich kleiner geworden waren. Lenoir baute den Motor mit dem Kasten der Zündanlage über der Hinterachse des vierrädrigen Gefährtes ein. Die im Zweitakt erfolgende Verbrennung, also Ansaugen und Verdichten sowie Ausdehnen und Auspuffen, war auf einen Hub zusammengelegt. Zwei Schubstangen, die exzentrisch mit einem Getriebe verbunden waren, verwandelten die Hin- und Herbewegung in eine rotierende, die ein Zahnrad bewegte, das über eine Kette die Drehung auf die Hinterachse übertrug und so das Fahrzeug vorwärtsschob. Im Mai 1860 wurde der erste von einem Verbrennungsmotor angetriebene Wagen in der Werkstatt von Leveque in der Rue Rousselet in Paris fertiggestellt und war von nun an immer häufiger in den Straßen der Weltstadt zu sehen, da die Pariser Maschinenfabrik *Hypolite Marinoni* ständig neue Wagen baute. Der Wagen hatte übrigens ein senkrechtstehendes Steuerrad, wie es später auch die anderen ersten Autos besaßen.

In den nächsten Jahren wurden die Gasmotorenwagen immer mehr verbessert und verkleinert. Das führte zu leicht beweglichen Straßenfahrzeugen wie beispielsweise dem Dreirad von Warrington, das bereits eine Stundengeschwindigkeit von 30 Kilometern erreichte.

Den ersten mit Benzin angetriebenen Wagen baute der aus Malchin in Mecklenburg stammende Mechaniker Siegfried Marcus. Er war 1852 nach Wien ausgewandert und hatte verschiedene Erfindungen gemacht. Seit 1861, wahrscheinlich durch den Erfolg von Lenoir ermuntert, beschäftigte er sich mit dem Bau von Gasverbrennungsmotoren. Aber seine Versuche befriedigten ihn nicht. So kam er auf die Idee, etwas anderes als Leuchtgas als Antriebsmittel zu verwenden. Bei seinen Untersuchungen stieß er auf ein Nebenprodukt des Erdöls, das Benzin. Es konnte bequem in einem Behälter mitgenommen werden und ließ sich bei einem entsprechenden Luftgemisch ebenso verbrennen und ausnutzen wie Leuchtgas. Auch er verwendete für diesen Vorgang einen Zylinder, der allerdings aufrecht stehend auf einem kleinen Wagen befestigt war. Die in dem hohen, schmalen Zylinder entwickelte Kraft wurde anfangs direkt auf die Hinterachse übertragen. Es dauerte jedoch zehn Jahre, bis zum 3. September 1870, bis seine Konstruktion zufriedenstellend arbeitete. Da der Motor sehr laut war, machte Marcus die ersten Probefahrten bei Nacht, bis die Polizei sie schließlich wegen ruhestörenden Lärmes verbot. Drei Jahre später zeigte Marcus auf einer großen Ausstellung, die sich mit industriellen Neuerungen befaßte, schon ein kraftwagenähnliches Fahrzeug. Ein richtiges Kraftfahrzeug konstruierte Marcus erst im Jahre 1877. Dieses Auto hatte bereits den Motor unter den beiden Hintersitzen und war mit einer Pedalkupplung ausgerüstet, mit deren Hilfe drei Getriebegänge bedient werden konnten.

Der benzinbetriebene Viertaktmotor besaß einen später patentierten Vergaser, eine Wasserkühlung und eine magnet-elektrische Zündung. Gelenkt wurde das Fahrzeug mit einer Handkurbel, deren Bewegungen ein Schneckenradgetriebe auf die Vorderachse übertrug. Der Wagen war durchaus geeignet, nicht nur auf dem Pflaster von Wien, sondern auch auf der Landstraße zu fahren. Das bewies Marcus mit einem Ausflug nach Klosterneuburg und zurück.

Aber Marcus hat sein *Auto* weder patentieren lassen noch weiterentwickelt. Er war zu sehr Erfinder und zu wenig Unternehmer gewesen. Hätte er seine Erfindung industriell ausgewertet, stünde er ohne Zweifel heute an der Spitze der langen Liste jener Männer, die sich um die Entwicklung von Motor und Kraftwagen unvergeßliche

Benzinmotorwagen um 1880 von Siegfried Marcus

Verdienste erworben haben. So aber resignierte er, als die Polizei
wegen des Lärmes den „Betrieb seines Kraftfahrzeuges" kurzsichtiger-
weise verbot. Als man ein dreiviertel Jahrhundert später, im Jahre
1950, das im Wiener Technischen Museum noch vorhandene Auto
anläßlich seines 75jährigen Jubiläums wieder hervorholte, in alle Einzelteile zerlegte, reinigte, ölte und zusammensetzte, fuhr es hinterher
genauso wie am ersten Tag!

Der Benzinmotor von Marcus arbeitete bereits im Viertakt, das heißt
im ersten Takt bewegt sich der Kolben im Zylinder abwärts, während
durch ein Saugventil aus dem Vergaser ein Gasgemisch einströmt. Im
zweiten Takt wird das im Zylinder eingeschlossene Brennstoff-Luft-
Gemenge durch den wieder aufwärtsgleitenden Kolben verdichtet. Im
dritten Takt erfolgt die Zündung durch einen elektrischen Funken.
Das sich ausdehnende Gas treibt den Kolben nun wieder nach unten,
und im vierten Takt werden nach Öffnen des Auslaßventils die ent-
spannten Verbrennungsgase von dem nach oben wandernden Kolben
ins Freie befördert.

Es dauerte eine ganze Zeit, bis andere Techniker die richtige Arbeitsweise eines Viertaktmotors erkannt hatten. Wie schwierig dies war,
mögen die zahllosen Versuche zeigen, die ein junger Kölner Kaufmann
mit Namen Nikolaus Otto fast zur gleichen Zeit wie der Wiener Siegfried Marcus bei der Konstruktion eines Verbrennungsmotores unternahm.

Der Otto-Motor

Es war einer der großen Augenblicke der Technik, als Otto plötzlich wußte, daß vor der Explosion des Gasgemisches eine Verdichtung unbedingt erforderlich ist. Sein späterer Teilhaber Eugen Langen berichtet darüber folgendes: „Eines Tages, im Sommer 1875, bastelte er wieder an seinem Verbrennungsmotor. Er ließ Gas einströmen und entzündete es dann im Zylinder. Es verbrannte mit einem leisen Knall, und der Motor machte auch einige Umdrehungen. Das Ganze war nicht sehr beeindruckend und deutete kaum auf eine ausnutzbare Kraft hin.

Ziemlich niedergeschlagen, denn in diesem Motor steckten alle seine Ersparnisse, abgesehen von der vieljährigen Arbeit, griff Otto von neuem nach der Kurbel, um den Motor anzudrehen.

,Verdammtes Biest!' brummte er dabei wütend. ,Dir werde ich es zeigen . . .'

Er ließ das Gas einströmen und riß weiter an der Kurbel. In seinem Jähzorn verpaßte er den richtigen Augenblick, in dem er das Gasgemisch entzünden mußte. Der Kolben war weitergeglitten und hatte das Gasgemisch zusammengepreßt, ehe er die Zündung ausgelöst hatte.

Als dies endlich geschah, hatte der Kolben fast seinen höchsten Punkt erreicht. Mit einem lauten Knall und bisher nie beobachteter Gewalt begann der Motor zu laufen, und Otto konnte gerade noch die Kurbel loslassen, sonst hätte diese ihm den Arm zerschmettert."

Stundenlang beschäftigte sich Otto nun mit seinem Motor und versuchte herauszufinden, bei welcher Kolbenstellung er das Gasgemisch entzünden müsse, um die beste Leistung aus dem Motor herauszuholen. Er fand die richtige Verdichtung heraus und stellte die Zündung, die er mit dem Schwungrad verband, so ein, daß sie genau zu diesem Zeitpunkt erfolgte. Er meldete seine Anlage zum Patent an, das er auch im Juni 1877 erhielt.

Inzwischen aber beschäftigte er sich mit der Verbesserung des *Otto-Motors*, wie er schon bald nach ihm benannt wurde. Allerdings arbeitete der Motor noch immer sehr lautstark und schwankte bei der Verbrennung so stark, daß er für den Antrieb eines Fahrzeuges wohl kaum in Frage kam.

Otto verwendete den Motor daher zunächst für stationäre Anlagen, wobei er noch die Verbesserung anbrachte, daß die Mischung des Gases automatisch durch die Maschine selbst erfolgte. Immerhin entwickelten diese Motoren eine Leistung von 25 PS. Schließlich gelang es ihm auch, den Lauf der großen Motoren, die er nunmehr gemeinsam mit seinem Teilhaber Eugen Langen in der *Gasmotorenfabrik Deutz* herstellte, wesentlich ruhiger und damit geräuschärmer zu bekommen.

Das war bereits, was Otto allerdings nicht wußte, dem Münchner Uhrmacher Christian Reithmann gelungen, der mit ähnlichen, allerdings kleineren Motoren die Drehbänke seiner Werkstätte antrieb. Als die Firma Deutz davon erfuhr, verklagte sie den Uhrmacher wegen Verletzung ihres Patentrechtes. In dem Verfahren stellte sich jedoch heraus, daß Reithmann seinen Motor schon vor Otto erfunden und in Betrieb genommen, jedoch nicht zum Patent angemeldet hatte. Damit war nach § 2 des deutschen Patentgesetzes vom 25. Mai 1877 eine Erfindung dann nicht patentfähig, wenn sie im Inland bereits offenkundig vorbenutzt worden ist. Die Folge war, daß jeder in Deutschland den Otto-Motor nachbauen konnte. Das geschah nunmehr nicht nur bei uns, sondern auch in Europa und Amerika.

So ist es nicht verwunderlich, daß der Engländer Edward Butler im Frühjahr 1884 ein kleines Dreirad mit einem Zweizylinder-Motor vorführte. Es hatte genau wie das von Marcus einen Vergaser und eine elektrische Zündung. Aber ähnlich wie in Wien scheiterte auch in London der Einsatz und die Ausprobierung an der Kurzsichtigkeit der zuständigen Behörden. Denn für die Benutzung derartiger Straßenfahrzeuge galt das „Gesetz der roten Fahne", was aber durchaus nichts mit einer linksgerichteten politischen Einstellung zu tun hatte. Die Fahne sollte vielmehr als eine Art Warnung dienen und von einem Mann getragen werden, der dem „Fahrzeug ohne Pferde" in einem gewissen Abstand vorauszugehen hatte, um so die Leute auf der Straße vor der Gefahr zu warnen. Verständlicherweise konnte man auf diese Weise keine beeindruckenden Geschwindigkeiten erreichen. Die Geschwindigkeit war außerdem in England genau vorgeschrieben, und zwar in bewohnten Gegenden 3,2 Kilometer in der Stunde und 6,5 Kilometer auf freier Landstraße. Dieses Gesetz, das trotz aller Eingaben nicht gelockert wurde, unterband alle weiteren Versuche, und Butler verlor außer der Geduld schließlich noch seine gesamten Ersparnisse, die er in die Konstruktion gesteckt hatte.

Auch in Deutschland machte man sich über einen Motor Gedanken,

Erfinder des schnellaufenden Verbren-
nungsmotors, Gottlieb Daimler
(1834–1900)

den man zum Antrieb von Straßenfahrzeugen verwenden konnte. Der
württembergische Ingenieur Gottlieb Daimler, der bereits in den verschiedensten deutschen und ausländischen Maschinenfabriken gearbeitet hatte, kam im Alter von 38 Jahren auch in die Gasmaschinen-
fabrik Deutz und sah dort den Otto-Motor. Seiner Ansicht nach konnte
er sehr wohl zu einer leistungsfähigen Antriebsmaschine selbst für
kleinere Straßenfahrzeuge werden, obwohl Nikolaus Otto meinte, er
eignete sich nur für einen ortsfesten Antrieb. Nach Daimlers Ansicht
war hierfür nur eine Umstellung auf ein Benzin-Luftgemisch und der
Einbau eines elektrischen Zündsystems erforderlich; denn Otto verwendete eine ständig brennende, kleine Flamme außerhalb des Zylin-
ders, die das Gasgemisch entzündete, wenn sich das auf den bestimmten Rhythmus eingestellte Ventil öffnete.

Aber Otto konnte sich zu dem Umbau nicht entschließen, und als
Daimler im Jahre 1882 nach Cannstatt bei Stuttgart zog, um sich hier
selbständig zu machen, nahm er den Gedanken an den neuen Motor
mit. Er gründete dort im Jahre 1883 mit Wilhelm Maybach eine Ver-
suchswerkstätte. Als erstes entwickelte er einen schnellaufenden Verbrennungsmotor, dessen Benzingemisch durch ein Glührohr gezündet
wurde. Dieser neue Motor war verhältnismäßig klein und geeignet, in
ein Straßenfahrzeug eingebaut zu werden. Ende 1883 erhielt er darauf
ein Patent.

Es dauerte jedoch fast zwei Jahre, bis er diesen Motor in ein Zweirad
einbaute und damit die ersten Probefahrten machte. Dieses erste Motorrad erscheint uns heute recht primitiv. Obwohl sich die Fahrräder
bereits weiterentwickelt hatten, benutzte Daimler noch einen Lenker,

Das erste Motorrad der Welt, das Daimler im Jahre 1885 baute

wie ihn vor 50 Jahren der Forstrat Draise für sein Laufrad verwendet hatte. Die Gaseinstellung und damit die Geschwindigkeitsregelung erfolgte mit einem fest an das Gestell montierten Hebel. Die Bremse war ein Seilzug, der lose an dem Gestell hing und auf das Rad wirkte, das über einen Riemen die Kraft des Motors auf ein Zahnrad in der Mitte des Hinterrades übertrug. Damit das Ganze aber nicht umfiel, waren links und rechts neben dem Rad noch zwei kleine Räder angebracht, wie man sie heute manchmal bei Kinderfahrrädern findet.

„Es ist zwar ein häßliches Entlein", so meinte Gottlieb Daimler, „aber ich kann mit ihm bequem meine Versuche durchführen, und schließlich soll man ja nicht den zweiten Schritt vor dem ersten tun!"

Erst als der Motor einwandfrei arbeitete, baute er einen zweiten Viertakter mit Glührohrzündung, der nunmehr eine Leistung von 1,5 PS entwickelte. Er wurde in einen gewöhnlichen Kutschwagen eingebaut, von dem man die Deichsel abgenommen hatte. Ähnlich wie bei dem Motorrad, wurde die Drehung des Motors auf eine Welle übertragen

174

und von dort durch Zahnräder auf die an den Speichen der Hinterräder befestigten Zahnkränze weitergegeben.

Durch wahlweises Kuppeln der Vorgelegewelle, die sich hinter der Achse der Hinterräder befand, konnten zwei Geschwindigkeiten geschaltet werden.

Eine Probefahrt ohne Genehmigung

Fast zur gleichen Zeit, als Daimler seine ersten Probefahrten mit dem neuen Motorrad durchführte, hatte ein anderer, der nur knapp hundert Kilometer von ihm entfernt wohnte, einen ähnlichen Gedanken. Es war der um zehn Jahre jüngere Carl Benz. Er hatte sich von frühester Jugend an brennend für die Technik interessiert, und obwohl er seine früh verwitwete Mutter und sich selbst durchbringen mußte, schaffte er es, sich in zäher Arbeit und mit größter Sparsamkeit in Mannheim eine Werkstatt einzurichten. ·

Ein von ihm benutztes Fahrrad vom Typ „Knochenrüttler" ließ ihn immer wieder diese unbequemen Fortbewegungsmittel verwünschen. Konnte denn niemand ein anderes Straßenfahrzeug schaffen, das weniger anstrengend für seinen Benutzer wäre? Es müßte wenigstens drei Räder besitzen, um unempfindlicher für die Schlaglöcher zu sein als ein Fahrrad.

Es wäre natürlich nicht mehr mit den Beinmuskeln fortzubewegen und müßte eine Art Antriebsmotor haben. Bei der Suche nach diesem Antriebsmotor stieß Benz auf den Gasmotor von Lenoir und hörte schließlich auch von der Gasmotorenfabrik in Deutz. Aber alle diese Motoren, die mit Leuchtgas arbeiteten, schienen ihm nicht recht geeignet für ein kleines, bewegliches Fahrzeug, das niemals den benötigten Gasvorrat mitnehmen konnte.

Genau aus denselben Überlegungen wie Daimler heraus kam er zu der Erkenntnis, daß nur ein Benzinmotor die benötigte Energiemenge in flüssiger Form mit sich nehmen könne. So machte er sich zunächst an die Konstruktion eines Einzylinder-Viertaktmotors, der nach dem Otto-Prinzip arbeitete. Während Ottos feststehender Gasmotor nur 120 Umdrehungen in der Minute schaffte, brachte es der seinige auf 250 bis 300. Das war genau das, was er für einen beweglichen Fahrzeugmotor benötigte. Er setzte den Motor in eine Art Umhüllung, in der kaltes Wasser zur Kühlung kreise und die außerdem das Geräusch erheblich herabminderte. Die Zündung erfolgte ebenso wie bei Daimler mit elektrischem Batteriestrom.

Den Motor baute er über die Hinterachsen eines Dreirades ein. Seine Bewegungen wurden von zwei Ketten und einer dazwischengeschalteten Kupplung auf die Zahnräder der Hinterräder übertragen, um die Schwierigkeiten beim Kurvenfahren zu beseitigen, denn das äußere Rad drehte sich dabei schneller als das innere und bremste so das Fahrzeug. Um diesen Übelstand zu beseitigen, übernahm Benz das von dem Engländer J. K. Starley im Jahre 1877 erfundene *Ausgleichs-* oder *Differentialgetriebe*. Er arbeitete mit sogenannten Treibrädern, die bei der Kurvenfahrt die Umfangsgeschwindigkeit gegenüber dem anderen Rad ändern und durch die zusätzlichen Kegelräder noch eine zusätzliche Drehung um ihre eigene Achse ausführen und dabei die Drehzahl der einen Achshälfte um so viel erhöhen, wie die Drehzahl der anderen Achshälfte vermindert wird. So können beide Räder ohne das gefürchtete Gleiten rollen, und es tritt keine Bremswirkung auf. Ohne diesen Ausgleich wäre ein einwandfreies und sicheres Autofahren heute kaum möglich. Ein großes, flach liegendes und nach hinten herausragendes Schwungrad sorgte im übrigen für ein einwandfreies und gleichmäßiges Arbeiten des Motors. Gelenkt wurde das Dreirad mit einem Hebel, der vor dem Fahrersitz auf einer Säule saß und unter dem sich außerdem noch der Gashebel befand. Benz meldete seinen Selbstfahrer als ein *Fahrzeug mit Gasmotorenbetrieb* zum Patent an, das ihm auch am 2. November 1886 unter der Nummer 37435 in der Klasse 46 – Luft- und Gaskraftmaschinen – erteilt wurde.

Schon die ersten Probefahrten zeigten, was der Benzsche Wagen zu leisten vermochte. Der Erfinder konnte nämlich die Maschine kaum bändigen und raste damit gegen den Zaun, der sein Anwesen umschloß. Er riß ihn um und kletterte betroffen vom Bock herunter. Der Motor lief noch, als sei nichts geschehen. Erst nach einiger Zeit wagte sich Benz mit seinem Automobil nach Mannheim hinein. Die Leute staunten nicht schlecht über das neuartige Fahrzeug. Aber es kam niemand, um es ihm abzukaufen. Vielleicht wäre es noch lange so geblieben, wenn nicht die geschäftstüchtigere Frau Benz etwas unternommen hätte. Sie sagte sich nämlich, daß niemand eine Sache kaufen würde, wenn er nicht von ihrem Nutzen überzeugt ist. Den aber mußte man unter Beweis stellen, und dazu genügte es nicht, nur in Mannheim herumzufahren. Das Fahrzeug sollte vielmehr bei einer Fahrt über eine größere Strecke seine Leistungsfähigkeit beweisen.

Benz jedoch war gegen den Plan seiner Frau. Deshalb nutzte sie eines Tages, als er in Geschäften abwesend war, die Gelegenheit aus und holte mit Hilfe ihrer beiden Jungen das Dreirad aus dem Schuppen. Gemeinsam warfen sie den Motor an. Ihre Absicht war es, zur Großmutter nach dem etwa hundert Kilometer entfernten Pforzheim zu fahren.

Das unwahrscheinliche Abenteuer gelang! Zwar hatten die drei Ausreißer verschiedene Pannen, die aber die beiden mit dem Fahrzeug vertrauten Söhne ohne große Schwierigkeiten behoben. Zuerst brach die Benzinleitung. Sie wurde verkürzt und neu angeschlossen. Dann scheuerte sich das Kabel zur Zündkerze durch. Es wurde mit dem Strumpfband von Frau Benz isoliert, und als sich zeigte, daß die Bremse für eine der vielen Talfahrten zu schwach war, hing sich einfach der jüngere der beiden Söhne hinten an das Fahrzeug und bremste mit den Füßen ab.

Wohlbehalten erreichten die drei noch am Abend Pforzheim, und auf dem Marktplatz liefen alle Leute zusammen, um das sonderbare

Carl Benz baute 1884/85 den ersten dreirädrigen Motorwagen

Dreirad zu bestaunen, das da soeben aus Mannheim angekommen war. Die Zeitungen berichteten am nächsten Tag darüber, die Öffentlichkeit wurde aufmerksam, und es erschienen nunmehr Artikel, die sich mit den neuen Benzinfahrzeugen befaßten.

Die ersten Bestellungen trafen ein, und als es Benz ein Jahr später mit einem neuen Modell schaffte, zu einer Ausstellung nach München zu fahren, wurde er förmlich mit Aufträgen überschwemmt.

Das Auto wird erwachsen

Inzwischen war auch Gottlieb Daimler nicht untätig geblieben. In den Jahren 1887 bis 1889 führte er, gemeinsam mit seinem Chefingenieur Wilhelm Maybach, eine ganze Reihe von wesentlichen Verbesserungen durch. Der Wagen, den die beiden schließlich auf der Pariser Weltausstellung im Jahre 1889 vorstellten, war keine Kutsche ohne Pferde mehr, sondern ein neues Verkehrsmittel mit einer hierfür entwickelten Formgebung.

Zwei französische Fachleute im Wagenbau, die Herren Lavassor und Panhard, erwarben, durch den ausgestellten Wagen beeindruckt, die Lizenz, um das Daimler-Auto in Frankreich nachzubauen. Sie beschafften gleichzeitig für die Stammfabrik neue Geldmittel und schlugen verschiedene Verbesserungen für das Fahrzeug vor. Die enge Zusammenarbeit der befreundeten Konstrukteure war die eigentliche Geburtsstunde des Autobomils.

Maybach konstruierte inzwischen für eine wählbare Geschwindigkeit ein Wechselgetriebe, eine Kulissenschaltung und einen Wabenkühler.

Im Jahre 1890 entstand endlich ein Vierzylindermotor, der einen weit geschmeidigeren Lauf des Fahrzeuges garantierte. Er wurde später auch, allerdings mit einem größeren Hubraum, in die Lastwagen eingebaut, welche die *Daimler-Motoren-Gesellschaft* ab 1896 baute.

Da die Automotoren immer besser und leistungsfähiger geworden waren und weil man das Interesse der Öffentlichkeit an diesen Fahrzeugen wecken wollte, veranstaltete man im Jahre 1894 zum ersten Mal ein Autorennen zwischen Paris und Rouen, das von einem Daimlerwagen mit einer Stundengeschwindigkeit von 32 Kilometern gewonnen wurde. Im nächsten Jahr erfolgte am 11. und 12. Juni 1895 ein

178

anderes Rennen von Paris nach Bordeaux und zurück, aus dem die französischen Daimler-Vertreter Panhard und Lavassor als Sieger hervorgingen.

Diese Rennen wurden in den nächsten Jahren weiter fortgesetzt, wobei die zu fahrenden Distanzen immer mehr vergrößert wurden. Auch die Geschwindigkeiten nahmen ständig zu. Um die Jahrhundertwende fiel schließlich die Startflagge zur ersten Autofernfahrt Paris – Madrid. Die Zuschauer glaubten ihren Augen nicht zu trauen, als sie am Steuer eines der Fahrzeuge eine Frau erkannten. Es war Madame du Gast, die sich über alle Vorurteile der Männerwelt hinwegsetzte und bewies, daß ein Auto auch einem weiblichen Chauffeur gehorchte. Sie erreichte ihr Ziel, und ihr Beispiel machte bald Schule. Es galt als „chic", hinter dem Steuer zu sitzen.

Der Einfluß der Frauen auf den Automobilbau spielte eine größere Rolle, als man sich allgemein vorstellte. Mercedes Jellinek, die Tochter eines österreichischen Generalkonsuls in Nizza, gab 1901 einem Daimler-Wagen ihren Namen und schuf damit einen Weltbegriff. Ihr Vater hatte damals bereits erkannt, welche wirtschaftliche Lawine mit der Autoproduktion auf die Menschheit zurollen werde. Er gab Daimler daher den Auftrag, für 550 000 Goldmark eine Serie von Hochleistungswagen zu bauen, die er unter dem Namen seiner Tochter Mercedes verkaufte. Ein Jahr später ließ sich die Fabrik diesen Namen gesetzlich schützen. Der *Mercedes* war geboren, ein Name, der noch heute den Autofahrer begeistert.

Wenige Jahre später machte der Wagen des französischen Autofabrikanten Louis Renault von sich reden. Es war ein Zweisitzer mit Namen *Voiturette*, der zu einem der beliebtesten Fahrzeuge der Pariser wurde. Im Gegensatz zu diesem kleineren Wagen hatte die Renault-Fabrik in Billancourt die erste Limousine des Kontinents entwickelt.

Autos für alle

Auch in Amerika wuchs das Interesse an den neuen Fahrzeugen. Charles E. Duryea baute zu Beginn der neunziger Jahre ein von einem Benzinmotor angetriebenes Automobil. Aber er konnte zunächst die Geschwindigkeit nicht regulieren. Das Fahrzeug, das im Jahre 1892 ein junger Elektriker mit Namen Henry Ford schuf, war dagegen schon

mit einem 4-PS-Zweizylindermotor ausgestattet, der über den Hinter-
rädern angebracht war.

Dieser Henry Ford war nicht nur ein geschickter Mechaniker und
Konstrukteur, er war auch ein vorausschauender Kaufmann. Er wußte
genau, daß die Vereinigten Staaten mit ihren großen Entfernungen
große Mengen von Kraftfahrzeugen benötigen würden. Dafür aber
wurden keine Automobile gebraucht, die wie in Europa eine Art Luxus
für die reichen Leute darstellten, sondern es mußten billige, leistungsfähige, aber auch leicht zu bedienende Fahrzeuge sein. Er dachte lange
darüber nach, wie er ein solches preiswertes, aber auch im Gebrauch
billiges Fahrzeug schaffen könne. Der hohe Preis lag einwandfrei an
der Produktionsmethode selbst. In Europa wurden alle Autos mühsam
als Einzelstücke in Handarbeit fertiggestellt. Von dieser Methode
mußte er abgehen – das war die Lösung!

Ford verlegte die einzelnen Arbeitsgänge auf Transportbänder, die
keine geruhsame Arbeit mehr zuließen. Jeder Arbeiter hatte außerdem nur einen bestimmten Handgriff zu leisten, den er schließlich mit
größter Geschwindigkeit erledigte. Das sparte Arbeitszeit und damit
Geld! Auch das Aufsetzen der Karosse auf das Chassis erfolgte an
einer Stelle, an der zwei Produktionsbänder zusammenflossen. Das
sah anfangs noch recht primitiv aus, erfüllte aber seinen Zweck. Während das *Modell T* im Jahre 1909 noch 950 Dollar kostete, war es einige
Jahre später bereits für 350 Dollar zu haben.

Die Kunde von dem neuen Verfahren ging wie ein Lauffeuer um die
Welt. Es dauerte jedoch rund zwanzig Jahre, bis auch in Europa sich
andere Fabriken entschlossen, diese Produktionsmethode nachzuahmen. In Europa hatte man so lange gezögert, weil die Konkurrenz zu
groß war, gegen die man sich durchsetzen und daher mehr Wert auf
Qualität legen mußte. Bereits im Jahre 1910 zählte man nämlich in
Frankreich mehr als 600 verschiedene Marken, in Großbritannien
waren es 110, in Deutschland 80, in Belgien 55, in der Schweiz 25 und
in Italien 20.

Alle diese Fabriken versuchten sich gegenseitig vor allem durch ein
gefälliges Aussehen der Fahrzeuge zu übertreffen. Der Motor lag nicht
mehr hinten, sondern vorn. Eine Kardanwelle diente zur Kraftübertragung auf die Hinterräder. Der Lamellenkühler wurde mit einer
Wasserpumpe ausgerüstet. Es kamen Vierzylinder mit 26-PS-Leistung
auf den Markt. Die Geschwindigkeiten wurden dadurch höher. Sie

lagen im Durchschnitt bei 80 Kilometer in der Stunde, wie beispielsweise bei dem Mercedes-Simplex-Reisewagen aus dem Jahre 1903.

Die Entwicklung der Kerzenzündung von Bosch führte zu einer weiteren Steigerung der Motorleistung bei ständig abnehmenden Gewichten pro PS Arbeitsleistung. Während 1885 das Wagengewicht pro PS noch 200 Kilogramm betrug, sank es im Jahre 1900 auf zwei Kilogramm herab. Die Erfindung des Spritzdüsenvergasers von Maybach, die dieser auch bei Rennwagen ausnutzte, führte zu einer bis dahin unbekannten Leistung. Der 21,5-Liter-Mercedes-Rennwagen mit stehendem 4-Zylinder-Reihenmotor aus dem Jahre 1911 entwickelte 200 PS und kam auf eine Geschwindigkeit von 228 Kilometer in der Stunde.

Mit der Erhöhung der Geschwindigkeit tauchte zum ersten Mal ein Problem auf, mit dem zunächst niemand gerechnet hatte: die Gefährdung der Allgemeinheit durch den zunehmenden Kraftfahrzeugverkehr. Hatte es bisher bei der verhältnismäßig geringen Geschwindigkeit wegen eines totgefahrenen Hahnes wortreiche Auseinandersetzungen gegeben, so wurde dies jetzt anders. Es gab bald die ersten Toten und Verletzten, und bereits 1904 veröffentlichte der Simplizissimus eine Karikatur, auf der zu sehen war, wie moderne Gladiatoren Jagd auf Fußgänger machen. Das war eine Vorschau, die einige Jahrzehnte später grausige Wirklichkeit werden sollte.

Nachdem in Großbritannien unter dem Druck der öffentlichen Meinung das Parlament im Herbst des Jahres 1896 das Gesetz des Mannes mit der roten Fahne endlich aufgehoben hatte, entwickelte sich auch auf dem Inselreich eine leistungsfähige Kraftfahrzeugindustrie, die Qualitätswagen wie den *Rolls-Royce* hervorbrachte, der zum Standesfahrzeug der Millionäre wurde. Der Krieg unterbrach zwar die Entwicklung in der europäischen Kraftfahrzeugindustrie, da man dringender Lastwagen als Luxusfahrzeuge benötigte. Aber nach dem Friedensschluß im Jahre 1919 war es gerade England, das sich an die Spitze der autoerzeugenden Länder schob und in einen scharfen Wettbewerb zu Frankreich und Deutschland trat. Bei uns verlegte man sich zunächst aufs Experimentieren und versuchte mit völlig neuartigen Karossen wie dem ersten Stromlinienauto von Jaray aus dem Jahre 1921 oder durch den Rumpler-Tropfenwagen aus dem Jahre 1924 die Aufmerksamkeit des Auslands zu erringen.

Als es auf diese Weise nicht gelang, den Auslandsexport in der gewünschten Weise zu steigern, bemühte man sich, mit Kleinwagen wie mit dem Hanomag „Kommißbrot", dem „Dixi", dem Opel „Laubfrosch" und schließlich auch den verschiedenen, billigen DKW-Modellen neue Käuferschichten für preiswerte Autos zu erschließen. Denn das Auto war allmählich zu einem Massenverkehrsmittel geworden. Die Zahl der Neuzulassungen von Kraftwagen stieg in der Welt jährlich um 15 Prozent an. Die Zeit der Massenproduktion begann.

Natürlich vernachlässigte man daneben nicht die Wünsche der finanziell bessergestellten Leute. *Mercedes* und *Horch* wurden in Deutschland zum Standessymbol. Der Traum vom eleganten Automobil trieb die Konstrukteure im Ausland zu immer schöneren Schöpfungen. In den Jahren 1927 bis 1933 baute der Italiener Ettore Bugatti Autos, die als Inbegriff eines Luxuswagens in die Automobil-Geschichte eingingen.

Der Zweite Weltkrieg und seine verheerenden Folgen für Mitteleuropa brachten nur einen vorübergehenden Stillstand in der Autoindustrie. Neue Schöpfungen, vom Volkswagen angefangen bis zum Porsche, fanden auch bei uns bald wieder Käufer. In einem neuen Ansturm eroberten sich die Autos die Straßen. Allein der Verbrauch an Autobenzin stieg von 1937 bis 1955 um 450 Prozent.

In den Großstädten stellte die sprunghafte Zunahme des Kraftfahrzeugverkehrs die Städtebauer, Verkehrsfachleute und Behörden vor schier unlösbare Probleme. Die Straßen wurden von dem Strom der Autos immer weiter verstopft. Als nach dem Ersten Weltkrieg Omnibusse als öffentliche Verkehrsmittel eingesetzt wurden, erzielte man damit bei den damals noch verhältnismäßig freien Straßen eine Zunahme der Beförderungsgeschwindigkeit von 50 bis 100 Prozent.

Straßen ohne Verkehrstote

Damit der Kraftfahrzeugverkehr nicht an sich selbst erstickt, ist man seit etwa zehn Jahren bemüht, verkehrsgerechtere Straßen zu bauen. Mit Hilfe von Haupt- und Ringstraßen, die möglichst kreuzungsfrei gehalten werden und mit Unter- und Überführungen arbeiten, soll der Durchgangsverkehr von den überfüllten Innenstädten abgezogen werden. Schon vor einem Jahrzehnt schlug man in England vor, Stadtautobahnen für den Nahverkehr über die Dächer der Häuser zu legen und so die noch aus den vergangenen Jahrhunderten stammenden Stadtkerne mit ihren winkeligen Gassen nur den Fußgängern und Lieferwagen zu überlassen. Man überlegte außerdem, über die Eisenbahnlinien, die ja bis in die Mitte der meisten Großstädte reichen, Autostraßen zu bauen, die ins freie Land hinausführen.

Es werden dies allerdings keine Fahrstraßen im üblichen Sinne sein, sondern elektronisch von Computern gesteuerte Rollwege, die drahtlos die Fahrzeuge über eine Leitlinie lenken und jeweils in der gewünschten Richtung und Geschwindigkeit halten. Man braucht daher nicht mehr selbst zu steuern, es wird kein Rot- oder Grünlicht mehr erforderlich sein. Der Abstand der Fahrzeuge wird elektronisch überwacht. Da es kein Überholen mehr gibt, kann es auch, außer auf dem Wege zur Garage und den seltenen unkontrollierten Strecken, nicht mehr zu Zusammenstößen kommen. Es wird daher keine Verkehrstoten mehr geben, zumal die Hauptverbindungswege in den Großstädten entweder unterirdisch oder oberirdisch auf elektronisch gesteuerten, vom Fußgängerverkehr getrennten Fahrbahnen laufen sollen.

Man kann also getrost während einer Autobahnfahrt die Hände vom Steuerrad nehmen, da der Fahrer bei der Auffahrt auf die Autobahn über eine Art Wählanlage drahtlos das gewünschte Ziel in einen

Ende dieses Jahrhunderts sollen auf den Autobahnen die Autos über elektronische Leitstrahlen fahren, elektronisch überwacht und in einem sicheren Abstand zueinander gehalten werden. Der Fahrer kann getrost die Hände vom Steuer nehmen und sich während der Fahrt die Zeit mit Zeitunglesen oder anderen Beschäftigungen vertreiben.

Computer gibt und dieser alles Weitere besorgt. Kurz vor der Ausfahrt von der Autobahn ertönt ein Warnsignal, das den Fahrer auffordert, selbst wieder das Steuer zu übernehmen. Geschieht das nicht, was in Ausnahmefällen natürlich vorkommen kann, wird der Wagen selbständig auf ein Abstellgeleis gefahren, und Kontrollbeamte kümmern sich um den Insassen.

Das klingt sehr utopisch, ist es aber in Wirklichkeit gar nicht. Seit fünf Jahren laufen in den Vereinigten Staaten bereits entsprechende Versuche, mit elektronischen Leitstrahlen Autos automatisch zu lenken und so die Insassen eines Wagens wie in einem Zug sitzend zu befördern. Die im Auto Fahrenden können also während der Fahrt über die Autobahn schlafen, Zeitung lesen oder sich mit den anderen Mitfahrern beschäftigen.

Die verstopften Straßen sind jedoch nicht der einzige Kummer, den wir in unseren Großstädten mit den Autos haben. Unangenehm machen sich die Abgase der Verbrennungsmotoren bemerkbar, welche die Hauptursache für die zunehmende Luftverpestung in den Ballungszentren des Verkehrs sind. Es gibt zwar in den Vereinigten Staaten – und wahrscheinlich werden sie auch bald bei uns eingeführt – Vorschriften, die den Gebrauch von Filteranlagen verlangen, die den größten Teil des gesundheitsschädlichen Bleies zurückhalten. Aber diese Lösung befriedigt noch nicht, da die Höhe des Kohlendioxydgehaltes auch von der Einstellung der Zündung abhängt und bei der ständig größer werdenden Zahl der Autos noch beachtliche Reste in der Luft zurückbleiben.

In den USA befaßte sich vor kurzem ein Sonderausschuß des amerikanischen Senats damit, die Verbrennungsmotoren in Zukunft durch einen anderen Antrieb zu ersetzen. Man dachte dabei an Elektrofahrzeuge und in absehbarer Zeit auch an mit Atomkraft betriebene Autos. Da jedoch die „Atomautos" bei dem heutigen Stand der Technik erhebliche und vor allem sehr kostspielige Sicherungseinrichtungen benötigen, wurde der Vorschlag zunächst zurückgestellt und der Industrie empfohlen, den Bau von Elektroautos zu forcieren.

Stadtauto mit Elektroantrieb?

Gewiß ist der Elektro-Batterie-Antrieb für Autos nichts Neues. Bereits vor vierzig Jahren wurden bei uns im Postzustelldienst immerhin schon 3500 Autos mit Elektromotoren eingesetzt. Doch war die Reichweite der Batterien, die des Nachts immer wieder aufgeladen werden mußten, sehr begrenzt. So kam man von diesen Fahrzeugen schließlich wieder ab.

Einen neuen Vorstoß für den Bau leistungsfähigerer Elektroautos unternahm jetzt die *Gesellschaft für die Entwicklung des Elektrischen Straßenverkehrs* in Deutschland. In dieser Vereinigung haben sich Vertreter der Industrie, der Behörden und der Internationalen Elektrotechnischen Kommission zusammengefunden, um ein abgasfreies Straßenfahrzeug zu entwickeln. Dabei ging man von der Vorstellung aus, ein solches Fahrzeug zunächst als Kleintransporter zu entwickeln und ganz aus Kunststoff herzustellen. Bei einem Eigengewicht von zwei Tonnen kann ein solches *Elektromobil* eine Tonne Nutzlast befördern. Als Energiespeicher dient eine 144-Volt-Batterie, die einen Gleichstrommotor von 44 Kilowatt antreibt. Die Spitzengeschwindigkeit wird mit 80 Stundenkilometern angegeben. Bereits seit einigen Monaten fährt ein Versuchsmodell in Ottobrunn bei München seine beinahe geräuschlosen Runden. Hierbei wurde festgestellt, daß

Der erste Elektro-Transporter, entwickelt von Messerschmitt-Bölkow-Blohm.

je nach der Fahrweise bis zu hundert Kilometer mit einer Batterieladung zurückgelegt werden können. Diese Leistung soll noch gesteigert werden, und wenn das Fahrzeug selbst noch weiter ausgereift ist, will man mit der ersten Serie von mehreren hundert Stück dieser Kleintransporter beginnen und sich überlegen, wie man aufgrund der bis dahin gemachten Erfahrungen ein Personen-Stadtauto mit einer ähnlichen Reichweite konstruieren kann.

Noch einen anderen Weg hat man bedacht, um die Städte von Benzinabgasen zu befreien. Wir erwähnten bereits, daß vor rund hundert Jahren verschiedentlich Bestrebungen im Gang waren, auch den Dampfantrieb für kleine Fahrzeuge auszunutzen. Diese ersten *Dampfautos* waren fahrbare Dampfmaschinen, die nur ein erfahrener Maschinist betreuen konnte. Überall in Europa war man jedoch bemüht, die Dampfmaschinen zu verkleinern, und bald sahen die neuen *Dampfwagen* in den neunziger Jahren ähnlich wie die *Benzinkutschen* aus. Der Unterschied bestand lediglich darin, daß sie vor dem Start eine gewisse Anheizzeit benötigten. Bei den von Serpollet im Jahre 1890 in Paris gebauten Wagen verschwand der Dampfkessel schließlich so in den Aufbauten der Kutsche, daß er kaum mehr zu sehen war.

Der Vorteil zu den um die gleiche Zeit auftauchenden Benzinfahrzeugen bestand vor allem darin, daß sie ohne Gangschaltung fuhren und ein bis heute unübertroffenes Bergsteigevermögen besaßen. Diese offenkundigen Vorzüge führten dazu, daß sich die Dampfwagen noch eine ganze Zeit neben den mit Benzin betriebenen Automobilen hielten. Das lag vor allem daran, daß man inzwischen Dampf-Antriebsmotoren entwickelt hatte, die bereits im Jahre 1903 drei in Sternform angeordnete Zylinder besaßen.

Trotzdem aber machten in den nächsten Jahrzehnten die Benzinautos das Rennen um die Gunst des Käufers, wahrscheinlich deshalb, weil die Dampfautos mindestens eine Viertelstunde für das Anheizen brauchten und erst dann in Betrieb genommen werden konnten und weil die Mitnahme des Brennmaterials für längere Fahrten ziemlich viel Platz erforderte. Aber es gab immer wieder Wagemutige, die sich weiterhin noch mit dem Bau von Dampfautos befaßten. Einer der bekanntesten war der Amerikaner Stanley, dessen fünfsitziger Dampfwagen bis in die zwanziger Jahre gebaut wurde und sich äußerlich kaum mehr von einem anderen Auto unterschied. In den

Jahren 1924 bis 1932 entwickelte der Amerikaner Abner Dohle weitere Dampfautos von hoher technischer Vollkommenheit.

Auch in Deutschland befaßten sich einige Firmen mit dem Bau von Dampfwagen. So konstruierte die Firma *Henschel & Sohn* im Jahre 1934 einen mit Dampf betriebenen Lastkraftwagen, der sich sehr bewährte. Im Jahre 1948 wurden diese Versuche wieder aufgegriffen, und der Verein Deutscher Ingenieure (VDI) gründete sogar einen Fachausschuß für Dampfkraftfahrzeuge.

Neue Wege

Für die Dampfautos suchte man zunächst nach einem Heizstoff, der aus einem Spezialgemisch von Alkohol, Kerosin und anderen Beimischungen bestand, die zum Teil noch das Fabrikgeheimnis der sich mit den neuen Autos befassenden Konstruktionsbüros sind. Dazu gehört unter anderen die *Lears Motors Company*, deren Inhaber William Powell Lear ein Industriekapitän ist, der sich durch zahlreiche epochemachende Entwicklungen bereits einen Namen gemacht hat. Außer dem entsprechenden Kapital, das bisher den Erbauern von Dampfwagen fehlte, stehen ihm hervorragende Konstruktionsbüros mit Fachingenieuren und Chemikern zur Verfügung, die in einem Versuchsgelände bei Reno in Nevada zusammengezogen worden sind.

Die erste Entwicklungsphase dieses neuen Dampfautos wurde im vergangenen Jahr mit der *Vapordyne-Maschine* abgeschlossen. Sie arbeitet anstelle von Wasser mit einer anderen, bisher geheimgehaltenen Flüssigkeit. Fachleute glauben, daß man *Freon*, deutscher Handelsname *Frigen*, verwendet, eine leicht siedende Flüssigkeit, die bisher als Kältemittel in „Kältemaschinen" verwendet wurde. Während man 1000 Wärmeeinheiten benötigt, um einen Liter Wasser in Dampf zu verwandeln, sind für einen Liter Freon nur 60 Wärmeeinheiten erforderlich. Was das an Energieeinsparung bedeutet, kann man sich unschwer vorstellen.

Deshalb ist es nicht verwunderlich, daß auf diese Weise entsprechend leistungsfähige Dampfmotoren gebaut werden können. Während noch vor einem Jahrzehnt Dampfautos nie über 75 PS hinauskamen, bringen es die heutigen Vapordyne-Antriebe durchschnittlich auf das Dreifache, wobei noch zu berücksichtigen ist, daß wegen der vereinfachten Kraftübertragung bei derartigen Motoren die halbe PS-Zahl als bei vergleichbaren Benzinmotoren benötigt wird. Hinzu kommt, daß die Vapordyne-Motoren Delta-Maschinen mit sechs Zylindern und zwölf Kolben sind, die in Dreiecksform angeordnet werden. Das Gewicht der ganzen Einheit liegt unter 70 Kilo und läuft trotzdem äußerst geräuscharm und weich. Das Wichtigste jedoch: Die Auspuffgase besitzen nicht einmal ein Prozent der Giftstoffe, die sonst bei Benzin- oder Dieselmotoren austreten.

Nicht zu umgehen ist jedoch die noch immer benötigte „Anheizzeit". Diese beträgt allerdings nicht mehr wie früher eine Viertelstunde, sondern im Durchschnitt nur 15 Sekunden. Selbst bei 30 Grad Kälte braucht der Vapordyne-Motor lediglich 25 Sekunden, um betriebsfertig zu sein, eine Zeit, die auch zum Warmlaufen eines hochtourigen, benzinbetriebenen Sportwagens gebraucht wird. Der Stückpreis des *Lear-Dyne-Vaporcars*, von denen die ersten in nächster Zeit auf den Markt kommen sollen, ist allerdings im Anfang noch sehr hoch. Er wird bei 10 000 Dollar liegen. Erfahrungsgemäß wird er jedoch bei einer Serienanfertigung erheblich gesenkt werden können. Das dürfte um so sicherer der Fall sein, da nach einer der letzten Meldungen die milliardenstarken *American Motors Corporation* sich für den abgasarmen Vapordyne-Motor interessiert, von dem man sich eine gesetzliche Förderung und damit eine einmalige Belebung des Kraftfahrzeugmarktes verspricht. Mit zwei *Dampf-Rennwagen*, die eine Leistung bis zu 500 PS zu entwickeln vermögen, will übrigens die *Lears Motors Corporation* im Jahre 1971 an den verschiedensten Rennen teilnehmen, um so die Leistungsfähigkeit der Vapordyne-Antriebe unter Beweis zu stellen.

Aber dies ist lediglich einer der Versuche, die neben den Elektrocars unternommen werden, um in den Städten die Abgase erfolgreich zu bekämpfen. Wenn die Fachleute recht behalten, kann schon in den nächsten zehn Jahren ein wesentlicher Fortschritt in der Abgasbekämpfung erzielt werden, der zusammen mit den elektronischen Straßen, die dann das Bild unserer Städte verändert haben, einen neuen Autoverkehr ermöglicht. Eines Tages – und das wird mit Bestimmtheit kommen – ist der Atomantrieb auch so weit entwickelt, daß er alle anderen Motoren ersetzt. Dann aber wird es keine Abgase mehr geben, und das benzinangetriebene Auto wird der Vergangenheit angehören.

Die Offenbarung einer Nacht

Man schreibt den 8. November 1895. Ein nebeliger, trüber Herbstabend liegt über der Universitätsstadt Würzburg. Immer weitere und dichtere Schwaden steigen vom Main aufwärts in die Straßen links und rechts neben dem Fluß. Fröstelnd blickt der Leiter des physikalischen Institutes Wilhelm Conrad Röntgen in die milchig trübe Wand, die sich vor seinem Laborfenster aufbaut.

„Ein scheußliches Wetter", murmelt er und läßt die Jalousien herunter, um seinen Arbeitsraum abzudunkeln. Sorgfältig prüft er, nachdem er das Licht ausgemacht hat, ob nicht doch von außen der Lichtstrahl einer Gaslaterne hereindringt.

„Für meine Versuche", stellt er befriedigt fest, „ist ein solcher Nebel ja wirklich gut. Man sieht schon draußen kaum mehr die Hand vor den Augen!"

Für seine Experimente braucht Röntgen nämlich einen völlig abgedunkelten Raum. Er arbeitet seit einiger Zeit mit sogenannten *Kathodenstrahlen*, die seine Kollegen Goldstein und Hittorf bereits genauer untersucht haben. Ihre Natur wurde erst einige Jahre später vollständig erforscht.

Röntgen will diese Kathodenstrahlen durch Gasentladungen erzeugen und dabei beobachten. Sorgfältig prüft er zunächst die auf einem Arbeitstisch für den Versuch aufgebauten Instrumente. Da steht zunächst die *Lenardsche Röhre*. Er hat sie für diesen Versuch mit dunklem Packpapier umhüllt, um festzustellen, ob die Strahlung auch durch diese Umhüllung geht. Frühere Versuche nämlich, die sein Kollege Hittorf mit einer von ihm entwickelten Röhre gemacht hatte, zeigten keinen erfaßbaren Strahlenaustritt. Auch ein Experiment mit der aus dem Ausland bezogenen *Crookschen Röhre* ergab kein befriedigendes Ergebnis. Er hatte deshalb nach den Angaben des Physikers Lenard durch den Glastechniker Müller-Unkel eine sogenannte *Fensterröhre* bauen lassen, bei der durch dünne Aluminiumfolien Kathodenstrahlen aus der Vakuumröhre in den Außenraum austreten können. Zur Zündung der Gasentladung hat er einen Funkeninduktor angeschlossen.

Sorgfältig prüft Röntgen noch einmal, ob alle Anschlüsse stimmen. Ganz wohl ist ihm dabei allerdings nicht; denn er weiß, daß sein Kollege Lenard zur Abdunklung der Röhre ein Gehäuse aus Zinkblech hatte anfertigen lassen. Würde dieses Mal das Packpapier allein genügen? fragt er sich. Es muß vollkommen dunkel sein, wenn er die Strahlen beobachten will.

Klärung würde nur ein Versuch bringen! Kurz entschlossen knipst Röntgen das Licht im Zimmer aus. Es ist stockdunkel. Vorsichtig tastet seine Hand zu dem kleinen Schalter, der die ganze Anlage unter Strom setzt, dann stellt er den Auslöser des Funkeninduktors an.

Nichts geschieht! Nur irgendwo im Raum leuchtet plötzlich ein grünlich schimmerndes Licht auf, und zwar dort, wo sich neben der Pendeluhr ein Wandregal befindet.

Ärgerlich stellt Röntgen den Strom der Versuchsanlage ab. Im gleichen Augenblick erlischt auch der grünliche Schimmer.

Also war es doch kein Lichteinfall von außen – stellt Röntgen erstaunt fest. Erneut schaltet er die Vakuumröhre ein, wiederum ist das merkwürdige Aufleuchten da.

Er unterbricht die Stromzufuhr und knipst das Licht an. Ein wenig betroffen geht er zu der Wand, auf der er den Lichtschimmer bemerkte. Dort stehen einige Flaschen und Gläser. Er schiebt sie zur Seite und hält ein Blatt in der Hand, das er am Vortage mit Bariumplatinzyanür bestrichen hat. Er dreht und wendet es. Dabei überlegt er angestrengt:

Sollte das präparierte Stück Papier das matte, grünliche Aufleuchten bewirkt haben? Dann konnte das nur aufgrund einer Strahlung geschehen sein, die aus der *Lenard-Röhre* kam.

Ein zweiter Versuch würde das gleich zeigen. Aufgeregt kehrt der Professor zu seinem Experimentiertisch zurück. Er schaltet das Licht wieder aus und stellt die Apparatur an. Erneut brummt der Induktor auf. Da ist auch wieder das Leuchten an der Wand. Genau an der Stelle, wo er das bestrichene Stück Papier vor den Flaschen aufgestellt hat.

Schnell knipst er das Licht im Raum an, nachdem die Anlage abgestellt ist, und heftet das präparierte Papier an die andere Wand. Wieder beginnt dasselbe Spiel, und nunmehr ist das geheimnisvolle

Wilhelm Conrad Röntgen (1845–1932)

Leuchten vor der anderen Wand. Es besteht kein Zweifel mehr, es muß durch die Abstrahlung aus der Röhre entstanden sein. Schließlich nimmt er das Blatt in die Hand und nähert es seinem Experimentiertisch. Das grünliche Aufleuchten wird stärker. Als er es endlich ganz vor die Röhre hält, ist es so intensiv, daß er sogar in der Dunkelheit die nächsten Gegenstände zu erkennen vermag.

Nervös zieht er nun einen der Versuchstische heran und legt das Blatt vor einen Bücherstapel, und zwar so, daß die bestrichene Seite nach außen, also zu der Röhre weist. Mit einer Schere schneidet er dann weitere Streifen von dem schwarzen Packpapier ab und wickelt sie um die Röhre. Trotzdem leuchtet das Papier weiter auf, wenn er die Anlage in Betrieb setzt. Die Kathodenstrahlung läßt sich also an der Röhre nicht abbremsen.

Er nimmt nun einige Bücher und hält sie, während die Anlage läuft, vor das Papier. Das Leuchten bleibt! Dann ergreift er eine Holztafel. Sie stört nicht im geringsten. Die Strahlen durchdringen auch sie mühelos! Er legt sie auf den Boden und hält seine Hand vor das Papier.

Ihm stockt der Atem. Er sieht genau die Knochen seiner Hand und auf dem dritten Finger deutlich einen dunkleren Streifen. Es ist sein Ring, den er vergessen hatte abzuziehen.

Träumt er, oder spielen ihm seine Nerven einen Streich? Das Ganze ist doch unmöglich! Er sieht „in sich hinein" und betrachtet seine eigenen Knochen! Der Professor muß sich hinsetzen. Er kann den Blick nicht von dem beklemmenden Bild seiner Hand losreißen.

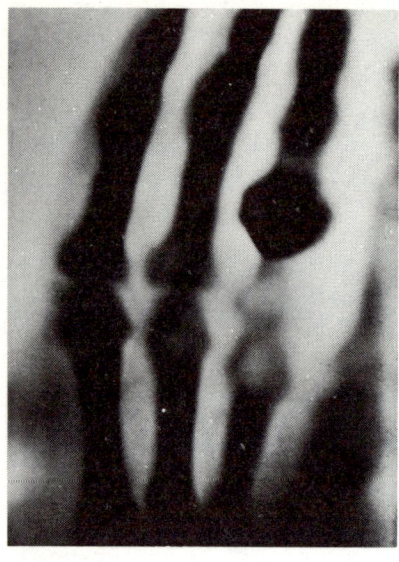

Handknochen von W. C. Röntgen.
Metall ist mit Hilfe von Röntgenstrahlen
leicht zu erkennen. Auch die Knochen,
die Calcium enthalten, erscheinen auf
dem Röntgenbild als dunkle Schatten.
Die Muskeln jedoch und andere Weich-
teile können nur durch Kontrastmittel
sichtbar gemacht werden.

Warum, so fragt er sich, geht die Strahlung nicht durch das Metall und die Knochen?

Ganz mechanisch zieht er sich bei diesen Überlegungen den Ring vom Finger und legt ihn in ein Kästchen, das neben ihm auf seinem Schreibtisch steht. Er tut dies sonst immer vor seinen Versuchen, um das Gold vor jeder Quecksilberberührung zu schützen.

Plötzlich aber kommt wieder Leben in Röntgen, und er entwickelt trotz der bereits vorgerückten Abendstunde eine erstaunliche Geschäftigkeit. Er schleppt alles herbei, was in seiner Nähe herumsteht, und hält es vor das präparierte Papier. Bald findet er heraus, daß die rätselhaften Strahlen nicht durch alles gehen. Sie durchdringen eine Tasse, seine Aktentasche, seinen Mantel und auch die dicken Ledersohlen seiner Schuhe, jedoch nicht einen Akkumulator mit seinen Bleiplatten oder seine Uhr und eine Metallkette.

Es mutet wie ein sonderbares Spiel an, das Röntgen bis kurz vor Mitternacht in seinem Labor aufführt. Er holt auch aus den Nebenräumen alles nur Erdenkliche herbei und notiert genau, durch welchen Gegenstand die Strahlen dringen oder nicht.

Was sind das nur für merkwürdige Strahlen, überlegt er dabei immer wieder. Er sieht dieses Leuchten ja immer an einer Stelle, die die Strahlen gar nicht erreichen können. Erschöpft sinkt er schließlich auf einen Stuhl, während sein Gehirn fieberhaft weiterarbeitet. Er

192

fühlt unbewußt, daß er soeben eine der Sternstunden der Wissenschaft erlebt und wahrscheinlich etwas ganz Neues entdeckt hat. Wie sollte er die Strahlung nur bezeichnen, damit man später auch wußte, um was es sich handelt?

„In der Mathematik", spricht er halblaut vor sich hin, „nennt man eine unbekannte Größe immer ‚x‘." Er beschließt, die Strahlen zunächst einmal *X-Strahlen* zu nennen. Der Name hat sich übrigens bis heute für die Strahlen erhalten, während die Bezeichnung Röntgenstrahlen ihren Entdecker ehren soll.

Aber soweit ist es noch lange nicht in dieser Nacht, noch hat sich Röntgen nur ein Teil des großen Geheimnisses erschlossen. Immer noch mit seinen Gedanken beschäftigt, geht Röntgen schließlich weit nach Mitternacht nach Hause. Er ist nicht im geringsten verwundert, daß dort noch seine Frau auf ihn wartet. Er hatte Raum und Zeit so völlig vergessen, daß er erstaunt ist über ihre Vorwürfe. Verärgert erklärt sie ihm, wie lange sie mit dem Abendbrot auf ihn gewartet hat.

Eine zweite Entdeckung

Am nächsten Morgen beginnt Röntgen zunächst, in seinem Labor Ordnung zu schaffen, um seine Versuchsbeobachtungen schriftlich niederlegen zu können. Er räumt seinen Schreibtisch auf, schiebt die zahllosen auf ihm liegenden Bücher beiseite und stößt dabei auf das Ringkästchen. Bei seinem späten Aufbruch nach Mitternacht hatte er am Vortage, ganz mit seinen Gedanken beschäftigt, den Ring vergessen. Da er nur schriftliche Arbeiten zu erledigen hat, steckt er ihn jetzt auf.

Es klopft, und sein Labordiener Marstaller betritt den Raum. Er ist sichtlich erfreut, seinen Chef so frohgelaunt zu sehen.

„Wie ist der gestrige Versuch verlaufen?" wagt er deshalb zu fragen. „Sicher haben Sie wieder bis weit in die Nacht gearbeitet?"

„Es war ein voller Erfolg", entgegnete Röntgen freundlich. Er hält, noch immer mit dem Aufräumen seines Schreibtisches beschäftigt, sinnend ein Paket photographischer Platten in der Hand, das unter dem Ringkästchen gelegen hatte.

Ob sie wohl auch von den geheimnisvollen Strahlen erreicht worden waren? Eine Probe würde Gewißheit bringen! Er nimmt das

Päckchen und geht damit in die Dunkelkammer, um wenigstens einige davon zu entwickeln.

Schon bei der ersten stellt er fest, daß sie augenscheinlich fleckig geworden war. Bei der zweiten ist es ähnlich. Waren die *X-Strahlen* daran schuld?

Vorsichtshalber geht er zurück ins Labor und fragt seinen Labordiener: „Haben Sie vielleicht, Herr Marstaller, das Plattenpaket auf meinem Schreibtisch geöffnet? Bitte sagen Sie es mir, es ist von größter Wichtigkeit."

Beleidigt schaut dieser von seiner Arbeit auf. „Ich werde mich hüten", brummt er. „Ich weiß doch, wie empfindlich photographische Platten sind!"

Röntgen lenkt beschwichtigend ein. „Ich habe ja auch nur gefragt, um Gewißheit darüber zu haben, ob es nicht doch eine andere Ursache für die Flecken auf den Platten gibt."

Verständnislos sieht Marstaller seinen Chef an und folgt ihm dann in die Dunkelkammer. Er versteht überhaupt nichts! In der Dunkel-

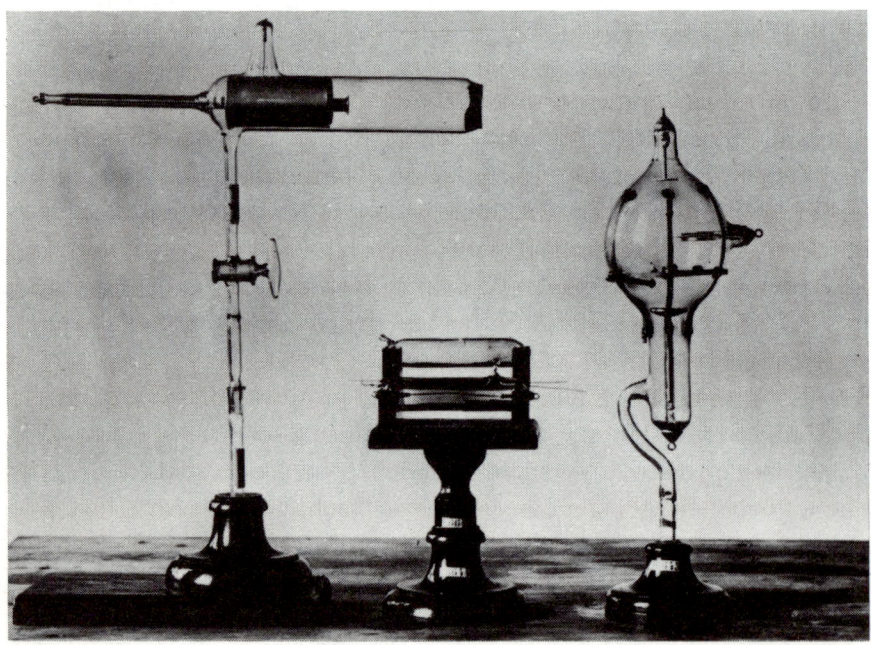

Mit diesen Röhren entdeckte Röntgen die X-Strahlen: Lenardsche Röhre (links), 31 cm lang, zweizylindrische Entladungsröhren (Mitte), 10 und 11,5 cm lang, Röhre mit aufgeklebten Bleistreifen (rechts), 32 cm lang.

kammer hebt Röntgen eine der Platten aus dem Fixierbad und betrachtet sie, nachdem er sie sorgfältig mit Wasser abgespült hat, mit einer Lupe.

„Das sind auch keine Flecken oder Streifen", murmelt er, während er die Platte nach den verschiedensten Seiten dreht. „Es sieht vielmehr aus, als sei irgend etwas darauf abgebildet."

„Hier, sehen Sie selbst, Marstaller." Er reicht diesem die feuchte Platte. „Dort den dunklen Fleck meine ich. Am besten nehmen Sie die Lupe, dann sehen Sie die Konturen schärfer."

Der Laborgehilfe blickt durch die Lupe; auch er dreht die Platte und betrachtet sie vor dem roten Licht der Dunkelkammer.

„Ich möchte fast sagen", er zögert, „es sieht aus wie ein ungleichmäßiger Ring."

Unwillkürlich zuckt Röntgen zusammen. Das war es! Er hatte doch seinen Ehering in den Holzkasten gelegt, und dieser wiederum stand auf den Photoplatten.

Aufgeregt nimmt der Professor auch die zweite Platte aus dem Fixierbad. Auch hier ist derselbe dunkle Fleck zu erkennen, der ohne Zweifel die Wiedergabe seines Ringes ist.

Erregt richtet sich Röntgen auf . . . „Wenn das stimmt, Marstaller, was ich vermute", sagt er dann beinahe feierlich, „dann kann man mit den von mir entdeckten Strahlen auch photographieren!"

Plötzlich merkt er, daß Marstaller ihn fragend ansieht. Da erklärt er ihm, was er in der vergangenen Nacht erlebt und entdeckt hat. Marstaller, der ja bei verschiedenen Versuchen seines Chefs dabeiwar, begreift sofort, um was es geht.

„Sie meinen also, man kann nicht nur mit den *X-Strahlen*, die alles durchdringen, die verschiedensten Dinge, den menschlichen Körper, seinen Knochenbau und vieles andere untersuchen, sondern außerdem mit den Strahlen photographieren. Das wäre allerdings erstaunlich!"

Noch am gleichen Tag machen beide die ersten Versuche, um mit den *X-Strahlen* zu photographieren. Sie benutzen dazu ein einfaches Gestell, das Marstaller angefertigt hat und an dessen Ende die Kassette mit der Platte befestigt wurde. Wie bei einem Photographenapparat der damaligen Zeit ziehen sie den Metallschieber hoch, wenn eine Aufnahme des davorliegenden Gegenstandes gemacht werden soll. Die Strahlung wird dabei direkt auf das Objekt und die Platte gerichtet.

Bald finden sie heraus, daß dieser Weg nicht der beste ist. Es scheint für eine klar umrandete Aufnahme zweckmäßiger, nur mit der Sekundärstrahlung zu arbeiten, die von den bestrahlten Objekten ausgeht. Auf diese Weise lassen sich feinste Lichtunterscheidungen selbst bei Benutzung einer photographischen Plattenkamera festhalten. Wir wissen heute, daß dies auf einem lichtelektrischen Effekt der aus dem Atomverband gelösten Elektronen beruht, der heute noch der *Röntgen-Photoeffekt* genannt wird.

Von diesem physikalischen Vorgang hat Röntgen aufgrund seiner Forschungen zu dieser Zeit noch keine Ahnung. Aber die Aufnahmen, die er in den nächsten Novemberwochen macht, sind verblüffend. Beispielsweise photographiert er mit *X-Strahlen* eine mit bleihaltiger Farbe gestrichene Holztür. Sie zeigt gegenüber dem nicht mit der Farbe versehenen Flügel deutlich die einzelnen mit Blei vermischten Pinselstriche. Immer weiter dringt Röntgen in den letzten Wochen des Jahres 1895 in das Geheimnis der *X-Strahlen* ein und studiert in zahllosen Versuchen, was man mit ihnen anfangen kann.

Die ganze Welt horcht auf

Am 28. Dezember 1895 reichte Professor Röntgen einen kurzen Bericht über seine Entdeckung und seine bisher gemachten Erfahrungen bei der Physikalisch-Medizinischen Gesellschaft in Würzburg ein. Er erklärte darin, daß die neuen, von ihm beobachteten Strahlen keine Kathodenstrahlen seien, wie sie Hittorf bereits beschrieben habe, sondern daß es sich um eine völlig neue und daher unbekannte Strahlung handele, mit der man das Innere undurchsichtiger Gegenstände und sogar lebende Organismen durchleuchten und darüber hinaus noch photographieren könne.

Für den 23. Januar 1896 wurde darauf von der Würzburger Physikalisch-Medizinischen Gesellschaft ein Experimentalvortrag angesetzt mit dem Titel *Ein Bericht über eine neue Art von Strahlen*. Da in Fachkreisen schon etwas von der Entdeckung Röntgens durchgesickert war, kamen nicht nur seine Würzburger Kollegen, sondern auch solche von anderen Universitäten. Nach Beendigung seines Vortrages und der verschiedenen Demonstrationen bat Röntgen den berühmten Anatom Geheimrat A. von Koelliker, dessen Hand mit den neuen Strahlen photographieren zu dürfen. Als die wohlgelungene Aufnahme herumgereicht wurde und der Professor damit seinen Vortrag beendete, brach ein lang anhaltender Beifall los.

Der Geheimrat von Koelliker war von der Photographie seiner Hand so begeistert, die, wie er sagte, völlig neue Wege in der Chirurgie ermöglichte, daß er selbst das Rednerpult bestieg und spontan vorschlug, die *X-Strahlen* in Zukunft *Röntgenstrahlen* zu nennen. Mit Beifall nahm die Versammlung diesen Vorschlag auf und stimmte ihm einmütig zu.

Nie hatte in der Geschichte der Wissenschaft eine Entdeckung eine solch weltweite Aufmerksamkeit erregt wie die Röntgenstrahlen. Bereits zwei Tage später, am 25. Januar 1896, erschien in der sonst so kritischen britischen Zeitschrift *Nature* ein begeisterter Bericht über die neuen Strahlen. Am 8. Februar folgte eine große französische Zeitschrift, und acht Tage danach veröffentlichte die amerikanische *Science* einen umfassenden Bericht.

In den Tageszeitungen stand die Meldung von der Entdeckung der neuen Strahlen auf der ersten Seite und löste eine Hochflut sensationeller Berichte aus. Aber man war auch in Sorge, da man nicht wußte, ob von den Strahlen eine Gefahr ausging. Deshalb wurde im März 1896 ein angesetzter Experimentalvortrag über die neuen Strahlen in Wien polizeilich verboten, weil man „eine Gefahr für die Allgemeinheit" fürchtete. Die Sorge war allerdings bei einer so kurzen Einwirkung der Strahlen kaum begründet, wie wir heute wissen.

In Trenton in den Vereinigten Staaten brachte ein Mr. Reed in völliger Verkennung des unschätzbaren Wertes der neuentdeckten Strahlen im Parlament des Staates von New Jersey einen Gesetzesantrag ein, nachdem der Gebrauch von *X-Strahlen* in Operngläsern für das Theater verboten werden sollte, da dieselben eine revolutionäre Unmoral darstellten. Wahrscheinlich, so dachte wohl der Abgeordnete, könne man mit Hilfe der Strahlen die Kleidung der Tänzerinnen durchdringen und sie so unverhüllt erkennen.

Die Physiker vom Fach aber stürzten sich überall dort, wo einigermaßen brauchbare Instrumente und die benötigten Apparate vorhanden waren, auf die neue Materie, wobei sie im stillen hofften, noch weitere sensationelle Entdeckungen zu machen. Das Interesse an der Pioniertat von Röntgen war allgemein sehr groß. Ein von ihm zu Anfang des Jahres 1896 herausgegebenes Buch über seine Experimente erreichte schon nach wenigen Monaten die fünfte Auflage und erschien außer in Französisch und Englisch auch in Italienisch und Russisch.

Aber es gab auch Widrigkeiten, über die Röntgen großzügig hinwegsah. So behaupteten einige mißgünstige Kollegen, Röntgen habe seine Strahlen überhaupt nicht selber entdeckt, sondern Lenard oder einer von seinen Assistenten. Sogar dem Institutsdiener Marstaller wollten einige die Entdeckung zuschreiben. Tatsächlich sollen die neuen Strahlen damals in Studentenkreisen als *Marstallerstrahlen* bezeichnet worden sein.

In einer umfassenden und gründlichen Arbeit mit dem Titel *Zur Geschichte der Entdeckung der Röntgenstrahlen* hat Professor J. Stark die gegen Röntgen erhobenen Vorwürfe genau untersucht. Er kommt dabei zu folgendem Ergebnis: „Lenard kann auf keinen Fall vor Röntgen die Entdeckung der *X-Strahlen* gemacht haben. Ganz abgesehen davon, daß er selbst niemals so etwas behauptet hat, besaß er auch keine Kathodenstrahlröhre, wie sie von dem Glastechniker Müller-Unkel angefertigt wurde und für Röntgens Versuch zur Verfügung stand.

Des weiteren benutzte Röntgen zur Abdunklung der Röhre nicht wie Lenard ein Gehäuse aus Zinkblech, sondern ‚einen ziemlich eng anliegenden Mantel aus dünnem, schwarzem Packpapier'. So wurde die Intensität der Röntgenstrahlen nicht wie im Falle Lenards durch die Absorption im Zinkblech stark geschwächt, sondern behielt ihre Kraft.

Dazu aber kam noch – und das war rein zufällig –, daß Röntgen die neue Strahlung mit Hilfe eines mit Bariumplatinzyanur bestrichenen Papieres überhaupt bemerkte, während Professor Lenard mit einem Pentadezylparatolylketon gearbeitet hatte, um die erzeugte Kathodenstrahlung sichtbar zu machen. Das ist deshalb wichtig, weil die von Lenard benutzte Substanz nur auf Kathodenstrahlen anspricht, während das von Röntgen benutzte Präparat nur für den Fluoreszenznachweis der *X-Strahlen* geeignet ist. Aus alledem geht hervor, daß Professor Lenard, wie groß auch immer seine sonstigen Verdienste sein mögen, die Röntgenstrahlen nicht entdeckt haben kann."

„Röntgen selbst war dieser Streit von vornherein zuwider, und er lehnte es ab", wie sein Kollege Professor Dr. I. Zehnder berichtet, „öffentlich dazu Stellung zu nehmen. Ihn beschäftigte vielmehr, sobald als nur möglich geeignete Apparate zu schaffen, damit seine Entdeckung in der Praxis ausgenutzt werden konnte."

198

Denn schon kurz nach der Entdeckung der Strahlen hatte die medizinische Abteilung der britischen Regierung zwei Röntgenapparate bestellt, die einer Nilexpedition mitgegeben werden sollten, damit die Chirurgen Kugeln im Körper lokalisieren und die Ausdehnung von Knochenbrüchen feststellen könnten. Als die ersten Apparate im Jahre 1896 endlich herauskamen, wurden die Aufnahmen von Röntgenuntersuchungen bei Klagen auf Schadenersatz vor den Gerichten anerkannt.

In den nächsten Jahren setzte sich die Röntgendurchleuchtung als wichtigstes diagnostisches Hilfsmittel immer mehr durch, wobei die Röntgenstrahlen das Aufnahmeobjekt auf einem Fluoreszenzschirm in Form eines Schattenbildes sichtbar machten. Da das Strahlenbündel dabei von den verschieden dichten Objektelementen unterschiedlich geschwächt wird, entsteht ein „Summationsbild", das heißt eine schattenhafte Darstellung auf dem Fluoreszenzschirm. Das Schirmbild zeigt – und das ist das Wichtigste – die Körperorgane in Bewegung und läßt auch ihre Dehnbarkeit genau erkennen. Schon bald fand man überdies heraus, daß hohle Organe und ihre Umrisse, die im Schirmbild nicht hervortreten, sich durch entsprechende Kontrastmittel sichtbar machen lassen. Heute läßt sich sogar die anfangs bei den gewöhnlichen Röntgenbildern immer noch vorhandene Verzeichnung mit Hilfe der Orthodiagraphie, das heißt durch das Abtasten mit einem markierten senkrechten Röntgenstrahl, ausschalten. So war es schon um die Jahrhundertwende üblich, eine frühe Diagnose auf Lungentuberkulose mit Hilfe der Röntgenstrahlen zu stellen.

Die Meldungen, was man mit den Röntgenstrahlen alles machen konnte, überschlugen sich fast! In Amerika beispielsweise wollte man mit den neuen Strahlen eine bisher als unheilbar geltende Augenkrankheit mit Erfolg geheilt haben. Röntgen mahnte immer wieder, seine Strahlen für derartige Experimente nicht zu benutzen. Das könne erst geschehen, wenn man genau ihre Wirkungen erforscht habe. Und die Zukunft sollte ihm recht geben, schon bald traten bei den ständig mit den Strahlen arbeitenden Gelehrten und Medizinern krebsartige Verknotungen an den Händen und später auch an anderen Stellen des Körpers auf.

Aber die Zeitungen wollten ihre Sensationen haben, und so gab es immer mehr Meldungen, die Aufsehen erregten. Röntgen selbst war dieser Rummel in tiefster Seele zuwider. Er vermied es jetzt, mit den

„Zeitungsleuten" über seine Entdeckung und ihre Folgen zu sprechen. Aber er konnte es nicht ändern, daß sich die Aufmerksamkeit der ganzen Welt auf ihn richtete, als man ihm als erstem Physiker den Nobelpreis für Physik im Jahre 1901 zuerkannte. Die damit verbundenen 50 000 Kronen stiftete er der Universität Würzburg. Als man ihm jedoch den Adelstitel verleihen wollte, nahm er diesen nicht an. Gewisse Kreise hielten ihn deshalb für hochmütig. Den Forscher selbst störte das nicht! Er konnte ebenfalls nichts daran ändern, daß sein Name, „Röntgen" – R, in Zukunft als Maßeinheit für die Strahlungsstärke (Dosis) dienen sollte.

Aber die Öffentlichkeit befaßte sich immer wieder mit ihm. Vielleicht reizte sie besonders die Bescheidenheit des in aller Stille weiterarbeitenden Gelehrten. Im Jahre 1905 wurde die *Deutsche Röntgen-Gesellschaft* gegründet, deren Aufgabe es war, die Forschungen auf diesem Gebiet weiter voranzutreiben. Im gleichen Jahr brachte man im Namen und Auftrag der deutschen Physiker an dem Würzburger Physikalischen Institut in feierlicher Form eine Tafel an. Die Aufschrift lautet:

In diesem Hause entdeckte W. C. Röntgen
im Jahre 1895 die nach ihm benannten Strahlen.

Bereits vorher wurde auf der Potsdamer Brücke in Berlin ein Röntgendenkmal errichtet. Am 10. Februar 1923 – vier Jahre nach dem Tode seiner Frau, mit der er 42 Jahre kinderlos verheiratet war – starb Röntgen mit 78 Jahren in München „an Unterernährung", wie das ärztliche Protokoll lautete. Sein Vermögen war durch die Inflation wertlos geworden, und niemand wollte dem greisen Forscher helfen. Es mag wie ein Hohn klingen, daß die Ehrungen trotzdem nicht aufhörten. Seit dem Frühjahr 1928 steht seine Büste im Lichthof der Universität München. Im Jahre 1932 entstand in seiner Geburtsstadt Lennep am Niederrhein das erste Röntgenmuseum. 1959 wurde seine Büste „zum ewigen Gedächtnis" aufgestellt.

Zwölf Sekunden bewiesen es:
Der Mensch kann fliegen

Uralt ist der Wunschtraum des Menschen, es den Vögeln gleichzutun und zu fliegen. Schon seit Jahrtausenden versuchten es einige Tollkühne immer wieder, sich mit künstlichen Flügeln in die Luft zu erheben. „Es ist eine verhängnisvolle Sehnsucht", meinte der englische Marineingenieur Percy Pilcher, „der man nicht widerstehen kann!" Er sagte es, kurz bevor er selbst abstürzte.

Gegen Ende des vergangenen Jahrhunderts befaßte sich besonders die Jugend in ihren Spielen und Träumen mit dem Fliegen. Gewiß, man hatte bereits vor mehr als hundert Jahren den Heißluftballon erfunden, der inzwischen von dem Wasserstoffballon abgelöst worden war, aber es war doch für die Jungen etwas anderes, mit weit ausgebreiteten Armen daherzulaufen und den Franzosen Clement Ader und den Amerikaner Samuel P. Langley nachzuahmen, die es in den siebziger Jahren des vergangenen Jahrhunderts erneut mit dem Gleitflug versucht hatten.

Auch die beiden Söhne des presbyterianischen Geistlichen Wright aus Cedar Rapids in Iowa/USA, Orville und Wilbur, taten das. Am 16. April 1878 wurde Orville gerade elf Jahre alt. Als Geburtstagsgeschenk brachte ihm der Vater aus der nahegelegenen Stadt ein sonderbares Spielzeug mit, das die beiden Jungen in helle Begeisterung versetzte.

Der Vater warf es im Zimmer hoch, und anstatt herunterzufallen, stieg es weiter zur Decke empor und schnurrte wie ein Brummer durch das Zimmer. Nach einiger Zeit aber hörte das Summen langsam auf, und das merkwürdige Ding glitt zu Boden.

Es ähnelte einem Hubschrauber, aus Kork, Bambus und Stoff gefertigt. Es bestand aus einer Luftschraube, wie wir heute sagen würden, und wurde mit Hilfe einer Gummischnur in schnelle Drehung versetzt und so zum Fliegen gebracht. Der Erfinder dieses Spielzeugs, der Franzose Alphonse Pénaud, hatte dabei eine fast vierhundert Jahre alte Idee Leonardo da Vincis ausgenutzt, die er bei dem Entwurf eines von Menschen betriebenen Flugapparates gehabt hatte und die darin bestand, mit zwei sich drehenden Flügelpaaren den in einem Gestell sitzenden Piloten in der Luft zu halten.

Zwar war das neuartige Spielzeug bald kaputt, obwohl es Vater Wright immer wieder zu reparieren versuchte, aber der Eindruck, den es bei den beiden Jungen hinterließ, war nachhaltig.

„Eines Tages", so hatte damals der ältere zu seinem jüngeren Bruder gesagt, „werden die Menschen mit solchen Flugzeugen fliegen!"

Schon bald begannen sie selbst, Drachen und einen „Helikopter" zu bauen. Er sollte weit größer sein als das von ihrem Vater mitgebrachte Geburtstagsgeschenk. Vielleicht konnte er sogar einen von ihnen tragen? Aber obwohl sie das Gummiband soweit wie möglich verstärkten, und zwar derart, daß sie die Flügel kaum drehen konnten, flog die Maschine nicht. Das beruhte auf einer einfachen Erfahrung, die bereits Galilei vor drei Jahrhunderten gemacht hatte, den Jungen aber unbekannt war: „Wenn immer eine Maschine vergrößert wird, nimmt ihr Gewicht weit mehr zu als ihre Kraft."

So gaben die beiden ihre Versuche zunächst auf. Aber unterschwellig blieb der Gedanke, eines Tages doch eine brauchbare Flugmaschine zu entwickeln.

Mit einer unstillbaren Wißbegierde verschlangen sie in ihrer Freizeit alles, was sie in den Bibliotheken über die Probleme der Luftfahrt fanden. Viel Schrifttum gab es zu jener Zeit allerdings dort nicht.

Sie beschäftigten sich mit der *Geschichte des mechanischen Fluges* von Langley und den Werken von Mouillard, Walkers und Chanute. Auch Otto Lilienthals Buch *Der Vogelflug als Grundlage der Fliegekunst* erwarben sie in einer englischen Übersetzung. Seine Ausführungen beeindruckten sie so stark, daß der Deutsche ihr nachstrebenswertes Vorbild wurde.

Da sie bald ihre Bücher fast auswendig kannten, schrieben sie an das bekannte und einzige Informationszentrum der damaligen Zeit, das Smithsonian-Institut in Washington, und baten um weitere Auskunft über ähnliche Veröffentlichungen. Sie erhielten schon bald Antwort. Dafür aber benötigten sie Geld, und das hatten die beiden nicht. Sie versuchten es auf die verschiedenste Weise zu verdienen. Sie reparierten Fahrräder und machten sich hier und da nützlich. Mit 18 Jahren gründeten sie eine Art Zeitschrift, die sie *Zwerg* nannten. Die Druckpresse hatten sie selbst gebaut. Es muß ein kurioses Ungetüm gewesen sein; denn ein alter Grabstein, den sie billig erworben hatten, diente dazu, die Typen kräftig gegen das Papier zu drükken. Die Papierauflage aber war aus den alten Teilen eines Wagens zusammengebastelt. Aber die Presse arbeitete!

Die erstaunliche Fähigkeit zu improvisieren, die sich hier zeigte, sollte den Brüdern noch wertvoll sein. Auf die Dauer gesehen, konnten sie jedoch mit den immer moderner ausgerüsteten Zeitungsdruckereien nicht konkurrieren, und als der *Zwerg* keinen Gewinn mehr abwarf, stellten sie sein Erscheinen ein und eröffneten ein Fahrradgeschäft. Dank ihrer Geschicklichkeit und Geschäftstüchtigkeit lief der Betrieb immer besser. Die Brüder gaben ihr Hochschulstudium zunächst einmal auf, da sie sich nicht entschließen konnten, eine so gewinnbringende Betätigung zu unterbrechen. Beide sagten später mit einem gewissen Bedauern, daß ihre Erfindertätigkeit sicher um vieles leichter gewesen wäre, wenn sie ein abgeschlossenes Hochschulstudium gehabt hätten.

So konnten die beiden Wrights nun ihre ganze Kraft in das Fahrradgeschäft stecken, um, wie sie es sich geschworen hatten, mit dem dabei erworbenen Geld ihre fliegerischen Experimente weiterzuführen. Trotzdem verfolgten sie mit gespannter Aufmerksamkeit alles, was in der „Fliegerei" geschah. Vor allem interessierten sie sich für die Gleitflugversuche Otto Lilienthals, die er bei Stölln in Deutschland unternahm. Als Lilienthal am 9. August 1896 bei einem Gleitflug von 350 Metern schließlich abstürzte und wenige Stunden später in einem Krankenhaus starb, war das auch für sie ein schwerer Schlag. Sie hatten damals gerade das Geld, um mit dem Bau ihres eigenen Gleitfliegers zu beginnen. Der tragische Unfall Lilienthals beschäftigte sie auch von der technischen Seite. Sie glaubten, daß Lilienthal ebenso wie der Engländer Pilcher, den ein ähnliches Schicksal traf, daran gescheitert war, daß er in der Luft – vor allem beim Aufsteigen und Landen – das erforderliche Gleichgewicht nicht halten konnte.

Gründlich wie sie waren, führten sie zur Klärung der damit zusammenhängenden Probleme zunächst eine Reihe von Versuchen durch. Eines Tages, im April 1899, hatte Wilbur, der ältere von beiden, eine Idee! Er hatte gerade eine Fahrradgabel aus ihrer viereckigen Versandverpackung gezogen und zur Erleichterung dieser Arbeit den unteren und oberen Pappdeckel entfernt. Er war im Begriff, die längliche, viereckige Umhüllung zusammenzudrücken, da bemerkte er, wie sich die rechteckigen Winkel selbsttätig in gleicher Weise veränderten, ein an sich bekannter und einleuchtender Vorgang.

„Ich habe es!" rief er begeistert. „Wir müssen keinen Eindecker, sondern einen Doppeldecker bauen, dessen obere und untere Tragfläche in ähnlicher Weise wie die Seiten dieses Kartons zu verschieben sind. Dann können wir auf- und abwärtsfliegen. Vielleicht genügt es auch schon", er betrachtete den Karton von der Seite, während er ihn mehrmals rechtwinklig verschob, „wenn nur ein Teil der Tragflächen nach unten oder oben verschoben werden kann."

Nun nahm auch Orville den Karton in die Hand und wiederholte das Spiel. „Du meinst also, wenn die größeren Seiten die Tragflächen wären, müßten sie in ähnlicher Weise bewegt werden können. Vielleicht ist das wirklich die Lösung!"

Damit war die Tragflächen-Verwindung erkannt worden, ohne die heute kein Flugzeug aufzusteigen vermag.

Von der Idee bis zur Ausführung war allerdings noch ein weiter Weg! Dem ersten Modell, das im Juli des gleichen Jahres erprobt wurde, folgten bald andere in größeren Ausmaßen. Schließlich im Sommer des Jahres 1900 war der doppeldeckige Gleiter fertig, der nach den Berechnungen imstande sein müßte, einen Menschen zu tragen. Die Brüder suchten nun einen Ort, wo sie ihr neuestes Modell ausprobieren konnten, der möglichst nicht zu weit von ihrem entfernt war, und wo – das war für sie das Wichtigste – im Herbst besonders günstige Windströmungen herrschten.

Sie wandten sich daher zunächst an den Staatlichen Wetterdienst in Washington und erfuhren, daß die Küste von Nordcarolina zu den windigsten in den Vereinigten Staaten gehörte. Nach den Aufzeichnungen der Wetterstation von Kitty Hawk, einem Dorf auf einem langen Dünenstreifen, sollte hier auch im September vom Meer her ein ständiger Wind von dreißig km/h wehen. Damit konnten sie nach ihren Berechnungen mit dem Gleiter aufsteigen.

Sie hatten gehofft, sich dann – wie es auch später der Segelflug bewies – allein durch die Ausnutzung der Luftströmungen in der Luft halten und bewegen zu können. Nach einem entsprechenden Training und den dabei gesammelten Erfahrungen müßte es ihnen – so glaubten sie – schließlich möglich sein, eine größere Strecke in der Luft schwebend zurückzulegen.

Sie wurden in dieser Annahme von dem Amerikaner Octave Chanute unterstützt, mit dem sie in Briefverkehr standen und der als Ingenieur sich nicht nur theoretisch, sondern auch in verschiedenen praktischen Versuchen mit dem Problem des Gleitfluges beschäftigt hatte. Ob diese Annahme allerdings richtig war, mußten erst ihre nächsten Versuche zeigen.

Im September 1900 verließ Wilbur, der ältere von ihnen, Dayton und machte sich auf die Reise nach Kitty Hawk. Da es keine Eisenbahnverbindung nach dort und keine Straße gab, mußte er von Norfolk aus mit dem Schiff versuchen, Kitty Hawk zu erreichen. Er konnte deshalb keinen fertigen Gleiter mit auf die Reise nehmen, sondern nur das zugeschnittene Material und das Werkzeug.

Am Strand erwarteten ihn der Leiter der örtlichen Wetterstation und seine Frau, welche die Poststelle versah. Sie bereiteten ihm einen herzlichen Empfang und luden ihn zu einer reichlichen Mahlzeit ein.

Danach machte er sich sofort an die Arbeit. In einem nahegelegenen Schuppen setzte er zuerst das Gerippe des Gleitflugzeuges zusammen, wobei auch der „Wetterfrosch" mit Hand anlegte. Dann mußte die Bespannung genäht werden. Wilbur lieh sich hierfür die Nähmaschine seiner Wirtin aus und lernte erst einmal Nähen.

Zusammen mit Orville, der Ende September erschien, stellte er den Gleiter fertig. Er hatte eine Spannweite von sechs Metern und war ein Doppeldecker. In der Mitte der unteren Tragfläche in einer Vertiefung sollte auf dem Bauch der Pilot liegen. Er ragte darin mit dem Oberkörper und den Armen über den vorderen Tragflächenrand hinaus. An einem kufenartigen Gestell vor ihm waren die Drähte für die Höhensteuerung befestigt. Mit zwei runden Hebeln, die der Pilot in Händen hielt, konnte dieser die hinteren Teile der beiden Tragflächen bewegen.

Von dem Liegegestell gehalten, stand über die untere Tragfläche nach hinten ein aus zwei Stangen gebildetes, spitz zulaufendes Dreieck hinaus, das an seinem Ende gebogen war. Es war verstellbar und sollte das Gewicht des Piloten ausgleichen, zugleich aber auch den Start erleichtern.

Der erste Startversuch mit dem neuen Flugapparat scheiterte. Der Wind war augenscheinlich noch zu schwach, und der Gleiter, in dem Orville lag, hob nicht einmal vom Boden ab.

Sie versuchten es am nächsten Tag noch einmal, indem sie anstelle des Piloten nur einen Ballast von fünfzig Pfund hineinlegten. Aber auch dieser Versuch schlug fehl, obwohl sie das Flugzeug an beiden Seiten hochhielten und so schnell wie möglich vorwärtsschleppten.

Allmählich begriffen sie, daß das Gelände für ihre Experimente zu wenig abschüssig war. Sie benötigten einen noch stärkeren Gegenwind. In einer Entfernung von wenigen Kilometern lag ein weit steiler abfallender Hügel, der den bezeichnenden Namen *Kill-Devil-Hill – Teufelstöterhügel* hatte.

Hier hob der „Glider", den sie bis an den stark abfallenden Rand vorschoben, endlich vom Boden ab. Aber der Wind sprang um und kam nunmehr von einer anderen Seite. Der Apparat, der bereits mehrere Sekunden in der Luft gewesen war, konnte trotz aller Bemühungen Orvilles nicht mehr waagerecht gehalten werden und glitt zu Boden.

„Wir müssen auch an eine Seitensteuerung denken", meinte Wilbur, nachdem er mit seinem Bruder den Luftgleiter wieder auf den Hügel geschleppt hatte. „Mit diesem Apparat wollen wir die Versuche lieber nicht mehr fortsetzen!"

Sie brachten ihn mit Hilfe ihrer Freunde nach Kitty Hawk zurück, stellten ihn dort im Schuppen unter und überlegten, wie man ihn mit irgendeiner Steuerung nach rechts und links bewegen könnte. Da ihnen aber eine befriedigende Lösung so schnell nicht einfiel, fuhren sie zunächst einmal nach Hause zurück.

Nach einigen Wochen meinte Wilbur zögernd: „Ich habe mir auf der Fahrt nach Kitty Hawk vor der Küste auch die Segelschiffe angesehen. Sie vermögen sogar gegen den Wind zu kreuzen, und einer der Matrosen sagte mir, daß sie das durch bestimmte Segelstellungen können. Wenn wir so ein Segel anbrächten, könnten wir, da wir ja gegen den Wind fliegen, sicher auch unseren Gleiter nach rechts und links bewegen."

„Wo aber ließe sich ein solches Segel anbringen?" wollte Orville weiter wissen. „Über der obersten Tragfläche vielleicht?"

Wilbur schüttelte den Kopf. „Ich glaube, da würde es die Auf- und Abbewegung stören, vielleicht auch zu viel Kraft von dem Flug wegnehmen. Ich könnte mir denken, es wäre am besten, das Segel auf unserem Vorbau zu befestigen, und zwar quergestellt. Da hätte es auch einen günstigen Drehpunkt, der sich leicht auf den ganzen Apparat übertragen ließe."

206

Gemeinsam machten sie sich ans Rechnen und fanden schon bald heraus, daß das *Vordersegel*, wie sie es zunächst nannten, durchaus nicht groß zu sein brauchte.

Sogleich begannen sie mit der Arbeit und bauten einen neuen Gleiter, der außerdem größer werden sollte. Die Tragflächen würden eine Breite von 22 Fuß, also etwas mehr als sieben Meter haben. Die bespannte Fläche betrug nunmehr 290 Quadratfuß und müßte wirklich ausreichen, um einen Menschen zu tragen. Das Wichtigste aber war ein vor den Kufen des Vorderteiles quer gespanntes, an den Ecken abgerundetes Segel.

Mit dieser neuen Konstruktion fuhren sie im nächsten Jahr wieder nach Kitty Hawk zurück. Vom Teufelstöterhügel aus schafften sie nun wirklich die ersten freischwebenden Flüge. Die *Vordersteuerung* bewährte sich dabei. Wilbur, der sie selbst ausprobierte, vermochte nun trotz der wechselnden Windrichtungen einen verhältnismäßig geraden Flug zu steuern. Aber immer noch war der Erfolg sehr gering. Der längste Flug ging über knapp hundert Meter und dauerte nicht länger als 19 Sekunden.

Wilbur war schließlich am Ende dieses Jahres so entmutigt, daß er am liebsten die Versuche aufgeben wollte. Zufällig hörte der Ingenieur Octave Chanute davon. Er suchte die Wrights auf und machte ihnen Mut, indem er ihnen erklärte, sie hätten ihre Sache besser gemacht als jeder andere zuvor, und es wäre schade, wenn sie ihre Experimente jetzt aufgeben würden. Er überredete sogar Wilbur Wright, in der amerikanischen *Society of Engineers* Vorträge darüber zu halten.

Das gab den beiden Brüdern wirklich Auftrieb! Sie überlegten sich die Dinge jetzt von der theoretischen Seite. Sie glaubten nämlich beobachtet zu haben, daß die Tragflächen einen unterschiedlichen Widerstand gegen den von vorn kommenden Wind leisteten.

„Ihre Form ist sicherlich nicht die beste", meinte Orville. „Vielleicht wäre eine etwas gewinkelte Anordnung günstiger, wie sie auch die Vögel hatten und Otto Lilienthal sie benutzte."

„Man müßte das nachprüfen können . . .", überlegte nun auch Wilbur. „Allerdings nicht in Kitty Hawk, sondern hier in – wie soll ich mich ausdrücken – in theoretischen Kleinversuchen.

Wir müßten irgendeinen Kasten bauen, in den wir die Modelle hängen und der auf der einen Seite offen ist, während auf der anderen ein Ventilator steht, der einen entsprechenden Wind erzeugt."

Von der Richtigkeit dieses Gedankens überzeugt, gingen sie bald an seine Durchführung. Als Windquelle benutzten sie einen elektrischen Ventilator, dessen Geschwindigkeit man verschieden einstellen konnte. Wahrscheinlich war es der erste *Windkanal*, der bisher für derartige aerodynamische Zwecke gebaut wurde. Heute ist das eine für die Flugzeugbauer wohlvertraute und unerläßliche Einrichtung, um so zuerst Erfahrungen über die Flugfähigkeit an Modellen zu sammeln. Für die Zeit kurz nach der Jahrhundertwende war das eine einmalige Pioniertat der Brüder Wright, die sich schon bald auszahlte.

Sie fanden heraus, daß der Gleiter ähnlich wie ein Vogel auch einen Schwanz haben müsse. Nur so – das zeigte sich in ihrem Windkanal – konnte, wie sie es ausdrückten, ein schwebendes Gleichgewicht gehalten werden. Wenn man aber eine solche Verlängerung schon hatte, dann konnte man auch hier ein Steuersegel zwischen den beiden hinausragenden Stangen anbringen.

Aber schon die ersten Versuche zeigten, daß diese Lösung durchaus nicht die beste war. Das Steuersegel schien mehr zu stören, als daß es nützte. Es flatterte an dem Modell und warf es hin und her.

Wieder überlegte Wilbur. Wenn man die hintere Steuerung wie das Steuerruder bei einem Schiff konstruierte, das sich fest um eine Achse drehte, müßte das Flattern aufhören. Ein Modell war schnell angefertigt, und die Störung im Windkanal hörte auf. Dafür aber schwankte nun das Gleichgewicht des Flugapparates. Auch hier wußten die Brüder Rat! „Wir müssen seinen Schwerpunkt genau berechnen", meinte Orville, „und zwar viel exakter, als wir es bisher getan haben."

Sie rechneten, zeichneten und wogen die einzelnen Teile ab und kamen schließlich zu dem Schluß, der Schwerpunkt des mit einem Piloten belasteten Flugzeuges mußte genau zwischen den beiden Tragflächen ihres Doppeldeckers liegen. Eine mühsame Arbeit an den verschiedensten Modellen begann, um so die beste Form bei einer gewissen Belastung zu finden. Sie bauten Dutzende von Modellen, verwarfen sie wieder, wenn sie nicht ganz befriedigt waren, und bauten ein neues Flugzeug. Wertvolle Verbesserungen an der Steuerung und den Tragflächen fanden sie so heraus.

Endlich im Herbst 1902 begannen sie alle die inzwischen gesammelten Erfahrungen in die Tat umzusetzen. Das Ergebnis war ein elf Meter breiter Gleiter, der außer der Schwanzsteuerung noch eine stabile Gleitanlage unterhalb des Flugzeuges besaß. Die Tragflächenlinien waren etwas eingeknickt, wie sie dem Prinzip von Otto Lilienthal entsprachen. Die Bewegung der Tragflächenenden, also des Höhensteuers erfolgte durch eine links und rechts vom Piloten befindliche Kurbeleinrichtung. Das Seitensteuer am Schwanz konnte man zunächst nur beeinflussen, wenn man das Körpergewicht nach links und rechts verlagerte und zugleich mit der Hand einen Hebel betätigte.

„So viel Hände hat man gar nicht", meinte Orville nach dem ersten Probeflug mit dem neuen Gleiter verzweifelt. „Man kann nicht zugleich mit den beiden Kurbeln die Höhensteuerung einstellen und außerdem noch das Seitensteuer betätigen!"

Bei ihren Versuchen hatten sie jedoch insofern Glück, als der Gegenwind auf dem Teufelstöterhügel 57 Kilometer in der Stunde betrug. Sie schafften auch einige Flüge, aber das Resultat war immer noch unbefriedigend.

Der neue Vogel glitt trotz aller Bemühungen zur Seite ab.

„Das liegt an der unvollkommenen Bedienungsmöglichkeit der Seitensteuerung!" stellte Orville verärgert fest. „Wir müssen uns auch hier etwas Neues einfallen lassen. Vielleicht könnte man sie mit Fußpedalen bedienen? Die Füße sind ja schließlich für diese Betätigung noch frei, und man müßte das alles so einrichten, daß die Pedale die Steuerbewegung zugleich nach vorn und hinten übertragen."

Sie bauten das Flugzeug in Kitty Hawk nochmals um. Aber trotz allem waren die Flugversuche in ihren Ergebnissen immer noch nicht befriedigend.

Ein Motor muß her!

„So kommen wir nicht weiter!" stellte schließlich Wilbur verärgert fest. „Der Auftrieb durch die Luftströmung allein genügt nicht. Wir brauchen irgendeine mechanische Kraft, die uns hochhebt und in der Luft fortbewegt!"

Viele Monate lang studierten die Wrights nun alle nur erdenklichen Möglichkeiten. Sie durchstöberten erneut die Dayton Public Library und fanden dabei ein Werk eines Marineingenieurs über die Wasserschraube als Antriebskraft.

Was im Wasser möglich war – sagten sie sich – könnte gegebenenfalls, wenn auch in etwas abgeänderter Form, auf die Verhältnisse in der Luft übertragen werden. Man müßte lediglich anstelle des Wasserdrucks jene Werte einsetzen, die bei der Messung der Luftströmungen festgestellt wurden. Nach diesen Berechnungen entwickelten die Brüder ihre erste Luftschraube. Diese hatte, wie sich später herausstellte – und das war erstaunlich für die damalige Zeit – bereits einen Wirkungsgrad von 68 Prozent.

Den Antrieb der Schraube sollte ein Benzinmotor besorgen. Erneut rechneten die Wrights und kamen zu dem Ergebnis, daß der Motor eine Leistung von mindestens 8 PS haben müsse.

Unverzüglich schrieben sie an einige der zu dieser Zeit vorhandenen Automobilfabriken und fragten an, ob sie einen solchen Motor liefern könnten. Die Antworten waren nicht sehr erfreulich. Die Fabriken beanspruchten nämlich sehr lange Lieferfristen. Von Ungeduld getrieben, setzten sich die Brüder darauf hin und entwarfen nach Prospekten, Lehrbüchern und sonstigen Anleitungen selbst einen Motor, der die von ihnen gewünschte Stärke besaß. Sie entwickelten dabei einen völlig neuartigen, vierzylindrigen Benzinmotor, der ohne Magnet, Wasser und Öl nur 75 Kilogramm wog. Die erstrebte Leistung überschritt er schon beim ersten Probelaufen um 50 Prozent.

Dem erhöhten Antriebsgewicht entsprechend, wurde nun ein neuer und größerer Flugapparat gebaut. Er war breiter und höher als alle früheren Maschinen. Die Spannweite der Flügel betrug über dreizehn Meter. Der Benzinmotor war auf der unteren Tragfläche installiert, und zwar ein wenig nach rechts verschoben, so daß er mit dem Gewicht des Piloten ausgeglichen war, der links daneben lag, mit dem Gesicht nach unten, um den Luftwiderstand zu vermindern. Die verschiedenen Steuerungshebel und auch die Maschine konnte er von hier aus mit Händen und Füßen bedienen.

Der Antrieb bestand aus zwei Propellern, die sich entgegengesetzt drehten, um so zu verhindern, daß die Maschine im Kreis herumflog. Als Seitensteuerung vorn und hinten dienten zwei parallel zueinander stehende Ruder, die beide mit Fußpedalen gesteuert wurden. Auch einige Instrumente wie ein Windmesser und ein Tourenzähler für den Motor waren eingebaut.

Die beiden Gleitkufen waren verlängert und auf ihrer vorderen Seite fest mit dem Gestänge der Tragflächen und dem vorderen Seitensteuer verbunden. Sie erhielten so eine gewisse Elastizität. Um den Start der neuen Propellermaschine zu vereinfachen, bauten die

Wrights aus Brettern eine Art Startbahn, um so der Maschine das Abheben zu erleichtern.

Obwohl das Wetter schlecht war, versuchten sie den ersten Probelauf. Er mißglückte. Einer der Luftschraubenschäfte brach schon nach wenigen Minuten. Er mußte ausgebaut und ein neuer in Dayton angefertigt werden. Es verging einige Zeit, bis Orville mit einem anderen zurückkehrte.

Der zweite Start am 14. Dezember mißglückte ebenfalls!

Durch eine Böe wurde den Männern die Maschine aus den Händen gerissen und etwas zu unsanft auf den Boden gesetzt. Es gab einige Brüche, die repariert werden mußten. Am 17. Dezember konnte endlich wieder ein Start versucht werden.

Um ein erneutes Mißgeschick zu vermeiden, hatten die Brüder Wright alle erreichbaren Männer der Umgebung gebeten, ihnen zu helfen. Dadurch erhielt auch die örtliche Presse Kenntnis von ihrem Vorhaben, und einige Reporter eilten herbei. Gemeinsam mit den anderen Leuten schleppten die Brüder den neuen Flugapparat auf den Startplatz. Ein Sturm war inzwischen aufgekommen und hatte bereits eine Geschwindigkeit von über 50 Stundenkilometern erreicht.

Dann kam der große Augenblick! Orville Wright kletterte in das Flugzeug und schnallte sich fest.

„Fertig!" brüllte er herunter. Dann warfen sie den Motor an. Eine ganze Zeit ließen sie ihn laufen, damit er erst warm wurde. Inzwischen probierte der Pilot die Steuerung und alle sonst für den Flug erforderlichen Handgriffe. Dann ließ er den Motor aufheulen, stellte ihn auf Vollgas und hob die Hand.

„Achtung!" kommandierte Wilbur und ließ zugleich mit den anderen Männern die Tragflächen los.

Mit einem Satz sprang das Flugzeug vor und glitt immer schneller die hölzerne Startbahn entlang ... Ganz allmählich hob es sich dabei vom Boden und stieg – den Untenstehenden verschlug es die Sprache – bis auf dreizehn Meter in die Luft.

Die Geschwindigkeit war trotz des starken Gegenwindes so beträchtlich, daß die Zuschauer, so schnell sie auch liefen, der Maschine nicht folgen konnten. Der ganze Flug dauerte zwar nicht länger als zwölf Sekunden, dann setzte die Maschine wieder auf dem Boden auf. Aber er bewies eindeutig: Der Mensch kann die Erde verlassen und fliegen!

Trotz dieses ersten Erfolges waren die Brüder nicht zufrieden. Sie

Der erste Flug im Motorflugzeug von Orville Wright am 17. Dezember 1903 in Kitty Hawk.

nutzten die Hilfe der anwesenden Männer aus und starteten an diesem Morgen noch dreimal. Sie überbrückten auf den Flügen eine Entfernung von 850 Fuß, das sind etwa 250 Meter.

Als die Männer die Maschine schließlich wieder in dem Schuppen verstaut hatten, eilten die Journalisten zu dem nahegelegenen Leuchtturm, um von dort aus zu telefonieren und so ihre Redaktionen von den erfolgreichen Starts zu unterrichten.

Nach diesem Erfolg reisten die beiden Brüder heim. Sie wollten sich zunächst einmal erholen und dann versuchen, einen noch größeren und leistungsfähigeren Flugapparat zu bauen.

Sie entwarfen ein größeres Flugzeug, mit dem sie ihre Maschine besser ausnutzen konnten. Da sie nun nicht mehr von starken Gegenwinden und Hügelabfahrten abhängig waren, starteten sie ihre weiteren Flugversuche in der Nähe ihrer Heimatstadt Dayton.

Aber noch immer hatten sie den idealen Flugzeugtyp nicht gefunden. Ihre neue Maschine war „kopflastig", und Orville hatte Mühe, sie bei einem plötzlichen Windwechsel vor dem Absturz zu bewahren. Erst als auch dieser Fehler beseitigt war, konnten sie ihre Runden gefahrloser drehen. Trotz allem brachten sie es während des ganzen Jahres 1904 nur auf 45 Flugminuten.

212

Im nächsten Jahr wagten sie sich endlich auch auf längere Strecken. Der Rekord im Jahre 1905 waren 53 Kilometer im Nonstopflug, die sie in 38 Minuten durchflogen. Nachdem sie so die Leistungsfähigkeit ihrer Maschine unter Beweis gestellt hatten und die erforderlichen Patente angemeldet worden waren, boten sie ihr Flugzeugmodell auch dem US-Kriegsministerium zum Ankauf an. Als Antwort erhielten sie allerdings nur einen vorgedruckten Formularbrief, in dem man ihnen dafür dankte, daß sie ihre Erfindung dem Ministerium zu Verteidigungszwecken angeboten hatten. Leider könne man von diesem Angebot keinen Gebrauch machen.

„Sie reihen uns unter die Spinner ein", meinte Orville verärgert, „die das Kriegsministerium jedes Jahr mit ihren ,Wunderwaffen' überschwemmen. Aber, wenn sie es nicht wollen, können wir ja unser Flugzeug auch woanders anbieten, vielleicht in Europa, wo man diesen Dingen aufgeschlossener gegenübersteht!"

„Zuvor sollten wir die Maschine noch mehr vervollkommnen", beschwichtigte Wilbur ihn. „Laß uns überlegen, ob nicht der Pilot anders untergebracht werden könnte. Du hast ja selbst wiederholt gesagt, wie unbequem und auch unzweckmäßig es ist, wenn du beim Steuern auf dem Bauch liegst und nur mit größter Mühe geradeaus sehen kannst. Das müßte zuerst geändert werden!"

Die Brüder schafften es, daß in einer neuen Maschine der Pilot nicht nur aufrecht sitzen konnte, sondern überdies ein weiterer Passagier daneben Platz hatte. Somit hatten sie eine der Bedingungen erfüllt, die das Kriegsministerium auf eine erneute Eingabe hin gestellt hatte. Außerdem sollte das Wright-Flugzeug ohne Zwischenlandung eine Strecke von 200 Kilometern mit einer Mindestgeschwindigkeit von 40 Stundenkilometern durchfliegen können.

Das war jedoch leichter gesagt als getan! Man mußte dazu nicht nur ein stärkeres Getriebe, sondern auch einen größeren Benzinmotor einbauen. Erst am 3. September 1908 war man endlich soweit, einen Probeflug mit einer neuen Maschine wagen zu können. Er dauerte allerdings nur eine Minute und elf Sekunden, dann traten Störungen am Motor auf. Am 5. September mußte Orville den Flug wegen desselben Fehlers nach 4 Minuten und 15 Sekunden abbrechen. Am 8. September wurde zum ersten Mal im Auftrage des Kriegsministeriums der Leutnant Selfridge als Passagier mitgenommen. Die Maschine blieb dieses Mal 57 Minuten und 3 Sekunden in der Luft.

Voller Hoffnung sahen die Wrights den weiteren Versuchen entgegen. Am 12. September erreichten sie eine Stunde und fünfzehn Minuten. Am 15. wollten sie auch diesen Rekord noch überbieten. Doch schon kurz nach dem Start merkte Orville, daß mit dem Flugzeug etwas nicht in Ordnung war. Er machte eine Bruchlandung, bei der Leutnant Selfridge tödlich verunglückte. Orville Wright erwachte erst nach drei Tagen aus einer tiefen Bewußtlosigkeit.

Die Nachricht lief wie ein Schock durch ganz Amerika. Sollte es den Wrights ähnlich ergehen wie den vielen anderen zuvor, die derartige Versuche mit dem Tode bezahlt hatten? Unter dem Eindruck des Unglücks verschwand das Interesse der Regierung an dem Ankauf der Wrightschen Flugzeugmodelle. Eine neue, sorgenreiche Zeit begann für die Brüder!

Erfolge in Europa

„Wir wollen uns nichts vormachen", meinte Wilbur einige Tage später. „Hier in den Staaten wird es eine ganze Zeit dauern, bis wir die Leute nach diesem Unglück von der Zweckmäßigkeit eines Flugzeuges überzeugen können. Das beste ist, wir fahren jetzt nach Europa. Die Leute dort sind für Flugversuche doch aufgeschlossener.

In der Zeitung habe ich übrigens gelesen, daß der Franzose Louis Blériot einen Eindecker mit einem luftgekühlten Anzani-Motor gebaut hat, mit dem er bereits einige größere Strecken geflogen ist. Es würde nichts schaden, wenn wir dort Flugvorführungen machen. Zugleich können wir uns auch die Maschine von Blériot näher ansehen."

Die Wrights schifften sich also schon bald nach Le Havre ein und gaben zunächst in Frankreich die verschiedensten Flugveranstaltungen. Dann reisten sie nach Berlin weiter. Unter dem stürmischen Jubel der Bevölkerung brausten sie über die Köpfe der Bewohner der deutschen Hauptstadt hinweg. Sie fuhren von einem Land in das andere. Es war ein Triumphzug ohnegleichen.

Erst im Jahre 1909 kehrten die beiden Brüder mit ihrer Maschine in die Staaten zurück.

Da das Flugwesen in Europa inzwischen erhebliche Fortschritte gemacht hatte und zwei Amerikaner durch ihre Flugvorführungen daran nicht ganz unbeteiligt waren, wurden sie von der Presse in New York

Wilbur Wright

und auch in ihrer Heimatstadt entsprechend begrüßt. Als wenige
Wochen später, am 25. 7. 1909, Blériot mit seinem Eindecker in 27 Minuten und 30 Sekunden den Ärmelkanal überflog und das Flugzeug
damit eindeutig seine Verwendbarkeit sogar über dem Wasser unter
Beweis stellte, wollte man auch in Washington nicht hinter der Entwicklung zurückbleiben. Das US-Kriegsministerium unterstützte von
neuem die weiteren Flugversuche der Wrights, da man sich davon
große Vorteile für die Armee versprach.

Die beiden Brüder dankten es mit drei Weltrekorden, die sie wenige
Wochen später mit ihrem neuen *Aeroplan* in der Nähe von Fort Myer
in Virginia aufstellten. Sie erreichten damals mit einem Passagier eine
Stundengeschwindigkeit von 68,4 Kilometern.

Die US-Regierung kaufte nunmehr die neue Maschine an, während
die Wrights ihre Flugversuche fortsetzten. Die geflogenen Strecken
wurden länger und die Flughöhe größer. Mit dem Ruhm kam aber
auch ein lästiges Anhängsel! Zahllose Leute schrieben ihnen, daß sie
durchaus nicht die ersten gewesen seien, die einen Flugapparat erfun-

den hätten, und die gegen ihre Patente angehen wollten. Ein umfangreicher und ermüdender Papierkrieg nahm bald einen großen Teil ihrer Arbeitskraft in Anspruch.

Einer ihrer Biographen, I. O. Evans, schrieb nicht ganz zu Unrecht: „Sie hatten in einem über zehnjährigen Ringen ihre Kräfte verbraucht. Wen wundert es da, daß Wilbur Wright, von diesem Kampf ermüdet und angewidert, nicht mehr die Kraft aufbrachte, gegen das typhöse Fieber anzukämpfen, das er sich schon vor Jahren bei den winterlichen Flugversuchen auf dem berüchtigten Teufelstöterhügel zugezogen hatte. Er starb im Alter von 45 Jahren, am 30. Mai 1912."

Sein Bruder Orville, von dem Tod Wilburs tief getroffen, zog sich verbittert von der Öffentlichkeit zurück. Als die Streitigkeiten über die Priorität ihrer Erfindung selbst nach Jahrzehnten immer noch nicht aufhörten, forderte er, über seine Landsleute verärgert, das dort ausgestellte Erfolgsmodell von dem Smithsonian-Institut zurück und gab es dem South-Kensington-Museum in London. Erst nach langen Verhandlungen und nachdem in dem Londoner Museum eine Nachbildung aufgestellt worden war, kam die Maschine vor zwanzig Jahren in das Land zurück, wo sie erdacht worden war. Sie ist heute im Nationalmuseum der Vereinigten Staaten zu sehen.

Orville Wright überlebte die beiden Weltkriege, in denen die Flugzeuge ihre militärische Bedeutung bewiesen. Er starb am 30. Januar 1948 an den Folgen eines schweren Herzanfalls in seinem Büro in Dayton.

Kurz vorher hatte man ihn gefragt, ob er in Anbetracht der fürchterlichen Zerstörungen, die durch die Flugzeuge im letzten Krieg entstanden sind, nicht seine Erfindung bedauere.

„Nein!" meinte er nachdenklich. „Es ist so ähnlich wie mit dem Feuer. Man bedauert zwar seine Zerstörungskraft, aber man ist doch froh, daß man es hat. Allein an den Menschen selbst liegt es, was sie aus unserer Erfindung machen!"

Das Flugzeug – und das wollte Orville Wright sicher damit andeuten – ist heute aus unserer Welt nicht mehr fortzudenken. Die Maschinen wurden immer schneller und leistungsfähiger. Millionen werden heute in allen Teilen der Welt damit befördert und Abertausende arbeiten an seiner weiteren Entwicklung. Die Ehre aber, als erste ein leistungsfähiges Flugzeug gebaut zu haben, verbleibt den Brüdern Wilbur und Orville Wright.

Ein Reitergeneral erfindet ein Luftschiff

Neben den Bestrebungen der Brüder Wright gab es noch die Möglichkeit, die Auftriebskraft einiger Gase auszunutzen, um so in die Atmosphäre emporzusteigen.

Auch hier war es ein Zufall, der zur Entdeckung dieser anderen Flugmöglichkeit führte. Eine Frau Montgolfier hatte im Winter 1782 ihre mit Fischbeinstäbchen verstärkte Krinoline zum Trocknen über den Ofen gehängt. Zur Verwunderung ihres Mannes Joseph Michel Montgolfier bauschte sich der Unterrock immer mehr auf und schwebte schließlich zur Decke. Dort blieb er hängen und konnte erst mit einer Leiter herabgeholt werden.

Monsieur Montgolfier dachte über die Ursachen nach. Dabei kam ihm der Gedanke, daß man in ähnlicher Weise eine halbkugelige, mit Stoff bespannte Umhüllung im Freien aufsteigen lassen könnte. Zusammen mit seinem Bruder Jacques Etienne machte er sich unverzüglich an die Arbeit. Nach einigen Versuchen merkte er bald, daß eine Halbkugel allein nicht ausreichte. Er schuf deshalb eine Art birnenförmiges Gebilde, unter dem, an Stricken befestigt, eine Art Ofen hing, der mit Stroh oder anderem leicht brennbaren Material beheizt wurde.

In der väterlichen Fabrik fertigten die Brüder aus starkem, hier hergestelltem Packpapier ein Modell an, das sie mit einem Hanfnetz überzogen, an dem ein kleiner Ofen hing. Schon die ersten Versuche mit dem Heißluftballon glückten. Sie bauten deshalb einen größeren, der jedoch in 300 Meter Höhe zu brennen begann und abstürzte. Daraufhin nähten sie einen anderen Ballon aus Leinen. Er war so groß, daß er zwischen zwei Masten mit Stricken befestigt werden mußte, damit er nicht zusammenstürzte.

Zum Probeflug wurden die Bürger der Stadt Annonay eingeladen. Der Ballon hatte einen Durchmesser von zehn Metern. Er stieg schnell auf und erreichte eine beachtliche Höhe, bis er nach zehn Minuten, nachdem das Feuer ausgegangen war, in einem Weinberg landete.

Flugblätter machten das kaum glaubliche Ereignis in ganz Frankreich bekannt. Es kam auch der berühmten Academie Française zu Ohren, die aufgeregt zu einer Sitzung zusammentrat. Die „klügsten und erfahrensten Köpfe Frankreichs" hatten nämlich auf Antrag ihres Mitgliedes La Lande folgende Behauptung aufgestellt: „Es ist unmöglich und in jedem Sinne erwiesen, daß ein Mensch sich erheben oder selbst nur in der Luft sich schwebend halten kann. Die Unmöglichkeit, durch Flügelschläge aufzusteigen, ist ebenso sicher wie die Unmöglichkeit, mittels der spezifischen Schwere luftleerer Körper in die Höhe aufzusteigen."

Und nun, ausgerechnet ein Jahr später, bewiesen die Brüder Montgolfier das Gegenteil! Sie erklärten dieses Flugphänomen damit, daß sich durch die Hitze des Ofens die Luft in dem Ballon erwärme, ausdehne und damit leichter würde als die in der Umgebung. So könne der Ballon schweben und außerdem noch eine beachtliche Höhe erreichen.

Damit aber noch nicht genug. Die Brüder Montgolfier hatten angekündigt, sie würden im September nach Versailles kommen und vor ihrer Majestät, der königlichen Familie und jedem, der es sehen wolle, den Versuch wiederholen. Eine höchst peinliche Angelegenheit also, der man nach bewährter Weise nur dadurch entging, indem man zunächst eine Kommission bildete, um die angebliche Erfindung eingehend zu prüfen. Vielleicht scheiterte der Versuch, oder man konnte ihn anderweitig angreifen und eventuell verhindern.

Es war ein Glück, daß der erste Ballon, den die Montgolfiers in Versailles aufsteigen lassen wollten und dem sie eine neue spindelförmige Gestalt gegeben hatten, wegen eines Dauerregens völlig zerweichte. Sie mußten deshalb in aller Eile einen neuen bauen, dem sie ihre bewährte Birnenform gaben. Er hatte nunmehr eine Höhe von 19 Metern, war in seinem unteren Drittel abgesetzt und endete in einer fünf Meter breiten Öffnung, unter der sich der Heizofen befand. Um den Ballon gegen den Funkenflug abzusichern, hatten die Brüder den unteren Teil der Leinenbespannung noch mit Alaun getränkt.

Als sich der Ballon, nachdem das Feuer angezündet worden war, allmählich füllte, die Leinenverkleidung sich spannte und auch die prächtigen Draperien sichtbar wurden, ging ein Jubel durch die Abertausende von Zuschauern. Aber die Montgolfiers hatten sich noch eine andere Überraschung ausgedacht! Von einem Gehilfen gezogen, bestieg ein kräftiger Hammel die Plattform, auf der neben dem Ofen noch ein aus Weiden geflochtener Korb angebracht war. Der Hammel wurde in den Korb geschoben, ein Hahn und eine Ente folgten. Sie sollten die ersten Passagiere dieses Fluges sein und eindeutig unter Beweis stellen, daß es nicht, wie es immer wieder gesagt wurde, lebensgefährlich sei, in die höheren Luftschichten aufzusteigen. Ein Kanonenschuß ertönte, das Zeichen, um die Haltetaue zu kappen.

Der *Aerostat*, wie er später genannt wurde, stieg langsam zwischen den Masten empor, ein Windstoß erfaßte ihn und trieb ihn schräg in die Höhe. Der Korb mit den Tieren schwankte hin und her. Unbeirrt schwebte der Ballon weiter, erreichte eine immer größere Höhe und verschwand schließlich am Horizont.

Der Jubel der vielen Tausend Menschen – man behauptete später, es seien über hunderttausend gewesen – kannte kein Ende mehr. Es dauerte eine ganze Zeit, bis durch Stafettenreiter, die den Ballon verfolgt hatten, die Nachricht kam, der Aerostat sei in einer Lichtung im Wald von Vaucresson eine Viertelstunde nach dem Abflug niedergegangen. Der Hammel und die Ente seien unversehrt. Lediglich seien einige Schwanzfedern des Hahnes geknickt und einer seiner Flügel sei verletzt. Wahrscheinlich hatte ihn der Hammel bei der etwas unsanften Landung getreten. Ohne Zweifel war dies der erste „Flugunfall" eines Passagiers.

Nachdem so die Gefahrlosigkeit einer solchen Ballonfahrt unter Beweis gestellt worden war, fand am 21. November 1783 bei Paris der bemannte Aufstieg einer *Montgolfière* statt. Die Fluggäste waren dieses Mal J. F. Pilâtre de Rozier und F. L. Marquis d'Arlandes. Der Ballon hatte eine Höhe von 23 Metern, sein Rauminhalt betrug 2879 Kubikmeter. Die große Neuerung bestand nunmehr darin, daß die Glutpfanne sich nicht mehr innerhalb des Ballons befand, sondern an Ketten darunter hing. Eine ringförmige Fläche aus Weidengeflecht, die mit einem brusthohen, mit Leinwand bespannten Geländer umgeben war, hatte man daneben angebracht. So konnte man das Feuerungsmaterial für Heißlufterzeugung ergänzen und längere Strecken fliegen. Außerdem blieb auf diese Weise noch Platz für zwei bis drei Passagiere.

Eine große Gefahr für die Flugreisen mit einem Heißluftballon war, das wußten natürlich auch die Montgolfiers, die Feuerstelle unter dem Aerostaten. Besonders bei der Landung wurde es kritisch, wenn die

Der erste Versuch eines Ballonaufstiegs in Versailles. Die königliche Familie war anwesend, als die Brüder Montgolfier am 19. September 1783 den Ballon starteten.

Ballonhülle zusammenfiel und den Korb mit dem offenen Feuer überdeckte. So kam es in der Folgezeit häufig zu Bränden, wenn es nicht gelang, das Antriebsfeuer noch rechtzeitig zu löschen. Der Italiener Paoli Andreani hatte im Jahre 1784 eine Montgolfière gebaut, die einen bis nach oben versteiften Korb besaß, der fest mit den Rändern der Ballonöffnung verbunden war. Trotzdem war die Gefahr bei der Landung nicht völlig gebannt. Bereits im Jahre 1783 hatte deshalb der 37jährige Physikprofessor Jacques Alexandre Charles vorgeschlagen, den Ballon mit Wasserstoffgas zu füllen, das ebenfalls leichter als Luft war und so einen ähnlichen Auftrieb besaß. Er tat sich mit den beiden Mechanikern, den Brüdern Roberts, zusammen, denen es gerade gelungen war, Kautschuk zu lösen und so ein hervorragendes Dichtungsmittel für den Ballonstoff zu gewinnen.

Für die Herstellung des Wasserstoffgases nutzten sie einen einfachen chemischen Vorgang aus: Sie zersetzten Eisen durch Schwefelsäure. Es war jedoch nicht ganz einfach, die notwendige Menge des Wasserstoffgases zu erzeugen. Man benötigte dazu eine Reihe von Fässern, die man mit Eisenfeilspänen füllte, deckte sie sorgfältig mit einem Faßdeckel ab, der zwei Löcher besaß. Durch eine Öffnung goß man die Schwefelsäure hinein und leitete durch eine Röhre, die mit der Ballonhülle verbunden war, das Wasserstoffgas in den Aerostaten. Zahllose Fässer mit Eisenfeilspänen und vier Tage und Nächte waren erforderlich, um die benötigte Gasmenge zu erhalten. Dann war die Hülle aufgebläht, und der an dem Einlaufstutzen befindliche Hahn konnte geschlossen werden.

Die ersten Aufstiegsversuche wurden unternommen. Sie verliefen erfolgversprechend, und man plante nunmehr einen größeren Flug. Er fand noch im Spätsommer 1783 statt und dauerte 50 Minuten, wobei gut 22 Kilometer durchflogen wurden. Nach seinem Erbauer gab man dieser Ballonart in Zukunft den Namen *Charlière*. Die nächsten Modelle wurden prächtig ausgestattet, die Gondeln mit Sitzen und Schnitzwerk versehen, und „Ballon zu fahren" wurde immer beliebter. Noch im Jahre 1820 war es die Hauptattraktion des Münchener Oktoberfestes, als eine Madame Reichardt auf der Theresienwiese mit einem solchen Ballon aufstieg.

In den folgenden Jahren erfaßte eine wahre „Aeromanie" die Welt. Fast bei jedem Ballonaufstieg erschienen kolorierte Drucke mit einer ausführlichen Beschreibung. Professor Faujas de Saint-Fond, der seinerzeit seinen Kollegen Jacques Charles durch eine Subskriptionsliste finanziell unterstützt hatte, gab ein zweibändiges Werk heraus, das den Titel trug: *Beschreibung und Erfahrungen mit den aerostatischen Maschinen*, das erhebliches Aufsehen erregte und von allen Interessierten studiert wurde. Auch Johann Wolfgang von Goethe las es und unternahm in seinem Weimarer Garten bescheidene Flugversuche.

Er schrieb damals die prophetischen Worte: „Das Luftschiff zu erfinden und in himmlische Bezirke hochsteigen zu lassen, beladen mit lebenden Passagieren, mit eiligen Postsachen und allerlei Bagage, dies ist schlechthin die Krönung der exakten Wissenschaft und wahrscheinlich ein Markstein in der Geschichte der Menschheit."

Wie immer bei derartigen Erfindungen dachte man auch daran, sie militärisch auszunutzen. Als Napoleon im Jahre 1798 plante, eine Invasion in England durchzuführen, schlug man ihm allen Ernstes vor, große Ballons zum Truppentransport einzusetzen.

Es war gut, daß dieses Unternehmen niemals stattfand; denn es wäre auch bei günstigem Wind ein gefährliches Unterfangen gewesen, die Wasserstoffballons mit ihren Gondeln unversehrt über den Kanal zu bringen und an einer bestimmten Stelle dicht beieinander landen zu lassen. Es gab ja noch keine Möglichkeit, die Ballons zu steuern. Außerdem hatte man keine Erfahrung, wie durch die Veränderung der Höhenlage die günstigsten Luftströmungen ausgenützt werden können.

Vergebliche Versuche, einen lenkbaren Ballon zu bauen

So ist es nicht verwunderlich, daß man sich schon bald nach dem Aufstieg der ersten Montgolfière darüber den Kopf zerbrach, was man wohl unternehmen könne, um einen lenkbaren Ballon zu schaffen.

Zwar hatte Joseph Michel Montgolfier in wahrer Erkenntnis der Sachlage wiederholt gesagt: „Der wahre Geist der Luftschiffahrt liegt in dem Studium der Winde und ihrer geschickten Ausnutzung! Sie müssen wir genau studieren, um einen Aerostaten in die gewünschte Richtung steuern zu können."

Da dieses Studium aber zu mühsam und langwierig war, dachte mancher darüber nach, wie man einen lenkbaren Ballon konstruieren könnte. So wurde die Lenkbarkeit des Ballons zu einem beliebten Thema für die Phantasie technisch begabter Erfinder, aber auch solcher, die sich dafür hielten. Ähnlich wie bei dem Perpetuum mobile veröffentlichte man immer neue Pläne, von denen aber keiner das Problem zu lösen vermochte.

Wie stark das Thema die Öffentlichkeit interessierte, mag daraus hervorgehen, daß bereits im Jahre 1784 die Akademie von Lyon einen allgemeinen Wettbewerb über die Lenkung von Ballons ausschrieb.

Schon Ende des Jahres lagen dem Preiskomitee beinahe hundert verschiedene Entwürfe vor, die allerdings alle von den Steuerungsmöglichkeiten ausgingen, die ein Schiff besaß, wie beispielsweise Segel und Ruder.

Folgendes beachteten sie jedoch nicht: Ein Segelschiff im Wasser befindet sich in zwei Elementen. Sein Schiffskörper liegt im Wasser, während die Segel dem Wind ausgesetzt sind. Das Wasser leistet dem unter Segel stehenden Schiff einen gewissen Widerstand, den der Wind als Antrieb überwinden muß. Bei einem freischwebenden Ballon ist das anders. Hier trifft der Wind das ganze Objekt, den Ballon, die Gondel und auch die ausgesetzten Segel, und zwar gleichzeitig. Also mußten die Segel schlaff herabhängen, obwohl ein starker Wind herrschte.

Ein findiger Kopf schlug deshalb vor, den jeweiligen Wind mit riesigen umgestülpten Regenschirmen abzufangen und gegen die Segel zu leiten. Ein anderer wollte mit großen Blasebälgen die Segel straffen. Darauf konstruierte man Ballons mit Ruderapparaten. Ein Versuch, den Guyton de Morveau im Auftrag der Universität Dijon machte und bei dem dreißig Mann, ähnlich wie auf dem Wasser, große, mit Leinenflächen ausgerüstete Ruder zugleich einsetzten, scheiterte schon bei dem ersten Flugversuch.

Edouard Guillaume beschritt einen anderen Weg. Das Luftschiff, das er im Sommer 1785 im Tivoligarten vorführte, hatte statt der Gondel ein schmales längliches Gestell, in dem der Luftschiffer stand und mit Hilfe eines Tretwerkes große fächerförmige Schaufelruder bewegte. Aber der Ballon, der jetzt schon eine spitz zulaufende, längliche Form besaß, war ein hilfloses Spielzeug des Windes.

Zehn Jahre später versuchte es ein anderer mit seitlich herausgestellten Schaufelrädern, die durch ein Göpelwerk von zwei Pferden angetrieben wurden. Wegen des großen Gewichts dieser Anlage waren die Ausmaße entsprechend ausgedehnt. Doch vermochte sich das Ungetüm kaum vom Boden zu erheben. Die Ruderidee hielt sich weit in das 19. Jahrhundert hinein, bis man endlich die Nutzlosigkeit dieser Art des Antriebs erkannte.

Mit einer Steuerung wollte man nun den freitreibenden Ballon in einer gewissen Richtung halten. Die merkwürdigsten Versuche wurden dabei unternommen. Man hing bei dem sogenannten *Globe volant* von Blainville ein paddelähnliches Steuer gegen den Wind. Bei dem *Ballon Julien* wurde das Steuer an dem Schwanzende des fischähnlichen Tragekörpers befestigt, was dem Modell darauf den Namen *Hering* eintrug. Mit einem mächtigen Kurbelrad konnte das Steuer verstellt und in dieser Lage festgehalten werden. Noch mehr vervollkommnet war der Lenkballon von Lagleize, bei dem die Steuerflosse mit einer Zahnradübertragung arbeitete.

Aber alle diese Versuche befriedigten nicht recht. Man ging deshalb dazu über, den Ballons eine elliptische Form zu geben, das verringerte, wie man bereits aus den Versuchen von Lagleize wußte, den Luftwiderstand erheblich, und man erzielte so eine bessere Wirkung des Steuerruders.

Aber trotz allem waren diese Modelle doch mehr oder weniger den Launen des Windes ausgesetzt. Man hatte es zwar inzwischen gelernt, durch Abwurf eines Ballastes, meist war es Wasser oder Sand, die Höhenlage des Ballons zu beeinflussen. Auf diese Weise konnte man gelegentlich auch eine günstigere Windströmung aufsuchen.

Ein Monsieur Samson hatte in den dreißiger Jahren des vergangenen Jahrhunderts sogar einen spindelförmigen Ballon gebaut, der um eine horizontale Achse schwenkbar war. Man konnte also den einen Teil des Ballons herunterziehen, während der andere natürlich stieg. Da an dem länglichen Flugkörper noch jeweils zwei Flossen angebracht waren, hoffte sein Erbauer, von der freihängenden Gondel aus mit entsprechenden Kabeln das Luftschiff steuern zu können.

Aber auch an dieser Konstruktion hatte sein Erbauer wenig Freude! Sie war ebenso wie die anderen ein Spielball des Windes. Da es mit dem Segelantrieb nicht klappte, suchte man nach einer Kraft, die das lenkbare Luftschiff vorwärtstrieb. Man kam dabei auf die verrücktesten Gedanken. So konstruierte der Engländer Th. S. Mackintosh ein *Vogelkraftluftschiff* mit Steuerung. Der Antrieb sollte aus einem Gestell bestehen, an dem vierzehn Adler angekettet waren, welche das Gefährt vorwärtszogen. Eine Idee übrigens, die bereits im Altertum der König Kyaxares von Medien hatte, um auf diese Weise auf einem leichten Holzgestell durch die Lüfte zu fliegen. Nur war sie damals besser durchdacht; denn der König hielt während des Fluges einen Stab in den Händen, an dessen Spitze ein Stück Hammelfleisch befestigt war. Damit lockte er die Vögel vorwärts.

Zwanzig Jahre nach dem ersten Aufstieg Montgolfiers griff übrigens ein österreichischer Kaiser einen ähnlichen Gedanken auf und verfaßte darüber eine Schrift, die den Titel trug: *Über meine Erfindung, einen Luftballon durch Adler zu dirigieren.*

Man sollte meinen, daß mit den Phantastereien des Mister Mackintosh diese Idee endgültig zu den Akten gelegt worden wäre. Aber weit gefehlt! Noch im Jahre 1899 hatte ein deutscher Taubenzüchter allen Ernstes vor, dressierte Tauben als Zugtiere vor einen Ballon zu spannen. Er reichte seine „Erfindung" zum Patent ein und bemühte sich, diese „kriegswichtige Entdeckung" dem deutschen Kaiser vorzulegen, und das zu einer Zeit, als bereits brauchbare Luftschiffe über Deutschland flogen!

Hundert Jahre früher hatte man schon einmal einen anderen Gedanken gehabt. Man wollte den Ballon mit Hilfe von „um eine Achse drehbaren, bespannten Flächen" fortbewegen. Das war bereits die Vorstufe zu einem Propeller, der bis zur Entwicklung des Düsenantriebes das einzige Mittel zur künstlichen Fortbewegung bei Flugzeugen und Luftschiffen gewesen ist.

Aber es fehlte die Kraft, die diese drehbaren Ruder mit einer entsprechenden Geschwindigkeit antrieb. Im November 1851 hatte zwar der französische Mechaniker Jacques Brille ein kastenartiges Gestell konstruiert, mit dem die von der Hand gedrehte Kurbel durch weitere Übersetzungen die Luftschrauben in eine schnelle Rotation versetzte, aber diese Kraft reichte bei weitem nicht aus.

Die geeignete Antriebskraft war noch nicht gefunden. Da um die Mitte des vergangenen Jahrhunderts die Dampfmaschine gerade ihren Siegeszug angetreten hatte und bereits die ersten Züge fuhren, lag es auf der Hand, diese Kraft für den Luftverkehr einzusetzen. Henry Giffard, einem technischen Zeichner bei der Pariser Eisenbahn von Saint Germain, kam wahrscheinlich als einem der ersten der Gedanke, eine Dampfmaschine für den Antrieb eines lenkbaren Luftschiffes zu benutzen. Sie mußte vor allen Dingen viel leichter sein als die bisher gebauten. Nach jahrelangen Versuchen gelang es ihm, eine Maschine zu bauen, die nicht mehr als drei Zentner wog und eine Kraft von drei PS entwickeln konnte. Sie schaffte 110 Luftschrauben-Umdrehungen in der Minute. Zusammen mit dem berühmten Ballonfahrer Eugène Godard begann Giffard mit dem Bau des Luftschiffes.

Um durch den Funkenflug nicht den Tragkörper zu beschädigen, hatte Giffard den Feuerungsteil mit einem festen Drahtgeflecht umgeben und außerdem den Schornstein senkrecht nach unten geführt.

Am Abend des 24. September 1852 erhob sich der 44 Meter lange *Ballon dirigéable* bei kräftigem Wind aus dem Hippodrom am Rande von Paris. Er erreichte schnell eine größere Höhe und war bald in der Dämmerung verschwunden. Als es Nacht zu werden begann, sah Giffard unter sich die Lichter eines Dorfes. Er löschte das Feuer mit Sand und ließ den Dampf ab. Erst dann zog er das Ballonventil, und der Dirigéable sank. Ohne Unfall landete er auf dem Erdboden. Das war ein erfolgversprechender Auftakt, aber Giffard hatte sich verpflichtet,

auch noch an den Aufstiegsort zurückzukehren. Da er hierfür möglichst günstige Bedingungen haben wollte, wartete er einen Tag mit
völliger Windstille ab. Dann erst flog er zu dem am Rande von Paris
gelegenen Hippodrom zurück. Trotz voller Dampfkraft erreichte er
dabei nur eine Geschwindigkeit von zwei bis drei Metern in der
Sekunde. Das entsprach etwa der Marschleistung eines Fußgängers.

Giffard war enttäuscht; denn er konnte sich leicht ausrechnen, daß
er mit dieser Leistung kaum einem schwächeren Gegenwind gewachsen war. Nach den aufgestellten Berechnungen mußte ein Lenkballon
nämlich zwölf Meter in der Sekunde zurücklegen, um erfolgreich fliegen zu können.

Giffard war also gezwungen, eine weit stärkere Maschine zu bauen.
Das bedeutete eine neue und erhebliche Kapitalinvestition. Das
Schicksal kam dem kühnen Erfinder zu Hilfe. Er erfand „so nebenbei"
eine Dampfstrahlpumpe, welche die bisherige Speisungspumpe bei
Dampfmaschinen ersetzte. Dieser *Injektor* brachte ihm schon bald
erhebliche Einnahmen, die er für das neue Luftschiff verwendete.

Der Dirigéable hatte nun eine Länge von siebzig Metern. Die Dampfmaschine war um zwei PS stärker, allerdings auch erheblich größer.
Da der spindelförmige Tragkörper eine beachtliche Länge besaß, hatte
Giffard, um ein mögliches Durchknicken zu vermeiden, ein eng-
maschiges Netz mit Versteifungen darübergelegt.

Der erste Aufstieg erfolgte im Sommer 1855. Als Begleiter hatte
Giffard den Ballonfahrer Gabriell Yon mitgenommen. Der Tragkörper
blieb trotz seiner erheblichen Ausmaße zunächst stabil, auch der
Dampfmotor arbeitete zufriedenstellend. Aber die am Heck befindliche Steuerung sprach kaum an.

Nach einiger Zeit erschlaffte der Tragkörper. Er schien Gas zu verlieren. Die Hülle sackte immer mehr zusammen . . . Der Dirigéable
hielt sich nicht mehr waagrecht . . . Das Netz rutschte ab! Die Gondel
begann sich zu lösen. Gerade noch im letzten Augenblick konnte
Giffard die Leine des Ablaßventils zu fassen bekommen und ziehen.
Das Luftschiff sank und fiel schließlich wie ein Stein herab.

Die Gondel schlug zuerst auf. Kurz vorher sprangen die beiden Männer ab. Yon verrenkte sich dabei ein Bein. Dicht neben ihm grub sich
der schwere Dampfkessel in den Boden.

Mit viel Mühe konnte Yon den bewußtlos unter dem Netz liegenden
Giffard hervorziehen und zur Seite schleppen. Wenige Sekunden spä-

ter explodierte der Tragkörper, und die Ballonfetzen flogen den Männern um die Ohren.

Giffard hatte zum Glück nur innere Prellungen erlitten und erholte sich bald. Von dem Dirigéable aber hatte er genug!

Andere setzten die Versuche fort. Der Mainzer Ingenieur Paul Haenlein hatte bereits 1870 mit dem Bau eines leichteren Gasmotors begonnen. Ein elektrischer Funke zündete in ihm ein Gasgemisch, die Explosion bewegte einen Kolben, der die Kraft an eine Kurbelachse weitergab, die ihrerseits einen vierflügeligen Propeller bewegte. Das Gas aber sollte dem Tragkörper selbst entnommen, mit Luft vermischt und in die Verbrennungskammer geleitet werden.

Da Haenlein in Deutschland keine finanzielle Unterstützung fand, ging er nach Wien und gründete dort eine Aktiengesellschaft, um den Bau zu finanzieren. Das Luftschiff wurde in der mährischen Stadt Brünn gebaut. Der Tragkörper hatte eine „windschlüpfige Form", wie wir heute sagen würden. Der Gasmotor leistete sechs PS, und die Luftschraube schaffte damit neunzig Touren in der Minute.

Am 13. Dezember 1872 startete das Luftschiff zum erstenmal. Die Fahrt verlief durchaus zufriedenstellend. Nach einigen Tagen, nachdem noch verschiedene Verbesserungen durchgeführt worden waren, wollte man einen längeren Flug wagen. Da kam aus Wien die Botschaft, daß in Verbindung mit einem Börsenkrach auch die Aktien der Fluggesellschaft gefallen und trotz der offensichtlichen Erfolge beinahe wertlos geworden waren.

Die Gesellschaft ging in Konkurs, und einige Wochen später zerlegten einige Arbeiter das Luftschiff vor den Augen des Erfinders, um wenigstens das Material zu verwerten. Es hatte sich niemand gefunden, der es aus der Konkursmasse kaufen wollte.

Erst zwölf Jahre später, im Jahre 1884, bauten die beiden französischen Offiziere Charles Renard und Arthur Krebs ein neues Luftschiff. Sie hatten dazu von der Regierung eine finanzielle Beihilfe von 200 000 Francs erhalten. Als Antrieb benutzten sie einen Elektromotor, der von Batterien gespeist wurde. Er entwickelte 8,5 PS, die er auf eine zweiflügelige Luftschraube am Vorderteil der Gondel übertrug.

Die erste Probefahrt am 9. August 1884 verlief sehr erfolgversprechend. Von Meudon aus flog die *France*, wie man den neuen Dirigéable genannt hatte, in Richtung auf Versailles. Es wehte ein schwacher

Wind, der die Fahrt nach Süden beschleunigte. Über dem Dorf Villa-coubblay kehrten sie um und flogen nach Meudon zurück. Sie erreich-ten dabei eine Geschwindigkeit von 20 Kilometern in der Stunde und legten in 23 Minuten 7,5 Kilometer zurück.

Die Pariser Zeitungen feierten das Ereignis mit entsprechenden Schlagzeilen und erinnerten daran, daß vor hundert Jahren die „Erobe-rung der Luft" mit der Montgolfière begonnen hatte. Am 12. Septem-ber sollte ein weiterer Flug in Gegenwart des Kriegsministers unter-nommen werden. Aber die Windverhältnisse waren an diesem Tag nicht günstig. Der Motor mußte auf Höchstleistung gestellt werden und seine Achsen liefen heiß. Schließlich setzte er ganz aus. Das Luft-schiff trieb hilflos ab. Enttäuscht verließ der Kriegsminister Meudon. Das Urteil über die *France* war damit gesprochen. Man war eben noch nicht soweit und benötigte dringend bessere und stärkere Motoren.

Graf Zeppelin hat einen Gedanken

Mit wachem Interesse hatte Graf Ferdinand von Zeppelin die ver-schiedenen Versuche verfolgt, mit Hilfe von lenkbaren Luftschiffen den Luftraum zu erobern. Er war wie viele große Erfinder ein Außen-seiter. Auf dem Landgut seines Vaters bei Konstanz am Bodensee geboren, besuchte er zunächst die Realschule, ging dann auf eine Kadettenanstalt und wurde nach der entsprechenden militärischen

Ferdinand Graf von Zeppelin (1838–1917), Erfinder des starren Luft-schiffes

Ausbildung als Leutnant entlassen. Dann studierte er an der Universität Tübingen Staatswissenschaften.

Als neutraler Beobachter nahm er an den amerikanischen Sezessionskriegen 1863/64 teil. Hier erlebte er einen Ballonaufstieg, der ihn sehr beeindruckte. Er unternahm eine Expedition zu den Mississippiquellen und kehrte 1865 nach Deutschland zurück. Er nahm an dem Feldzug 1866 teil, wurde im Krieg von 1870 Regimentskommandeur und kehrte in den aktiven Dienst als Generalleutnant zurück, nachdem er eine Zeitlang württembergischer Gesandter beim Bundesrat gewesen war. Wegen seiner Reformvorschläge unbeliebt, wurde er mit 52 Jahren in den Ruhestand abgeschoben.

Nun erst begann, wie er später in seinen Erinnerungen schreibt, sein eigentliches Lebenswerk: der Bau von Luftschiffen. Wie viele Menschen seiner Zeit war er nämlich überzeugt, daß die Eroberung der Luft nicht durch Flugzeuge, sondern durch Luftschiffe erfolgen würde.

Bereits im Jahre 1873, kurz nach dem Mißerfolg des deutschen Ingenieurs Paul Haenlein in Böhmen, dachte er darüber nach, ob die Luftschiff-Erbauer sich nicht zu sehr auf eine Richtung festgelegt hatten.

„Sie kamen vom Ballon her", so schrieb er darüber, „und waren noch immer mit der geschichtlichen Entwicklung dieses Tragkörpers verbunden. Es müßten aber neue Wege gegangen werden!"

Selbst ein langgestreckter Tragkörper, wie ihn Haenlein gebaut hatte, blieb noch immer ein Ballon. Je länger er war, um so unstabiler wurde er! Er konnte bei einer entsprechenden Belastung knicken und war stets abhängig von der Gasfüllung, die sich durch Wärme oder den atmosphärischen Druck veränderte.

Welche Form aber sollte ein solcher Tragkörper am zweckmäßigsten haben? Nachdenklich nahm der Graf eine Zigarre aus der Kiste und betrachtete sie, um die beste Seite zu finden, an der er sie anschnitt.

Plötzlich aber, durchfuhr es ihn wie ein elektrischer Funke ... War das, was er so gedankenlos in der Hand hielt, nicht die Form, die er seit langem suchte? Fest und stabil zusammengefügt, an beiden Enden spitz zulaufend, mußte das doch beinahe die ideale Gestalt eines Luftschiffes sein!

Er legte die Zigarre vor sich auf den Schreibtisch und betrachtete sie immer wieder, als wäre sie ein Weltwunder. Dann nahm er ein Stück Papier und einen Bleistift und begann die äußere Form nachzuzeichnen: Er setzte eine Art Steuerflosse ans rückwärtige Ende und hing eine Kabine darunter.

Wie aber sollte man das alles befestigen und den ganzen Tragkörper zusammenhalten? Er nahm einen Bleistift und zeichnete kreisförmige Verstrebungen über die Umrisse der Zeichnung, die durch längslaufende, über den ganzen Körper gehende Streben miteinander verbunden wurden.

Woraus sollte das Gerippe bestehen? Holz oder Eisen schienen ungeeignet, da Holz zu bruchanfällig und Eisen viel zu schwer ist! Was gab es sonst noch?

Erregt stand Zeppelin auf und ging im Zimmer umher ... Hatte er nicht damals in Amerika irgend etwas gehört von einem neuen, leichten Metall, das man für die Ausrüstung der Truppen benutzen wollte, um Feldflaschen und Kochgeschirre daraus zu machen? Wie hieß es doch?

Er brauchte einige Runden um den Schreibtisch, bis ihm der Name schließlich einfiel: Aluminium!

Eilends ging er zum Bücherschrank und nahm den Lexikonband „A" heraus. Was dort unter „Aluminium" stand, war zwar sehr interessant, aber zugleich wenig erfreulich. Einem gewissen H. Chr. Oersted war nach diesen Angaben im Jahre 1825 zuerst die Herstellung von Aluminiumpulver gelungen. Durch Reduktion von wasserfreiem Aluminium-Chlorid mit Hilfe von Kalium konnten 1827 größere Metallblättchen geschaffen werden. Erst 1854 habe jedoch H. Sainte-Claire Deville den Grundstein für eine industrielle Aluminiumgewinnung gelegt, indem er durch Reduktion das Al-Na-Doppelchlorid mit metallischem Natrium gewann. Der Preis betrage aber immerhin noch 2300 Mark je Kilogramm.

„Das ist aber eine horrende Summe!" Der Graf war enttäuscht. Für diesen Betrag konnte er das Traggerüst ja fast aus purem Gold anfertigen. Er klappte den Lexikonband zu und stellte ihn in den Bücherschrank. Dann setzte er sich wieder an den Schreibtisch.

Dort lag noch immer die Zigarre, die ihm als Modell für seine Zeichnung gedient hatte. Er nahm sie und zündete sie an. Ob wohl alle seine Pläne in Rauch aufgingen wie jetzt die Zigarre? fragte er sich.

Vielleicht wurde eines Tages das Aluminium billiger, oder man fand ein anderes Metall, das ebenso leicht war. Bei derartigen großen Plänen mußte man auch warten können. Die Zeit war wahrscheinlich noch nicht reif für solche Projekte. Am gleichen Tag setzte er sich noch hin und brachte seine Gedanken zu Papier. Er schlug in dieser Niederschrift auch vor, einzelne Gaszellen innerhalb des Traggerüstes einzubauen, damit, falls einer der Behälter beschädigt werden würde, nicht das ganze Gas ausströmte. Diese Art der Bauweise, die später als die *starre Luftschifform* in die Geschichte der Technik einging, war zu jener Zeit ein vollkommenes Novum. Daneben liefen immer noch die Versuche weiter, einen ballonartigen Tragkörper zu bauen. Die Erbauer der *France*, die Kapitäne Renard und Krebs, hatten Nachfolger wie den Dresdener Buchhändler Dr. Wölfert und den Ingenieur Baumgarten gefunden, die von der spindelförmigen Ballonform nicht abgehen wollten.

Aber Graf Zeppelin konnte warten. Er war von seiner Idee überzeugt. Zwar hatte man inzwischen noch kein anderes Leichtmetall gefunden, aber der Preis für das Aluminium fiel ständig. Das lag vor allem an einem Verfahren, das der deutsche Chemiker Robert Bunsen entwickelt hatte und das auf elektrolytischem Weg die Abscheidung des Aluminiums in größerem Umfang ermöglichte. Es wurde laufend verbessert, und gegen Ende der siebziger Jahre kostete ein Kilogramm Aluminium nur noch 160 Mark. Als schließlich der Franzose Paul Héroult und der Amerikaner Ch. M. Hall im Jahre 1886 unabhängig voneinander Patente anmeldeten, die für die später in aller Welt aufgebauten Aluminiumhütten maßgebend wurden, fielen die Preise weiter.

Nun hielt Graf Zeppelin die Zeit für gekommen, die Welt auf seine Pläne aufmerksam zu machen. Er reichte zunächst im Jahre 1887 dem König von Württemberg eine Denkschrift über die Notwendigkeit des Baues großer Luftschiffe für wissenschaftliche und militärische Zwecke ein, in der er auch auf die von ihm entwickelte starre Luftschifform hinweist.

Fast gleichzeitig meldete Zeppelin seine Idee zum Patent an und sorgte über eine ihm befreundete Zeitungsredaktion für das Bekanntwerden seiner Pläne.

Aber wie immer, wenn geniale Erfinder die Menschheit um ein großes Stück vorwärtsbringen wollen, stieß auch Graf Zeppelin auf Unverständnis und unbegründete Vorurteile. Der Erfinder wurde nicht nur von seinem königlichen Landesherrn, sondern auch von dem deutschen Kaiser verlacht und von seinen übrigen Landsleuten als

Narr hingestellt. Was hatte schon ein Reitergeneral in der Luft zu tun? Es mangelte nicht an Karikaturen, die das sinnfällig darzustellen versuchten.

„Aber als Soldat, der auch Niederlagen hinnehmen muß", so schrieb der Graf später, „gab ich mich so schnell nicht geschlagen!"

Es fanden sich trotzdem bald Leute, Techniker und fortschrittliche Menschen, die einen weiteren Horizont besaßen und die wirkliche Größe seiner Idee erkannten. Mit Hilfe dieser Menschen und seinem eigenen beachtlichen Privatvermögen begann er seine Pläne in die Tat umzusetzen. Gemeinsam mit dem jungen Ingenieur Theodor Kober wurden die weiteren Einzelheiten ausgearbeitet. Durch ein System von Metallstreben und Verspannung sollte der starre Tragkörper seine Form behalten. Getrennte Stoffzellen waren für das Gas vorgesehen. Für den seitlichen Antrieb waren vier seitliche Gondeln mit Daimler-Benz-Motoren vorgesehen. In der Mitte befanden sich zwei Laufgewichte, die das Höhenruder unterstützten. Jeweils zwei Seitenruder waren vorn und am Ende eingebaut. Sechzehn Querringe und vierundzwanzig Längsträger aus Aluminium hielten den starren Körper zusammen.

Die beiden Gondeln für die Besatzung waren dicht an den Tragkörper gebaut. Über einen Laufsteg konnte man von einer zur anderen gelangen. Das ganze Gerippe aber wurde außen zwischen den einzelnen Quer- und Längsverstrebungen mit einer starken Bespannung versehen. Das Prinzip dieses Aufbaus behielt man in den nächsten vier Jahrzehnten bei, wenn auch mit einigen Änderungen in der Steuerung, der Kabinenform und in der Motorenleistung, weil es sich hervorragend bewährte. Trotzdem fühlte sich eine Sachverständigenkommission und die Militärverwaltung bemüßigt, im Jahre 1895 die Pläne mit einem vernichtenden Gutachten abzulehnen.

Aber die Kritiker hatten nicht mit der Starrköpfigkeit des Grafen gerechnet. Auf sich allein gestellt, gründete er nach entsprechenden Vorarbeiten eine Aktiengesellschaft zur Förderung der Luftschiffahrt mit einem Stammkapital von 800 000 Mark, wovon er die Hälfte aus seinem eigenen Vermögen einbrachte. Eine wesentliche Erleichterung für die neue Gesellschaft war es, daß die Firma Carl Berg, die als erste in Deutschland Aluminium herstellte, das benötigte Leichtmetall für die Tragegerüste kostenlos zur Verfügung stellte. Daraus wurden 16 Trommeln gebildet, die bis auf die Bug- und Heckspitze einen

Durchmesser von zwölf Metern und aneinandergefügt eine Länge von 128 Metern hatten. Das Fassungsvermögen der Gasbehälter betrug bereits damals 11 300 Kubikmeter.

Eine besondere Konstruktion waren die vier Antriebsgondeln, in denen sich jeweils ein 15-PS-Daimler-Motor befand, der zugleich zwei Aluminium-Luftschrauben antrieb.

Für die Montage selbst hatte man – und das war wiederum einer der genialen Gedanken des Grafen – eine schwimmende Luftschiffhalle gebaut. So benötigte man zunächst keinen riesigen Flugplatz, der erhebliche Mittel gekostet hätte, sondern benutzte den Bodensee dazu. Nicht nur in Friedrichshafen, an dessen Ufer die Riesenhalle verankert war, sondern in ganz Deutschland verfolgte man den Bau des ersten *Zeppelins* mit größtem Interesse.

Vom Pech verfolgt

Endlich am 2. Juli 1900 wurde die gewaltige „Zigarre", wie man das Luftschiff am Bodensee von nun an ganz allgemein nannte, aus der schwimmenden Halle gezogen.

Zahllose Zuschauer standen erwartungsvoll am Seeufer und verfolgten die Startmanöver, die unter dem Kommando des Hauptmanns Sigsfeld standen. Ganz allmählich löste sich das Luftschiff von dem Floß und gewann langsam an Höhe. Die Menschen am Ufer brachen in laute Jubelrufe aus.

Diese erste Versuchsfahrt dauerte eine Viertelstunde. Etwas zu heftig landete die *LZ-1*, wie sie offiziell hieß, in der Nähe von Konstanz wieder auf dem Wasser, wobei die Spitze einen der Verankerungspfähle rammte und erheblich beschädigt wurde.

Die Reparaturarbeiten konnten jedoch schnell durchgeführt werden. Man verbesserte die Steuerung, und die Versuchsflüge gingen nach einigen Wochen weiter. Dabei erreichte man eine Geschwindigkeit von 28 Stundenkilometern, und auch die Landungen verliefen ohne Schwierigkeiten.

Für weitere Flüge und Verbesserungen standen aber schon bald keine Gelder mehr zur Verfügung. Insgeheim hatte zwar Graf Zeppelin anfangs gehofft, durch seine erfolgreichen Flüge die Aufmerksamkeit der Öffentlichkeit zu erreichen, und mit staatlicher Unterstützung und

Luftschiff Graf Zeppelin LZ-1

privaten Spenden gerechnet, aber diese Gelder blieben aus. So mußte die Gesellschaft Anfang 1901 aufgelöst werden, wobei das gesamte eingebrachte Kapital die Schulden gerade noch abdeckte.

Der Grund für dieses mangelnde Interesse der Öffentlichkeit lag vor allen Dingen an der Staatsführung selbst, die wiederum unter dem Einfluß der Militärs stand. Wahrscheinlich – und das bestätigte die spätere Entwicklung – spielte man selbst mit dem Gedanken, ein lenkbares Luftschiff zu bauen. Professor Dr. August von Parseval hatte nämlich bereits im Jahre 1897 den sogenannten *Drachenballon* konstruiert, der das Vorbild für die späteren Fesselballons war. Er beruhte auf der Erfahrung, daß ein Drachen sich dadurch ruhig in der Luft zu halten vermag, daß der Wind gegen seine Unterseite drückt und durch die Schnur eine Gegenkraft erzeugt wird, die die Lage stabilisiert. Dieses „Drachenprinzip" nützte Parseval auch für seinen Fesselballon aus, indem er einen länglichen, an einem Seil hängenden Ballon mit abgestumpften Enden an seinem hinteren Ende mit einem Luftsack versah, der verschiedene nach vorn gerichtete Öffnungen besaß. Strich der Wind durch dieses Anhängsel, blähte es sich auf und hielt den Ballon in der Windrichtung. Um zu verhindern, daß der so ausgerüstete Ballon seitlich umkippte, wie dies leicht bei Drachen geschieht, wurden hinten noch zwei Stabilisationsflächen angebracht. Alle diese Einrichtungen bewirkten, daß der Beobachtungsballon selbst bei starken Winden oder plötzlichen Böen verhältnismäßig ruhig lag und eine gute Sicht des Erdbodens ermöglichte.

Auf diese Erfahrungen aufbauend, wollte Parseval ein unstarres Luftschiff konstruieren, das, von zwei Luftsäcken aufrecht gehalten, gegen den Wind zu fliegen vermochte. Nach der erfolgreichen Fessel-ballon-Konstruktion, die noch im Ersten Weltkrieg weitgehend zur Feindbeobachtung eingesetzt wurde, lagen die Sympathien des Militärs natürlich auf seiten Parsevals, und sie unterstützten dessen Baupläne bei den Monarchen.

Aber der Graf, der den größten Teil seines Vermögens bereits verloren hatte, gab nicht auf! Mit allen nur erdenklichen Mitteln bemühte er sich, Kapital zum Weiterbau aufzutreiben. Er genierte sich nicht, im Laufe des Jahres 1903 6000 persönlich geschriebene Bittbriefe an wohlhabende Leute zu schreiben. Jedem Brief lagen zehn frankierte Postanweisungen bei, damit es die zukünftigen Spender auch recht bequem hätten. Auf diese Weise kamen gerade 8000 Mark ein, die nur die Portoauslagen deckten.

Von der Richtigkeit seiner Idee besessen, gab sich Graf Zeppelin noch immer nicht geschlagen. Er erreichte eine Audienz beim König von Württemberg, und dieser genehmigte schließlich eine Lotterie zugunsten des Zeppelinbaues. Außerdem stellten einige Firmen kostenlos verschiedenes Material für den Bau zur Verfügung. Auch ein Teil des ersten Luftschiffes, das jetzt abgewrackt wurde, konnte für den Neubau verwendet werden. Bei dem Umbau war die Steuerung und auch die Leistung der Daimler-Motoren verstärkt worden. Jeder leistete jetzt 85 PS.

Am 30. November 1905 war *LZ-2* startklar. Aber eine Beschädigung beim Ausbringen des Luftschiffes aus der Halle erforderte eine umfangreiche Reparatur an der Steuerung. Erst nach sechs Wochen konnte der neue Starttermin auf den 17. Januar 1906 festgesetzt werden. Doch auch dieses Mal lief nicht alles glatt! Durch eine falsche Einstellung der Laufgewichte erhielt die *LZ-2* zuviel Auftrieb. Dadurch wurde sie zu schnell auf eine Höhe von 450 Meter gebracht und hier von starken Südostwinden erfaßt.

Obwohl alle Motoren auf Vollgas standen, wurde das Luftschiff seitlich abgetrieben und vom See fort auf das bergige Land gedrückt. Zu allem Unglück arbeitete die Steuerung nicht einwandfrei und ein Motor fiel aus. Durch geschicktes Manövrieren gelang es dem Grafen trotzdem, in der Nähe von Wangen bei dem Ort Kißlegg im Allgäu die *LZ-2* gut zu Boden zu bringen.

Da man noch keine Erfahrung bei der Landung eines Luftschiffes auf dem Lande hatte, verankerte man das Luftschiff an den beiden Enden. Das war ein großer Fehler, wie man schon bald feststellen mußte, da bei dem bald erfolgenden Windwechsel die ganze Breite des Luftschiffes einem aufkommenden Sturm preisgegeben war. Der Sturm zerfetzte die Umhüllung, verbog die Träger. Die *LZ-2* war völlig unbrauchbar geworden und mußte abgewrackt werden.

Die Konkurrenz ist erfolgreich

Als der Graf enttäuscht, aber in seinem Willen ungebrochen, von den Trümmern seines zweiten Luftschiffes schließlich nach Friedrichshafen zurückkehrte, erwartete ihn dort eine andere, wenig erfreuliche Nachricht: Dr. August von Parseval hatte in der Fabrikhalle von Riedinger in Augsburg den Bau seines ersten Luftschiffes beendet.

Aus den Zeitungen erfuhr der Graf, daß die unstarre Konstruktion aus einem 48 Meter langen und 4 Meter starken Ballon bestand, der einen Gasinhalt von 2.300 Kubikmetern hatte und von einem 85 PS-Motor angetrieben wurde. Ähnlich wie bei den Fesselballons wurde die Stabilität durch zwei Luftsäcke aufrechterhalten, die außerdem noch durch ein Gebläse aufgefüllt werden konnten. Die Seitensteuerung erfolgte durch eine quadratische Heckflosse, die tief unter dem Tragkörper angebracht war. Die Höhensteuerung befand sich am hinteren Ende des Ballons.

Schon bei der ersten Probefahrt im Mai 1906 erzielte *Parseval Nr. 1* eine Geschwindigkeit von 46 Kilometern in der Stunde. Das war fast das Doppelte der Geschwindigkeit der beiden Zeppeline. Eine Leistung, auf die nicht nur Dr. Parseval stolz sein konnte, sondern auch das ihn unterstützende Militär. Auf sein Drängen gründete Kaiser Wilhelm II. im Herbst 1906 die *Motorluftschiff-Studien-Gesellschaft* mit einem Stammkapital von einer Million Mark. Der größte Teil davon wurde in die weiteren Parseval-Versuche gesteckt.

Graf Zeppelin jedoch war überzeugt, daß das starre Luftschiff, wie seine Konstruktion jetzt allgemein genannt wurde, die richtige Lösung war. Er ließ die Trümmer der *LZ-2* aus dem Allgäu heranschaffen und baute daraus einen dritten Zeppelin. Er verstärkte die Hecksteuerung, legte das Höhen- und Seitenruder zusammen und schuf so eine völlig neue aerodynamische Form, die sich auch bei den späteren Luftschiffen bewährte. So erreichten die Zeppeline eine beachtliche Stabilität und Kurssicherheit, die selbst die Ballonetts von Parsevals Luftschiff übertraf. Auch die Windschlüpfigkeit und damit die Geschwindigkeit wurden dadurch verbessert.

Im Oktober 1906 startete *LZ-3* zur ersten Probefahrt. Sie verlief ohne Zwischenfälle, und die Geschwindigkeit übertraf die von *Parseval 1*. Plötzlich waren die Zeitungen des Lobes voll, und die Öffentlichkeit bewunderte die Zähigkeit des Grafen Zeppelin, der sich durch keinen Mißerfolg von seinem Ziel abbringen ließ. Das Ministerium in Berlin bewilligte die Mittel zu einer größeren Luftschiffhalle im Bodensee, die den Namen *Reichshalle* erhielt. Eine zweite Lotterie beschaffte weitere Geldmittel.

Trotzdem gab es Gehässigkeiten und Ärger! Der Streit zwischen von Parseval und dem Grafen Zeppelin war noch lange nicht entschieden, als ein dritter Konkurrent auftrat. Der Kommandeur des ersten Luftschifferbataillons Major Groß konstruierte ein halbstarres und zur Zeit im Bau befindliches Luftschiff, zugleich aber war er Mit-

Luftschiff Parseval 3 1903 in München

glied der Prüfungskommission der *Motorluftschiff-Studien-Gesellschaft* und entschied mit über die Zuteilung der Gelder. In seiner amtlichen Eigenschaft hatte er Zutritt zu allen aus diesen Mitteln geförderten Projekten.

Da also Graf Zeppelin dem Major Groß den Zutritt zu seiner Werft nicht verweigern konnte, Groß aber noch seinen Ingenieur Basenach mitbrachte, „damit dieser mit den Augen stehlen konnte", verweigerte der Graf ihm den Zutritt.

„Sie sind nicht Mitglied der Kommission und haben daher hier nichts zu suchen!" Energisch wies er ihm die Tür. Der Ingenieur gehorchte, während Major Groß offensichtlich seine Wut kaum unterdrücken konnte. Er suchte eine Gelegenheit, sich zu rächen, und fand sie schon bald bei einem Vortrag, den er in Berlin hielt.

Er behauptete darin, der Graf habe die Idee des starren Luftschiffes von dem ungarischen Holzhändler David Schwarz übernommen und seiner Witwe dafür eine Abfindung gezalt. Heute weiß man allerdings, daß dies nicht so gewesen sein konnte, da der Graf schon früher den Gedanken gehabt hatte, ein starres Luftschiff zu bauen. Seine Eingabe vom Jahre 1887 an den König von Württemberg bewies dies. David Schwarz begann erst später mit seinen Versuchen und hat dabei sein Vermögen und auch seine Gesundheit verloren. Es mag sein, daß er durch die weiteren Versuche Zeppelins angeregt wurde. Es ist aber ebensogut möglich, daß hier zwei Erfinder, wie es häufig in der Geschichte der Technik vorgekommen ist, getrennt voneinander denselben Gedanken hatten. Daß auch Schwarz sein Luftschiff aus Aluminium baute, lag an der zeitlichen Entwicklung; denn Aluminium war nun einmal damals das leichteste zur Verfügung stehende Metall.

Die Dinge lagen also völlig anders, als sie der Major Groß in seinem Vortrag geschildert hatte. Empört über diese Verleumdung, forderte Zeppelin den Major zum Duell. Wilhelm II. aber, der durch Zufall davon erfuhr, verbot den Zweikampf. Die Herren, so meinte er, seien für die weitere Entwicklung der Luftfahrt viel zu wichtig, als daß sie sich gegenseitig umbrächten. Sie stünden sozusagen an der vordersten Front im Kampfe um die Eroberung der Luft, und vor dem Feinde gäbe es nun einmal keine Duelle!

Im Sommer 1907 war *LZ-3* endgültig fertig. Seine Jungfernfahrt ging von Manzell nach Ravensburg und zurück, wobei eine Geschwindigkeit von 9 Metern in der Sekunde erreicht wurde. Aufgrund dieses Erfolgsbeweises kaufte das Kriegsministerium den dritten Zeppelin. Der Kaufpreis brachte endlich Geld in die gähnend leere Kasse.

Im Dezember des gleichen Jahres sank bei einem Sturm die *Reichshalle*, und *LZ-3* wurde unbrauchbar.

Sofort wurde mit dem Bau von *LZ-4* begonnen. Es war größer als die bisher gebauten Luftschiffe und hatte eine Länge von 136 Metern, einen Rauminhalt von 15 000 Kubikmetern, und seine Antriebskraft betrug 220 PS. Ein senkrechter Leiterschacht lief von der Fahrergondel aus dreizehn Meter nach oben zur Oberseite des Tragkörpers, wo sich ein ausschiebbarer Beobachtungsstand befand. Eine Einrichtung, die bei einer Bruchlandung auf dem Wasser der Besatzung eine zusätzliche Rettungsmöglichkeit bieten konnte.

Am 30. Juni sollte *LZ-4* starten. Schon in den frühen Morgenstunden hatten sich Tausende von Zuschauern am Ufer gegenüber der Halle eingefunden. Auch der Kriegsminister von Einem war eigens für den ersten Flugversuch herübergekommen. Aber ein Motordefekt verzögerte den Start um viele Stunden. Die Leute und vor allem der Kriegsminister wurden ungeduldig. Er fühlte sich veralbert und verließ schließlich wütend die eigens für ihn errichtete Tribüne.

Am nächsten Morgen war der Fehler behoben und die *LZ-4* stieg zu ihrem bisher weitesten Flug auf. Die Route führte über Konstanz nach Schaffhausen und von dort weiter bis Luzern, Zürich–Winterthur–St. Gallen–Lindau und wieder zur Halle zurück. Dabei wurden 340 km durchflogen, eine bisher noch nicht erreichte Leistung!

Während der Feier im *Deutschen Haus* in Friedrichshafen erhielt der Graf die Nachricht, daß das von Major Groß und seinem Ingenieur Basenach gebaute erste Militärluftschiff im Grunewald bei Berlin zu Bruch gegangen war. Aber auch Groß war zäh und arbeitete weiter.

Das Wunder von Echterdingen

Ganz Deutschland war über die erfolgreiche Fahrt von *LZ-4* begeistert. Der Reichstag bewilligte nun endlich eine Auszahlung von zwei Millionen Mark an den Grafen, die allerdings an die Auflage gebunden waren, daß das neue Luftschiff eine Fahrt von 24 Stunden ausführte, die über 700 km gehen mußte.

Am Morgen des 4. August 1908 startete das Luftschiff vom Bodensee. Der Graf, inzwischen siebzig Jahre alt geworden, mit weißer Schirmmütze, Stehkragen und Schlips, übernahm selbst das Kommando. Schaffhausen, Basel, Straßburg und Speyer wurden überflogen. Um 16.30 Uhr mußte die *LZ-4* wegen eines Motorschadens bei Oppenheim am Rheinufer landen. Nach etwa sechs Stunden war der Defekt behoben, und gegen 22.25 Uhr startete das Luftschiff zur Weiterfahrt. Um das Gewicht zu erleichtern, blieben allerdings fünf Mann der Besatzung und ein Teil des schweren Ankergerätes zurück.

Gegen 23 Uhr erreichte man Mainz, und die *LZ-4* wendete zum Rückflug. Um 1 Uhr trat in der Nähe von Mannheim ein neuer Motorschaden auf. Nur noch mit halber Kraft konnte weitergeflogen werden. Kurz nach 6 Uhr begrüßten alle Stuttgarter Glocken und Böllerschüsse das Luftschiff. Der Graf entschloß sich zu einer erneuten Zwischenlandung bei Echterdingen. Am 5. August um 7.50 Uhr setzte das Luftschiff auf. Aus der nahe gelegenen Ortschaft waren die Menschen herbeigelaufen und hielten die Ankertaue, bis Pioniereinheiten aus Stuttgart eintrafen.

Immer mehr Zuschauer drängten herbei. Gegen 15 Uhr waren es bereits über 50 000. Da das Luftschiff gut verankert war, folgten der Graf und ein Teil der Mannschaft einer Einladung in eine Gastwirtschaft in der Nähe. Plötzlich kam ein starker Westwind auf, der Himmel verdunkelte sich bedrohlich. Die Mannschaften an den Halteseilen wurden verdoppelt.

Eine Sturmbö fegte heran und traf das Luftschiff von der Seite. Es bäumte sich auf und stieg jäh in die Höhe. Verzweifelt bemühten sich die Soldaten, es festzuhalten. Sie wurden mitgeschleift oder schwebten an den Seilen über dem Boden.

Die Menschen schrien entsetzt auf! Scharfe Kommandos ertönten. Das Luftschiff schwebte . . . Um nicht mitgerissen zu werden, mußten die Soldaten schließlich die Taue loslassen. Nur ein Soldat hing noch immer an einem Tau dicht unter dem Laufsteg. Er kletterte an dem Seil weiter nach oben und konnte den Steg erreichen.

Man sah ihn durch den Laufgang zu der Steuerkabine rennen. In seiner Todesangst zerrte er an den verschiedensten Hebeln. Plötzlich fuhr das Luftschiff mit seinem Vorderteil empor, während ein Ende mit der Steuerung noch über die Baumwipfel eines nahe gelegenen Wäldchens streifte.

Eine grelle Stichflamme schoß in den Himmel empor . . . Ein dumpfer Knall folgte... Die *LZ-4* fiel brennend herab. Gerade noch in letzter Sekunde sprang der Soldat in einen Baum und rettete so sein Leben. Unverletzt entkam er dem Flammenmeer.

Entsetzt eilte der Graf auf die Schreckensnachricht hin mit seinen Leuten herbei. Während man in Friedrichshafen bereits die große Siegesfeier vorbereitete, stand er abermals vor den Trümmern eines seiner Luftschiffe.

Als er spät in der Nacht in Friedrichshafen gebrochen aus dem Zug stieg, empfing ihn vor dem Bahnhof eine tausendköpfige schweigende Menge. Die Männer hielten den Hut in der Hand, einige Frauen weinten. Es war eine einmalige Demonstration des Mitgefühls, wie sie in der Geschichte der Technik bisher noch niemals vorgekommen war!

Noch in der Nacht und in den folgenden Tagen trafen Abertausende von Telegrammen aus allen Teilen Deutschlands und der Welt als Zeichen der Anteilnahme ein. Nach 36 Stunden waren bereits über zwei Millionen Mark Spenden eingegangen. Der deutsche Kronprinz stellte sich an die Spitze der Aktion, die jetzt den Namen *Nationalspende des deutschen Volkes* trug. Nach wenigen Monaten waren es über sechs Millionen.

Mit diesem Kapital wurde die deutsche *Luftschiffbau Zeppelin GmbH* gegründet. Wilhelm Maybach, der mit Daimler die Benzinmotoren weiterentwickelt hatte, gliederte seine Motorenfabrik der Gesellschaft an. In einer neuen, riesigen Eisenbetonhalle in Friedrichshafen baute man inzwischen an *LZ-5*.

LZ-5 wurde die Sensation der ersten *Internationalen Luftschiffahrts-Ausstellung* – abgekürzt *ILA* – in Frankfurt. Parseval führte sein drittes Luftschiff *PL-3* vor. Es bewies seine Einsatzfähigkeit auf einer Fahrt von Frankfurt über Augsburg nach München. Trotz eines heftigen Sturmes kehrte *PL-3* wohlbehalten nach Frankfurt zurück.

Um den Einsatz von Luftschiffen für den allgemeinen Reiseverkehr zu beschleunigen, gründete man noch auf der ILA die *Deutsche Luftschiffahrts-AG*, kurz *DELAG*. Im Juni 1910 nahm sie ihr erstes Luftschiff in Betrieb. Es trug den Namen *Deutschland* und war der siebente Zeppelin.

Ausgerechnet auf der ersten Probefahrt, zu der zwanzig Presseberichterstatter eingeladen waren, drückte ein Sturm die *Deutschland* auf die Wipfel des Teutoburger Waldes und beschädigte sie schwer.

Aber die Fahrten der nächsten Zeppeline, der *Schwaben*, *Viktoria*

Luise, *Hansa* und *Sachsen* verliefen ohne nennenswerte Beschädigungen. Bis zum Ausbruch des Ersten Weltkrieges fuhren sie über zweitausend Fahrten. Wenn auch noch kein regelrechter Linienverkehr eingerichtet worden war, wurden die Zeppeline doch zu einer gewohnten Erscheinung in den deutschen Städten, in denen man sogenannte Zeppelinfelder eingerichtet hatte.

Im Jahre 1913 baute man moderne Funkanlagen in die Gondeln ein und erleichterte so die Orientierung bei schlechtem Wetter oder in der Nacht.

Als Deutschland am 1. August 1914 in den Krieg eintrat, wurden die Zeppeline, wie es offiziell hieß, „für militärische Zwecke eingesetzt". Die Kriegszeppeline waren schon doppelt so lang wie *LZ-4*. Diese Luftschiffe besuchten als ungebetene Gäste Paris und London und richteten dort vor allem psychologische Schäden an. Die meisten gingen allerdings bei diesen Angriffen verloren, da sie für die wendigeren Flugzeuge eine willkommene Beute waren. Man versuchte daher, die Geschwindigkeit der Luftschiffe zu steigern. Auch die Nutzlast und damit die Reichweite der Motoren wurde um das Fünffache erhöht.

Mit stiller Verbitterung sah Graf Zeppelin, wie in einem nutzlosen Einsatz eines seiner Luftschiffe nach dem anderen in Flammen aufging. Er starb als 82jähriger am 8. März 1917 in seiner Heimat an einer Lungenentzündung.

Die einmalige Fahrt des Luftschiffes *LZ-59*, die über die Türkei bis tief in die Sahara führte, um die in Ostafrika unter Führung von General von Lettow-Vorbeck kämpfenden deutschen Schutztruppen mit Nachschub und Munition zu versorgen, erlebte er nicht mehr.

Am 13. Oktober 1924 verließ *LZ-126* Friedrichshafen und flog in einem Nonstopflug über den Atlantik und erreichte am 15. Oktober Lakehurst, den damaligen Flughafen von New York. Die Amerikaner überschlugen sich vor Begeisterung, und in aller Welt sprach man von der Wiedergeburt der Zeppeline.

Ein neues Luftschiff wurde in Friedrichshafen gebaut, das den Namen *Graf Zeppelin* erhielt. Jeder seiner fünf Motoren entwickelte eine Leistung von 530 PS, und das Schiff erreichte damit eine Stundengeschwindigkeit von 130 Kilometern. Mit Passagieren und Pressevertretern flog es von Friedrichshafen nach New York. Diesem Flug folgte im August 1929 ein anderer rund um die Welt, der nur zwölf Tage dauerte. Eine Reise in die Antarktis folgte. Schließlich wurde ein regel-

242

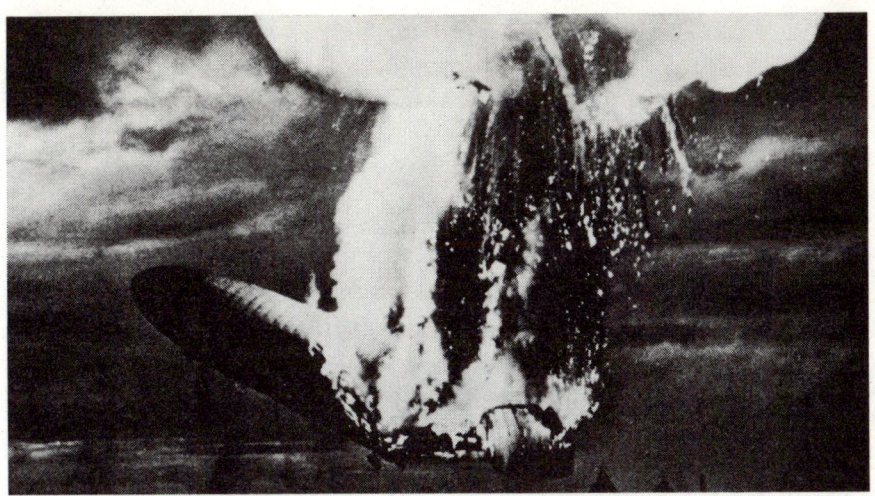

Explosion des Luftschiffs Hindenburg. Das schon fast zur Hälfte in Flammen stehende Luftschiff fällt zu Boden und bricht dabei in der Mitte auseinander. Bis zu zweihundert Meter hoch schießen die hellen Wasserstoff-Flammen aus seinem Leib und entzünden auch die 800 kg Dieselöl, die von der Fahrt noch übriggeblieben sind.

mäßiger Passagierdienst vom Jahre 1932 an nach Nord- und Südamerika durchgeführt, der ohne nennenswerte Zwischenfälle verlief.

Der Schlußpunkt dieser Entwicklung war die Tragödie von Lakehurst. Am 6. Mai 1937 flog das Luftschiff *Hindenburg* über New York und lockte, da es gerade Mittag war, zahllose Menschen auf die Straße. Kurze Zeit später spielte sich auf dem Flugplatz Lakehurst die bis dahin schrecklichste Katastrophe der Luftschiffahrt ab. Das Luftschiff, das die zehnte Ozeanüberquerung binnen eines Jahres hinter sich hatte, warf die Landetaue ab, die von der Bodenmannschaft ergriffen und festgehalten wurden. Die Passagiere drängten sich an den Fenstern zu beiden Seiten der Gondel und schauten gespannt herunter. Langsam kam das Luftschiff dem Ankermast näher.

Einige Bildberichterstatter und Zeitungsjournalisten hatten sich eingefunden. Auch ein Radioreporter war da. Er wollte eine aktuelle Life-Sendung machen. Es wird die Reportage seines Lebens werden. Viele Millionen in den Vereinigten Staaten hörten ihm zu und nahmen in atemlosen Entsetzen an dem Unglück teil.

Der Funkreporter hatte bereits mit seiner Reportage begonnen. „Der Zeppelin", so schildert er die Landung, „ist nur noch zwanzig Meter hoch. Er nähert sich langsam dem Ankermast.

Eine starke Bö erfaßt das Schiff und drückt es herab. Mehrfach schwankt es auf und nieder. Die Reisenden werden von den Fenstern geschleudert. Nochmals wird der Bug auf den Boden gedrückt . . .

Ein merkwürdiges Leuchten jagt über den Rumpf des Luftschiffes. Es sieht fast wie ein Elmsfeuer aus. Da – eine Stichflamme schießt hoch!

Das Luftschiff brennt!" Der Reporter schrie es mit lauter, sich überschlagender Stimme ins Mikrophon. „Eine ohrenbetäubende Explosion. Das ganze Heck steht jetzt in Flammen!

Die Menschen hier laufen in wilder Panik auseinander. Da, noch eine Explosion. Trümmer und brennende Fetzen fliegen über den Platz. Gellende Hilferufe ertönen . . . Oh, die armen Menschen! Wer wird sie retten?

Ich sehe einige, sie springen aus dem brennenden Zeppelin. Wie von einer Riesenfaust gepackt, stößt jetzt der in Flammen stehende Koloß zu Boden. Er bricht auseinander!

Durch den Bruch hängt die *Hindenburg* jetzt wie ein verzerrtes V in der Luft. Die Kabinen liegen schräg. Heiße, sengende Flammen fegen über sie dahin. In irrer Todesangst, vom Lichtschein geblendet, kriechen, klettern und stolpern die Eingeschlossenen hinaus.

In diesem Augenblick der größten Verwirrung faßt sich der Leiter der Landemannschaft als erster. In das Brüllen und Rasen der flammenden Vernichtung dringt sein durch das Megaphon verstärkter Ruf: ‚Mariner! Her zu mir! Wir müssen die Menschen retten!'

Sein Befehl bleibt nicht ungehört. Von allen Seiten eilen Matrosen und freiwillige Helfer herbei. Sie scheuen die sengende Hitze nicht. Drei, vier und nun ein ganzes Dutzend dringen in das brennende Wrack ein.

Sie holen die Menschen aus diesem Inferno heraus. Die meisten haben brennende Kleider. Mit Decken werden die Flammen erstickt.

Willkürlich greift der Tod zu! Wem das Glück gnädig ist, der kommt noch ins Freie, selbst wenn es aussichtslos erscheint.

Soeben wankt, von einigen Männern gestützt, der Luftschiff-Kommandant Lehmann an mir vorbei. Er verkrampft seine Hände zu Fäusten und scheint große Schmerzen zu haben. Sie bringen ihn zu einem der Sanitätsautos, die von allen Seiten heranrasen. Immer mehr Verletzte trägt man dort hin. Ich will nun zu den Ambulanzwagen gehen. Vielleicht kann ich einige Namen erfahren."

Und bald gibt der Reporter die Namen der Geretteten durch. Die

Zahl der Opfer ist trotzdem groß! Von den 37 Passagieren starben elf, von der 51köpfigen Besatzung 39.

Nicht nur in Deutschland, sondern in der ganzen Welt herrschte Fassungslosigkeit, als das Unglück bekannt wurde. Wie konnte es zu einer solchen Katastrophe kommen, fragte man sich.

Sicher wäre das Unglück vermieden worden, wenn als Traggas nicht Wasserstoff, sondern Helium verwandt worden wäre. Die einzigen größeren Bestände davon befanden sich aber in amerikanischen Händen und wurden erst nach dem folgenschweren Unglück für weitere Luftschiffbauten freigegeben.

Hat das Luftschiff Zukunft?

Nach der fürchterlichen Katastrophe von Lakehurst glaubte man zunächst, daß die Zeit der Luftschiffe endgültig vorüber sei. Man baute aus Prestigegründen die *LZ-130*, das größte aller bisher gebauten Luftschiffe. Es machte auch einige Probefahrten, dann kam der Zweite Weltkrieg. Der neue Zeppelin wurde abgewrackt.

Nach dem Zusammenbruch des Dritten Reiches ging Dr. Eckner als Sachverständiger für den Zeppelinbau nach Amerika. Man hatte dort vor, kleinere Zeppeline für die Beobachtung feindlicher U-Boote einzusetzen. Auch zu Reklamezwecken sollten Luftschiffe hergestellt werden. Hin und wieder tauchte sogar der Gedanke auf, mit Helium gefüllte und mit einem modernen Antrieb versehene Luftschiffe für den Personen- und Lastverkehr zu bauen.

Gewiß, in ihrer Schnelligkeit sind die Luftschiffe den Düsenflugzeugen stets unterlegen. Diese haben auch im Luftverkehr eine ganz andere Aufgabe zu erfüllen. Sie sind das schnelle Verkehrsmittel unserer Zeit! Das Luftschiff hingegen ist einem Schiff vergleichbar und kann daher auch den Passagieren mehr Platz, Schlaf- und Aufenthaltsräume sowie zahllose andere Bequemlichkeiten bieten.

Ein Zeppelin ist außerdem schneller als selbst die modernsten Ozeanriesen und – was noch wichtiger ist – nicht an die See gebunden. Er kann ohne Aufenthalt über Länder und Meere fliegen und die Reisenden an jeden Punkt der Erde bringen.

Im Zeitalter der Ausnutzung der Atomkraft sind außerdem einem mit dieser Energie angetriebenen Luftschiff neue und wesentlich bes-

So sieht es nach Meinung von Francis Morse, Boston, im Innern eines Atomzeppelins aus

sere Chancen gegeben. Die Ausrüstung der atomaren Antriebsaggregate stößt auch nicht auf die räumlichen Schwierigkeiten bei der Unterbringung der Moderatoren und sonstigen Sicherheitseinrichtungen, wie bei den in ihrem Platz und ihrer Tragfähigkeit beschränkten Flugzeugen.

All dieser günstigeren Voraussetzungen wegen sind die Amerikaner zur Zeit damit beschäftigt, Atomgroßluftschiffe zu konstruieren. Besonderes Aufsehen erregte im Herbst 1970 die Planung von Professor A. Morse aus Boston. Sie befaßt sich mit einem atomgetriebenen und mit Helium gefüllten Luftschiff. Es soll eine Länge von 326 Metern und eine Höhe von 37 Metern haben und ist als ein kombiniertes

Fracht- und Passagierluftschiff gedacht. Es soll zunächst auf 200 Fluggäste ausgerichtet werden und einen entsprechenden Laderaum besitzen. In einer besonderen Schleuse wird sich außerdem noch ein für 18 Passagiere eingerichtetes Flugzeug befinden, das ohne eine Landung des Luftschiffes den Verkehr zu nahe gelegenen Flugplätzen durchführt.

Dieses Atomgroßluftschiff ist eines von vielen Projekten in der Richtung. Es soll auf den Erfahrungen aufbauen, die der englische Ingenieur Lawrence Richards mit einem zur Zeit im Bau befindlichen Luftschiff mit Dieselantrieb macht. Diese Konstruktion zeichnet sich vor allem durch vier schwenkbare, an den Seiten befindliche Propeller aus, die einen Senkrechtstart ermöglichen. Außerdem sind einfahrbare Landerampen vorhanden, die eine schnelle Beladung mit Containern gestatten.

Das sind aber nicht die einzigen Neukonstruktionen! Auch die Sowjets sollen – worüber allerdings nur wenig im Westen bekannt ist – atomgetriebene Luftschiffe bauen, die als Verbindungstransporter für schwere Lasten in unwegsamem Gelände gedacht sind. Damit sollen vor allem Neubauten in den abgelegenen sibirischen Gebieten erleichtert werden. Sicher wird man auch hierüber eines Tages etwas erfahren.

Wie Professor Francis Morse meint, ist dies alles nur der Anfang eines neuen Verkehrszeitalters. „Warum", so erklärte er im Januar 1971 auf einer in Boston abgehaltenen Pressekonferenz, „kann die ohnehin schon aerodynamische Form eines ‚Zeps' nicht eines Tages so weit verbessert werden, daß sich auch erheblich höhere Geschwindigkeiten damit erreichen lassen. Die Atomkraft würde jedenfalls nach unseren Berechnungen ausreichen, um auch die hierfür erforderlichen Energien zu liefern. Man braucht außerdem nicht wie bei Düsenflugzeugen ständig nachzutanken und kann ohne Zwischenlandung fliegen."

So eröffnen sich völlig neue Perspektiven für die Luftfahrt, die nur mit Zeppelinen möglich sind!

Der Düsenantrieb
revolutioniert den Luftverkehr

Fast ein halbes Jahrhundert lang, nachdem die Gebrüder Wright in den Vereinigten Staaten ihre ersten Versuche mit Propellerflugzeugen durchgeführt hatten, benutzte man nichts anderes als diesen Antrieb mit der Luftschraube. Zwar waren die Leistungen der Flugzeugmotoren erheblich gestiegen, und Geschwindigkeiten und Nutzlasten stiegen in einem Maße, wie es die ersten Flugpioniere sich wohl kaum hatten träumen lassen. Aber irgendwo war eine Grenze erreicht, die sich mit der Propellerkraft allein nicht überschreiten ließ.

Man überlegte sich deshalb immer wieder, ob es nicht eine andere Art des Antriebes für Flugzeuge geben könne. Zu den verschiedensten Versuchen, die man zur Erreichung einer höheren Flugzeuggeschwindigkeit vornahm, gehörte auch der gegen Ende der zwanziger Jahre von Fritz von Opel mit dem *Hatry-Flugzeug – Rak I*, der mit einem Raketenantrieb durchgeführt wurde. Er erwies sich jedoch für einen Dauerantrieb ungeeignet, und Raketen wurden deshalb auch später nur als Starthilfe eingesetzt. Das Prinzip jedoch, von dem Hatry ausging, war richtig. Er nützte den Rückstoß aus, den eine Rakete erzeugte und mit dem man nicht nur ein Flugzeug in die Höhe schleudern, sondern auch ein Auto mit zunehmender Geschwindigkeit über eine Piste jagen konnte. Dieses Prinzip war allerdings nicht neu. Der Chinese Wan Hu hatte bereits im 15. Jahrhundert einen großen Drachen mit Raketen bestückt, die mit Hilfe einer Brennschnur nacheinander gezündet werden konnten, und damit eine beachtliche Flughöhe erzielt.

Doch man erreichte keine Dauerleistungen mit diesem Rückstoßantrieb. Da waren die Versuche schon interessanter, die der griechische Gelehrte Heron von Alexandrien im Jahre 62 n. Chr. zur Ausnutzung des Dampfrückstoßes unternahm. Die von ihm gebaute *Aeolipile* arbeitete folgendermaßen: Aus einem verschlossenen Kessel stieg der Dampf durch eine Röhre in eine Hohlkugel und wurde aus dieser durch zwei einander genau gegenüberliegende Röhrchen, deren Enden entgegengesetzt rechtwinklig gebogen waren, wieder ausgesto-

Hatry Flugzeug Rak I

ßen. Durch diesen Rückstoß aber drehte sich dann die Kugel, solange Wasserdampf in sie hineingeleitet wurde. Es war also bereits ein über längere Zeit laufender Antrieb, der den Rückstoß ausnutzte.

Dieser Gedanke wurde übrigens im Jahre 1680 von Isaac Newton, dessen Gravitationsgesetze die heutige Weltraumfahrt ermöglichten, als Antriebskraft für einen Wagen vorgeschlagen, dessen in einer Kugel erzeugter und nach hinten gerichteter Dampfstrahl durch den Rückstoß das Gefährt fortbewegte. Im Grund genommen war dies bereits das Prinzip, das die heutigen Raketenmotoren ausnützen.

Einer der ersten, der diesen Antrieb in der Praxis ausprobierte, war im Jahre 1721 der holländische Gelehrte G. S. Gravesande. Sein Entwurf wurde durch ein Versuchsmodell ergänzt, das der Abbé Nollet im Jahre 1749 in seinem Buch *Leçons de Physique* veröffentlichte. Der Kugelkessel wurde dabei durch eine Weingeistflamme beheizt.

Viele von denen, die sich in den nächsten 150 Jahren mit der Ausnutzung des Rückstoßes für die Fortbewegung eines Fahrzeuges befaßten, sind heute in Vergessenheit geraten. Das lag hier wie bei anderen Erfindungen daran, daß oft erst weitere technische Fortschritte und Verbesserungen des Materials es gestatteten, früher nicht konstruierbare Apparate zweckmäßig und vorteilhaft auszuführen.

Der Franzose René Lorin machte sich bereits im Jahre 1908 darüber Gedanken, ob man nicht die von den Flugzeugpionieren eingeführte

Luftschraube durch einen besseren und leistungsfähigeren Antrieb zu ersetzen vermöchte. Er schlug deshalb vor, den normalen Flugzeugmotor zum Antrieb eines Turbogebläses auszunutzen, das mit seiner Kraft das Flugzeug vorwärtsschob. Er wies in diesem Zusammenhang übrigens darauf hin, daß es eine irrige Auffassung sei, ein Flugzeug würde dadurch fortbewegt, daß der ausgestoßene Strahl gegen die umgebende Luft drücke, sondern das Ganze beruhe vielmehr auf der Kraft des Rückstoßes. Ein Irrtum, der noch heute allgemein verbreitet ist und am besten durch die Wirkung des Raketenrückstoßes im Weltraum widerlegt wird, in dem keine Luft vorhanden ist. Eine Kurskorrektur bei dem Flug zum Mond wäre deshalb ganz undenkbar, wenn nicht der Rückstoß allein diese Bewegung des Raumschiffes ermöglichte.

Im Jahre 1913 ließ sich Lorin eine weitere Vereinfachung seines Turbogebläses patentieren. Er glaubte nämlich aufgrund seiner Berechnungen, den vorher benutzten mechanischen Kompressor seines Rückstoßmotores entbehren zu können, da die aufgefangene Luft bei einer genügend großen Geschwindigkeit durch den Staudruck ausreichend komprimiert würde. Er eilte damit seiner Zeit um vierzig Jahre voraus und erfand den *Statoreaktor* oder *Staudüsenantrieb*, bei dem auf die Turbine für den Antrieb des betreffenden Kompressors verzichtet werden kann, womit alle beweglichen Teile, ausgenommen diejenigen für die Brennstoffversorgung und -einspritzung, weggefallen wären, so daß sich der *Rückstoßmotor* auf ein einfaches Gehäuse oder einen *Stator* mit geeigneter Innenform reduziert hätte.

Das Prinzip der modernen Strahltriebwerke war daher schon lange bekannt, es konnte aber zunächst noch nicht praktisch verwirklicht werden, ehe nicht einige grundsätzliche Schwierigkeiten überwunden worden waren. Eine war die Erkenntnis, daß ein Düsenmotor erst dann leistungsfähig zu arbeiten vermag, wenn die Geschwindigkeit des mit ihm ausgerüsteten Flugzeuges mindestens 650 Kilometer in der Stunde beträgt. Außerdem hat ein Strahltriebwerk eine so hohe Arbeitstemperatur, daß erst Metallegierungen gefunden werden mußten, die sie auszuhalten vermochten. Daneben aber gab es noch andere technische Probleme, die zu lösen waren.

Eines davon war ein einwandfreies Arbeiten der Einspritzanlage, die erst im Jahre 1920 von Melot in Frankreich zufriedenstellend gelöst wurde. Ein anderes Problem war das Ansaugen größerer Luftmengen und ihre Verdichtung. Hier wurden verschiedene Versuche in den zwanziger Jahren unternommen, von denen allerdings so gut wie nichts in die Öffentlichkeit drang. Einige davon führten schon im Jahre 1923 von Buckingham, in den Vereinigten Staaten und 1924 Steckin in Rußland durch. Lediglich der Franzose Maurice Roy veröffentlichte im Jahre 1929 den Plan eines Düsenmotors und schrieb ein Jahr später eine Abhandlung darüber. Aber auch das waren nur allgemeine Theorien über den Antrieb, die mit Absicht nicht in Einzelheiten gingen.

Ein Jahr später, im Jahre 1931, befaßte sich in Italien ein General A. Crocco eingehend mit dem Staudüsenantrieb, den bereits im Jahre 1913 René Lorin entwickelt hatte. Er kam jedoch mit seinen Versuchen zu keinem praktischen Ergebnis, da sich die an und für sich einfache Anlage nur für den Antrieb von Spezialmaschinen zu eignen schien.

Ein Flugkadett schreibt einen Aufsatz

So waren die mit dem Düsenantrieb zusammenhängenden Probleme also durchaus noch nicht gelöst, als im Jahre 1927 der Flugkadett Frank Whittle einen Prüfungsaufsatz über *Die künftige Entwicklung im Flugzeugbau* schrieb. Er führte darin aus, daß schon in absehbarer Zeit die Flugzeuge, die heute noch eine Geschwindigkeit von höchstens 240 Stundenkilometern erzielten, mit 800 km in der Stunde fliegen würden, bei denen sie auch größere Höhen erreichten und so in der verdünnteren Luft weniger Kraft verbrauchten. Allerdings benötigte man dazu anders konstruierte Antriebe als die Kolbenmaschinen.

Der junge Kadett dachte dabei weniger an Raketen, wie sie damals bereits im Gespräch waren, sondern an Gasturbinen oder etwas Ähnliches. Seit langem hatte ihn nämlich der Gedanke beschäftigt, ob man nicht durch einen Rückstrahl den etwas umständlichen Propellerantrieb ersetzen könne.

„Er wird mit Recht", so schrieb er, „von Fachleuten auch als eine von einem Motor betätigte Luftschraube bezeichnet. Es ist also ein sekundäres Hilfsmittel, mit dem sich ein Flugzeug im wahrsten Sinne des Wortes durch den Luftraum schraubt.

Das ist jedoch nur eine der denkbaren Fortbewegungsmöglichkeiten eines Flugzeuges. Ich habe vor kurzem ein Dampfturbinenwerk besichtigen dürfen, und dabei wurde mir erzählt, mit welcher ungeheuren Kraft der Dampf die Turbinenschaufeln wegdrückt. Wäre so etwas, so frage ich mich, nicht auch in der Luft möglich? Ich denke dabei natürlich nicht an einen Dampfstrahl, der ja zu seiner Erzeugung sehr viel Gewicht benötigt. Vielleicht könnte man es mit einem erhitzten Luftstrahl machen?"

Ohne Zweifel war das die Geburt einer Idee, die zwar auch schon andere hatten, aber nicht weiterverfolgten. Frank Whittle hatte von diesen Versuchen, die ja geheimgehalten wurden, keine Ahnung. Er hatte auch noch nichts von dem Turbogebläse des Franzosen René Lorin gehört. So mußte der junge Flugkadett seinen Entdeckerweg zunächst allein gehen. In den wenigen Freistunden, die ihm sein Dienst ließ, überlegte er, ob es nicht möglich wäre, mit Hilfe der gebräuchlichen Flugmotoren einen kräftigen Luftstrom zu produzieren, der dann nach hinten ausgestoßen wurde und so das Flugzeug vorwärts trieb. Sicher konnte man diesen irgendwie komprimieren, um so seine Kraft zu verstärken.

Aber alle seine Überlegungen und Berechnungen in dieser Richtung führten zu keinem befriedigenden Ergebnis. Immer noch in Gedanken bei der Dampfturbine, überlegte er sich, ob es nicht möglich wäre, mit Hilfe eines konventionellen Flugmotores eine Turbine anzutreiben und so beide Systeme zu kombinieren. Aber auch das brachte nicht den gewünschten Erfolg, obwohl er fast über ein Jahr daran arbeitete, wie man so eine Turbine antreiben könnte. Er besprach das Problem mit seinen technisch vorgebildeten Lehrern, und einer von ihnen machte den von seinen Gedanken über den neuen Antrieb Besessenen auf das Dritte Gesetz von Newton aufmerksam, nach dem jede Aktion eine gleich starke, entgegengesetzte Reaktion hervorruft.

Theoretisch war er demnach auf dem richtigen Weg. Es galt jetzt, die Theorie in die Praxis umzusetzen. Dafür war nach Whittles Berechnungen nur eine Turbine geeignet. Sie mußte zunächst die benötigten erheblichen Luftmengen ansaugen und in einem anderen Arbeitsgang verdichten. Das konnte mit ventilatorähnlichen Geräten geschehen. Der auf diese Weise erzeugte Druck reichte natürlich nicht aus, um ein Flugzeug vorwärts zu bewegen.

Nun aber – das war die Lösung! – mußte ähnlich wie in dem Zylinder eines Motors ein Gasgemisch entzündet und verbrannt werden, das anstatt einen Kolben hochzuschleudern, mit großer Gewalt nach außen trat und den verdichteten Luftstrahl, der ja für die Verbrennung eine beachtliche Menge Sauerstoff enthielt, mit sich riß.

Whittles Vorstellungen waren noch einigermaßen unklar und verschwommen, und es dauerte eine ganze Zeit, bis er Ordnung in seine Gedanken brachte und sich die Einzelheiten genauer überlegte.

Klar war zunächst, daß er für die Brennkammer, in welcher der Treibstoff gezündet wurde, eine verstärkte Luftzufuhr benötigte, die mit einer technischen Einrichtung angesaugt und verdichtet werden mußte, dann mußte Wärmeenergie zugeführt werden, damit der Strahl mit einer höheren Geschwindigkeit als die der fliegenden Maschine austreten konnte. Das klang in der Theorie viel einfacher, als es praktisch durchzuführen war. Denn das im Erdöl vorhandene und für die Beleuchtung verwendete Kerosin, das Whittle bei seinen Versuchen deshalb verwendete, weil es schon bei normalem Druck und bei einer Erhitzung von 200 Grad sich entzündete, entwickelte eine so große Hitze, daß der Erfinder erst einmal ein Material finden mußte, das dieser Hitze standhielt.

Er probierte deshalb die verschiedensten Materialien und baute eine Anzahl Triebwerke, die seine Kameraden, die seine Experimente mit Mißtrauen beobachteten, kurz „Whittles flammende Zündlöcher" nannten. Aber einige unterstützten ihn auch, nachdem sie den Sinn seiner Experimente verstanden hatten. Alle diese Versuche kosteten natürlich weit mehr Geld, als es Whittle selbst aufbringen konnte. Auf Anraten seiner Vorgesetzten schrieb er daher eine Eingabe an das Luftfahrtministerium, in der er auf die Wichtigkeit seiner Experimente hinwies, und bat um eine finanzielle Unterstützung. Der Minister konnte sich jedoch, wie Whittle später in seinen Erinnerungen schrieb, für den neuen völlig unkonventionellen Flugzeugantrieb nicht entscheiden. Er zweifelte an der Leistungsfähigkeit derartiger Gasantriebe und glaubte nach Rücksprache mit Sachverständigen nicht, daß es irgendein Material gäbe, das derartig hohe Temperaturen und so starke Drucke aushalten würde.

Das mochte zwar zu dieser Zeit stimmen! Was aber der Minister nicht berücksichtigte, war die Überlegung, daß möglicherweise in absehbarer Zeit hierfür geeignetes Material gefunden werden könnte.

Der ganze Plan wurde deshalb nicht auf die Geheimliste gesetzt, und Whittle hatte so das Recht, ihn als seine Erfindung patentieren zu lassen. Das aber hatte zur Folge, daß es den an ähnlichen Projekten arbeitenden Erfindern in anderen Ländern möglich war, die Patentschrift zu lesen und ihnen so eine Anregung für ihre eigenen Experimente gegeben wurde.

Frank Whittle wurde im Jahre 1930 gezwungen, seine weiteren Versuche aus Geldmangel einzustellen. Er konnte 1935 nicht einmal sein Patent erneuern, da ihm hierfür das Geld fehlte. In dieser höchst mißlichen Lage bekam Whittle eine unerwartete Hilfe von seinem ehemaligen Kameraden R. Dudley Williams. Dieser war mit ihm zusammen Kadett bei der Luftwaffe gewesen, mußte jedoch wegen seines immer schlechter werdenden Gesundheitszustandes ausscheiden. In Gedanken blieb er der britischen Luftwaffe und den propellerlosen Flugzeugen verbunden, die Whittle entwickeln wollte.

Als er von den Schwierigkeiten seines ehemaligen Kameraden hörte, beschloß er, ihm mit seinen Beziehungen zu helfen. Er fand tatsächlich den Inhaber eines Ingenieurbüros, der sich für die Pläne Whittles interessierte. Trotz mancher Schwierigkeiten wurde schließlich im März 1936 eine gemeinsame Firma gegründet, die den neuen Flugzeugantrieb weiterentwickeln sollte. Dieses neue Unternehmen firmierte als *Power Jets Ltd*, damit jeder auf den ersten Blick erkennen konnte, mit welchen Projekten es sich befaßte.

Wieder trat Dudley Williams in Aktion. Er veranlaßte, daß in der Geschäftsleitung ein Beauftragter des Luftfahrtministeriums einen Sitz und eine Stimme hatte. Das war ein geschickter Schachzug, mit dem es Whittle als einem Offizier der Royal Airforce gestattet wurde, sich vorübergehend in einer Art Sonderdienst mit den Entwicklungsplänen zu befassen.

Schon bald zeigte sich der Erfolg dieser gemeinsamen Zusammenarbeit. Während Whittle anfangs glaubte, es sei besser, einen Teil des Antriebes nach dem anderen zu entwickeln, rieten seine Mitarbeiter, die Maschine in ihrer Ganzheit zu konstruieren und zu testen.

Das erste Modell, das man zu Testzwecken konstruierte, sollte ein Postflugzeug sein, das nach den Berechnungen eine Stundengeschwindigkeit von 900 Kilometern erreichen konnte. Bei dem geplanten Antrieb wurde die Luft durch ein Einlaßrohr angesaugt, durch Verdichterlaufräder zusammengepreßt und unter hohem Druck in die Brennkammer gepreßt. Hier wurde sie durch brennendes Kerosin schlagartig erhitzt und weiter zusammengedrückt. Das heiße und nun unter hohem Druck stehende Gas sollte durch eine Turbine gejagt werden, welche den Kompressor und die anderen Einrichtungen antrieb. Dann erst trat es durch eine Düse nach außen und hatte dabei – so wenigstens hoffte man – immer noch eine solche Kraft, daß das Gas mit der benötigten Energie das Flugzeug vorwärts stieß.

Die theoretischen Berechnungen waren im Konstruktionsbüro fertiggestellt. Die Verdichterlaufräder, die Turbine und die Achse, welche die einzelnen Teile verband, hatten allerdings dabei eine unvorstellbare Belastung auszuhalten. Ihre errechneten Umdrehungen betrugen 17 750 in der Minute. Allein die äußeren Ecken der Turbinen, die 41 Zentimeter im Durchmesser maßen, legten in der Sekunde 400 Meter und die Verdichtungslaufräder 500 Meter zurück. Das entspricht einer Stundengeschwindigkeit von 1600 Kilometern.

Um den gewünschten Schub des Antriebstrahles zu erreichen, mußte die Turbine eine Kraft von 3000 PS entwickeln, wozu 1000 Liter Treibstoff in einer Stunde benötigt wurden. Eine solche Brennkammer in der verhältnismäßig kleinen Größe mit dieser Leistung zu bauen, hielten die befragten Spezialfirmen für unmöglich. Die einzige Firma, die es wenigstens versuchen wollte, war eine schottische Gesellschaft in Edinburg. Die Werkstatt der kleinen Gesellschaft lag im Untergeschoß eines dreistöckigen Hauses. Als die ersten Probeläufe im Freien vor der Werkstatt begannen, erstickte fast die ganze Firma, trotzdem man eine besondere Absaugvorrichtung gebaut hatte, und die Feuerwehr erschien, weil man dachte, es brennt.

Das ganze Bürogebäude wurde bei dem Probelauf in eigenartige Schwingungen versetzt, und die auf den Schreibtischen der Angestellten liegenden Gegenstände wanderten von einem Ende der Platte zum anderen und fielen schließlich herab. Damit aber nicht genug, rutschten die Ordner aus den Regalen und das auf dem Fußboden verlegte Linoleum löste sich. Erschreckt und verängstigt brachen die Werksingenieure den Versuch ab.

„Junge, das ist ein Ding!" meinte einer der älteren Arbeiter. „In meinem ganzen Leben habe ich eine solche Teufelsmaschine noch nicht gesehen."

Die Brennkammer selbst hatte ebenfalls Schaden erlitten. Sie war auf der einen Seite gerissen. Das sorgfältig ausgewählte Material hatte der Belastung nicht standgehalten. Man mußte also ein noch besseres und hitzebeständigeres Metall suchen. Ein halbes Jahr verging, bis man es schließlich gefunden hatte.

Retten Sie sich, er fliegt auseinander!

Der nächste Versuch fand am 12. April 1937 statt. Er wurde nicht auf dem Fabrikgelände wiederholt, sondern auf einem freien Feld. Man hatte die ganze Anlage mit den Kontroll- und Meßinstrumenten auf einen Lastwagen montiert, und zwar quergestellt, damit sowohl das Ansaugen als auch der Strahlausstoß ungehindert vor sich gehen konnte.

Mit Hilfe des Lastwagenmotors wurde eine Pumpe angetrieben, die zur Zündung den benötigten Treibstoff in die Brennkammer leitete, dann aber sollte die Versorgung automatisch von einem Behälter aus erfolgen. Der Antrieb lief zufriedenstellend an, die Zündung funktionierte, und die Turbine begann zu laufen. Dann arbeitete das ganze Triebwerk, der Düsenstrahl trat aus. Der fest am Boden verankerte Lastwagen begann zu schwanken wie ein Schiff auf hoher See.

Immer stärker wurde der Düsenstrahl, zugleich verstärkte sich ein Geräusch, das wie das Heulen einer Luftschutzsirene klang. Die Umstehenden hielten sich die Ohren zu. Nur Whittle blieb ruhig hinter

Frank Whittle bei den ersten Druckuntersuchungen mit seinen Mitarbeitern im April 1937

seinen Kontrollinstrumenten stehen. Die Umdrehungszahl erreichte trotz der aufs äußerste geöffneten Gaszufuhr nur 8000 Umdrehungen in der Minute und betrug damit nicht einmal die Hälfte der benötigten Umdrehungen. Die Brennkammer mußte umkonstruiert werden!

Das erforderte einen Arbeitsaufwand von einem halben Jahr. Im Dezember 1937 erfolgte der nächste Versuch. Aber erneut gab es Schwierigkeiten. Zwar lief der Turbinensatz in der gewohnten Weise an, aber dann stand plötzlich der Antrieb in Flammen.

Während alles davonlief, um sich in Sicherheit zu bringen, behielt Whittle die Nerven. Er drehte die Brennstoffzufuhr ab, aber das Aggregat brannte weiter, die Kabel verschmorten, und die Meßzuleitungen wurden unbrauchbar. Mit Sand und einem Schaumlöscher gelang es endlich, die Flammen zu ersticken.

Die späteren Untersuchungen ergaben, daß die Treibstoffversorgung nicht in Ordnung gewesen und Brennstoff in die Druckkammer gelangt war und sich entzündet hatte, als die Turbinen anliefen. Wieder gingen einige Monate verloren, bis der Schaden behoben war. Der Antrieb wurde von neuem gestartet und erreichte nach einiger Zeit 12 000 Umdrehungen in der Minute.

Erleichtert atmete Whittle auf. Das war wenigstens ein Erfolg! Vielleicht konnte man die Umdrehungszahl noch steigern, wenn man die Brennstoffzufuhr erhöhte?

Im selben Augenblick aber, als er dies dachte, veränderte sich plötzlich das gewohnte heulende Geräusch, ging in ein ohrenbetäubendes Knallen über, und der ganze Antrieb fing zu hämmern an, als wollte er auseinanderfliegen.

Wie gelähmt betrachteten die Umstehenden die Maschine. Dann stoben sie alle in wilder Panik davon.

„Retten Sie sich", brüllte einer der Ingenieure Whittle ins Ohr. „Das Ding geht gleich in die Luft!"

Der Erfinder stellte erst die Ölzufuhr ab, bevor er sich in Sicherheit brachte.

Aber es geschah nichts! Das Heulen verebbte, und der Antrieb lief aus.

Irgend etwas mußte man bei der Konstruktion des Düsenantriebes übersehen haben. Whittle grübelte. Gab es auch hier so etwas wie eine kritische Schwingung, die bei 12 000 Umdrehungen in der Minute lag? Irgendwo hatte sich ein Fehler in die Berechnung eingeschlichen.

Trotzdem riskierte Whittle noch einen Probelauf. Wieder trat bei 12 000 Umdrehungen in der Minute das Hämmern und Stoßen auf. Der Mißerfolg des vorhergehenden Tests war also kein Zufall gewesen!

Der Antrieb wurde auseinandergenommen und in einzelne Teile zerlegt. Eine Beschädigung konnte nicht entdeckt werden. Also baute man ihn wieder zusammen. Ein weiterer Probelauf verlief wie die beiden vorangegangenen. Es half alles nichts, man mußte mit den Berechnungen noch einmal beginnen und herauszufinden versuchen, wo der Fehler liegen konnte.

Das war einfacher gesagt als getan! Die theoretische Grundlage des Düsenantriebes, das ergaben die neuen und sorgfältigen Nachrechnungen, war auf keinen Fall falsch. So konnte es nur an der Art der Durchführung, wahrscheinlich an einem Fehler an der Kraftausnutzung liegen. Whittle und die Ingenieure der *Power Jets Ltd.* nahmen sich nochmals jedes Einzelteil vor. Dabei kam schließlich heraus, daß bei der Entwicklung der Turbine ein wichtiger Punkt übersehen worden war, und zwar der Druck des sich bewegenden Gases im Inneren der Turbine. Die Turbinenschaufeln mußten deshalb vollständig umgestaltet werden. Erst nach einem Jahr konnte der Düsenantrieb erneut zusammengesetzt werden.

Schließlich war alles zu einem neuen Probelauf bereit, und wieder geschah ein Mißgeschick! Beim Anlaufen des Triebwerkes wurde einem der Ingenieure, der in der Nähe des Ansaugstutzens stand, ein Putzlappen aus der Hand gerissen und in das Triebwerk gesaugt. Hier richtete er einen so erheblichen Schaden an, daß das Aggregat nochmals auseinandergenommen und repariert werden mußte.

Am 6. Mai 1938 fand endlich der nächste Probelauf statt. Die Leistung der Turbine stieg auf 13 000 Umdrehungen in der Minute. Aber die Turbine wurde dabei so überhitzt, daß neun Schaufeln abrissen. Also hielt auch das neue Material der Belastung nicht stand!

Wieder begann eine zermürbende Suche nach besserem Material, zugleich aber überlegte sich Whittle, ob es nicht besser wäre, an die Stelle einer einzigen Verbrennungskammer zehn kleinere hintereinander zu schalten, wodurch sie leichter und wahrscheinlich auch weniger anfällig waren. Die einzige Schwierigkeit bei dieser neuartigen Anordnung aber bestand darin, wie in ihnen der Treibstoff gleichzeitig entzündet werden konnte.

Mit Schweiß und Überlegung, wie er später selbst schrieb, löste er auch dieses Problem. Er verband die einzelnen Kammern mit Röhren, so daß der Treibstoff in allen Kammern gleichzeitig entzündet wurde. Bei dem nächsten Probelauf der neukonstruierten Maschine – es war inzwischen 1939 geworden – erzielte man einen Anstieg der Umdrehungsgeschwindigkeit von 16 000 in der Minute. Allerdings geschah das nur für kurze Zeiträume, da die Hitze des brennenden Gases doch höher war, als man es ursprünglich vermutet hatte. Das aber hielten auch die neuen Turbinenschaufeln nicht aus.

Die Ingenieure der *Power Jet Ltd.* schlugen deshalb vor, anstelle des Metalles eine Art Porzellan zu benutzen. Schließlich blieb man doch bei Metall, und zwar einer Nickel-Chromstahl-Legierung, die sich in Zukunft auch bewährte.

Aber eine neue Schwierigkeit tauchte nun auf, die *Power Jet Ltd.* hatte sich in den vieljährigen und zum Teil vergeblichen Versuchen finanziell völlig verausgabt und konnte weitere Probeläufe nicht mehr durchführen. Es dauerte eine geraume Zeit, bis sich endlich die Luftwaffe entschloß, die weiteren Kosten für die Versuche zu übernehmen.

Bei den neuen Probeläufen tauchte wieder ein Mangel auf, an den man vorher durchaus nicht gedacht hatte. Auf dem Versuchsgelände von Ladywood Works bei Lutterworth, auf dem die nun geheimgehaltenen Läufe in einem Schuppen durchgeführt wurden, wirbelte der laufende Motor eine so große Menge Sand auf, daß dieser wie ein feiner Regen auf das Aggregat herabfiel und es nicht nur bedeckte, sondern durch die ständigen Erschütterungen in die Halterungen geriet und diese so zerscheuerte, daß sie schließlich brachen. Als endlich auch

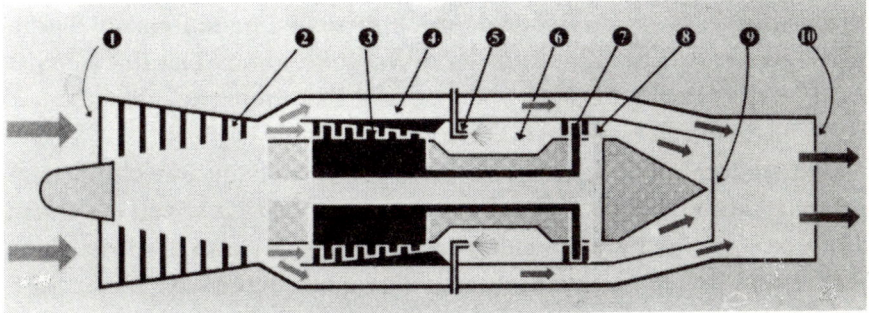

Schemazeichnung des Rückstoßantriebs:
1) Lufteinlaß, 2) Niederdruckverdichter, 3) Hochdruckverdichter, 4) äußere Luftfüh-
rung, 5) Kraftstoffeinspritzdüse, 6) Brennkammer, 7) Hochdruckturbine, 8) Nieder-
druckturbine, 9) Diffusor, 10) Gasstrahlaustritt

das behoben worden war und der Motor nunmehr die erforderliche Umdrehungszahl erreichte, konnte man schließlich darangehen, das Flugzeug für den Antrieb zu konstruieren.

Es dauerte wieder seine Zeit, bis auf dem Reißbrett die *W 1*, wie die neue Düsenmaschine in England genannt wurde, fertig war. Von dem Ingenieurbüro bis zum Bau der Maschine war es wiederum ein langer Weg!

„Mensch, sie fliegt!"

Inzwischen war nämlich der Zweite Weltkrieg ausgebrochen, und die Royal Airforce hatte das größte Interesse daran, ein Jagdflugzeug zu besitzen, das den gefürchteten deutschen Messerschmittjägern an Geschwindigkeit überlegen war. Aber die ersten Flugversuche waren alles andere als erfolgreich.

Der erste Start im Februar 1941 endete nach einem kurzen Flug in einer Bruchlandung. Die *W 1* war nicht einmal dreihundert Meter geflogen. Whittle war verzweifelt und suchte mit anderen Fachleuten nach der Ursache. Sie lag nach der Ansicht der Ingenieure an dem zu langsamen Anlaufen der Brennkammer. Experten der Shell-Petroleum Co. nahmen sich dieses Teiles des Triebwerkes an und verbesserten ihn. Dann erfolgte am 7. April 1941 der nächste Probelauf mit der Maschine, die sich mit Absicht nicht vom Boden erheben sollte. Zwar wurden 13 000 Umdrehungen des Triebwerkes in der Minute erreicht. Das war wieder zu wenig, und die Maschine glitt nur mit 35 Kilometern in der Stunde über den Boden dahin. Eine neue Einstellung der Turbinen und der Brennstoffzufuhr wurde vorgenommen. Damit erreichte man 15 000 Umdrehungen und neunzig Kilometer auf dem Boden, beim nächsten Versuch 16 000 Umdrehungen.

Nun übernahm ein Testpilot die *W-X-1*, wie die Maschine jetzt genannt wurde. Der Start fand auf dem Flugplatz Cranwell der Royal Airforce statt, der eine besonders lange Rollbahn besaß. Die Maschine setzte vom Boden ab und hielt sich einige hundert Meter in der Luft. Aber befriedigend war das alles nicht! Man merkte deutlich, daß es nicht ganz einfach war, ein so völlig anders konstruiertes Flugzeug mit einem noch unzureichenden Antrieb in der Luft zu halten.

Am 15. Mai übernahm Whittle selbst das Steuer. Er benutzte dazu die W 1, die ebenfalls den neuen Motor erhalten hatte. Sie zeigte erstmals zwischen den Bremsklötzen eine Umdrehungsleistung von 16 500 Umdrehungen in der Minute. Das war das mindeste, was man für einen längeren Flug benötigte. Nach einem Anlauf von 500 Metern hob die W 1 vom Boden ab und gewann langsam an Höhe. Whittle wagte sogar, einige Kurven zu fliegen.

Unten auf dem Flugfeld war die Begeisterung groß. „Frank", rief einer der Freunde Whittles über den Sprechfunk nach oben. „Sie fliegt! Hörst Du! Du hast recht gehabt! Sie fliegt wie ein anderes Flugzeug."

„Das sollte sie ja auch", war die trockene Antwort des Erfinders. „Du wirst staunen, was ich eines Tages noch alles aus ihr heraushole."

Die nächsten Tests sollten das bestätigen. Die W 1 erreichte in 8000 Meter Höhe eine Geschwindigkeit von 600 Stundenkilometern. Aber die Royal Airforce verstand es, alle diese Versuche geheimzuhalten. Selbst die anderen Flieger wußten nichts davon. Einer von ihnen erzählte kopfschüttelnd seinen Kameraden, er habe eine merkwürdige Maschine mit einem Feuerstrahl in den Himmel schießen sehen und fast vor Schreck den Steuerknüppel losgelassen. „Und das Seltsamste war – ihr werdet es mir kaum glauben –, das Ding hatte nicht einmal Propeller!" Natürlich wurde dieser Aufschneider ausgelacht, und niemand glaubte von der Geschichte auch nur ein Wort!

Die Amerikaner hörten von der neuen Maschine, nachdem sie sich in den Krieg eingeschaltet hatten. Da die Vereinigten Staaten ebenfalls an einem ähnlichen Projekt arbeiteten, wovon in England aber niemand etwas gewußt hatte, lud man Whittle ein, zu einem Erfahrungsaustausch in die USA zu kommen.

Whittle nahm die Einladung an, und die Amerikaner fanden, wie sie es offiziell ausdrückten, „äußerst aufschlußreich", was die Briten bereits erreicht hatten. Es wurde beschlossen, die beiderseitigen Entwicklungsarbeiten in der Zukunft zusammenzulegen. „Wer der gebende und wer der empfangende Teil bei dieser Kooperation war", so drückte es Whittle später aus, „soll heute dahingestellt bleiben."

Das war eine höfliche Umschreibung der tatsächlichen Verhältnisse; denn in Wirklichkeit war die englische Entwicklung der amerikanischen weit voraus, da die Amerikaner noch keinen flugfähigen Düsenantrieb besaßen. Doch was den Brennstoff betraf, waren sie weiter. Sie wußten nämlich schon, daß Zusätze von flüssigem Ammoniak die

Schubkraft erheblich steigern. Sie erzielten auf diese Weise mit der *Whittle-X-1* im Antriebswerk 20 000 Umdrehungen in der Minute und erreichten eine Schubkraft von 2000 lb, obwohl die Maschine nur auf 1240 lb ausgelegt war. Sie wurde dadurch erheblich schneller, und die *W-X-1* schoß nun förmlich durch die Luft.

Winston Churchill, der im März 1943 einen Testflug beobachtete, war tief beeindruckt. „Sie fegt wie ein heulender Blitz über den Himmel. Kein anderes Jagdflugzeug dürfte einer *W 1* entkommen!"

Aber erst im Mai 1944 konnten die ersten Düsenjäger an die Airforce ausgeliefert werden. Für den Zweiten Weltkrieg war das reichlich spät, trotzdem hatte die *W-X-1* Gelegenheit, sich zu bewähren. Sie war nämlich das einzige Flugzeug, das es in seiner Geschwindigkeit mit den deutschen Vergeltungswaffen *V 1* aufnehmen konnte. Um die tödlichen Bomben von London abzuhalten, leisteten die englischen Piloten manches Bravourstück. Sie flogen von hinten an die „Flying Bombs" heran, bis die Tragflächen dicht übereinander lagen, und dann drückte der Pilot durch ein entsprechendes Flugmanöver die Tragfläche der *V 1* herunter und gab ihr dadurch eine andere Flugrichtung oder brachte sie sogar zum Absturz. Ein Spielchen auf Leben und Tod, das mehr als ruhige Nerven verlangte! Wenn es nicht zufällig ein photographisches Dokument darüber gäbe, würde dies heute kaum jemand mehr glauben. Erst der Einsatz der *V 2*, die als Flüssigkeitsrakete eine weit höhere Steigfähigkeit und eine dreifach größere Geschwindigkeit besaß, machte derartige Manöver unmöglich.

Der Wettlauf der geheimen Planungen

Churchills berühmte Äußerung, der *W 1* könne kein anderes Jagdflugzeug entkommen, erwies sich als voreilig. Was er nicht wußte und vielleicht auch nicht sagen wollte, war die Tatsache, daß auch Deutschland sich fast zu der gleichen Zeit mit einem Düsenantrieb befaßte.

Dieser *Rückstoßantrieb*, wie er bei uns genannt wurde, war durch ähnliche Überlegungen wie die von Whittle entstanden. Der junge deutsche Ingenieur Hans von Ohain schrieb im Jahr 1935 folgenden Brief an die Heinkel-Werke:

„Es handelt sich bei dem neuen Rückstoßantrieb um eine außer-

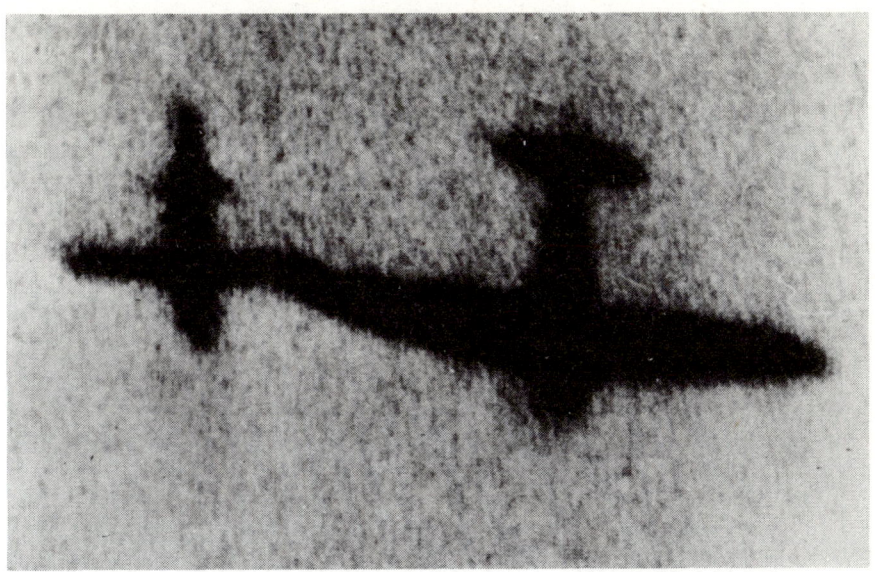

Flugzeuge gegen Raketen. Eine Spitfire drückt eine V 1-Rakete herab und bringt sie zum Absturz.

ordentliche Vereinfachung der üblichen Anordnungen aus Motor und Propeller, bei der ein ähnlicher thermodynamischer Prozeß über die Welle den Propeller antreibt. Dieser wirft eine zuströmende Luftmenge axial nach hinten, wodurch eine Antriebskraft erreicht wird, die eine Art von ‚indirektem Rückstoß‘ darstellt; denn sie ergibt sich wohl aus einer Verbrennung, aber erreicht dies nur über den Motor.

Das aber könnte man vereinfachen, indem ein Rückstoßstrahl den Antrieb selbst übernimmt."

Die Heinkel-Werke interessierten sich sehr für diesen neuartigen Antrieb und beschlossen im Jahr 1936 einen Versuchsmotor zu entwickeln. Im Gegensatz zu England wurden alle diese Dinge geheimgehalten, da man sofort erkannte, daß sie für die Landesverteidigung von größter Wichtigkeit sein konnten. Bis heute ist noch wenig bekannt über die einzelnen Entwicklungsstadien. Aber so viel läßt sich rekonstruieren, daß es ähnliche Anfangsschwierigkeiten wie in England bei dem Bau des Antriebsaggregates gab. Die Heinkel-Werke gingen jedoch von einer anderen Konstruktionsgrundlage aus. Während Whittle im Jahre 1936 einen Düsenmtor mit Zentrifugal-Verdichter in Angriff nahm, versuchten die deutschen Ingenieure einen sogeten *Axialverdichter* zu entwickeln.

Auch auf diesem Wege hat es zahlreiche Schwierigkeiten gegeben, die ebenfalls an dem ungeeigneten Material lagen. Aber immerhin brachten die Deutschen es fertig, drei Jahre später, also kurz vor Kriegsausbruch, eine Heinkel-Maschine als das erste Düsenflugzeug der Welt, also vor den Engländern, zu einem Probeflug starten zu lassen. Augenscheinlich aber hatte die Düsen-Heinkel so erhebliche Mängel, daß man von dem Weiterbau dieses Prototyps absah.

Nun begannen jedoch die anderen deutschen Flugzeugwerke, sich mit dem Düsenantrieb und seinem Einbau in ein Flugzeug zu befassen. Aber immer noch hatte man das geeignete Metall, das einen solchen Druck und die Hitze aushielt, nicht gefunden. Ähnlich wie in England vergingen zwei Jahre, bis man eine Nickel-Chromstahl-Legierung verwendete.

Es ist heute nicht bekannt, wer bei dieser Entwicklung wen beeinflußte. Verschiedentlich wurde nach dem Kriege die Behauptung aufgestellt, daß es deutsche Spione waren, welche die Formel nach Deutschland funkten. Dafür spricht jedenfalls die Tatsache, daß die Engländer diese Legierung bereits im Jahre 1939 kannten, und da die Geheimhaltung zu der Zeit noch nicht so strikt durchgeführt wurde, bestand sehr wohl die Möglichkeit, über dieses Düsenmaterial etwas zu erfahren.

Andere wiederum behaupten das Gegenteil, was jedoch mit der tatsächlichen Entwicklung nur schwer in Einklang zu bringen ist, denn bei den Rüstungsanstrengungen, die man in Deutschland unternahm, um eine für die Luftabwehr so wichtige Maschine in die Hand zu bekommen, hätte man zumindest als die alliierten Luftangriffe an Heftigkeit zunahmen, alles darangesetzt, um einen schnellen Abfangjäger zu bauen.

Es dauerte nämlich bis zum Herbst 1944, bis die ersten deutschen Düsenjäger, die mit zwei Triebwerken ausgerüsteten Messerschmitt-Jäger vom Typ *Me 262 A-1a* einsatzbereit waren. Aber um eine kriegsentscheidende Rolle zu spielen, war es bereits zu spät. Der Zusammenbruch Deutschlands unterbrach die Weiterentwicklung der deutschen Düsenflugzeuge.

Mit Erstaunen stellten die Engländer fest, welchen anderen Weg die Deutschen gegangen waren. Sie hatten mit den beiden Triebwerken und mit ihrer Arbeitsweise ein anderes Düsenflugzeug entwickelt. Eine der auf dem Flugplatz Dübendorf erbeuteten *Me-262* wurde nach

England gebracht und von Experten genau untersucht, wobei die Vorzüge des englischen und deutschen Systems mit seinem Axialverdichter gegeneinander abgewogen wurden.

„Die Entscheidung zwischen diesen beiden Verdichterarten wurde oft", so schreibt der französische Sachverständige Maurice Roy darüber, „fälschlicherweise als eine Frage betrachtet, die nur die eine oder andere Lösung zuläßt. In Wirklichkeit ist damit dem Ingenieur die unschätzbare Möglichkeit gegeben, je nach dem Stand der verschiedenen Techniken und je nach dem gewünschten, besonderen Verwendungszweck die in jeder Beziehung beste Lösung zu wählen. Ja sogar die Verwendung gemischter Lösungen ist möglich, und eine durchdachte Verbindung beider Verdichtungsarten stellt den besten Kompromiß dar, der das Kennzeichen des genialen Praktikers trägt."

So war also der Krieg der Vater aller Dinge, und aus den Erfahrungen, die man mit den Düsenantrieben in dieser Zeit gemacht hatte, begann man nun im Frieden, ein schnelles Verkehrsflugzeug zu bauen.

Der erste Typ dieser Art war die britische *Comet*, die 1950 erstmals im Linienverkehr eingesetzt wurde. Von 1960 ab sind dann nach und nach die Kolbenmaschinen auf fast allen längeren Flugstrecken ersetzt worden. Wo jedoch geringere Geschwindigkeiten praktischer sind, ist die Luftschraube, von einem *Turboprop-System* angetrieben, das rationellere Antriebsmittel. Auch dieses arbeitet mit einer Gasturbine. Während jedoch beim Düsenmotor die Turbine so gebaut ist, daß sie den sich ausdehnenden Gasen nur so viel Energie entzieht, wie zum Antrieb der Verdichter benötigt wird, und der größte Teil mit dem Düsenstrahl herausgejagt wird, ist dies bei dem *Turboprop* anders.

Hier wird die gesamte Energie von der Gasturbine ausgenutzt und zum Antrieb der Propeller eingesetzt. Die Turbinengeschwindigkeit wird dabei durch ein Getriebe auf etwa 1000 Umdrehungen der Luftschraube übersetzt. Bei kurzen und mittleren Flugstrecken und vor allem bei Frachtmaschinen ist diese Art des Antriebes immer noch die wirtschaftlichste.

Ein Nachteil, der sich nicht beheben läßt

Natürlich ist auch die Entwicklung des Düsenantriebes nicht stehengeblieben. Um den Kraftstoffverbrauch zu senken und zugleich aber auch den Schub zu vergrößern, wurde eine Konstruktion entwickelt, die getrennte Hoch- und Niederdruckverdichter verwendet, die unabhängig voneinander über zwei koaxiale Wellen von je einer ein- oder mehrstufigen Turbine angetrieben werden, die man *Zweikreis-Triebwerke* nennt.

Diese Bauweise ergibt eine bessere Regelbarkeit und vereinfacht das Anlassen, da nur der Hochdruckteil mit Preßluft angeworfen werden muß. Eine weitere Verbesserung stellt das *By-Pass-* oder *Ducted-Fran-Triebwerk* dar, bei dem ein Teil der angesaugten Luft nach dem Durchtritt durch den Verdichter den Brennkammern zugeführt wird, während der andere Teil der Luft nach den ersten Verdichterstufen um das Triebwerk herumgeleitet wird und sich hinten mit dem heißen Gasstrahl mischt. Die zwar hierdurch eintretende Verringerung der Austrittsgeschwindigkeit des Triebstrahles ergibt einen besseren Vortriebswirkungsgrad und damit einen günstigeren Verbrauch. Außerdem wird durch die geringere Temperatur des Abgasstrahles die Geräuschentwicklung erheblich herabgesetzt.

Das Geräusch ist einer der Mängel, die dem Verkehr mit Düsenmaschinen in der Öffentlichkeit viele Feinde machen. Man hat zwar außer der oben erwähnten, teilweisen Ableitung des Abgasstrahles versucht, Schalldämpfer gegen den Düsenlärm zu entwickeln. So wurden einige Zeit bei den Rolls-Royce-Strahltriebwerken der Boeing 707 sternförmige Schalldämpfer entwickelt, die den Düsenlärm erheblich herabsetzen, aber auch die Leistung vermindern. Aber eine befriedigende Lösung war das nicht!

Besondere Probleme in dieser Hinsicht bringt der Einsatz der Jumbo-Jets mit sich, welche mit ihren starken Triebwerken den Lärm noch steigern. Aber damit nicht genug, wird der in den nächsten Jahren erwartete Einsatz der Überschall-Düsenflugzeuge eine nicht mehr zu bewältigende Schädigung der Umwelt sein. Man hat errechnet, daß drei Überschallflugzeuge ausreichen, um, wenn sie in einem bestimmten Abstand fliegen, die ganze Bundesrepublik mit einem an jeden Ort dringenden gesundheitsschädigenden Lärmschock zu überziehen.

Um diese Belästigung zu unterbinden, haben die Abgeordneten des

Concorde 002

US-Repräsentantenhauses am 25. März 1971 dieser die Bevölkerung schädigenden Weiterentwicklung ohne Rücksichtnahme auf die Flugzeugindustrie entschlossen einen Riegel vorgeschoben. Sie verboten den Weiterbau der *Boeing-2707*, die, aus Titan und Stahl gebaut, eine 2,8fache Schallgeschwindigkeit erreichen soll und 300 Passagieren Platz bietet.

Warum, so sagten die Abgeordneten mit Recht, soll für diese 300 bevorzugten Passagiere die Gesundheit von Millionen Menschen auf das Spiel gesetzt werden. Es nützt auch nichts, so gaben Sachverständige zu bedenken, daß diese Geschwindigkeiten nur über dem Meer und in großer Höhe, etwa in 20 km Höhe, geflogen würden. Denn

267

derartige Flüge in solchen Höhen beschwören die Gefahr einer Umweltverschmutzung in Bereichen herauf, zu denen der Mensch zum Glück bislang so gut wie keinen Zutritt hatte. Durch die Veränderung des Ozongürtels, die bei einer Verschmutzung in diesen Höhen auftritt, würde der Einfluß der ultravioletten Strahlung abgeschirmt und so die Bildung von Ozon, das ja bekanntlich aus drei Sauerstoffatomen pro Molekül besteht, behindert. Damit aber würde auch der durch die Ozon-Zone gewährte Schutz vor der Raumstrahlung beeinträchtigt und damit, wie einige Krebsforscher meinten, die Krankheitsanfälligkeit des Menschen verstärkt.

Aber das Verbot gilt bis jetzt nur in den USA. Was wird werden, wenn die Russen mit ihrer *TU-144*, die Franzosen und Engländer mit der gemeinsam entwickelten *Concorde* in den Überschallsektor vordringen. Bereits im Jahre 1974 soll die *Concorde* ausgeliefert werden. Beide Maschinen ähneln sich in ihrer Konstruktion und Leistung. Aber auch die Japaner scheinen bereit, die amerikanischen Pläne aufzukaufen und auszuführen.

In amerikanischen Kongreßkreisen spricht man bereits davon, ob es nicht über die UNO möglich wäre, ähnlich wie bei dem Kernwaffensperrvertrag ein Verbot für derartig schnell und hoch fliegende Flugzeuge auszusprechen. Wiegt es wirklich den Zeitgewinn auf, wenn Millionen gefährdet werden, nur daß der Mensch mit einer dreifachen Schallgeschwindigkeit um den Erdball zu rasen vermag?

Verwundert, so erzählt eine chinesische Anekdote, schüttelte vor Jahrzehnten ein Weiser den Kopf, als er von einem Europäer hörte, wie schnell man bereits mit einem Flugzeug von einem Kontinent zum anderen zu fliegen vermöchte und wieviel Zeit man damit sparen könnte.

„Und was", so fragte er schließlich, „fangt ihr mit dieser so gewonnenen Zeit an?"

Eine Frage, die wohl kaum befriedigend beantwortet werden kann. Aber die Entwicklung der Technik ist nun einmal nicht aufzuhalten. Vielleicht wird eines Tages ein besseres und weniger geräuschvolles Antriebsmittel gefunden werden; denn die Geschwindigkeit, die er so erzielen kann, wird der Mensch wohl kaum wieder aufgeben, das lehrt die Geschichte der Technik. Wird er aber eines Tages sich selbst hier Grenzen setzen, so wird das einer der größten Augenblicke im Laufe unserer technischen Entwicklung sein.

Telegraphieren ohne Draht

Viele Schwierigkeiten hatte es Guiglielmo Marconi bereitet, bis es ihm endlich gelang, auf drahtlosem Wege Funkzeichen zu übermitteln.

Der deutsche Physiker Heinrich Hertz hatte gerade die elektrischen Wellen entdeckt. Marconis Lehrer in Livorno, Augusto Righi, regte an, daß der junge Marconi sich näher mit diesen „Funkwellen" befaßte, um sie zur Übertragung von Nachrichten auszunutzen.

Das Problem lag zu jener Zeit sozusagen „in der Luft". Viele Wissenschaftler und Techniker hatten sich, meist nur mit geringem Erfolg, bereits um eine Lösung bemüht, zum Beispiel Sir William Preece, der Chefingenieur der britischen Telegraphenverwaltung. Auch der russische Physiker Alexander Stepanowitsch Popoff versuchte schon im Jahre 1895, Funkwellen zur drahtlosen Übermittlung von Morsezeichen zu benutzen. Das waren nur zwei aus der großen Zahl derer, die mit den Hertzschen Wellen experimentierten. Die meisten gaben jedoch nach einiger Zeit ihre Versuche wieder auf.

Marconi ist also durchaus nicht der einzige gewesen, der Funkwellen für die Nachrichtenübermittlung benutzen wollte. Sein großes Verdienst aber war es, daß er die Entdeckungen und Erkenntnisse, die andere vor ihm erreicht hatten, geschickt zusammenfaßte und durch eine Reihe eigener Erfindungen verbesserte. Er besaß vor allem die Zähigkeit und Geduld, von dem einmal als richtig erkannten Weg nicht abzugehen, bis die ersten wirklichen Erfolge sich einstellten.

Wie es aber häufig im Leben geschieht, wenn eine Neuerung sich zu bewähren beginnt, entbrannte auch hier ein Streit darüber, wer eigentlich als der wahre Erfinder zu gelten habe. Ohne Zweifel ist das aber Marconi gewesen, dem schließlich nach jahrelangen Vorbereitungen das gelang, wonach die anderen strebten. Seine schöpferische Kraft setzte sich dabei in zäher Ausdauer über alles das hinweg, was verschiedene Professoren immer wieder an Bedenken gegen seine Pläne äußerten.

Marconi war nämlich kein Wissenschaftler. Er hat auch niemals eine Universität besucht. Er war zunächst von einem Hauslehrer auf dem Gut seiner Eltern in Norditalien erzogen worden. Später besuchte er eine Privatschule in Livorno. Ein dort angestellter Lehrer verstand es, das Interesse des Knaben für physikalische Probleme zu wecken, und zwar so nachhaltig, daß er sich auch nach Beendigung der Schule damit befaßte.

Vergebens jedoch bat Marconi seinen vermögenden Vater, studieren zu dürfen. Dieser hielt nicht viel von dem revolutionären Geist, der sich nach seiner Ansicht in den Hörsälen der Universitäten eingenistet hatte. So blieb eines der größten technischen Genies Italiens ohne die für seinen Beruf eigentlich erforderliche wissenschaftliche Vorbildung.

Der Annahme der Gelehrten zum Trotz

Das war vielleicht auch der Grund, warum sich Marconi unbelastet von gewissen Lehrmeinungen und Ansichten mit technischen Problemen befaßte, die den Universitätsprofessoren unlösbar erschienen.

Diese waren den damaligen Erkenntnissen entsprechend nämlich der Meinung, daß die elektromagnetischen Wellen, die Marconi für die Nachrichtenübermittlung verwenden wollte, niemals über größere Entfernungen hinweg ausgenutzt werden könnten.

Solche Wellen – so argumentierten sie – pflanzten sich ähnlich wie das Licht geradlinig fort. Sie seien deshalb nicht imstande, die Erdkrümmung zu überwinden. Zwischen England und Amerika läge beispielsweise gegenüber der geradlinigen Verbindung der Atlantische Ozean wie ein gewaltiger Wasserberg von 1300 km Höhe. Wie sollte man mit den sich geradlinig fortbewegenden elektrischen Wellen darüber hinwegkommen?

Aber Marconi ließ sich durch dieses einleuchtende Argument nicht entmutigen.

Man könnte es ja wenigstens einmal probieren, meinte er. Vielleicht gäbe es auch hier, ähnlich wie in der Optik, irgendeine Möglichkeit, die Wellen zu beugen, oder man nutzte die Leitfähigkeit der Erde aus. Zumindest müßte ja ein Empfang der Wellen innerhalb des „optischen Horizontes" – also über die Entfernung möglich sein, in der sich die

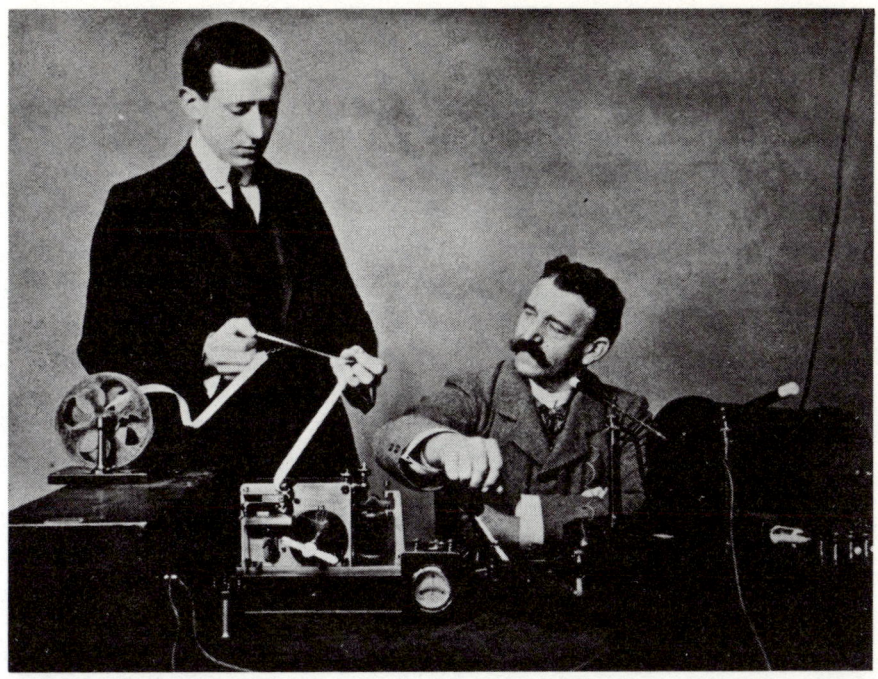

Guiglielmo Marconi (1874–1937), der Erfinder der drahtlosen Telegraphie (links), empfängt die ersten gefunkten Morsezeichen über den Atlantik.

Erdkrümmung noch nicht bemerkbar mache. Gegebenenfalls ließe sich mit Hilfe von Stangen oder Türmen, auf denen sich die Sende- und Empfangsanlagen befänden, diese geradlinige Verbindung noch ein wenig ausdehnen.

Er begann, zunächst auf kurze Entfernungen Wellen zu senden und aufzufangen. Die ersten Versuche machte er mit seinem Bruder Alfonso in Norditalien.

Als diese glückten, beschloß er, mit Hilfe von in England wohnenden Verwandten seiner Mutter einige Fachleute und Geldgeber auf seine neuartige Nachrichtenübermittlung aufmerksam zu machen. Er sagte sich nicht ganz zu Unrecht, daß bei den großen Entfernungen innerhalb des britischen Weltreiches mehr Interesse für seine Ideen bestehen müßte als in Italien.

Aufgrund seiner Beziehungen gelang es ihm schließlich, auch von dem damaligen Leiter des englischen Telegraphenwesens, Sir W. Preece, empfangen zu werden, der selbst ein optisches System zur Fernübertragung von Zeichen ersonnen hatte. Das Gespräch verlief erfolgreich, und im Mai 1897 konnte Marconi mit staatlicher Hilfe seine Versuche in England, am Bristol-Kanal, fortsetzen.

Man überbrückte dabei zwischen Lavernock und Flat Holm erstmals eine Entfernung von 5,3 km. Die Sende- und Empfangsmasten wurden darauf erhöht und die ausgestrahlten Wellen über 14 km empfangen.

Nach Italien zurückgekehrt, wiederholte Marconi im Golf von Spezia den Versuch. Er erreichte dabei 18 km. Verbissen arbeitete der junge Erfinder weiter an der Vergrößerung der Reichweite. Die Antennen wurden noch höher und die Sendeanlagen verstärkt.

Ein Jahr später wurden die von der französischen Südküste ausgestrahlten Wellenzeichen 175 km entfernt auf Korsika empfangen. Mit diesem ersten Erfolg zufrieden, kehrte Marconi nach England zurück. Dort überwand er vor den Augen der erstaunten Fachleute die Entfernung von Kap Lizard nach der Insel Wight, die über 300 km betrug.

Das war ein unangreifbarer Beweis, daß irgend etwas an der „Erdkrümmungstheorie" der Wissenschaftler nicht stimmen konnte. Kühnste Hypothesen wurden damals geäußert. War die Erde wirklich rund? gaben einige zu bedenken. Andere behaupteten, die Erde sei eine Art Hohlkugel, die das Weltall umschlösse. Nur so sei es zu erklären, daß die Erdkrümmung sich nicht störend bemerkbar mache.

Aber Marconi ließ sich durch diese oder jene Ansicht nicht beeindrucken. Für ihn war zunächst das Wichtigste, daß die elektromagnetischen Wellen auch über den optischen Horizont hinaus empfangen werden konnten. Er ahnte natürlich nicht, daß die Überwindung der Erdkrümmung aufgrund einer in der Stratosphäre vorhandenen Schicht stark ionisierender und darum elektrizitätsleitender Gase, der sogenannten *Heaviside-Schicht*, vor sich geht, die auf diese Weise die Funkwellen um die Erde herum reflektieren und so den Empfang an jedem Punkt ermöglichen.

Ein Drachen macht Weltgeschichte

Durch seine Versuche ermutigt und von seinem Erfolg überzeugt, gründete Marconi eine Gesellschaft zur Ausnutzung seiner Entdeckung. Mit dem ihm zur Verfügung gestellten Kapital von einer Million Mark baute er in Poldhu einen Sender, der hundertmal stärker war als

Mit diesem Sender führte Marconi
seine ersten Funkexperimente durch.
Die Drahtwicklung auf dem Holz-
rahmen ist die Spule, die Glas-
flasche, eine „Leidner Flasche", der
Kondensator.

alle bisherigen. Mit ihm – so hoffte er – müßte es möglich sein, selbst
den Atlantik zu überwinden.

Die 70 Meter hohen Antennenmasten der Anlage waren für die damalige Zeit eine Sensation. Heimlich fuhr Marconi im November 1901
mit seinen Assistenten Kemp und Paget nach St. Johns auf Neufundland.

Dort, an dem am weitesten vorgeschobenen Punkt Nordamerikas,
quartierte er sich auf einem Hügel vor der Stadt in der Signalstation
ein. Nachdem zunächst wegen des starken Windes die ersten Versuche,
einen mit einer Empfangsanlage ausgerüsteten Drachen steigen zu lassen, fehlgeschlagen waren, gelang es schließlich am 12. Dezember 1901, den Drachen auf einer Höhe von 100 m zu halten.

Am Ende des mit der Empfangsanlage verbundenen Kabels, das in
ein Zimmer der Signalstation führte und an das ein Telefonhörer angeschlossen war, wartete Marconi gespannt. Um 12.30 Uhr kanadi-
scher Zeit – so war es ausgemacht – sollte die Station in Poldhu das
vereinbarte Signal geben. Sie hatten es wahrscheinlich schon gestern
getan, als der Versuch fehlschlug.

Erregt schaute Marconi auf die Uhr. Es fehlten noch zwei Minuten.
Jetzt eine! Da – ihm verschlug es fast den Atem – hörte er, zwar
schwach, aber gut zu unterscheiden, das „Dit-dit-dit", die drei kurzen
Zeichen, die im Morsealphabet das „S" bedeuten. Es war das vereinbarte Signal, das Poldhu in England laufend ab 0.30 Uhr senden sollte.

Erleichtert atmete Marconi auf. Seine Annahme, daß man mit Funkwellen den Atlantik überbrücken kann, hatte sich also entgegen allen wissenschaftlichen Bedenken als richtig erwiesen. Er rief seinen Assistenten Kemp und übergab ihm den Telefonhörer.

Eifrig nickte dieser mit dem Kopf, als er die ersten gefunkten Morsezeichen vernahm.

„Mit einem Verstärker müßte man alles noch besser hören", sagte er dabei zu Marconi.

Nervös ging dieser im Raum auf und ab. „Der Versuch hat bewiesen", stellte er dabei fest, „daß es für die Funkwellen praktisch keine Entfernungen gibt. Aber hier in Neufundland, auf der am meisten nach Europa vorgeschobenen, einsamen Halbinsel liegt die Station für einen regelmäßigen Nachrichtendienst zu abgelegen!"

Er trat zu der an der Wand hängenden Karte. „Wir müßten mehr nach Süden. Wenn wir in Kanada bleiben wollen, am besten in die Glace-Bay."

Er nahm ein Lineal und maß die Entfernung nach England.

„Es sind rund 4000 Kilometer. Besser wäre es natürlich, in die Nähe einer großen Stadt wie New York zu gehen. Allerdings wären dann allein bis Cape Code 5000 Kilometer zu überwinden!"

Die Schiffe sind nicht mehr stumm

Beide Stationen wurden in den nächsten zwei Jahren gebaut. Noch im Jahre 1902 entstand auf der kanadischen Insel Nova Scotia am Kap Breton eine Sende- und Empfangsstation. Auch hierbei zeigte sich das technische Genie Marconis. Er entwarf für diese Station eine völlig neuartige Riesenantenne, die in ihrer eigenartigen Form an die späteren Richtstrahlantennen erinnert.

Mit ihr wurde im Herbst 1902 der drahtlose Nachrichtenverkehr zwischen Europa und Amerika aufgenommen. Wenig später folgte ihr eine andere Station in Wellfleet auf Cape Code in den Vereinigten Staaten, die über eine Entfernung von mehr als 5000 km den Funkverkehr mit Europa aufnahm.

Bis diese Stationen standen, war Marconi nicht müßig geblieben. Was für eine feste Station galt, mußte ebenfalls bei einer beweglichen möglich sein! Warum sollte man also nicht einen Sender und Empfänger auf einem Schiff einbauen können? Dann wären die Dampfer auf den weiten Ozeanen nicht mehr stumm dem Wüten der Elemente preisgegeben. Sie könnten gegebenenfalls Hilferufe ausschicken, aber auch laufend Botschaften aus allen Teilen der Welt empfangen.

Schon im Februar 1902, also wenige Wochen nach den ersten gelungenen Versuchen auf Neufundland, baute Marconi einen Empfänger auf dem Dampfer *Philadelphia* ein. Er hatte ihn, wie es bei den Telegraphen üblich war, mit einer Morsetaste verbunden, so daß die Botschaft später in Ruhe von dem Morsestreifen abgelesen werden konnte.

Am 22. Februar 1902 empfing er mit dieser Apparatur über eine Entfernung von 3200 km die erste Botschaft. Der denkwürdige Morsestreifen ist heute noch erhalten. Der geglückte Empfang löste eine Revolution in der Schiffahrt aus. Man konnte nunmehr nicht nur Nachrichten laufend empfangen und senden, sondern auch über das Wetter und eine bestehende Sturmgefahr unterrichtet werden und in äußerster Not Hilferufe in den Äther jagen. Das später so berühmt gewordene SOS hat inzwischen Abertausenden von Menschen das Leben gerettet!

Drahtlose Telephongespräche

Um die Abhängigkeit der Übertragungsgrenze von den atmosphärischen Bedingungen festzustellen und außerdem die Leistungsfähigkeit der Funkverbindungen unter wechselnden Verhältnissen zu prüfen, stellte Marconi zuerst auf einigen Ozeandampfern, dann auf italienischen Kriegsschiffen umfassende Versuche an. Da die Ergebnisse nicht zu seiner Zufriedenheit ausfielen, ließ er sich eigens für seine Arbeit ein schwimmendes Labor, die Dampfjacht *Elettra* bauen.

Auf ihr führte er seine später so berühmt gewordenen Experimente durch. Während seine Kollegen, die sich nunmehr auch mit der Funkentelegraphie befaßten, der Ansicht waren, mit immer stärkeren Sendeenergien und größeren Wellenlängen die Störungen durch Tageslicht und elektrische Vorgänge in der Atmosphäre überwinden zu können, fand Marconi mit seinen Versuchen bald heraus, daß die kürzeren Wellen bis zu hundert Metern am besten für den drahtlosen Nachrichtenverkehr geeignet waren. Er nutzte diese Beobachtung aus, als er während des Ersten Weltkrieges den Auftrag erhielt, seinem Vaterland ein zuverlässigeres und der Abhorchung durch den Feind unzugängliches System der drahtlosen Telegraphie zu schaffen.

Während der Arbeiten entdeckte er außerdem die ungeheuere Reichweite der *Ultra-Kurzwellen* von zehn bis zu einem Meter, und er studierte die Wellenbereiche, die unterhalb dieser Grenze lagen. Bei seinen Untersuchungen fragte er sich wiederholt, ob es nicht möglich sei, mit Hilfe dieser ultrakurzen Wellen drahtlos zu telefonieren oder Nachrichten und Theaterstücke zu übertragen.

Die modulierten elektromagnetischen Wellen konnten jedoch nicht mehr wie bisher durch einen Funkenüberschlag ausgelöst werden. Dazu waren feinere Geräte notwendig. Solche Geräte waren nicht von Marconi, sondern von anderen Forschern erdacht und vervollkommnet worden. Drei Forscher befaßten sich unabhängig voneinander mit einem modulationsfähigen Sendegerät, der Engländer Sir Ambrose Flemming, der Marconi bereits beim Bau der Station Poldhu geholfen hatte, der Österreicher von Lieben und der Amerikaner Lee de Forest. Flemming entdeckte bereits im Jahre 1904, daß eine luftleere Röhre mit zwei Elektroden, von denen die eine erhitzt werden mußte und die andere kalt blieb, einen Elektronenstrom erzeugte.

Von der drahtlosen Telephonie zum Rundfunk

Die von Flemming entwickelte *thermionische Röhre*, die einen Elektronenfluß von der erhitzten Kathode zur Anode, also nur in einer Richtung ermöglichte, wirkte wie ein Gleichrichter. Sie wurde zwei Jahre später von Robert von Lieben und Lee de Forest mit einer dritten Elektrode versehen und arbeitete nun auch als Verstärker.

Diese dritte Elektrode – und das war das Geniale an der neuen Erfindung – hatte die Form eines kleinen Drahtgitters, das zwischen der Kathode und Anode eingebaut wurde und durch das der erwähnte Elektronenstrom fließen mußte. Legt man an dieses Gitter die von einem Mikrophon erzeugte Spannung, so wird der hindurchströmende Elektronenstrom entsprechend den niederfrequenten Sprechschwingungen moduliert und dabei verstärkt.

Damit war eine Möglichkeit gefunden, die Sprach- oder andere Tonschwingungen in elektrische Impulse zu verwandeln und zu verstärken. Im Empfänger wurde dann die sogenannte „Trägerwelle" wieder abgefiltert, die modulierte Mikrophonwelle isoliert und durch eine andere Elektronenröhre verstärkt. Auf diese Weise entstanden dann im Kopfhörer oder Lautsprecher hörbare Laute oder Töne. Mit Hilfe der Röhren gelang es erstmals den Funkingenieuren der britischen Flotte, im Jahre 1907 die von einer Blaskapelle auf einem Schiff gespielte englische Nationalhymne auf einem anderen Schiff zu hören. Zwei Jahre später übertrug Lee de Forest mit einem Mikrophon aus der New Yorker Metropolitan Oper die Stimme Carusos in sein Studio.

Allerdings waren damals die Mikrophone, die eine Übertragung ermöglichten, noch höchst unvollkommen. Sie lagen direkt im Antennenkreis des Senders und mußten, weil es noch keine Mikrophonverstärker gab, mundnah besprochen werden, damit man den durchfließenden Hochfrequenzstrom ausreichend beeinflussen konnte. Wenn allerdings dabei die Nase des Sprechers mit dem Mikrophon in Berührung kam, führte die hohe Senderspannung zu leichten Verbrennungen. Derartige Zwischenfälle nahmen jedoch die damaligen Pioniere der Funktechnik ohne großes Murren gern in Kauf.

Das änderte sich erst 1913, als Professor Pungs die *Pungs-Drossel* erfand. Mit ihrer Hilfe war nun ein gefahrloses Sprechen ins Mikrophon möglich.

Fast zur gleichen Zeit befaßte sich Marconi ebenfalls mit drahtlosen Funksprech-Versuchen. Es gelang ihm damals, eine drahtlose Telephonverbindung zwischen einer Küstenstation und einem 50 Kilometer entfernten Schiff herzustellen.

Die erste Sendung, die zugleich Sprache und Musik übertrug und außerdem der Unterhaltung dienen sollte, hatten Deutsche während des Ersten Weltkrieges gemacht. Der Funkoffizier und spätere Staatssekretär Dr. Hans Bredow hatte zusammen mit dem Ingenieur von Lepel im Sommer 1917 an der Westfront bei Rethel während einiger ruhiger Wochen Musik und Sprache mit einem Heeressender übertragen.

Bei diesen „Grabenkonzerten", wie sie genannt wurden, sang ein stimmbegabter Funker, ein zweiter begleitete ihn und ein dritter spielte auf dem Schifferklavier. Für die Soldaten eine willkommene Abwechslung! Als jedoch der „Chef der Feldtelegraphie" davon hörte, verbot er sofort diesen „groben Unfug".

Der Gedanke, auf drahtlosem Wege einem größeren Zuhörerkreis Musik- und Unterhaltungssendungen zugänglich zu machen, hatte sich in der Folgezeit in Dr. Bredows Gehirn eingenistet. Er war inzwischen Ministerialdirektor im Reichspostministerium geworden und versuchte seine Vorgesetzten und auch die Presse für seine Pläne zu gewinnen. Er hielt deshalb am 16. November 1919 in der Berliner *Urania* einen Vortrag mit dem Thema *Funktelegraphie und Presse*. Zwar gab es damals bereits von dem Sender Nauen, der nach dem verlorenen Krieg Eigentum der privaten Gesellschaft *Transradio* geworden war, eine regelmäßige Sendung von Presse- und Wirtschaftsnachrichten in Morseschrift. Aber nur große Zeitungen konnten sich einen Funkempfänger mit einem geschulten Funker leisten. Deshalb wählte Dr. Bredow für seinen Vortrag mit Absicht einen Titel, der die Presse besonders ansprach. Er wollte auf diese Weise die neuen Möglichkeiten, die sich aus der drahtlosen Telephonie ergaben, und die Musikübertragung als zukünftiges Informationsmittel besonders herausstellen.

Die Übertragung übernahm ein Sender des Funkbetriebsamtes in Berlin. Infolge der damals noch sehr mangelhaften Lautsprecher und der verschiedenen atmosphärischen Störungen war die Darbietung allerdings enttäuschend und der Versuch nur wenig überzeugend.

So ist es verständlich, daß der dabei anwesende Reichspostminister Giesbert ziemlich enttäuscht dem Veranstalter sagte: „Diesen Versuch hätten Sie sich sparen können, mein lieber Dr. Bredow!"

Er sagte dies in einem Ton, wie man ein Kind oder einen Irren behandelt. Auch als ihm Dr. Bredow antwortete: „Herr Minister, wenn Sie noch zwei Jahre warten, dann können Sie von Ihrem Schreibtisch aus zu allen Postbeamten gleichzeitig sprechen", klopfte dieser ihm nur begütigend auf die Schulter und versuchte möglichst schnell den Ausgang zu erreichen. Erstaunlich, wie wenig selbst ein Postminister von physikalischen Dingen und den in aller Welt unternommenen nachrichtentechnischen Versuchen unterrichtet war!

Nur einer erkannte die Bedeutung des Experimentes! Das war der später durch seine Zukunftsromane bekanntgewordene Schriftsteller Hans Dominik. Er schrieb über den Vortrag im Berliner Lokalanzeiger: „Dr. Bredow beschrieb Zukunftsperspektiven von Jules Vernescher Kühnheit! Künftige politische Redner werden in einen drahtlosen Sendeapparat sprechen und gleichzeitig in ganz Deutschland von Millionen von Menschen gehört werden. Wir werden Opern und Konzerte vernehmen, als säßen wir im Zuschauerraum."

Es sollte sich schon bald zeigen, wie recht er hatte!

Inzwischen hatte nämlich die Deutsche Reichspost im September

1919 die ehemalige Funk-Großstation Königs Wusterhausen übernommen. Sie diente vor allem dem internationalen Funktelegramm-Verkehr, der mit einem 32-kW- und einem 10-kW-Lorenzsender durchgeführt wurde. Da diese für den außerdeutschen Dienst dringend benötigt wurden, baute die *C. Lorenz AG*, welche die Wichtigkeit und Entwicklungsfähigkeit der drahtlosen Telegraphie richtig eingeschätzt hatte, für Versuchszwecke einen kleinen 4-kW-Lichtbogensender, der wegen seines zunächst reichlich behelfsmäßigen Aufbaus vom Funkpersonal als „Kistenstation" bezeichnet wurde.

Aber die damit angestellten Funksprechversuche waren höchst befriedigend. Bereits Ende Februar 1920 gab die 700 km entfernte schwedische Funkstation Karlsborg mit Funktelegramm durch: „Haben Ihre Telephonierversuche verfolgen können – Jedes Wort war gut und deutlich zu verstehen."

Am 2. März 1920 kam ein Funktelegramm aus Moskau: „Bei Ihrem heutigen Telephonierversuch war das Lesen des deutschen und russischen Textes gut zu hören. Wir hoffen, Ihnen auch bald per Telephonie antworten zu können. Mit kameradschaftlichem Gruß und Glückwunsch zu Ihrem Erfolg – Radiostation Moskau."

Die Telephonate auf dem Funkweg wurden nun täglich fortgesetzt. Abwechselnd sprachen Herren und Damen, und die Empfangsqualität wurde durch andere Funkstationen genau untersucht. Für stenographische Aufnahmen wurde mit Absicht schneller gesprochen. Ja, man

So sahen die Detektor-Geräte aus, mit denen man die ersten Rundfunksendungen im Kopfhörer empfangen konnte. Sie besaßen keine Röhren, sondern nur einen Kristalldetektor, den man sorgfältig einstellen mußte.

versuchte sogar, die Sprache auf Grammophonplatten zu übertragen. Ende November 1920 begann man, telephonisch regelmäßig Pressenachrichten des Wolff-Büros durchzugeben. Das Ergebnis war günstig. Leider scheiterte aber die endgültige Einführung eines gesprochenen, drahtlosen Pressedienstes im wesentlichen daran, daß die verschiedenen Nachrichtenbüros sich nicht einigen konnten, da ja nur ein einziger Sender vorhanden war.

Ein improvisiertes Weihnachtskonzert

Wenn auch wegen der geplanten Einführung des Funkfernsprechdienstes für Wirtschaft und Presse die Übermittlung von Sprache die Hauptaufgabe war, versuchte man gelegentlich auch, Musik zu übertragen. Meistens wurden dabei von verschiedenen Firmen überlassene Schallplatten benutzt, deren Titel und Hersteller vor oder nach der Sendung genannt wurden.

Das erste „betriebseigene Konzert" wurde am 22. Dezember 1920 gesendet. Es sollte ein Weihnachtsgeschenk für die Funkbastler und Laboratorien sein. Das Orchester bestand allerdings nur aus zwei Mann. Der damalige Obertelegraphensekretär Schwarzkopf, der spätere Leiter des Senders Zeesen, spielte auf der Geige. Er wurde begleitet von dem Königswusterhausener Studienrat Gustav Brause, dessen Harmonium man aus dem Ort in den Senderaum geschafft hatte. Die Übertragung war ohne Zweifel bei den damals vorhandenen Empfangsmöglichkeiten für unsere heutigen Begriffe nicht sehr eindrucksvoll. Trotzdem war das Echo unerwartet groß.

Begeisterte Zuschriften von behördlichen Empfangsstationen aus dem ganzen Reich, selbst aus Königsberg, trafen ein. Liebhaberstationen aus England, Holland, Luxemburg und den nordischen Staaten bekundeten das Interesse und übermittelten Glückwünsche zu der gelungenen Musikübertragung. Sogar aus Sarajewo kam ein Brief: „Ihr heutiges Telephoniekonzert war ausgezeichnet. Beglückwünschen Ihren Erfolg – Gruß, Funkstation Sarajewo."

Den größten Eindruck hatte das Weihnachtskonzert bei den Hörern in Deutschland gemacht. Da es bereits aus Heeresbeständen angefertigte Röhrenempfänger vom Typ *Telefunken E 225a* gab, wurde die Darbietung sogar von Privatleuten empfangen. Aber auch Detektor-geräte waren zu dieser Zeit bereits auf dem Markt, die allerdings nur mit Kopfhörern arbeiteten.

Durch den Erfolg des ersten Rundfunk-Konzertes ermuntert, fand am 23. März 1921 ein Osterkonzert mit weiteren Instrumental-Darbietungen statt. Wieder war das Harmonium dabei, dieses Mal zur Begleitung von Cello und Gesang. Zwischen der Sendeanlage und der Hochfrequenzmaschine mit den dazugehörenden Abstimmitteln blieb für die Künstler und die Instrumente allerdings wenig Raum, so daß diese sich sehr beengt fühlten. Man war ja noch nicht so weit, daß das Mikrophon in einem besonderen Raum aufgestellt werden konnte. Es mußte noch immer möglichst dicht am Sender sein.

Auch das Osterkonzert war ein großer Erfolg, wie zahllose Zuschriften aus dem In- und Ausland bewiesen. Sehr aufschlußreich war vor allem die Tatsache, daß Hörer in Luxemburg die deutsche Sendung klarer und deutlicher empfingen als diejenigen der englischen Marconistation in Chelmsford, die ungefähr in der gleichen Entfernung lag.

Noch größeres Aufsehen erregte allerdings eine auf Anhieb gelungene Übertragung aus der Staatsoper in Berlin am Abend des 8. Juni 1921. *Madame Butterfly* stand dort auf dem Programm. Eigentlich sollte die Übertragung nur ein interner Versuch mit einer Fernbesprechung sein. Die Sendung war deshalb vorher nicht bekanntgegeben, trotzdem aber mitgehört worden. Die Mittagsblätter des 9. Juni brachten in Schlagzeilen das gute Gelingen. Und doch dauerte es noch eine ganze Zeit, bis eine offizielle Opernübertragung durch den Rundfunk wieder durchgeführt wurde.

Das lag vor allen Dingen an den Verantwortlichen im Reichspostministerium. Trotz aller Bemühungen Dr. Bredows und des Erfolges bei der Übertragung der *Madame Butterfly* hatten die Herren im Reichspostministerium in den nächsten zwei Jahren immer noch Bedenken, derartige Übertragungen zu wiederholen. Diese zwei Jahre wußte das Ausland zu nutzen.

Bereits im Februar 1922 begann der Marconisender in Chelmsford in England wöchentlich einmal ein halbstündiges Unterhaltungsprogramm zu senden. Im November 1922 wurde die *British Broadcasting Corporation*, kurz BBC, gegründet, die ab 14. November 1922 täglich eine Unterhaltungssendung ausstrahlte.

Selbst die kleine Tschechoslowakei sendete ab Mai 1923 regelmäßig ein Rundfunkprogramm. Im Reichspostministerium aber zögerte man noch immer. Die Hauptfunkstelle in Königs Wusterhausen übertrug ab 13. Mai 1923 Sonntagskonzerte, die nicht einmal gestattet waren. Sie wurden lediglich vom Reichspostministerium stillschweigend geduldet.

Im Oktober 1923 endlich richtete die Reichspost im Hause der *Vox*-Maschinengesellschaft in Berlin, Potsdamer Straße 4, für die erste deutsche Rundfunk-Sendegesellschaft, die *Radio-Stunde AG*, ein offizielles Rundfunk-Studio ein, das am 29. Oktober 1923 in Betrieb genommen wurde.

Für den Empfang eines Rundfunkprogrammes war bei der Reichs-telegraphenverwaltung am Schöneberger Ufer eine Genehmigung zu beantragen. Der Tabakwarenhändler Wilhelm Kollhof, der die Lizenz Nr. 1 erhielt, mußte 350 Milliarden Inflationsmark dafür bezahlen. Kollhof berichtete darüber vor kurzem in einem Interview. „Ich stopfte damals, es war der 31. Oktober 1923, das Geld in eine Akten-tasche und ging zur Reichstelegraphenverwaltung, um die Genehmi-gung für den Betrieb eines Rundfunkempfängers zu erhalten. Es war die Zeit der Hochinflation. In der Turmstraße, wo ich wohnte, plap-perten die Kinder einen neuen, der Zeit angepaßten Abzählvers: ‚Ich und du – Schiebers Ruh – einer schiebt Schmalz – einer schiebt Speck – und du bist weg!' Vorher hatte ich schon eine ganze Zeit schwarz gehört. Dann aber stand in der Zeitung, daß man eine amtliche Geneh-migung benötigte und daß man ohne dieselbe bestraft werden würde. Auch berechtigte diese Betriebserlaubnis zum Ankauf eines Rund-funkapparates, und ich wollte unbedingt einen Einröhrenempfänger haben, weil ich hoffte, damit mehr zu hören als mit meinem Detektor. Ich erhielt ihn schließlich auch, nachdem ich einige Zigaretten als Draufgabe anbot. Aber der Apparat war plombiert und nur auf be-stimmte Wellenlängen einstellbar. Außerdem mußte ich, um über-haupt empfangen zu können, sehr zum Mißfallen meines Hauswirtes auf dem Dach meines Vorderhauses und dem Hintergebäude jeweils einen Eisenmast aufstellen lassen, zwischen denen dann an Porzellan-isolatoren eine dreißig Meter lange Antenne befestigt wurde.

Aber trotzdem war ich mit meinem Gerät nicht sehr zufrieden. Ich kaufte mir dann, nachdem die Rentenmark eingeführt worden war, für 350 neue Mark ein Zweiröhrengerät mit einem Verstärkerkasten und einem trichterförmigen Lautsprecher."

Das Programm, das man vom Vox-Haus ausstrahlte, war im Anfang noch sehr bescheiden. Auch das Studio war recht behelfsmäßig. Dekken und Tücher sollten die Akustik verbessern. Das Mikrophon war auf einem rechtwinkligen Holzgestell aufgebaut. Eine mit dem Mikrophon gekoppelte rote Lampe zeigte an, wenn es unter Strom stand und die Sendung begann. Das Zeichen zum Einschalten des Mikrophons gab der Ansager mit der Faust. Er klopfte nämlich an eine Wand des Studios, die zu einem Nebenzimmer gehörte, in dem die Sendeanlage aufgebaut war. Sie war ebenfalls primitiv und bestand aus einem rohen Holztisch, auf dem die benötigten Geräte montiert worden waren, und einigen Schalttafeln, die auf starken Holzplatten festgeschraubt worden waren.

Bald wurden außer Musiksendungen auch Schauspiele und Nachrichten übertragen.

Dabei entstand eine neue Art der Geschehensübermittlung, an die man zunächst beim Rundfunk gar nicht gedacht hatte: die gesprochene Reportage. Der erste derartige Bericht wurde über Telephon am Abend des 9. November 1923 nach Berlin an den Sender gegeben und direkt

Mit dieser Sendeanlage wurde am 29. Oktober 1923 der Betrieb im Vox-Haus aufgenommen.

ausgestrahlt. Es war eine Augenzeugendarstellung über den geschei-terten Hitler-Putsch. Bald folgte die erste Sportreportage.

In der ersten Zeit der Rundfunksendungen war allerdings noch etwas anderes höchst störend. Man mußte, wenn man sprach oder sang, die sogenannten „Karnickelohren", zwei Kopfhörer, aufsetzen, um verfolgen zu können, was gesendet wurde. Das hatte gelegentlich zur Folge, daß manche Künstler durch diese Hörmuscheln verwirrt wurden und ihre Leistungen entsprechend abfielen. Bald war jedoch auch dieses Hindernis dank der technischen Weiterentwicklung besei-tigt. Auch das Studio im Vox-Haus konnte mit der Zeit wesentlich ver-bessert werden.

Durch den Erfolg in Berlin ermuntert, begann man in anderen Städ-ten ebenfalls Sender einzurichten. Gerade noch zur Herbstmesse wurde im Jahre 1924 der Sender Leipzig I einsatzbereit. Kurz hinterher folgten Nürnberg und Münster, dann München, Dortmund und Elber-feld. Man arbeitete zunächst mit nur einer Senderöhre und einer Modulationsröhre. Dann ging man zu mehrstufigen Sendern mit höhe-rer Leistung über. Der 1927 in Betrieb genommene 15-kW-Sender Langenberg war damals der stärkste Sender Europas.

Auch die Sendeantennen wurden ständig vergrößert, und man baute Funkmasten von beachtlicher Größe. In Berlin entstand der bekannte Funkturm, von den Berlinern kurz „Der lange Lulatsch" genannt.

Den Detektoren und Einröhren-Audion-Empfängern mit Kopfhörern folgten Empfänger in Baukastenform mit Hoch- und Niederfrequenz-verstärker für die Lautsprecherwiedergabe. Im Jahre 1926 konstruierte man den ersten Empfänger, bei dem die benötigte Spannung aus dem Licht-Wechselstrom-Netz entnommen werden konnte.

Aber man versuchte auch den Bau von Empfangsantennen zu ver-einfachen. Im Jahre 1928 kam die Siemens-Vitrine auf den Markt, in deren unterem Teil auf einer Art Trommel sich eine vierzig Meter lange Empfangsantenne befand, während in der Tür ein Faltlaut-sprecher untergebracht war. Dieser Neutro-Empfänger besaß bereits fünf Röhren und hatte – das war für das Jahr 1928 eine Sensation – eine genietete Schaltung. Sie war die Vorläuferin der gedruckten Schaltung, wie sie heute in allen Transistorgeräten verwendet wird.

Auch die Bedienung der Radioempfangsgeräte wurde einfacher. Schon im Jahre 1927 führte man eine Einknopfabstimmung ein, bei der die Abstimmittel der einzelnen Kreise zwangsläufig miteinander verbunden waren und durch einen Drehknopf eingestellt werden konnten. Dieser Aufbau war jedoch erst in dem Augenblick möglich, als die Einzelteile, Spulen und Kondensatoren mit einer genügenden Genauigkeit auch bei Massenanfertigung hergestellt werden konnten.

Zu Beginn des nächstfolgenden Jahres, also 1928, wurde den unermüdlichen Radiohörern, die auch auf Reisen oder im Grünen nicht auf die Rundfunkdarbietungen verzichten wollten, etwas Neues durch den Radio-Koffer *Weltspiegel* von Lorenz geboten. Dieses Sechs-Röhren-Gerät war mit Heiz- und Anodenbatterie, Lautsprecher und Rahmenantenne in einem verschließbaren Koffer untergebracht. Die Fernempfindlichkeit und Abstimmschärfe des tragbaren Gerätes war so groß, daß ohne Außenantenne und Erdanschluß die meisten europäischen Sender im Lautsprecher gehört werden konnten. Der heute so beliebte Reisesuper ist also mehr als vierzig Jahre alt.

Die Wiedergabequalität wurde im Jahre 1930 auch bei den ortsfesten Geräten durch die Einführung des dynamischen Lautsprechers und der Gegenkoppelung verbessert.

Automatische Geräte und Raumton

Man versuchte auch andere Wege zu gehen, um einen möglichst störungsfreien und von anderen Sendern nicht überlagerten Empfang zu erhalten. Zunächst arbeiteten die Rundfunksender ausschließlich in den mittleren und langen Wellenlängen zwischen 100 bis 550 und 1000 bis 2000 Metern. Je länger eine Welle ist, um so mehr „Platz" braucht sie innerhalb des „Wellenbandes". Da aber immer mehr Sender in Betrieb genommen wurden, war besonders auf den langen Wellen die Gefahr größer, daß die dicht nebeneinanderliegenden Wellen sich überlagerten und störten. Deshalb operierten die Funktechniker schon bald mit den sogenannten Kurzwellen, die zwischen 16 und 75 Metern liegen. Hier gab es noch viel freien Platz, zumal sie auch über größere Entfernungen gut gehört werden können. Das beruht vor allem auf der Tatsache, daß diese in der Ionosphäre in der sogenannten *Heaviside-Schicht* sehr gut reflektiert werden und so große Entfernungen überbrücken.

Noch überraschender waren die Experimente, die man mit Ultrakurzwellen machte, die zwischen 1 und 10 Meter liegen. Sie ergaben, daß man mit ihrer Hilfe die nächstgelegenen Sender wirklich störungsfrei und unverzerrt empfangen konnte. Das beruht auf dem physikalischen Gesetz: Je kürzer eine Welle ist, um so höher wird ihre Schwingungszahl und damit ihre „Modulationsfähigkeit". Wir erwähnten bereits, daß bei den Übertragungen auf der Mittel- und Langwelle mit einer sogenannten „Trägerwelle" gearbeitet wurde, welche die Mikrophonschwingungen übertrug, die dann später abgefiltert wurden. Man arbeitet hierbei mit der *Amplitudenmodulation*, während die Frequenz dieselbe bleibt. Bei den Ultrakurzwellen wird die Frequenzmodulation ausgenutzt, die der amerikanische Physiker Edwin H. Armstrong gegen Ende der dreißiger Jahre erforschte. Bei dem System arbeitet man also nicht wie früher mit der aufgepflanzten Amplitude, sondern die Mikrophonspannung moduliert die Frequenz der Trägerwelle im Takt der Töne oder der gesprochenen Worte.

Aber man verbesserte die Qualität der Übertragungen noch auf anderem Wege. Es gab nämlich eine unangenehme Störung, die auf der Schwunderscheinung der Sender beruhte und die man kurz *Fading* nannte. Oft verminderte sich jäh die Lautstärke, erreichte fast den Nullpunkt, um dann nach einiger Zeit wieder voll einzusetzen. Diese kurzfristige Schwächung oder Auslöschung des Empfanges wird durch gleichzeitiges Eintreffen zweier Wellenzüge ausgelöst, die verschieden lange Wege zurückgelegt haben und sich überlagerten.

Um diesen Schwund auszugleichen, müßte man bei entfernten Stationen ständig die Hand am Lautstärkeregler haben. Heute haben fast alle Geräte von einer gewissen Preisklasse an einen automatischen Lautstärkeregler. Diese komplizierte Einrichtung, die man Schwundausgleich nennt, arbeitet folgendermaßen: Grundsätzlich ist das Gerät auf die gewünschte Lautstärke eingestellt. Trifft eine schwache Funkwelle die Antenne, dann wird sie automatisch verstärkt. Nimmt aber die Energie der Welle wieder zu, dann schaltet sich selbsttätig ein Reduktor ein, welcher die ankommende Energie herabsetzt. Auf diese Weise wird ein gleichmäßiger Empfang gewährleistet.

Eine andere Neuheit ist „das magische Auge", das eine automatische Feineinstellung des Senders ermöglicht. Es ist eine Röhre mit einem kleinen Leuchtschirm, die ein grünliches Licht ausstrahlt, wenn sie angeheizt ist. Dieser ellipsenförmige oder kreuzförmige Schimmer in der Mitte des Auges erreicht seine größte Stärke und brennt ruhig, wenn der Sender genau eingestellt ist.

Das sind nur einige der automatischen Einrichtungen, mit denen heute die Rundfunkempfänger ausgerüstet sind. Ihre Zahl wächst ständig, und schon jetzt glauben die Fachleute, daß unser heutiges, bereits vollkommen erscheinendes Radio seine endgültige Form erst in zehn oder noch mehr Jahren erreicht haben wird.

Eine der Neuerungen, die sich bereits durchzusetzen beginnt, ist der sogenannte *Raumton* oder *Stereo-Empfang*. Der Mensch nimmt bekanntermaßen ja den Schall mit zwei Ohren auf. Nur so vermag er die Richtung und die Laufzeitunterschiede eines Geräusches oder Klanges zu erkennen.

Bei der bisherigen nicht stereophonen Rundfunkübertragung aber kommt zunächst einmal alles in einen Topf. Der Schall wird dabei von den Mikrophonen „eingesammelt", vom Sender aus durch den Äther weitergegeben und von dem Empfängerlautsprecher als ein Gemisch von einem Punkt aus wieder in Schallwellen umgesetzt. Die räumliche Verteilung der Tonquellen, wie wir sie beispielsweise beim Anhören eines Konzerts im Konzertsaal vorfinden, geht dabei natürlich verloren.

Wie aber konnte man – so fragte man sich lange – dieses räumliche Hören des mit zwei Ohren den Schall ortenden und kombinierenden Menschen auf das einkanalige Rundfunksystem übertragen? Sollten wirklich zwei Sender, zwei Wellen und zwei Empfänger dazu erforderlich sein? Techniker und Konstrukteure fanden einen großartigen Ausweg. Es gelang ihnen, die beiden Kanäle der von zwei Mikrophonen aufgenommenen Sendung auf raffinierte Weise zu mischen, einer einzigen Sendefrequenz „einzuverleiben" und im Empfangsgerät wiederum so genau zu trennen, daß zwei getrennte Lautsprecher damit beschickt werden konnten. Damit war die HiFi-Stereophonie im Rundfunk mit ihrem vollendeten Wiedergabeklang geboren. Heute bereits gehören die Stereo-Sendungen zu dem regelmäßigen Programm jedes Senders. Diese Sendungen sind aber nur ein Schritt nach vorn in der mehr als fünfzigjährigen Entwicklung des deutschen Rundfunks. Wer weiß, welche Überraschungen uns in nächster Zeit schon erwarten?

Wellen weisen den Weg

11. Oktober 1903, ungefähr acht Uhr abends. Der gerade volljährig geworderne Ingenieur Christian Hülsmeyer hat die Familie seines Nachbarn Mannheim mit dem Auto zu den Großeltern nach Düsseldorf gebracht und ist wieder auf dem Rückweg nach Köln. Da der Besitzer des Wagens, Herr Heinrich Mannheim, geschäftlich unterwegs ist, hat Hülsmeyer gern diesen Freundschaftsdienst übernommen. Stolz fährt er den *Benz-Ideal-Motorwagen*, Modell 1898, der bereits die neue Karbidlampe der Firma Frankonia mit der Scheinwerfer-Einrichtung besitzt.

Ehe es dunkel wurde, hatte Hülsmeyer die beiden Lampen angezündet, was auf der zugigen Landstraße einige Geschicklichkeit erforderte. Aber ihr Licht reicht aus, um die Landstraße einigermaßen zu erhellen. Natürlich kann er jetzt nicht die Höchstgeschwindigkeit von fünfzig Kilometern in der Stunde fahren. Er muß sich vorsichtig seinen Weg durch die mit Regen gefüllten Schlaglöcher suchen. Der Wagen bockt und stößt, und als die Regenschauer von neuem beginnen, muß Hülsmeyer noch langsamer fahren.

Soweit es geht, versucht er, den Schlaglöchern auszuweichen. Bei einem dieser Manöver wäre er beinahe vor einem offenen eisernen Tor gelandet, das etwas weit in die ohnehin schon schmale Landstraße hineinragt.

Diese Art von Beleuchtung, brummt der junge Ingenieur vor sich hin, der sich auf dem Technikum mit Elektrizität und elektromagnetischen Wellen befaßt hat, ist doch nicht das Ideale. Man müßte für die immer schneller fahrenden Autos etwas anderes haben, um rechtzeitig derartige Hindernisse zu erkennen. Hatte man ihm nicht auf dem Technikum etwas von den im Jahre 1888 von Professor Hertz entdeckten elektromagnetischen Wellen erzählt, die sich mit Lichtgeschwindigkeit nach allen Seiten ausbreiteten? Sie konnten in einer bestimmten Richtung gebündelt werden und wurden, wenn sie auf ein Hindernis trafen, reflektiert.

288

Diese Reflexion, so hatte ihnen der Professor erklärt, entspricht einem Echo, das ja auch entsteht, wenn im Gebirge ein Jodler von den Felsen zurückgeworfen wird. Man kann bei einem solchen Echo sogar die Entfernung zu den zurückwerfenden Felswänden berechnen, indem man die Sekunden zählt, die es dauert, bis der Schall zurückkommt, und durch drei teilt. Da der Schall in einer Sekunde etwa 333 Meter pro Sekunde zurücklegt, erhält man so die Entfernung in Kilometern zu der Stelle, in der das Echo entstanden war.

Eine einfache Sache also, denkt Hülsmeyer. Wenn man in ähnlicher Weise das Echo der elektromagnetischen Wellen auffinge und so die Entfernung zu dem Hindernis berechnete? Unwillkürlich lächelt der junge Ingenieur; was redete er jetzt bloß daher? Wie sollte man mit einer derartigen Strahlung in der Nacht sehen?

Aber der Gedanke hatte sich schon in seinem Hirn festgesetzt, und da er sowieso allein durch die Dunkelheit zurückfährt, grübelt er weiter: Das Auge sieht doch auch, und zwar mit Hilfe der Lichtstrahlen. Warum sollte es nicht möglich sein, mit Hilfe von Strahlen elektromagnetischer Natur zu sehen? Man brauchte nur ein Organ dafür, so eine Art Auge, das die Strahlung empfängt. Natürlich konnte das ein neuartiges Gerät sein!

Irgend etwas war doch da noch mit den Hertzschen Wellen. Er hatte es vor kurzem erst gelesen! Angestrengt denkt er nach, dann fällt es ihm wieder ein. Hertz hatte mit diesen elektromagnetischen Wellen weiter experimentiert und festgestellt, daß sie sich hinsichtlich der Reflexion, Brechung und Beugung genauso verhielten wie die Lichtwellen. Man kann sie also bündeln und auf einen Punkt konzentrieren wie einen Sonnenstrahl. Bei den Lichtstrahlen macht man das mit einer Linse.

Wenn aber – und jetzt fallen ihm weitere Einzelheiten des Artikels ein – der englische Physiker James Clerk Maxwell wegen der dem Licht verwandten Eigenschaften den Verdacht äußerte, daß die elektromagnetischen Wellen so etwas wie „unsichtbare Lichtqellen", nur langwelliger, seien, dann mußte sich auch hier eine Art Sammellinse schaffen lassen.

Hülsmeyer merkt kaum, daß sich der Verkehr auf der Landstraße allmählich belebt. Einige Radfahrer fahren vor ihm, und als ein entgegenkommendes Auto seine Hupe betätigt, schreckt er förmlich aus seinen Gedanken auf.

Ein heller Lichtschimmer liegt im Norden über dem Himmel, Straßenlaternen tauchen auf, dann kommt der erste Bürgersteig. Er ist in einem der Vororte von Köln angelangt. Er fährt den Wagen in die Olpener Straße zu den Mannheims und stellt ihn dort in der Garage unter. Dann geht Hülsmeyer nach Hause und macht sich zunächst einige Notizen über alles das, worüber er auf der Rückfahrt so konzentriert nachgedacht hat.

An den nächsten Abenden sitzt Hülsmeyer während der wenigen Freizeitstunden in der technischen Bücherei der Hochschule. Er liest hier alles, was er über die Hertzschen Wellen findet. Ihn interessieren besonders die Versuche, die Hertz mit der Bündelung von Strahlen gemacht hat, vor allem der *Hertzsche Resonator*, mit dem die gebündelten Wellen wieder zurückgeworfen werden können. Die hierzu benutzte Antenne bestand bei Hertz aus einem einfachen, mit einem Drahtgeflecht bespannten Metallrahmen. Was dieser Metallrahmen konnte, würde auch sicher jede Metallfläche vermögen. Hülsmeyer stellte sich die Realisierung seiner Idee so vor: Von der gewölbten inneren Scheinwerferfläche werden die Hertzschen elektromagnetischen Wellen mit einem Induktor ausgeschickt. Sie werden in einiger Entfernung von dem Hindernis aus Metall zurückgeworfen und von einem Empfänger wieder aufgefangen, der aber mit einem *Kohärer* oder *Fritter* verbunden ist, wie ihn Hertz zum Nachweisen der elektromagnetischen Wellen benutzt hatte. Dieses Gerät beruht auf dem Umstand, daß Eisenfeilspäne unter dem Einfluß einer Hochfrequenzspannung zusammenbacken oder „fritten", wie man damals sagte, dabei aber durch die erhöhte Leitfähigkeit einen Stromkreis schließen, der anschließend durch eine Erschütterung der Späne wieder unterbrochen wird. Mit dem Verfahren hatte bereits 1890 Branley erfolgreich experimentiert.

Wenn er also — Hülsmeyer runzelt die Stirn — in den Stromkreis eine Klingel einbaute, würde diese anschlagen, sobald die elektromagnetischen Wellen die Feilspäne wieder zusammenschlössen. Man wäre also auf diese Weise in der Lage, einen Metallgegenstand auf eine größere Entfernung automatisch festzustellen. Das konnte beispielsweise im Nebel auf hoher See von lebensentscheidender Bedeutung sein.

Wie oft las man doch in den Zeitungen von Schiffszusammenstößen im Nebel, bei denen auch die Signale aus den Nebelhörnern nichts nützten, da ihr Ton zwar gehört, aber oft nicht die genaue Richtung festgestellt werden konnte, aus der die Warnung kam. Häufig verschlang der Nebel auch den Ton, und er wurde erst gehört, als es bereits zu spät war und die Schiffe ihren Kurs nicht mehr rechtzeitig ändern konnten. Das alles aber könnte mit seinem neuen Gerät vermieden werden, das Hülsmeyer *Telemobiloskop* nennen wollte.

Er macht sich zunächst an den Bau der Apparaturen, die im Dezember 1903 fertig sind. Dann geht er kurz vor Weihnachten an den Rhein, um Versuche mit den durchfahrenden Schiffen anzustellen.

Es ist in diesem Jahr ein besonders kalter Winter und alles andere als angenehm, im Schnee zu stehen und auf ein vorbeifahrendes Schiff zu warten. Aber einen Vorteil hat der schneidende, eiskalte Wind: Niemand ist auf der Uferpromenade und schaut den merkwürdigen Experimenten zu, die Hülsmeyer hier durchführt. Sie gelingen fast auf Anhieb. Die Klingel schlägt an, sobald eines der Schiffe oder einer der mit eisernen Aufbauten versehenen Schleppkähne vorbeifährt. Auch nachts verlaufen die Versuche positiv.

Hülsmeyer macht sich nun an die schriftliche Ausarbeitung, um sein *Telemobiloskop* zum Patent anzumelden. Ende April 1904 ist alles fertig. Er nennt seine Erfindung „ein Verfahren, um entfernte metallische Gegenstände mittels elektrischer Wellen einem Beobachter zu melden". Zur Veranschaulichung seiner Idee hat er eine Zeichnung beigelegt.

Am 30. April 1904 wird ihm der Empfang seiner Patenteingabe bestätigt, und er kann nun für den 18. Mai die Zeitungen zu einer Vorführung auf der Hohenzollern-Brücke einladen.

Aber nur wenige Reporter kommen, und einschließlich der stehengebliebenen Schaulustigen sowie der Familie Mannheim, die vollständig erschienen ist, hat sich nur ein kleines Grüppchen Menschen um Hülsmeyer gebildet.

Mit wenigen Worten erklärt er den Umstehenden, um was es bei seinem Experiment geht und wie wichtig seine Erfindung für die Schiffahrt sein könnte. Dann schaltet er seine Anlage ein, die er auf einer Holzplatte an das Brückengeländer montiert hat. Eine erwartungsvolle Stille herrscht. In der Ferne taucht jetzt, wie bestellt, ein Schlepper mit zwei Kähnen auf, der stromaufwärts fährt. Hülsmeyer beugt sich über sein Gerät. Er dreht die Antenne und sendet. Aber nichts geschieht … Mit zitternden Händen drückt er die Hebel des

Empfängers herunter. Aber der Apparat bleibt stumm. Das erwartete Klingelzeichen ertönt nicht.

Die drei Journalisten, die dem Erfinder über die Schulter zusehen, schauen sich zweifelnd an. Hülsmeyer spürt ihre Blicke förmlich.

Der Schlepper ist inzwischen bis auf zweihundert Meter herangekommen. Verzweifelt bastelt Hülsmeyer an den Antennen herum. Da plötzlich schlägt die Klingel an und wird ständig stärker. Die Mannheims klatschen Beifall, und einige der Zuschauer schließen sich an. Sie übertönen fast das Klingelsignal, das noch zehn Sekunden anhält, bis der Schlepper und die Kähne aus dem Bereich der elektromagnetischen Strahlung heraus sind.

Hülsmeyer atmet auf. Die Vorführung ist jedenfalls gelungen! Sicher werden morgen die Zeitungen darüber berichten, andere Blätter den Artikel aufgreifen, und in den nächsten Tagen wird es Telegramme und Briefe von den Reedereien, dem Reichsmarineamt, vielleicht sogar aus dem Ausland geben. Man wird ihm Angebote für seine Erfindung machen, um sie zum Wohle der Menschheit einzusetzen.

Voller Stolz montiert Hülsmeyer die Platte von dem Geländer ab und fährt mit den Mannheims in ein nahegelegenes Restaurant, um den Erfolg zu feiern. Aber es kommt anders, als es sich der junge Erfinder vorgestellt hat. Zwar bringen die Zeitungen einen kurzen Bericht über die Vorführung auf der Hohenzollern-Brücke, aber die Kritik über seine Erfindung ist nichtssagend. Eine technische Spielerei, im Höchstfalle die Bestätigung einer Theorie über die Reflexion elektromagnetischer Wellen. Bei den kurzen Entfernungen, welche die Strahlen zu überwinden vermöchten, habe das Ganze wohl kaum einen praktischen Wert, so heißt es.

Aber Heinrich Mannheim, Hülsmeyers Nachbar, versteht ihn zu trösten. „Rom wurde auch nicht an einem Tage erbaut!" meint er. „Versuchen Sie Ihr Experiment in einem Hafen, vielleicht in Hamburg oder Bremen zu wiederholen und, wenn es dort nicht gelingt, im Ausland. Soweit ich es kann, werde ich Ihnen gern finanziell unter die Arme greifen!"

Hülsmeyer schreibt Briefe an die verschiedensten Reedereien. Aus Rotterdam erhält er eine Zusage. Dort soll er an Bord des Tenders *Columbus* der Hamburg-Amerika-Linie sein *Telemobiloskop* einem größeren Kreis von Fachleuten vorführen. Hülsmeyer hat inzwischen die Leistungsfähigkeit seines Senders erhöht, und es gelingt ihm in

Christian Hülsmeyer (1881–1957), Erfinder des Radargerätes

Rotterdam, den Rückstrahl eines zwei Kilometer entfernten Schiffes zu erhalten. Die Fachleute sind verblüfft, besonders als ihnen der Erfinder erklärt, er hätte das Schiff auch im Nebel auf diese Entfernung orten können.

Man glaubt es ihm, aber keiner ist bereit, ihm seine Erfindung abzukaufen. Ein Engländer, der sich besonders interessiert zeigt, faßt treffend seine Ansicht in einem Satz zusammen. „Ihr *Telemobiloskop* ist noch ein Embryo im ersten Monat, aber es dürfte eines Tages lebensfähig sein!"

Ziemlich enttäuscht kehrt der junge Erfinder nach Köln zurück: Er schreibt an die verschiedensten Firmen, wie beispielsweise an die *Gesellschaft für drahtlose Telegraphie* in Berlin. Man antwortet ihm, daß man zur Zeit für das Gerät keine Verwendungsmöglichkeit sähe. Bei der Leitung der Kaiserlichen Marine stößt sein Angebot, das man hier in seiner Bedeutung wahrscheinlich gar nicht erkennt, auf eine fast beleidigende Überheblichkeit. Weshalb solle man, so schrieb man ihm, ein elektrisches Beobachtungsgerät einsetzen, wo es doch bereits gute Fernrohre gäbe? Eine folgenschwere Ablehnung, die sich schon im Ersten Weltkrieg bitter rächen sollte! Allerdings war das *Telemobiloskop* tatsächlich noch kein hochentwickeltes Gerät. Es konnte zwar das Vorhandensein eines metallenen Gegenstandes feststellen, nicht aber angeben, in welcher Entfernung er sich befand. Es ist deshalb nicht verwunderlich, daß selbst technisch Vorgebildete den Wert der Erfindung nicht erkannten. So geriet das *Telemobiloskop* allmählich in Vergessenheit, und das darauf am 21. November 1905 erteilte Patent Nummer 165 546 in der Klasse 74 d verstaubte und verfiel schließlich.

Zehn Jahre später

Inzwischen ist der Erste Weltkrieg ausgebrochen. Die Fronten im Westen sind erstarrt, und nicht nur die Männer, sondern auch die Techniker werden aufgerufen, dem Vaterland zu helfen. Der später durch seine Zukunftsromane bekannt gewordene Schriftsteller und Ingenieur Hans Dominik beschäftigt sich zusammen mit dem Sohn des Zeitungskönigs Scherl, Richard, mit Versuchen, einen *Strahlenzieler* zu entwickeln, von dem er sich besonders bei Nacht und Nebel erhebliche Vorteile verspricht.

Sie kommen zu ähnlichen Ergebnissen wie Christian Hülsmeyer, ohne jedoch von dessen *Telemobiloskop* etwas zu wissen. Sie arbeiten dabei mit Wellenlängen von zehn Zentimetern, wie sie heute im Radar gebräuchlich sind, während Hülsmeyers Strahlen noch größere Wellenlängen hatten. Die auf einem Übungsplatz für Flammenwerfer in den Jahren 1915 bis 1916 durchgeführten Versuche haben auch einigen Erfolg und berechtigen bereits zu Hoffnungen. Warum sie trotzdem nicht weitergeführt wurden, geht aus den Erinnerungen Dominiks *Vom Schraubstock zum Schreibtisch* hervor. Er schreibt darin: „Man zeigte überall regstes Interesse, aber zu einer Weiterentwicklung konnte man sich amtlicherseits nicht entschließen. Das letzte Mal war ich am Freitag vor Pfingsten 1916 im Reichsmarineamt. Der Referent fragte mich: ‚In welcher Zeit können Sie den *Strahlenzieler* frontfähig herstellen?‘ Ich antwortete: ‚In sechs Monaten‘, worauf er meinte: ‚Dann kommt er für diesen Krieg überhaupt nicht mehr in Frage.‘ "

Dominik stellt darauf die weiteren Arbeiten ein, da er glaubte, im Reichsmarineamt müßte man ja wissen, wann der Krieg zu Ende sei.

Es mußten erst weitere 25 Jahre vergehen, bis die Ideen Hülsmeyers und Dominiks von neuem aufgegriffen wurden. Die Ingenieure des British Post Office hatten nämlich verschiedentlich merkwürdige Beobachtungen gemacht. Sie hatten bemerkt, daß die Empfänger ihrer Funkanlagen sich in ihrer Lautstärke erheblich veränderten, wenn ein Flugzeug in der Nachbarschaft vorbeiflog. Auch die Ingenieure der Bell Telephone Company in den Vereinigten Staaten hatten dies bei Experimenten mit drahtlosen Funkferngesprächen festgestellt.

Die Ursache dieses Phänomens war völlig unklar, sie mußte jedoch irgend etwas mit dem überfliegenden Flugzeug zu tun haben. Zu dieser Zeit war die Zivilluftfahrt in schneller Entwicklung begriffen, und die erwähnten Störungen begannen sich allmählich zu häufen. Aber zugleich tauchte ein anderes Problem auf. Es kam immer häufiger zu Flugzeugunfällen, weil die Piloten in Gewitter hineinflogen.

Ein junger Meteorologe mit Namen Robert Alexander Watson-Watt, der auch einige Semester Elektrotechnik an der St.-Andrews-Universität in England studiert hatte, suchte deshalb nach einem Weg, um eine rechtzeitige Warnung der Flugzeuge vor Gewittern auszuarbeiten. Da ein Gewitter sich schon in einer größeren Entfernung durch das knatternde Geräusch im Radio ankündigte, hoffte Watson-Watt mit Hilfe der ausgestrahlten Rundfunkwellen rechtzeitig ein Gewitter erkennen zu können. Um jedoch hier zunächst genauere Unterlagen zu bekommen, bat er die große britische Sendegesellschaft BBC, ihm zu helfen. Sie sollte im voraus verschiedene ihrer Empfangsgebiete mit Manuskripten von später zu sendenden Vorträgen ausrüsten, in denen die Hörer die Worte markieren sollten, die bei der Sendung von atmosphärischem Knattern begleitet waren.

Anhand der später aufgenommenen Wetterberichte konnte man so feststellen, aus welchen Entfernungen sich im Rundfunk Gewitter bemerkbar machten. Man kam dabei zu erstaunlichen Ergebnissen! Selbst über Entfernungen bis zu 6000 Kilometern „fühlten" die Rundfunkwellen ein Gewitter. Diese Tatsache bot den Fliegern die Möglichkeit, schon in größerem Abstand die atmosphärischen Störungen zu empfangen und so mit Hilfe eines Peilverfahrens die Gewitter zu vermeiden.

Watson-Watt versuchte zunächst in der Funkforschungsstelle in Slough bei London ein Verfahren auszuarbeiten, mit dem man von der fliegenden Maschine aus Gewitter rechtzeitig orten konnte. Seine Arbeiten wurden später in dem Staatlichen Physikalischen Laboratorium in Teddington fortgesetzt und führten dazu, daß die Meteorologen rechtzeitig Gewitter voraussagen und in ihren „Flugwetterberichten" die Piloten warnen konnten.

Todesstrahlen

Während Watson-Watt noch mit dem Ausbau des Gewitterwarnsystems beschäftigt war, erhielt er im Sommer des Jahres 1934 unter dem Decknamen *Tizard Committee* eine geheime Anfrage des Secret Service, ob es denkbar wäre, daß in Deutschland oder anderen Ländern sogenannte *Todesstrahlen* entwickelt worden seien, mit denen man Menschen auf größere Entfernung töten oder Flugzeuge zum Absturz bringen könnte.

Watson-Watt hielt die Vermutung für Unsinn. Er antwortete, daß es eine so starke Strahlung nicht gäbe, die imstande wäre, in Bruchteilen von Sekunden eine Maschine so schwer zu beschädigen und sie damit zum Absturz zu bringen. Er halte das für eine Art Zweckpropaganda des Dritten Reiches, um die Gegner einzuschüchtern. Tatsächlich handelte es sich – wie sich später herausstellte – um einen psychologischen Einschüchterungsversuch des Goebbelsschen Propagandaministeriums.

Watson-Watt wies in seinem Bericht an das *Tizard Committee* aber darauf hin, daß man aufgrund der von ihm bei der Gewitterortung gemachten Erfahrungen mit Hilfe der Strahlung etwas ganz anderes wahrscheinlich erreichen könnte: nämlich die Ortung von Flugzeugen bei Nacht, Nebel oder in den Wolken. Er nannte sein Verfahren

Radiolocation und schlug vor, es für die Abwehr feindlicher Flugzeuge einzusetzen.

Er wußte, daß seine Anregung sicher an die betreffende Stelle im Verteidigungsministerium geleitet wurde. Seine Vermutung bestätigte sich auch schon bald; denn er bekam von dort eine Summe überwiesen, „um damit seine Versuche in der *Radiolocation* weiterzuführen". Mit dem Geld konnte er die erforderlichen Geräte anschaffen. Seine Anlage arbeitete mit einer *Braunschen Röhre,* die reflektierte Wellen anzeigte. Ihm war lediglich bekannt, daß Guiglielmo Marconi vor einigen Jahren die Rückstrahlung drahtloser telegraphischer Signale beobachtet und vorgeschlagen hatte, diese Erscheinung näher zu untersuchen, um so eine Methode auszuarbeiten, die Schiffe vor dem Zusammenstoß im Nebel bewahrte. Diese Anregung führte übrigens dazu, daß fast zur selben Zeit französische Funktechniker Versuche mit Hochfrequenzwellen machten, die sie in kurzzeitigen Intervallen ausschickten, um so Kollisionen von Schiffen bei Nebel zu vermeiden. Diese *Hindernis-Detektoren* bestanden aus getrenntem Sender und Empfänger in Parabolspiegelform und arbeiteten mit 16-Zentimeter-Wellen. Sie wurden erstmals auf dem französischen Schnelldampfer *Normandie* im Jahre 1935 eingebaut. Übrigens wurden in den dreißiger Jahren ähnliche Versuche auch von Telefunken und Lorenz in Deutschland durchgeführt.

Über seine Arbeiten reichte Watson-Watt am 27. Februar 1935 ein Memorandum ein, welches die Überschrift trug: *Detection and Location of Aircraft by Radio Methods – Aufspürung und Lokalisierung von Flugzeugen durch Radio-Methoden.* Er schlug darin vor, ein entsprechendes Experiment einer Prüfungs-Kommission vorzuführen. Es fand einige Wochen später in der Nähe des starken britischen Kurzwellensenders *Daventry* statt.

Mit einem Lastwagen wurden die benötigten Geräte herangeschafft und auf einem Feld 15 Kilometer von dem Sender entfernt aufgestellt. Ein Militärflugzeug sollte zur angegebenen Zeit in der Nähe „Flugübungen" machen.

In einem aufgeschlagenen Zelt warteten die Mitglieder der Kommission, der Erfinder und seine Mitarbeiter. Sie starrten in dem Halbdunkel auf ein kastenähnliches Gebilde, das über einem Gerät in einem Gestell hing und in dessen Mitte sich eine grünlich schimmernde Scheibe befand. Das Gebilde ähnelte einem Fernsehschirm.

Von der beweglichen Radarantenne werden Strahlen ausgesandt. Es sind kurze, hochfrequente Funkwellenzüge. Diese Impulse kehren als Echo zurück, wenn sie auf ein Hindernis treffen, wie z. B. ein Flugzeug, und werden von der Bodenstation aufgenommen.

„Nun wird das Flugzeug", erläuterte Watson-Watt, „bald den Richtstrahl des Senders *Daventry* erreichen."

Fast im selben Augenblick erschien in der Mitte des Leuchtschirmes ein etwa einen Zentimeter breiter, vertikal stehender hellerer Streifen. Er verlängerte sich zitternd nach oben und unten.

„Das Flugzeug kommt näher", kommentierte Watson-Watt. Plötzlich, wie er entstanden war, verschwand der helle Strich.

„Die Maschine ist wieder aus dem Radio-Richtstrahl heraus", erklärte Watson-Watt nun. Immer wieder tauchte der Streifen auf, wenn das Flugzeug die Radiostrahlung kreuzte.

„Es ist eine Art drahtloses Echo", versuchte der Erfinder den Vorgang näher zu beschreiben. „Die Maschine wirkt dabei wie eine Rückstrahlantenne, welche die Wellen so zurückwirft wie ein Spiegel die Lichtstrahlen." Er trat näher an den Schirm heran und deutete auf den hellen Strich.

„Je leuchtender und länger diese Linie wird", erklärte er dabei, „um so näher ist das Flugzeug. Aus der Linie hoffen wir schon bald berechnen zu können, in welcher Entfernung die Maschine fliegt."

Die Mitglieder der Kommission nickten befriedigt. „Wir werden Ihre Arbeiten unterstützen, soweit wir nur können", versicherte der Leiter des Komitees. Mit dieser Versprechung tat er genau das Gegenteil von dem, was vor dreißig Jahren der verantwortliche Offizier des Marineministeriums gemacht hatte, als er die Erfindung Hülsmeyers zurückwies. „Welchen Vorsprung hätten die Deutschen gehabt", so schrieb später Arthur P. Rowe in seinem Buch *One Story of Radar*, „wenn sie nicht nur das *Telemobiloskop*, sondern auch den *Zielstrahler* von Dominik weiterentwickelt hätten."

Watson-Watt erhielt nicht nur eine entsprechende finanzielle Unterstützung vom Kriegsministerium, sondern auch einen abgeschiedenen und daher für die Geheimhaltung der weiteren Arbeiten sehr geeigneten Arbeitsplatz auf einer Halbinsel in der Nähe von Aldeburgh an der Küste von Suffolk.

Hier wurde zunächst ein neuartiger Hochfrequenzsender gebaut, der ein sehr starkes Echo vor allem dadurch erzeugte, daß er sehr kurze Impulse in einem Abstand von einer millionstel Sekunde ausschickte. Mit Absicht wurde der Sendeturm so gestaltet, daß er in seinem Äußeren einem Ölbohrturm ähnelte und damit das ausgestreute Gerücht bestärkte, man suche hier nach Erdöl.

Mit dem neuen Sender konnte man mit den Radiostrahlen dem Flugzeug folgen und mit einem anderen Empfangsgerät, das R.D.F. *(Radio-Direction-Finding)* genannt wurde, die Entfernung des Flugzeuges bis auf 60 Kilometer genau messen. Das wurde erfolgreich gegen Ende 1935 in der R.D.F.-Station *Floodlit* den Beauftragten des Kriegsministeriums vorgeführt. Ein halbes Jahr später waren bereits fünf R.D.F.-Stationen versuchsweise in Betrieb, um London vor unerwarteten Flugzeug-Überfällen zu schützen. Der Verteidigungswert dieser Einrichtung wurde verschiedentlich durch Flugzeugmanöver bestätigt, die mit Hilfe des neuen Funkmeßverfahrens erfolgreich beendet wurden. Das Verfahren erhielt nun den Namen *Radio Detecting and Ranging*, kurz *Radar*. Eine Kette von Radartürmen entstand, die den Codenamen *Home Chain* erhielt.

Auch Deutschland schläft nicht

Inzwischen begann man sich auch in Deutschland für die Funkmeßtechnik, wie das Radar hier genannt wurde, zu interessieren. Angeregt wurde man durch eine einfache Meldung, die im Sommer 1926 in den größeren Tageszeitungen stand. Mit wenigen Worten wurde darin beschrieben, daß es den Amerikanern Breit und Tuve erstmals gelungen war, elektromagnetische Impulse auszusenden und die Laufzeit bis zum Eintreffen des Rückstrahls aus der Ionosphäre zu messen.

Im Grunde genommen war das ein ähnliches Verfahren, wie es bereits im Jahre 1904 Hülsmeyer angewendet hatte. Hier richtete man die elektromagnetischen Strahlen nicht auf sich bewegende Schiffsteile aus Metall, sondern in den Himmel. Diese Meldung veranlaßte verschiedene deutsche Funktechniker, über das Problem nachzudenken. Zu ihnen gehörte auch Dr. Meint Harms aus Lübeck, der am 20. Mai 1930 schließlich ein Patent auf ein Verfahren zur selbständigen Ortsbestimmung beweglicher Empfänger erhielt.

Aber Dr. Harms war nicht der einzige, der sich mit Ortungen solcher Art befaßte. Dr. Rudolf Kühnhold begann im Auftrag der Nachrichtenmittel-Versuchsanstalt der Deutschen Reichsmarine in Kiel mit 13,5-Zentimeter-Wellen Rückstrahlversuche. Aber die Senderöhren, die er benutzte, waren zu schwach und gaben kein befriedigendes Funkecho, mit dem man arbeiten konnte.

Dr. Kühnhold setzte sich mit verschiedenen deutschen Firmen in Verbindung und fragte an, ob es stärkere Senderöhren gäbe. Vielleicht in fünf oder zehn Jahren, schrieb man zurück. Durch Zufall erfuhr er von einem Bekannten, daß die holländische Firma *Philips* in Eindhoven ein *Magnetron*, eine Sende- und Empfangsröhre in einer Einheit, für elektromagnetische Wellen gebaut habe, die allerdings Wellen von 50 Zentimeter ausstrahlte.

Dr. Kühnhold verschaffte sich fünf solcher Magnetronsender und begann am 24. Oktober 1934 auf dem Versuchsgelände seiner Dienststelle bei Pelzerhaken an der Lübecker Bucht mit ihnen zu arbeiten. Sie empfingen dabei von dem Versuchsboot *Grille* Echos bis zu einer Entfernung von zwölf Kilometern. Auch von einem Flugzeug, das zufällig ihren Sendebereich durchflog, wurde eine reflektierte Strahlung empfangen.

Der Erfolg dieser Versuche veranlaßte Dr. Kühnhold, auf dem zuständigen Dienstweg für die Durchführung weiterer Experimente einen Betrag von drei Millionen Mark anzufordern. Wieder erkannte ein hoher deutscher Offizier, der zuständige Admiral, die Tragweite und die Folgerungen nicht, die sich aus diesen Versuchen für die Seekriegsführung ergeben könnten, und entschied selbstherrlich: „Schnellboote und U-Boote sind wichtiger als dieser Funkkram!" Statt der drei Millionen erhielt das nunmehr geheime Versuchsinstitut ganze 320 000 Mark.

Das deckte gerade die laufenden Unkosten und war zuwenig für die Weiterentwicklung. Ein Vorsprung ging damit verloren, der sich später sehr nachteilig auswirken sollte. Aber trotzdem gab Kühnhold nicht auf. Er versuchte den Magnetronsender umzubauen und erzielte auch mit weniger kurzen Wellen eine größere Leistung. Aber noch war Kühnhold mit dem Ergebnis nicht zufrieden.

Inzwischen machte man auf dem Versuchsgelände der Firma *Telefunken* bei Groß-Ziethen südlich von Berlin eine merkwürdige Entdeckung. Man arbeitete hier an Untersuchungen über die Ausbreitungs- und Richtmöglichkeit von Dezimeterwellen, die zur Verbesserung des Rundfunkempfanges dienen sollten. Aber immer wieder traten dabei Störungen auf, die man sich zunächst nicht erklären konnte. Die Wellen verschwammen, wurden fast verschluckt und waren plötzlich wieder da. Ähnlich wie vor Jahren in England entdeckte man auch hier, daß Flugzeuge einen Teil der Sendeenergie reflektierten. Das war für die Versuche mit Dezimeterwellen höchst unangenehm, und man mußte sich überlegen, wie man solche Störungen beseitigen konnte. Aber die Funkingenieure dachten auch weiter. Läßt sich mit den Rückstrahlen ein Flugzeug orten? so fragten sie sich. Man könnte bestimmt auf diese Weise feststellen, wo es ist, in welcher Höhe und Richtung es fliegt und möglicherweise auch erfahren, welche Größe es hat.

Dr. Wilhelm Runge, der die Versuche leitete, unterrichtete schließlich die Geschäftsleitung und schlug vor, man sollte das alles doch genauer untersuchen. Man mietete schließlich eine Ju-52, die in größtmöglicher Höhe eine genau bestimmte Strecke abfliegen sollte, während die Dezimeterversuche liefen.

Die Versuche wurden im Frühjahr 1935 mehrfach wiederholt. Die Energie der Rückstrahlung, die man mit dem Empfänger aufnahm, war erheblich, und als man die Impulse schneller aufeinander folgen ließ, erkannte man sogar, daß die Reflektionen noch immer zu unterscheiden waren.

Was würde erst geschehen, überlegte Runge, wenn man statt der 5 Watt Sendeleistung eine weit stärkere Röhre von 25 Watt mit über 200 Watt Impulsleistung einsetzte? Dann könnte man ein Flugzeug in weit größerer Entfernung bemerken!

Sorgfältig notierte er sich alles, was sich bei den verschiedenen Versuchen ergab und welche Folgerungen man unter Umständen daraus ziehen konnte. Seine Unterlagen sollten in einigen Jahren, als der Luftkrieg begann, von erheblicher Wichtigkeit sein. Zunächst jedoch sah die Geschäftsleitung von Telefunken keine Veranlassung, die Erkenntnisse, die ihr da so plötzlich in den Schoß gefallen waren, praktisch auszuwerten.

Inzwischen war aber Dr. Kühnhold von der Nachrichtenmittel-Versuchsanstalt nicht untätig geblieben. Er hatte den Besuch des Kreuzers *Königsberg* benutzt, um, ohne daß man auf dem Kriegsschiff etwas ahnte, Radarmessungen mit dem verbesserten Magnetron durchzuführen. Durch den Erfolg ermuntert und mit der geheimen Absicht, doch noch weitere Mittel zur Weiterentwicklung genehmigt zu bekommen, bat er am 26. September 1935 den Admiral Raeder, ihm seine neue Funkmeßanlage vorführen zu dürfen. Dieser sagte auch zu und kam mit seinem Flottenchef, Admiral Carls, und dem Chef des Marinewaffenamtes, Admiral Witzell.

Die drei Herren waren überrascht, als ihnen Dr. Kühnhold die Bewegungen des Artillerieschulbootes *Bremse* und eines veralteten Schwesternbootes *Welle* getrennt auf einem Bildschirm vorführte, die bei diesigem Wetter in einem Abstand von sieben bis acht Kilometern operierten.

Durch direkte Funkbefehle wurden die beiden Boote nunmehr aufeinander zubewegt. Deutlich konnten die hohen Offiziere das Manöver auf dem Bildschirm verfolgen. Dr. Kühnhold erklärte dazu, daß dieses Ortungsverfahren auf einer neuen physikalischen Grundlage, einer Messung der Funkrückstrahlung beruhte.

Admiral Raeder interessierte sich sofort dafür, ob man derartige Geräte auch auf Kriegsschiffen einbauen könnte. Als er die bejahende Antwort erhielt, stand den gewünschten Zuschüssen nichts mehr im Wege.

Ein Jahr später führte Kühnhold in Pelzerhaken Versuche mit einem neuartigen Impulssender der Firma *Gema* durch, der mit Wellenlängen um 1,80 Meter arbeitete. Die Erprobung auf Seeziele war eine große Enttäuschung. Was würde sich bei Luftzielen ergeben?

Ein Schwimmerflugzeug vom Typ *W-34* wurde angefordert. Aufgrund eines Fehlers in der Kabelleitung der Antenne, der erst später entdeckt wurde, war anfangs auch hier kein Erfolg zu verzeichnen. Als dann jedoch die Störung gefunden wurde, war selbst Kühnhold überrascht. Es gelang, die *W-34* beim Anflug in einer Entfernung von 38 Kilometern und beim Abflug bis zu 48 Kilometer zu orten.

Das wäre doch ein Gerät für die Luftwaffe, überlegte Kühnhold. Er lud Oberst Wolfgang Martini, den Chef des Nachrichten-Verbindungswesens der Luftwaffe zu einer Vorführung ein. Inzwischen konnte er ein Flugzeug auf eine Entfernung von 80 Kilometern orten. Martini war verblüfft und erkannte sofort die Bedeutung des neuen Gerätes. Es mußte schnellstens ausgebaut und verbessert werden.

„Vielleicht ist es auch möglich, eine zusätzliche Anlage einzubauen, die anzeigt, ob es sich um eine eigene oder eine feindliche Maschine handelt", schlug der Oberst vor.

Kühnhold versprach, sein Bestes zu tun. In diesem Augenblick wurde das später so berühmt gewordene *Freya-Gerät* geboren, von dem in einigen Jahren mehr als zweitausend Stück im Einsatz waren.

Schon ein Jahr danach waren bei einem Wehrmachtsmanöver im Raum Swinemünde drei *Freya-Geräte* zur Erkennung von „feindlichen

Flugzeugen" im Einsatz. Aus Sicherheitsgründen war die bewegliche Anlage verkleidet und wurde daher von den anderen Funkern der „Kleiderschrank" genannt. Sender und Empfänger waren hier dicht nebeneinander untergebracht. Was sich jedoch nicht verstecken ließ, war die Antenne.

Wieder wurden die Flugzeuge in 80 Kilometer Entfernung geortet. Damit auch die Marine nicht zu kurz kam, hatte Kühnhold noch ein 80-Zentimeter-Gerät zur Ortung von Seezielen entwickelt, das den Tarnnamen *Seetakt* trug. Es war auf dem Versuchsboot *Strahl* aufgebaut, das an den Manövern von Swinemünde teilnahm. Es vermochte bereits mit seiner verhältnismäßig kleinen Rahmenantenne, welche die Matrosen geringschätzig „Matratze" nannten, Seeziele bis auf eine Entfernung von 14 Kilometern anzuzeigen.

Da dieser Erfolg recht ermunternd war, erhielt auch der Panzerkreuzer *Admiral Graf Spee* als erstes Kriegsschiff ein verkleidetes *Seetakt*-Gerät. An der Küste von Spanien wurde es bald unter kriegsmäßigen Bedingungen erprobt.

So vorbereitet, stand nichts mehr im Wege, Hitler persönlich die beiden neuen Anlagen vorzuführen. Das geschah im Juni 1938 auf dem Schießstand Borby bei Eckernförde, in dem engen Bedienungsraum, in dem nur für drei Personen Platz war. Der Kapitän zur See Bathe, der die Anlage erklären sollte, war schon anwesend, ferner der Leiter der *Gema*, von Willisen, der die Anlage bediente, und schließlich Hitler. Göring wollte allerdings trotz seiner gewichtigen Fülle keinesfalls draußen bleiben. Da man ihn nicht erzürnen wollte, preßte man ihn beim Schließen der Türen auch noch in den winzigen Raum.

Alles verlief gut! Die hohen Herren waren beeindruckt, als es gelang, ein Flugzeug bereits in einer Entfernung von 90 Kilometern zu orten. Als endlich die schwere Metalltür wieder geöffnet wurde und man Göring glücklich in seiner Prunkuniform hinausbugsiert hatte, benutzte dieser die Gelegenheit, um in gewohnter Weise eine Schau zu seinen Gunsten aufzuziehen.

„Wie viele von diesen Geräten", fragte er Kühnhold, „können Sie im Monat an die Luftwaffe liefern?"

Als dieser antwortete: „Eines oder zwei im Monat", richtete sich der zukünftige Reichsluftmarschall in seiner ganzen Größe auf.

„Das ist ja lächerlich! Zweihundert müssen es mindestens sein. Ich werde alles andere veranlassen."

Für Kühnhold klang das wie Sphärenmusik, und er sah bereits einen seiner geheimen Wünsche erfüllt, eine leistungsstarke Luftabwehr aufbauen zu können. Aber schließlich kam nach einem Jahr nur ein Auftrag über zwölf *Freya-Geräte* aus dem Reichsluftfahrtministerium, der vorübergehend noch annulliert wurde, bis sich endlich der inzwischen zum General beförderte Oberst Martini im Januar 1939 der Sache annahm. So ging Deutschland im September dieses Jahres nur mit sechs Geräten in den Krieg, obwohl es bereits hundert hätten sein können. Der Grund dafür, der allerdings erst später bekannt wurde, war, daß man im Reichsluftfahrtministerium ein eigenes Gerät entwickeln wollte, aber nichts erreicht hatte.

Inzwischen aber hatte die deutsche Industrie erfolgreich gearbeitet. Die Versuche des Telefunkeningenieurs Dr. Runge, die dieser im Frühjahr 1935 durchführte, waren im Jahre 1937 die Grundlage für weitere Untersuchungen, die schließlich zur Entwicklung eines Funkmeßrückstrahlgerätes führten. Das Gerät arbeitete mit einer 50-Zentimeter-Welle und einer in alle Richtungen dreh- und schwenkbaren Parabolantenne, die zugleich Funkmeßsender und -empfänger war. Das wurde mit Hilfe eines selbständigen „Umschaltgerätes" erreicht. Die Laufzeit, die der Funkstrahl vom Sender zum Flugzeug und zurück zum Empfänger benötigte, konnte in einer Schirmbildröhre durch den Abstand des Sende- und Echoimpulses gemessen werden, die mit Hilfe eines Schreibstrahles als leuchtende Zacken sichtbar wurden. Auf einer Skala unter dem Schreibstrahl, die in Kilometern geeicht war, ließ sich direkt die Entfernung des Flugzeuges ablesen.

Bei den späteren Modellen, die danach entwickelt und verbessert wurden, befand sich in der Mitte der Parabolantenne ein rotierender *Dipol*, eine auf einer kurzen Stange sitzende Einrichtung, die erstmalig eine genaue Seiten- und Höhenpeilung von Flugzeugen gestattete.

Die neue Anlage wurde Anfang Juli 1939 auf dem Luftwaffenversuchsfeld Rechlin Hitler, Göring und anderen hohen Offizieren von drei Ingenieuren der Firma Telefunken vorgeführt. Sie konnten mit ihrem Sender, der jetzt eine Leistung von acht Kilowatt hatte, bei der Versuchsvorführung Flugzeuge in einer Entfernung von 30 Kilometern orten und den genauen Abstand und die Höhe messen.

„Wenn das Ganze noch beweglich wäre, auf einer Lafette oder einem ähnlichen fahrbaren Untersatz", meinte Göring, „wäre es ein ideales Hilfsgerät für den Fronteinsatz."

Die Entwicklungsingenieure von Telefunken trugen diesem Wunsch Rechnung, und kurz vor dem Ausbruch des Zweiten Weltkrieges war ein solches bewegliches Funkmeßgerät fertig, das den Tarnnamen *Würzburg* erhielt. Aber erst vier Wochen nach Kriegsausbruch, im Oktober 1939, ging bei Telefunken die erste Bestellung ein. Sie lautete auf 5000 Geräte, mit denen man nun in aller Eile den Flugmeldedienst und die Flak ausrüsten wollte. Der gigantische Auftrag ging fast über das Leistungsvermögen der Firma Telefunken.

Das Duell im Dunklen

„Endlich", seufzte Dr. Kühnhold, als er von diesem Auftrag hörte, „ist bei den Herren in Berlin der Groschen gefallen!" Auch er erhielt kurze Zeit später weitere Aufträge für *Freya-Geräte*. Das war der Tatkraft des Generals Martini zu danken, der jetzt der Chef des Nachrichten-Verbindungswesens war. Martini unternahm in diesen Monaten noch mehr.

Ihn interessierte es schon seit langem, ob nicht auch andere Länder, vor allem England, ein ähnliches Funkmeßverfahren entwickelt hatten. Die Reihe von 18 Türmen mit einer Höhe von 80 Metern an der Südküste Englands und dem Namen *Home Chain* war natürlich den Deutschen nicht verborgen geblieben. Trotz aller Bemühungen aber konnte der deutsche Nachrichtendienst darüber nichts erfahren.

Waren es wirklich nur Richtantennen für den Funkverkehr mit den weit entfernten britischen Kolonien? General Martini bezweifelte, daß diese allgemeine Deutung der Anlagen der Wahrheit entsprach. Er hatte schon im Juli 1939 Fachleute befragt, die ihn darauf hinwiesen, daß die horizontalen Rahmenantennen der gebräuchlichen Vorstellung von Richtstrahlern eigentlich nicht entsprächen.

Wie aber sollte man den wirklichen Zweck herausfinden? Dem General kam eine rettende Idee! Man mußte die sonderbaren Anlagen aus der Nähe „abhorchen", wie es funktechnisch heißt. Waren es wirklich Richtstrahler, würde man dies aus ihrem Funkverkehr schon hören. Sandten die Türme aber Funkmeßimpulse aus, dann konnte man diese mit Hilfe der deutschen Empfangsanlagen abfangen. Das ließ sich aber bei den beschränkten Platzverhältnissen und wegen der großen Geschwindigkeit nicht von einem Flugzeug aus durchführen. Dazu war besser einer der Zeppeline geeignet, die noch in Friedrichshafen in einer Halle lagen.

Martini trug Hermann Göring seinen Plan vor und erhielt schließlich die Erlaubnis, den *Graf Zeppelin* für eine solche als Probefahrt bezeichnete Erkundung zu bekommen.

Der General ließ alle nur denkbaren Meßgeräte in die Gondel von *LZ 127* einbauen, hinter denen die besten Funktechniker saßen. Am 3. August 1939, also kurz vor Kriegsausbruch, startete der Zeppelin. Er flog über die Nordsee auf die englische Küste zu, blieb aber mit Absicht außerhalb der Hoheitsgewässer. An Bord herrschte eine außerordentliche Geschäftigkeit. Mit den verschiedenartigsten Empfängern wurde der Funkäther auf allen nur denkbaren Frequenzen abgetastet. Man empfing weder Sendeimpulse noch hörte man irgendeinen Funkverkehr, der auf Richtantennen schließen ließ. Die Türme waren tot und schwiegen.

In Wirklichkeit hatte man das Luftschiff schon lange geortet, als es noch über der Nordsee dahinflog. Um die wichtige Verteidigungsanlage nicht zu verraten, wurde Funkstille angeordnet. Nur mit dem Fernglas beobachteten die Funkmeßbesatzungen den silbergrauen Zeppelin, der da vor ihrer Küste gemächlich herumfuhr und schließlich ohne ein Resultat nach Deutschland zurückkehrte.

„Möglicherweise", meinte schließlich einer der leitenden Funkingenieure, „sind die Türme außer Betrieb. Vielleicht sind sie die Reste einer Anlage, die sich nicht bewährt hat!"

Außer Betrieb waren die Türme, darüber bestand kein Zweifel! Aber niemand kam auf den Gedanken, daß sie mit Absicht stillgelegt waren, um die Deutschen zu täuschen. Das war das erste Manöver in einer langen Reihe von Täuschungen, mit denen die Engländer den Stand ihrer Funkmeßtechnik zu verschleiern versuchten. Das Duell im Dunkeln begann also schon vor dem Kriege.

Zunächst waren jedoch wieder die Deutschen am Zuge. Am 20. Dezember 1939 gelang es dem auf Wangerooge aufgestellten *Freya-Gerät*, einen Wilhelmshaven anfliegenden britischen Bomberverband bereits in einer Entfernung von 115 Kilometern zu orten und später auch einen deutschen Jägerverband aufgrund der Funkmessungen an den Gegner heranzuführen. Es kam zu einem ersten großen Luftkampf, bei dem von den 24 feindlichen Maschinen 15 abgeschossen wurden.

Aber immer wußte man noch nicht, ob die Engländer Radar besaßen. Wenige Monate später durchstießen die deutschen Verbände die gegnerischen Fronten in Frankreich, Holland und Belgien. Das englische Expeditionskorps versuchte sich über Dünkirchen aus dem allgemeinen Zusammenbruch über den Kanal abzusetzen. Unter den zurückgelassenen Ausrüstungsgegenständen, die zum Teil durch die deutschen Stukas zerschlagen oder von den Briten gesprengt worden waren, fanden deutsche Fachleute zufällig auch ein fahrbares Radargerät. Es arbeitete mit 4-Meter-Wellen.

Als General Martini von dem Fund erfuhr, war er mehr als betroffen. Also haben auch die Gegner ein fahrbares Radargerät! Inzwischen hatte ein Funkmeßtrupp, den man am Kap Gris-Nez an der engsten Stelle des Ärmelkanals einsetzte, herausgefunden, daß die vorher so schweigsamen Türme an der gegenüberliegenden Küste mit 12-Meter-Wellen Funkmessungen durchführten. Das konnte sich auf den geplanten Vernichtungsschlag gegen England aus der Luft verheerend auswirken.

Er meldete das sofort seinem Vorgesetzten, Hermann Göring. Doch dieser war nicht im geringsten dadurch beeindruckt, gelassen meinte er:

„Ob sie uns sehen oder hören oder auf dem Radarschirm wahrnehmen, ist doch völlig gleichgültig. Sie merken es auf jeden Fall, wenn wir über ihnen sind, und bei unserer Luftüberlegenheit ist an einem Sieg wohl kaum zu zweifeln."

Die ersten vorbereitenden Jägerangriffe begannen am 24. Juli 1940 und dauerten bis zum 8. August. Hier zeigte sich schon, daß die Engländer auf die Überraschungsschläge stets vorbereitet waren. Sie flogen ihren Gegnern bereits über den Kanal entgegen. General Martini wußte natürlich, warum dies geschah. Die Engländer hatten die Jägerstaffeln schon kurz nach ihrem Start mit ihren weitreichenden Radargeräten geortet. Die Verluste auf der deutschen Seite waren deshalb groß, und der Plan, mit dem *Adlerangriff* die feindliche Jägerabwehr zu vernichten, scheiterte. Die absolute Luftherrschaft wurde nicht errungen!

Am 8. August begann der zweite Teil des Planes, die englische Luftwaffe völlig zu vernichten, um dann ab Mitte September die Landung auf der Insel, das *Unternehmen Seelöwe* durchzuführen. Tausende von Bombern waren für diesen Zweck zusammengezogen worden.

Nach einem genauen Plan sollten zuerst die Startbahnen auf den Flugplätzen, die Flugzeughallen und Werftanlagen zerstört, dann die Flugzeug- und Motorenwerke angegriffen werden und schließlich alle anderen für die Rüstungsindustrie wichtigen Fabriken. Aber die so sorgsam geplanten Vorhaben erreichten nicht den gewünschten Erfolg. Immer und an jeder Stelle, am Tage und in der Nacht waren die Briten rechtzeitig von den Angriffen unterrichtet. Ihre Jäger wurden bereits startklar gemacht, wenn sich die deutschen Maschinen in bestimmten Räumen sammelten. Schon über dem Kanal flogen sie den deutschen Verbänden entgegen, verwickelten die den Begleitschutz bildenden Jäger in schwere Kämpfe, und wenn diese, aufgrund ihrer geringeren Reichweite, abdrehen mußten, griffen sie den Bomberpulk selbst an.

Die Deutschen mochten fliegen, so hoch sie wollten, immer waren die feindlichen Jagdstaffeln genau im richtigen Augenblick zur Stelle. Es half nichts, daß die Deutschen Scheinangriffe vortrugen, um die englischen Jäger hervorzulocken und an einer ganz anderen Stelle anzugreifen. Ebensowenig waren die Engländer abzuschütteln, wenn man zugleich zwei weit auseinanderliegende Ziele angriff oder in vielen Einzelgruppen anflog, um die feindliche Abwehr zu zersplittern. Man konnte meinen, die Briten würden von einer unsichtbaren Hand dorthin geführt. Sie mußten eine neue, unbekannte Einrichtung besitzen, die jeden einzelnen Jäger genau auf sein Ziel führte.

Die deutschen Funkabhörspezialisten schalteten sich ein. Sie fanden bald heraus, daß die englischen Jäger in jeder Minute zunächst 15 Sekunden hindurch Peilzeichen abgaben und dann die restlichen 45 Sekunden automatisch auf Empfang gingen. In dieser Zeit erhielten sie verschlüsselt genaue Anweisungen, welchen Kurs sie zu fliegen haben, in welcher Entfernung sich der Gegner befand und in welcher Höhe sie ihn angreifen müßten.

Die englischen Jäger wurden also von unten kommandiert und an den Gegner herangeführt. Das war etwas völlig Neues in der Luftwaffe und erklärte den Erfolg der britischen Jagdabwehr. Es war ein Vorsprung der anderen Seite. Noch niemand hatte eine solche Kombination mit Radar ausgenutzt. Sie führte zu so großen Verlusten der Deutschen, daß die Luftangriffe eingestellt wurden. Das *Unternehmen Seelöwe*, die Landung in England, wurde von Hitler zunächst verschoben, da die Erringung der absoluten Luftüberlegenheit die Voraussetzung für diese Operation war.

Aber der Krieg ging weiter! Die Deutschen versuchten nun mit einem verstärkten U-Boot-Einsatz die Engländer in die Knie zu zwingen. Die britischen Radarfachleute entwickelten darauf ein Radargerät, dessen Antenne unter dem Rumpf eines Beobachtungsflugzeuges rotierte und mit dessen Funkstrahlen der Erdboden und das Meer abgetastet wurden und deutlich mit einem Radarspiegel zu überwachen waren.

Die deutschen U-Boote, die in der Nacht und bei diesigem Wetter aufgetaucht fuhren, konnten so bald angegriffen und vernichtet werden.

Im Gegenzug hierzu wurden von deutscher Seite die U-Boote nunmehr mit dem sogenannten *Metox*-Gerät ausgerüstet, das die feindlichen Jagdbomber rechtzeitig meldete. Um die Ortung zu erschweren, wurden außerdem die Schnorchel der U-Boote mit einem speziellen Drahtgeflecht überzogen, das die Radarimpulse der feindlichen Beobachter absorbierte, statt sie zu reflektieren.

Die Verluste an U-Booten gingen in den nächsten Monaten zurück, um dann jedoch wieder rapide anzusteigen. Verzweifelt dachten die deutschen Funkingenieure nach. Was war geschehen? Man testete die *Metox*-Geräte unter allen nur möglichen Bedingungen und entdeckte, daß es möglich ist, ihre Strahlung anzupeilen und so den Standort des U-Bootes zu errechnen. Das geschah mit kurzen Wellen, die in dem 10-Zentimeter-Bereich lagen.

Darauf wurde die *Naxos-Fliege*, ein Funkmeß-Beobachtungsempfänger gegen derartig kurze Radarwellen entwickelt und mit einer drehbaren Antenne auf dem U-Boot-Turm montiert. Aber die inzwischen eingetretenen Verluste an deutschen U-Booten waren so groß, daß sie nicht mehr ausgeglichen werden konnten. Dadurch wurde die Bedrohung Englands immer kleiner. Auch der U-Boot-Krieg war verloren.

In der Zwischenzeit war die deutsche Radar-Überwachung jedoch immer stärker geworden. Die *Freya* und die neuen *Würzburg*-Riesengeräte sichteten die feindlichen Flugzeuge bereits über Holland oder Belgien, wenn sie nach Deutschland einflogen. Natürlich nützten die feindlichen Verbände die Nacht aus, um nicht durch die deutschen Jäger angegriffen zu werden, die genau wie die Flak nur dann einen Abschuß erzielten, wenn der Gegner vom Scheinwerferlicht erfaßt war. So kamen die Engländer zunächst ohne allzu große Verluste davon. Dann aber fanden die Deutschen auch hier einen Ausweg. Sie koppelten mit dem Scheinwerfer ein Radargerät, das den Decknamen *Parasit* trug und, von einer *Freya*-Anlage geführt, das geortete Ziel automatisch verfolgte. Nun konnten die Jäger, die in der Nähe der Scheinwerferzone in einem Warteraum auf der Lauer lagen, sich auf den Gegner stürzen und ihn abschießen.

Aber man war noch weitergegangen und hatte den *Parasit* nun auf die Kommandogeräte der Flak geschaltet und so die Feuerführung erleichtert.

Nun waren die Engländer wieder am Zug! Sie schalteten die deutsche Radarüberwachung, Scheinwerfer- und Flakfeuerführung mit einem einfachen Hilfsmittel aus. Es waren Silberpapierstreifen, genau halb so lang wie die deutschen Radarwellen, beispielsweise 27 Zentimeter, um die Wellenlänge der *Würzburg*-Riesen mit einem künstlichen Flimmern auszuschalten. Unbelästigt fielen jetzt die Bomberströme ein, bis endlich die Deutschen etwas dagegen unternehmen konnten.

Sie nutzten den seit einiger Zeit bekannten *Doppler-Effekt* aus. Durch diese Methode gelang es schließlich, das bewegte Ziel, also das Flugzeug, von dem ruhenden Ziel, den langsam heruntersinkenden Foliowolken zu unterscheiden. Das Flugzeugecho kroch jetzt langsam wie eine Laus über den von den Foliostreifen flimmernden Hintergrund des Radarschirmes. Wegen seines Aussehens wurde das Zusatzgerät für den Doppler-Effekt humorvoll *Würzlaus* genannt. Die Engländer müßten jetzt die dreifache Menge an Silberfolien abwerfen, um noch den gleiche Effekt zu erreichen.

Inzwischen aber ließen die Engländer bestimmte Flugzeuge mit einer vorgeschriebenen Geschwindigkeit über einen Leitstrahl nach Deutschland hineinrutschen, die genau auf das Ziel abgestimmt waren. Von England aus erhielten diese „Erkunder" dann nach drei Vorwarnungen den Befehl, wann sie ihre Bomben oder die Lichtmarkierungen über dem Ziel abwerfen mußten. In großer Höhe folgten ihnen die Bomberströme und warfen in die markierten Quadrate ihre Bombenlasten ab.

Den Deutschen gelang es, eine Anlage zu schaffen, die den Tarnnamen *Wassermann* erhielt. Mit dieser konnte man die Vormeldungen A, B, C, D und schließlich V für den Abwurfeinsatz, die in bestimmten Abständen aufeinander folgten, abfangen und so gerade noch rechtzeitig erkennen, welches Ziel angeflogen wurde.

Mit einem Störsender, der den Namen *Karl* erhielt, konnten die Vorwarn- und Schlußzeichen so genau überlagert werden, daß sie nicht mehr durchkamen. Wenn der erste Warnimpuls „A" gekommen war, brüllte *Karl* im wahrsten Sinne des Wortes los. Die feindlichen Führungsbomber waren taub und wußten nicht mehr, wann und wo sie ihre „Tannenbäume" abwerfen sollten.

Ein drittes erfanden die Deutschen! Ihre Nachtjäger wurden mit einem Bordsuchgerät *Lichtenstein-SN-3* ausgerüstet, das auf einer Wellenlänge von 3,30 Meter arbeitete und sich seinen Gegner selbst suchen konnte. Die beiden rahmenförmigen Antennen hingen direkt vor der Kanzel der Nachtjäger. Auch die ersten Düsenjäger der Welt, die *Me-262*, wurden mit diesen *Lichtenstein-SN-3*-Geräten ausgerüstet, mit denen sie sich sogar in die Bomberströme selbst einschleusten. Doch die riesigen Bomberströme, die nunmehr auch am Tage kamen, ließen sich damit nicht mehr aufhalten.

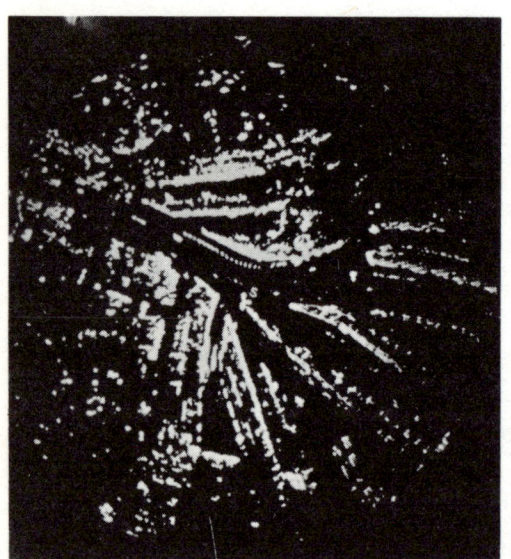 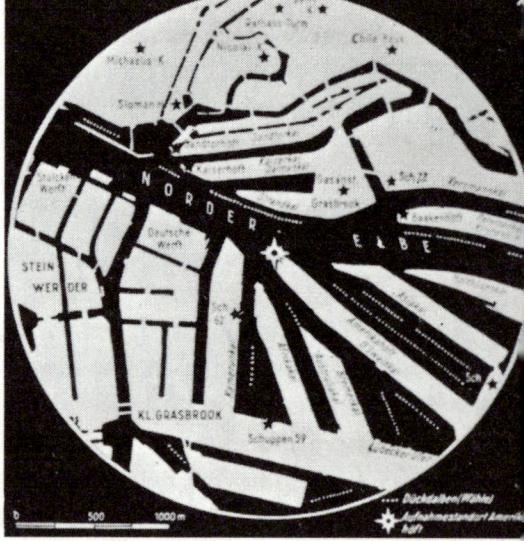

Der Hamburger Hafen auf dem Radarschirm. Der eigene Standpunkt liegt stets im Mittelpunkt des Leuchtschirmes. Rechts die Karte des auf dem Radarschirm dargestellten Gebietes.

Das Radar heute

Das Radar, die Augen, die durch Nacht und Nebel sehen und die Flugzeuge genau ins Ziel lenkten, die Schiffe orteten und diese bei allen Wetter- und Lichtverhältnissen „sehend" machten, läßt sich natürlich auch im Frieden für die verschiedensten Zwecke verwenden.

Auf allen Flugplätzen sind uns heute die sich drehenden Radarantennen zu einem gewohnten Anblick geworden. Sie werden fast ausschließlich als „Doppeldecker" ausgenutzt, die obere Hälfte dient dem Sender, die untere empfängt die Rückimpulse. Die ganze Antenne macht bis zu tausend Impulse in der Sekunde auf dem Zentimeter-Band aus, die zu einem dünnen Strahl gebündelt sind. Das geschieht mit Hilfe eines *Modulators*, der die von einem Magnetron erzeugten elektromagnetischen Wellen zusammenzieht und in eine bestimmte Richtung schickt.

Die zurückkommenden, reflektierten Wellen werden dann von dem Empfänger aufgenommen, verstärkt und in eine Kathodenröhre geleitet. Hier erscheinen, ähnlich wie beim Fernsehen, auf einem fluoreszierenden Bildschirm die Hindernisse, auf welche die Wellen gestoßen und von denen sie zurückgeworfen sind, wie beispielsweise ein Flugzeug, ein Schiff, ein Berg, eine Küste oder die Ufer eines Flusses.

Das Bild entsteht dadurch, daß um den engen Eingang der Röhre zwei Magnetspulen gelegt sind, die den Elektronenstrom beeinflussen. Sie können in ihrer Wirkung etwa mit der von optischen Linsen bei Lichtstrahlen verglichen werden. Mit der einen wird die Schärfe des Bildes auf dem Leuchtschirm kontrolliert und verändert, mit der anderen wird im Gleichlauf mit der Antenne der sich drehende Leuchtstrahl erzeugt, der auf dem Bildschirm die hellen Punkte und Flecken erscheinen läßt, welche die Hindernisse darstellen. Sie flackern bei jeder Umdrehung des Leuchtstrahles von neuem auf. Ändert sich dabei die Lage des einen oder anderen Fleckens, wenn dieser in Bewegung ist, so kann daraus die Geschwindigkeit des erfaßten Objektes errechnet werden.

Die Geräte sind heute so vervollkommnet, daß sie ein Flugzeug in einer Entfernung bis zu 500 Kilometern und bis zu einer Höhe von 23 000 Metern zu orten vermögen. Deshalb genügen drei Radartürme in Hannover, Frankfurt und München, um den gesamten Flugverkehr in der Bundesrepublik zu überwachen.

Aber auch im Flugzeug selbst kann mit Hilfe des im Krieg entwickelten *Rotterdam-Gerätes* das unter dem Flugzeug liegende Gebiet selbst aus größter Höhe genau erkannt werden, ohne daß Wolken, Nebel oder Dunkelheit die Sicht behindern. Darüber hinaus sorgen Funkfeuer, an denen sich die Flugzeuge bei schlechtem Wetter entlangtasten, für die genaue Einhaltung des Kurses. Wenn eine Maschine in die Nähe des Zielflughafens – meist vom letzten Funkfeuer 50 Kilometer entfernt – kommt, meldet es sich bei dem Flugsicherungslotsen, der das Flugzeug längst auf seinem Radarschirm verfolgt. Es nennt die Nummer der Maschine, ihren augenblicklichen Standort und die Flughöhe.

Nun übernimmt der FS-Lotse auf dem Kontrollturm das Kommando. Dieser hat nämlich einen Überblick über alle anfliegenden Maschinen, der dem Piloten in seiner Kanzel fehlt. Der Lotse fädelt dabei ein Flugzeug nach dem anderen in die Richtung auf die Landebahnen ein. Nähern sich mehrere Maschinen gleichzeitig, was bei großen Flughäfen zu den Hauptverkehrszeiten leicht der Fall sein kann, so wird in den sogenannten „Warteraum" verwiesen, der durch ein Funkmarkierungszeichen abgegrenzt wird. Der Beamte tut dabei genau das Gegenteil von dem, was der Jägerleitoffizier während des letzten Krieges gemacht hat, der bemüht war, seinen Jäger möglichst nahe an den feindlichen Bomber heranzubringen. Er ist vielmehr bestrebt, die Flugzeuge in der Luft möglichst weit auseinanderzuhalten. Ihr Abstand darf nicht weniger als zehn Kilometer betragen, und wenn sie in derselben Richtung fliegen, muß ein Höhenunterschied von mindestens 300 Metern vorhanden sein.

Zu allen diesen Beobachtungen dient die *Ground Controlled Approach-Radaranlage* (GCA), zu der außer dem Panoramagerät auch noch das *Präzisions-Anflug-Radar (PAR)* gehört, dessen beide Antennen in einem kleinen, rotweiß gestrichenen Haus am Ende der Landebahn stehen. Von hier aus strahlen diese Antennen genau in der Verlängerung der Landebahn stark gebündelte Impulse in den Himmel, also in die Richtung, aus der die Maschine anfliegen muß, wenn sie zur Landung ansetzt. Diese Leitstrahlen werden außerdem noch durch zwei Vorsignale und ein Hauptsignal besonders angekündigt. Die Signale melden zugleich die Entfernung von der Flugplatzgrenze und der Landepiste.

Für die Leitstrahlen werden dabei zwei getrennte Antennenanlagen

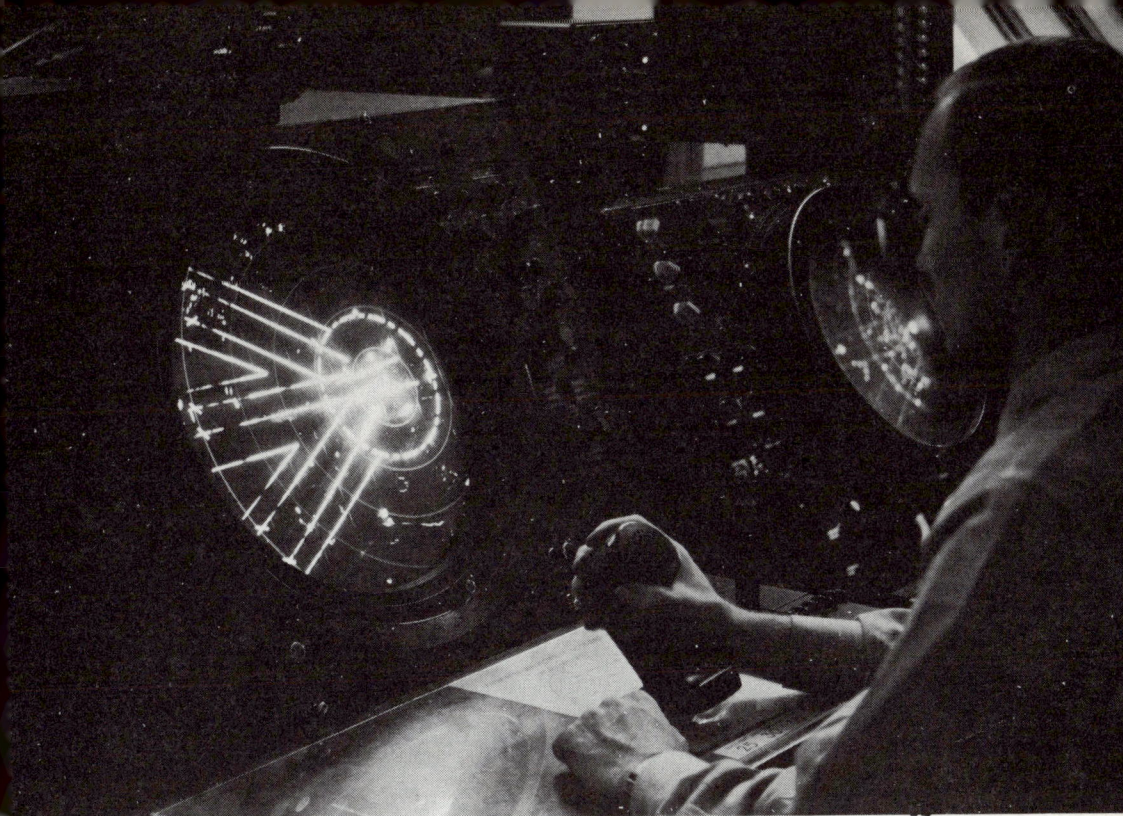

Ein Flugüberwachungs-Radar-Lotse in der Berliner Luftverkehrszentrale weist die Flugzeuge in die drei Luftkorridore nach Berlin ein. Er beobachtet ein Radarsignal auf dem Schirm und gibt dem Piloten über Sprechfunk Anweisungen, um sicherzugehen, daß das Flugzeug in der Mitte des 32 km breiten und 3000 m hohen Luftkorridors bleibt.

eingesetzt. Die eine ist vertikal ausgerichtet und sendet einen Radarstrahl aus, der sich in der Luft auf- und niederbewegt, also die Höhe des Flugzeuges ermittelt. Die andere, horizontale Antenne schwingt seitlich hin und her und stellt damit eine etwa vorhandene seitliche Abweichung des Flugzeuges vom richtigen Kurs fest.

Der FS-Lotse sieht beide Funkechos auf seinem Anflug-Radar, das für die Höhe auf dem oberen und das für die Seite auf dem unteren. Auf beiden Hälften gibt eine fest eingeblendete Linie den richtigen Kurs an, der die anfliegende Maschine genau auf die Landebahn bringt. Der Lotse hat dabei nur darauf zu achten, das die beiden leuchtenden Punkte, die Echos der einfliegenden Maschine, genau auf der vorbestimmten Linie liegen. Sobald sie davon abweichen, läßt er über Sprechfunk den Kurs korrigieren.

In eine moderne Flugzeugkanzel gehört auch ein Wetter-Radar. Der Bildschirm ist neben dem Sitz des Flugkapitäns angeordnet, der Anten-

315

nenspiegel fest in der Flugzeugnase eingebaut. Das Wetter-Radar arbeitet mit 5,7-Zentimeter-Wellen und hat lediglich die Aufgabe, den Luftraum vor der Maschine zu untersuchen und nach Gewitterwolken abzutasten. So erkennt der Pilot deutlich die Anhäufung von Gewitterwolken, und er kann diese Gefahr durch einen ihm geeignet erscheinenden Flugweg zwischen den Wolken oder unter und über sie hinweg wählen.

Das klingt zunächst unverständlich, da wir doch bisher immer davon gesprochen haben, daß die Radarstrahlen durch die Wolken hindurchgehen. Hier handelt es sich jedoch um eine der zahlreichen Verbesserungen, die seit dem letzten Kriege entwickelt wurden und das Radar auch zu einem wertvollen Hilfsmittel der Meteorologen gemacht haben. Man hatte nämlich erkannt, daß Regenwolken etwas von der Energie eines Radarstrahles zurückwerfen, um so mehr nämlich, je größer die in ihnen vorhandenen Tropfen sind und je näher diese zusammenliegen. Dafür aber sind nur niedrige Wellenlängen geeignet, da sie am besten von den Regentropfen reflektiert werden.

Die Entwicklung ist heute noch weiter fortgeschritten! Mit kurzen Wellen zwischen 0,8 und 1,25 cm zeichnen die Radarstrahlen nicht nur das äußere Bild der Wolken ab, sondern dringen auch in sie ein, stellen ihre Dichte und Zusammensetzung fest und registrieren ebenfalls, wenn eine zweite Wolkenschicht über der ersten liegt. Auf diese Weise ist es heute möglich, aus hoch fliegenden Wettersatelliten die über der Erde liegenden Wolkenschichten zu untersuchen, zu photographieren und zur Bodenstation zu funken, um durch diese Aufnahmen darüber Auskunft zu geben, ob sich gerade über dem Meer ein Wirbelsturm bildet und in welcher Richtung dieser abzieht. Das hat vor zwei Jahren dazu geführt, daß ein über dem Golf von Mexiko sich bildender Hurrikan rechtzeitig erkannt, seine Zugrichtung auf die Küste der Vereinigten Staaten festgestellt und so Tausende von Menschen noch rechtzeitig vor der Naturkatastrophe gewarnt und in Sicherheit gebracht werden konnten.

Zur Bestimmung der Wolkenhöhe, die der Wettersatellit nicht genau vornehmen kann, hat sich übrigens auch noch ein anderes Verfahren bewährt. Es ist ein Wetterballon, an dem ein mit Radar peilbarer Aluminiumreflektor hängt. Heute kann man damit eine exakte Reflexion erreichen.

Derartige genaue Entfernungsmessungen kann man auch im Weltraum vornehmen. Die sehr kurzen Radarwellen durchdringen nämlich alle Schichten der Lufthülle unserer Erde und gehen in den Weltraum hinaus. Stoßen sie dort auf ein Hindernis, wie beispielsweise auf den Mond, so kehren sie als Echo zurück. Dieser Versuch ist tatsächlich gemacht worden, und aus der Zeit, die der Funkstrahl hin und zurück brauchte, hat man die genaue Entfernung der Erde zum Mond errechnen können.

Inzwischen ist es dem *Lincoln-Laboratory* in den USA gelungen, einen Radarkontakt mit der Venus herzustellen, der zwar schwach war, aber auch hier eine gute Entfernungsberechnung ermöglichte. Weitere Versuche dieser Art werden sicher in nächster Zeit wiederholt werden.

Schon kurz nach dem Krieg wurde die Radarmethode für Ortungen auf See eingesetzt: Im Jahre 1947 wurde ein Schiffsradargerät entwickelt, das den neuesten Stand der Technik berücksichtigte und durch eine Verbesserung des Auflösungsvermögens und ein weit geringeres Gewicht der Anlage den Bedürfnissen der Handelsschiffahrt mehr entsprach. Da der Schiffsführung vor allem daran liegt, die nähere Umgebung zur Vermeidung einer Kollision genauer zu beobachten, braucht man hier keine Anlagen, die einen weiten Bereich abtasten. Man erreicht dies am besten mit Geräten, die eine sehr hohe Impulsfolge auf niedriger Wellenlänge mit kaum mehr als 3 cm benutzen. Das Radarauge sieht so schärfer und benötigt trotzdem keine großen Antennen. Die Anlage kann daher selbst auf kleinen Schiffen wie beispielsweise einem Motorboot installiert werden.

Um Ablenkungen von der Seite zu vermeiden, wird der Radar durch eine Sichtblende betrachtet, die sich fest vor das Gesicht legt. Die Vielfalt der Leuchtpunkte, Reflexe und strahlenden Linien verwirrt zwar im ersten Augenblick, wenn man beispielsweise in den Hamburger Hafen einfährt, da die hochaufragenden Gerüste der Werften, die Docks, Kräne und andere Werkanlagen alle genau zu erkennen sind. Aber das hat auch ein Gutes, sie grenzen genau die Elbe und die Hafenbecken ab. Auf dem Fluß selbst erkennt man die einzelnen fahrenden oder festliegenden Schiffe. Das alles aber wird relativ zum Standort des eigenen fahrenden Schiffes aufgezeichnet, das stets im Mittelpunkt des Leuchtschirmes bleibt, während die Umgebung sich laufend verändert. Bei den heutigen Schiffsradargeräten ist außerdem noch eine besondere Einrichtung geschaffen worden. Jedesmal näm-

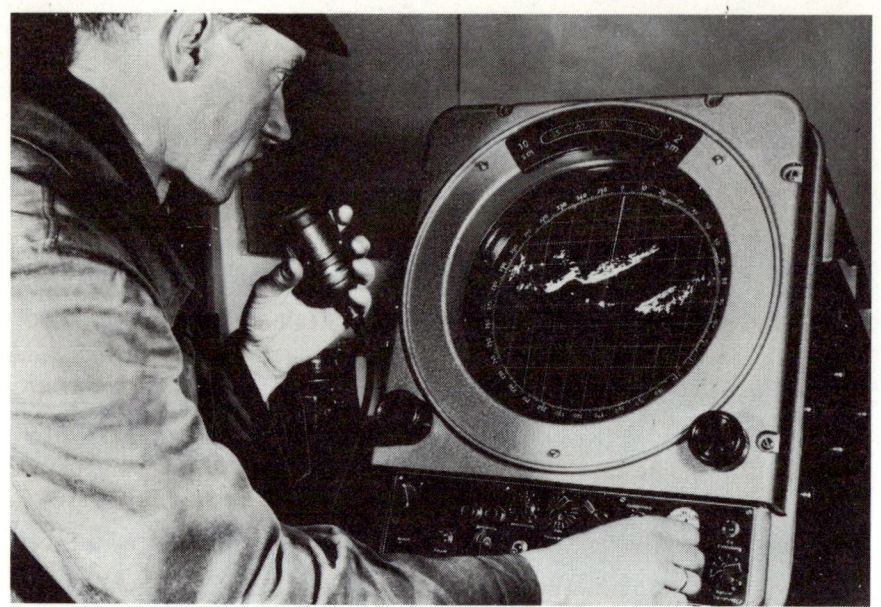

Schiffslotse am Telefunken-Radar

lich, wenn der Radarstrahl der sich drehenden Antenne den vor dem
Schiff liegenden Teil durchläuft, leuchtet auf dem Bildschirm ein
heller Strich auf, die sogenannte „Vorausanzeige", die vom Mittelpunkt aus die Kursrichtung angibt. Alle Funkechos, die vor oder dicht
neben dieser Linie liegen, also den Kurs des fahrenden Schiffes kreuzen können, sind daher genau zu beobachten. Das wird noch durch
auf dem Schirm vorhandene Kreise erleichtert, die in bestimmten Abständen um den Bildmittelpunkt gelegt sind und die Entfernungen
angeben. Des weiteren ist eine mit Hilfe eines Knopfes drehbare, über
dem Bildschirm liegende Plexiglasscheibe vorhanden, die eine Gradeinteilung trägt. Ihr Nullpunkt wird auf die „Vorausanzeige" eingestellt. Mit ihrer Hilfe kann man den Kurs und die Geschwindigkeit
des vorausfahrenden oder entgegenkommenden Schiffes auf einer
Gradeinteilung ablesen und sich darauf entsprechend einstellen.

Aber eine Schwierigkeit ist trotz aller Fortschritte geblieben. Die
Radarwellen ähneln, wie wir schon erwähnten, denen des Lichtes und
folgen in dieser Hinsicht den uns bekannten optischen Gesetzen. Ein
kleines Schiff, das beispielsweise hinter einem größeren liegt, sich also
im „Radarschatten" befindet, ist unsichtbar. Man muß deshalb aufpassen, ob es nicht plötzlich dahinter hervorkommt. Das ist deshalb

318

eine so große Gefahr, weil das Radarbild einem vortäuscht, man sähe von oben aus einer gewissen Höhe auf das Schiff herab und müsse deshalb das hinter einem größeren verborgene kleinere Schiff sehen. Insofern besteht also ein Unterschied zu dem Flugzeugradar.

Zur Erleichterung der Kursbestimmung anderer Schiffe wurde in den letzten Jahren das *True Motion Radar* entwickelt. Bei diesem steht das eigene Schiff nicht mehr im Bildmittelpunkt, sondern es fährt genau wie die anderen Schiffe mit seinem richtigen Kurs von unten nach oben über den Radarschirm. Man hat dadurch den Eindruck, als stünde man auf festem Land und sähe das eigene Schiff vorbeifahren. Sobald dann das eigene Schiff sich dem Bildrand nähert und dem *Vorausrichter* zu nahe kommt, muß nun allerdings durch eine Knopfdrehung die Einstellung weiter nach vorn geschoben werden.

In den polaren Gebieten können die Eisbrecher, die arktische Expeditionen an ihr Ziel bringen, auf dem Radarschirm heute erkennen, ob sie offenes Wasser, eine glatte Eisfläche, Packeis oder aneinandergefrorene Eisberge vor sich haben. Walfischfänger markieren heute die erlegten Wale mit Radarreflektoren, um die Tiere nach Beendigung der Jagd auch bei Nacht und Nebel wieder aufzufinden.

Zu Kriegs- und Verteidigungszwecken spielt das Radar natürlich immer noch eine große Rolle. Mit Hilfe von Radar sich selbst lenkende Flugzeugabwehr-Raketen finden ohne weitere Hilfe vom Boden aus automatisch ihr Ziel und werden auch gegen interkontinentale Raketen zur Abwehr eingesetzt. Mit einer Kette von Radaranlagen gegen solche Geschosse haben sich die Großmächte umgeben.

Selbst in unseren Alltag hat das Radar eingegriffen! Die Polizei kann schnellfahrenden Autofahrern mit Radarmessungen beweisen, daß sie die zulässige Höchstgeschwindigkeit überschritten haben. Radar wird benutzt, um von Flugzeugen aus Bodenschätze zu orten. Die Geologen setzen Radar ein, um topographisch einwandfreie Landkarten vom Flugzeug aus herzustellen, da die „Radarzeichnung" gegen perspektivische Verzeichnungen nicht anfällig ist und Höhenunterschiede auf Karten plastisch sichtbar werden, da ein Strahl, der aus größerer Nähe reflektiert wird, sich deutlicher abzeichnet. So ist die Verwendung, die das Radar eines Tages spielen wird, in seinem ganzen Umfang noch gar nicht abzusehen. Aus den „Augen durch Nacht und Nebel" wird eine Einrichtung werden, die aus unserem Leben nicht mehr wegzudenken ist!

Ein Extrablatt und seine Folgen

„Extrablatt! Extrablatt!" schrien die Zeitungsjungen auf der Mariahilferstraße in Wien. „Der Riesendampfer *Titanic* gesunken. Mindestens 1500 Passagiere ertrunken!"

Betroffen blieb der Universitätsassistent Alexander Behm stehen,
der soeben mit seiner jungen Frau durch die Stadt bummelte.

„Warte einen Augenblick!" bat er sie. Er winkte einen der Zeitungsjungen herbei und kaufte ein Extrablatt.

Mit hastigen Blicken überflog er die wenigen Zeilen und wiederholte sie dann laut für seine Frau.

„Wie wir soeben erfahren", lautete die Meldung, „stieß in der Nacht
vom 13. zum 14. April 1912 der große englische Ozeanriese *Titanic* auf
seiner Jungfernfahrt von Southampton nach New York mit einem
mächtigen Eisberg zusammen. Nur 800 von den 2400 Menschen an
Bord konnten gerettet werden. Die Suche geht jedoch weiter. Aber es
ist mit Sicherheit damit zu rechnen, daß mindestens 1500 Menschen
ertrunken sind."

Betroffen sah die junge Frau ihren Mann an. „Das ist ja entsetzlich!"
flüsterte sie. „Die armen Menschen . . ."

Beruhigend legte ihr Behm die Hand auf die Schulter. „Komm, laß
uns dort drüben ins Café gehen. Wir können dann in Ruhe über alles
reden."

Sie überquerten die Straße und stießen beim Betreten des Café-
hauses beinahe mit einem Herrn zusammen, der im Eingang stehengeblieben war, um sich einen Platz zu suchen.

„Pardon!" sagte dieser entschuldigend und fuhr dann, den Eintre-
tenden plötzlich erkennend, fort: „Ach, Sie sind es, Behm, und, wenn
ich nicht irre, die Frau Gemahlin."

Der Herr machte eine tiefe Verbeugung vor Frau Behm und murmelte zugleich seinen Namen.

„Das ist mein Chef, Herr Grünzweig", fügte Behm hinzu. Gemeinsam setzte man sich daraufhin an einen Tisch.

„Was sagen Sie zu der fürchterlichen Katastrophe?" nahm der Fabrikant das Gespräch auf und deutete auf das Extrablatt, das Behm in der Hand hielt. „Sie sind doch Physiker, Herr Behm. Wissen Sie nicht irgendeine Möglichkeit, Hindernisse wie einen derartigen Rieseneisberg rechtzeitig zu erkennen?"

Noch immer unter dem Eindruck der schrecklichen Nachricht, dachte Behm nach. „Die Beobachtungsmethoden auf See", meinte er schließlich, „sind ein wenig veraltet. Sie sind, um es genau zu sagen, noch dieselben wie im Mittelalter. Ebenso wie damals hockt auch heute ein Mann auf dem ersten Mast in dem sogenannten ‚Krähennest' und beobachtet mit einem Glas in der Nacht die Umgebung."

„Könnte man nicht einen starken Scheinwerfer einsetzen?" schlug Grünzweig vor. „Das wird bei Lokomotiven doch schon seit langem gemacht, um den Schienenstrang abzuleuchten. Es gibt, wie ich weiß, solche starken Scheinwerfer, und warum sollte man nicht damit den Weg, den ein Schiff fährt, auf eine entsprechende Entfernung ausleuchten können?"

„Ich weiß nicht, ob das geht", überlegte Behm. „Man muß mit Nebel und mit Schneegestöber rechnen, und außerdem...", nachdenklich sah er eine Weile vor sich hin, dann zeichnete er auf eine der auf dem Tisch liegenden Getränkekarten mit wenigen Strichen einen im Wasser schwimmenden Eisberg.

„Soweit ich noch aus dem Physikunterricht weiß", fuhr er dann fort, „sieht man von einem Eisberg nur die Spitze. Neun Zehntel liegen unter dem Meeresspiegel, und auf diese neunzig Prozent kommt es an! Sie erstrecken sich weit unter der Meeresoberfläche und bilden meist dicht unter der See gefährliche Riffe, die oft von dem sichtbaren Teil hundert Meter und mehr entfernt sind.

Mit einem Scheinwerfer können Sie diese gefährlichen Klippen aus Eis aber nicht rechtzeitig erfassen. Da müßte schon ein anderer Weg gefunden werden!"

„Das sind allerdings Schwierigkeiten", meinte Grünzweig nachdenklich, „an die ich zunächst nicht gedacht habe. Und etwas anderes? Ich meine, irgendeine Kraft, eine Strahlung wie bei Röntgen, um eine derartige unsichtbare Gefahr rechtzeitig zu erkennen, gibt es wohl nicht?"

„Ich kenne keine", antwortete Behm, immer noch mit seinen Gedanken beschäftigt, ein wenig einsilbig.

Aber Grünzweig ereiferte sich weiter. Ihn hatte der Gedanke gepackt, hier einen Ausweg zu finden.

„Ist mit dem Schall auf der hohen See nichts anzufangen? Wenn man beispielsweise wie bei Nebel in regelmäßigen Abständen eine Dampfpfeife ertönen läßt, kann man damit nicht das Echo abfangen, das der Eisberg zurückwirft, und so vielleicht auch die Entfernung berechnen, in der sich die Gefahr befindet?"

„Technisch wäre das denkbar." Behm horchte interessiert auf. „Aber damit käme man auch nicht weiter als mit dem von Ihnen vorgeschlagenen Scheinwerfer. Mit allen beiden Hilfsmitteln kann man immer nur die Spitze des Eisberges orten, nicht aber die riesigen und gefährlichen Massen, die unter dem Meeresspiegel liegen. Man muß etwas anderes finden, eine physikalische Erscheinung, mit deren Hilfe man auch auf größere Entfernungen unter Wasser sehen kann!"

„Suchen Sie danach!" meinte Grünzweig nachdenklich. Er sprach die Worte aus, als sei es ein Auftrag oder Befehl. „Sie brauchen das nicht privat zu tun, sondern können das Labor dazu benutzen. Es macht mir auch nichts aus, wenn Sie während Ihrer Arbeitszeit damit experimentieren. Eine Katastrophe wie die der *Titanic* darf sich nicht wiederholen!"

Betroffen sah Behm seinen Chef an. Er wußte, daß diesem bitter ernst mit seinem Vorschlag war. Wie aber sollte ausgerechnet er eine solche physikalische Möglichkeit entdecken?

„Sie überschätzen meine Fähigkeiten", antwortete er deshalb ein wenig verlegen. „Ich wüßte gar nicht, wo ich bei meinen Forschungen den Hebel ansetzen sollte."

Eine Erinnerung aus der Kindheit

Nur noch eine kurze Zeit saßen die drei in dem Café zusammen, dann verabschiedete sich Grünzweig. Er war bereits zum Garderobenständer gegangen, um seinen Mantel anzuziehen. Doch dann kam er noch einmal zurück.

„Gnädige Frau, ich bitte Sie", redete er Frau Behm an, „beeinflussen Sie Ihren Mann, sich mit diesem Problem zu befassen. Vielleicht wird er einen Weg finden, derartige Katastrophen zu vermeiden!"

Mit einem kurzen Gruß ging Grünzweig.

Verdutzt blickte ihm Frau Behm nach. Sie wollte ihm anfangs sagen, daß sie in diesen Dingen wohl kaum einen Einfluß auf ihren Mann habe. Aber ehe sie ein Wort hervorbrachte, war Grünzweig verschwunden.

Sie sah zu ihrem Mann, der ihr gegenüber an dem kleinen Marmortisch saß. Er starrte angelegentlich auf die Zeichnung, die er auf die Getränkekarte gemalt hatte. Nunmehr skizzierte er, wie sie erkennen konnte, mit wenigen Strichen ein Schiff.

„Du hast gehört, was dein Chef sagte", redete sie ihn an, um ein Gespräch zu beginnen.

Aber anscheinend hörte ihr Mann sie gar nicht. Er zeichnete mit dem Bleistift Linien von dem Schiff schräg nach unten zu dem Eisberg, und zwar so, daß sie auf den größeren, unter Wasser liegenden Teil trafen. Dabei murmelte er etwas, was sie nicht verstand.

Sie kannte diese Geistesabwesenheit ihres Mannes und hatte sie schon mehrfach beobachtet, wenn er sich intensiv mit etwas beschäftigte.

So blieb sie still und schaute ihm dabei ein wenig gelangweilt zu. Aber er kam wohl zu keinem Ergebnis; denn nach einigen Minuten schob er die verschmierte Getränkekarte fort und schaute seine junge Frau an.

„Bitte entschuldige", sagte er dabei. „Mein Chef hat mir da einen Floh ins Ohr gesetzt, mit der Ortung von Eisbergen. Aber es geht wohl so nicht! Komm, wir wollen weitergehen. Für den April ist das Wetter doch zu schön, als daß man diesen regenfreien Nachmittag versäumen sollte."

Er zahlte, und sie spazierten die Mariahilferstraße entlang in Richtung auf die Gumpoldsdorfer Straße zu.

Die Frau blieb vor den verschiedensten Modegeschäften stehen und betrachtete die langen Kleider mit den nachschleifenden Röcken, die „als letzter Schrei aus Paris" gerade in Mode kamen.

„Die Hüte werden auch immer größer", meinte sie. „Die reinsten Wagenräder. Sieh dir das nur einmal an . . ."

Frau Behm drehte sich zu ihrem Mann um, der eben noch dicht hinter ihr vor dem Schaufenster eines Hutgeschäftes gestanden hatte. Er starrte auf das Extrablatt, das wenige Meter weiter an einer Ladentür hing.

Ein wenig vorwurfsvoll rief sie ihn an. „Ich bitte dich, Alexander!

Du kannst mich hier doch nicht einfach stehenlassen."

„Ich habe eine Idee!" Ihr Mann schien ihren Vorwurf gar nicht bemerkt zu haben. „Ich weiß allerdings nicht, ob man damit auch einen Eisberg orten kann."

Ohne auf ihre widerstrebenden Bewegungen zu achten, faßte er sie am Arm und zog sie von den Schaufensterauslagen fort, indem er eifrig auf sie einredete.

„Ich habe dir doch erzählt", erklärte er dabei, „daß ich als Schuljunge immer mit anderen Kameraden im Wockersee bei Parchim gebadet habe . . ."

„Aber was hat das mit dem Eisberg zu tun?" unterbrach die junge Frau, sichtlich ärgerlich werdend.

„Gleich wirst du es verstehen. Also hör zu! Wir haben manchmal beim Baden Schreie unter Wasser ausgestoßen und mit Erstaunen festgestellt, wie weit die anderen, die gerade tauchten, sie hören konnten. Ich weiß jetzt natürlich, daß die Fortpflanzungsgeschwindigkeit des Schalles im Wasser viereinhalb mal so groß als in der Luft ist. Ich habe damals auch oft festgestellt, daß ähnlich wie in der Luft der Schall als eine Art Echo zurückkam, wenn er auf das Ufer oder ein sonstiges Hindernis traf. Manchmal, darauf entsinne ich mich noch genau, wurde der Schall vom Seeboden zurückgeworfen, wenn ich beim Schreien den Kopf direkt nach unten hielt.

Wenn ich aber die Geschwindigkeit des Schalles unter Wasser genau kenne und entsprechende Meßgeräte besitze, muß ich doch feststellen können, wie weit der Meeresboden oder das Hindernis entfernt ist, von dem der Schall reflektiert wird. Denn er braucht ja immer nur die Hälfte der Zeit, um zu seinem Ausgangsort zurückzukehren.

Wenn also der Schall unter Wasser in einer Sekunde 1500 Meter zurücklegt und, um ein Beispiel zu nennen, er kommt in dieser gleichen Zeit als Echo zu mir zurück, dann ist er 750 Meter zu dem Hindernis und 750 Meter wieder zu mir gelaufen. Mit anderen Worten also: Die Reflektionsstelle, der Meeresboden, das Ufer oder Hindernis ist 750 Meter von mir oder besser gesagt, dem Schallausgangspunkt entfernt. Ich glaube . . ."

„Du solltest den Schirm aufmachen", setzte seine Frau den angefangenen Satz fort. „Denn du hast bei deinen gelehrten Ausführungen nicht bemerkt, daß es inzwischen zu regnen begonnen hat. Ich möchte aber nicht naß werden. Vielleicht hältst du den Fiaker dort an. Wie ich dich nämlich kenne, möchtest du jetzt so schnell wie möglich zurück an deinen Schreibtisch, um das zu Papier zu bringen, was du mir soeben erklärt hast!"

Die erste Klippe: Der genaue Zeitmesser

Noch auf der Fahrt in der Droschke führte Alexander Behm seiner Frau die von ihm geplanten Unterwassermessungen mit Hilfe von Schallwellen weiter aus.

„Man muß zunächst irgendeine, ein entsprechend starkes Geräusch verursachende Schallquelle unterhalb der Wasserlinie an einem Schiff haben, sagen wir an Steuerbord, und dann auf der anderen Seite, also an Backbord, eine Art Empfangsgerät, welches das Schallecho aufnimmt.

Das Wichtigste aber ist die genaue Zeitmessung zwischen dem Aussenden und Empfangen des Impulses. Um die Entfernung genau berechnen zu können, muß man auf den Bruchteil einer Sekunde genau wissen, wie lange der Schall unterwegs war."

Zu Hause angekommen, begann Behm sofort mit dem Zeichnen. Ein breit ausladender Schiffsrumpf schwimmt im Wasser. Unter ihm ist gestrichelt der Meeresboden zu erkennen. Links, mit „a" bezeichnet, befindet sich der Schallsender, rechts, mit einem „b" versehen, der Echoempfänger. Zwischen „a" und „b" aber besteht eine elektrische Verbindung zu einem Gerät „c", das auf der Kommandobrücke eingerichtet werden soll.

Seiner Frau, die die Zeichnungen neugierig betrachtet, erklärte er später: „Der mit ‚c' bezeichnete Apparat ist sozusagen ein Anzeigegerät, das genau angeben muß, wann der Schallimpuls abgeht und wann das Echo wieder aufgefangen wird. Wie er im einzelnen aussehen wird, weiß ich allerdings noch nicht. Hier unter dem Schiff", er fuhr mit einem Bleistift die Linie entlang, „geht von ‚a' das Schallsignal ab. Es pflanzt sich in Form von Kugelwellen im Wasser nach unten fort, trifft auf den Meeresboden, wird dort reflektiert und kehrt, wie du hier an dem Richtungspfeil siehst, als Echo nach oben zum Schiff zurück.

Das Zeitanzeigegerät anlaufen zu lassen, dürfte nicht schwierig sein, wenn man für den Schallimpuls einen Knallsender benutzt, der mit einer Sprengladung oder einer Patrone arbeitet, die elektrisch gezündet wird. Der Stromimpuls, der die Zündung auslöst, kann zugleich auch den Zeitmesser einschalten und anlaufen lassen.

Wie aber kann der Zeitmesser auf den Bruchteil einer Sekunde genau abgestellt werden, frage ich mich zunächst. Ich habe nämlich nichts als den schwachen Schallimpuls des zurückkehrenden Echos."

Behm stand auf und ging nachdenklich im Zimmer umher, wobei er, wie es seine Art war, in dozierender Form seine Gedanken in kurzen Sätzen zum Ausdruck brachte.

„Ich kann den zurückkehrenden Schall mit einem Mikrophon auffangen und entsprechend verstärken. Dieser Impuls ist jedoch das einzige, das ich habe: Ich muß ihn irgendwie ausnutzen, um augenblicklich den Zeitmesser zu stoppen; denn nur so kann ich erfahren oder besser gesagt genau feststellen, wie lange der Schall unterwegs war, um die Entfernung berechnen zu können.

Dieser Schallimpuls im Echoempfänger . . .", angestrengt nachdenkend blieb Behm stehen und betrachtete das Muster des Teppichs, als fände er dort in den Ornamenten eine Antwort auf seine Frage.

„Dieser Schallimpuls . . .?" Er beugte sich plötzlich weit hinunter und starrte auf eine in dem Teppichmuster regelmäßig wiederkehrende dunkelbraune Linie, vor der sich jedesmal zwei größere Punkte in derselben Farbe befanden.

War es seine Phantasie, die ihm hier in einem harmlosen Teppichdekor bereits eine Werkzeichnung vorgaukelte, oder konnte er ein solches Muster nicht betrachten, ohne dabei an seine technischen Pläne zu denken?

„Man müßte", sagte er plötzlich, immer noch in die zwei Zentimeter breiten, fußlangen braunen Linien vertieft, „den Echoempfänger mit einem Elektromagneten koppeln. Die beiden Punkte davor wären sozusagen der Ein- und Ausschalter, die den bei der Zündung eingeschalteten Strom durch die Mikrophonschwingungen bei der Rückkehr des Schalles unterbrechen.

Das wäre eine Lösung! Ob sie jedoch praktisch durchführbar ist, müssen erst die Versuche ergeben.

Was mir jetzt noch fehlt, ist ein genauer Zeitmesser. Dazu muß ich allerdings zunächst alle hier bestehenden Möglichkeiten studieren und nachprüfen; denn schließlich bin ich nur Physiker und kein gelernter Uhrmacher."

Von der Idee zur praktischen Ausführung

Noch in der gleichen Nacht machte sich Behm daran, eine Zeichnung darüber anzufertigen, wie er sich den Stromkreis zwischen dem Schallsender und dem Echoempfänger dachte.

Die Idee mit dem Echomagneten, der durch die Impulse des Mikrophones den Stromkreis unterbricht, war zweifellos ausführbar. Wie aber war es möglich, damit einen Zeitmesser zu kombinieren, der auf eine hundertstel Sekunde genau die Zeit angab, die der Schall unterwegs war?

Eine solche Genauigkeit aber brauchte er, da die Geschwindigkeit der Schallwellen unter Wasser 1500 Meter in der Sekunde betrug. Das hieße, wie er bereits seiner Frau am Tage der *Titanic*-Katastrophe erklärt hatte, bei einer Tiefe von 750 Metern wäre der Schall in einer Sekunde zurück. Bei 75 Metern benötigte das Echo nur eine zehntel Sekunde. Um eine Tiefe aber von nur einem Meter zu messen, läge zwischen der Aussendung des Schallsignales und der Rückkehr des Echos nur eine Zeit in der Größenordnung von einer hundertstel Sekunde.

Um keine falsche Lotung zu bekommen, brauchte er also eine genaue Zeitmessung. Das bedeutete, daß der Zeitmesser auf die hundertstel Sekunde exakt in dem Augenblick anlaufen mußte, wenn der Impuls von dem Schallsender abging, und sich augenblicklich abstellte, sobald das Echo den Schallempfänger erreichte.

Alexander Behm (1880–1952), Erfinder des Echolotes

Die ersten Versuche schon zeigten, daß es zur Erzielung einer solchen Genauigkeit nicht genügte, den Kurzzeitmesser schon mit der Schließung des Zündstromes anlaufen zu lassen. Denn bis die gezündete Patrone vom „Geber" ins Wasser fiel und dort explodierte, um so den Schallimpuls auszulösen, vergingen einige Sekundenbruchteile.

Behm baute deshalb ein sogenanntes Abgangsmikrophon ein. Durch die von dem „Zerknall" ausgehenden Schallimpulse sollte ein „Abgangsmagnet" unter Strom gesetzt werden, der den Zeitanzeiger anlaufen ließ.

Mit diesen Überlegungen, Vorarbeiten und Entwürfen vergingen bereits einige Tage. Dann aber kam das nächste und schwierigste Problem: der Kurzzeitmesser.

Er sollte nach Behms Vorstellungen zwei Funktionen erfüllen: Einmal auf die tausendstel Sekunde genau die für das Echo benötigte Zeit aufzeigen und zum anderen, leicht an einer Skala ablesbar, die Entfernung zum Meeresboden oder zum Hindernis angeben.

Das aber ließ sich mit einer Stoppuhr oder etwas ähnlichem nicht erreichen. Nach wochenlangen Überlegungen kam Behm die rettende Idee. Wie viele der damaligen Haushalte, besaß er in seiner Wohnung eine an der Wand hängende Pendeluhr, die man zu dieser Zeit „Chronometer" nannte.

Der genaue Lauf dieser Uhr wurde durch eine auf dem Pendel sitzende, verschiebbare Scheibe erzielt, mit der man die Bewegung des Pendels regulieren konnte.

Diese Scheibe, die er viele tausend Male gesehen hatte, starrte Behm in Gedanken versunken eines Tages an, ohne sie eigentlich bewußt zu bemerken. Die Bewegungen des Pendels gehörten zum gewohnten Bild des Zimmers, ebenso wie die Gardinen oder der bequeme Sessel, in dem er saß.

Nein, nach dem Prinzip der Pendeluhr ließ sich der Zeitmesser auch nicht konstruieren, obwohl man den Pendel in der Ruhestellung durch den Abgangsmagneten anziehen und dann durch eine Stromunterbrechung loslassen und damit in Bewegung setzen konnte. Das war doch wohl eine zu komplizierte Konstruktion!

Weiter schwang die blanke Scheibe hin und her und Behm verfolgte sie mit seinen Augen. Sie glitzerte in den Strahlen der untergehenden Sonne, die durch das Fenster hereinfielen.

Hatte er nicht vor kurzem auf einem seiner Spaziergänge mit seiner Frau in einem Uhrengeschäft eine sogenannte „Jahresuhr" gesehen?

Der Pendel bei dieser Uhr bestand aus einer horizontalen Scheibe, die sich langsam nach links und rechts drehte. Der Uhrmacher, der in der Tür seines Ladens stand und sein Interesse an der sonderbaren Uhr bemerkte, hatte ihm gesagt, die Pendelscheibe sei auf Rubinen gelagert und verbrauche nur wenig Energie. Deshalb müsse man die Uhr nur einmal im Jahr aufziehen.

Auf einer solchen Scheibe, das kam ihm jetzt plötzlich zum Bewußtsein, konnte er doch auch seinen Zeitmesser aufbauen! Wenn er die Scheibe entsprechend lagerte, genügte ein leichter Stoß, um sie in Bewegung zu setzen.

Sie mußte natürlich genau ausgewuchtet und ebenfalls auf Rubinen gelagert sein, damit der Reibungswiderstand so gering wie möglich war.

Er zeichnete das alles noch in der Nacht auf. Dabei kam ihm eine weitere gute Idee: Wenn er auf das Zentrum der Scheibe, die ja horizontal lag, einen kleinen Spiegel so aufsetzte, daß er einen schmalen, auf ihn fallenden Lichtstrahl zurückwarf, dann könnte dieser mit der Drehung derselben zugleich über eine halbkreisförmige Skala gleiten.

Als Lichtquelle für diesen Lichtstrahl genügte eine abgeschirmte Taschenlampenglühbirne, die sich in der Nullstellung genau dem Spiegel gegenüber befand.

Von der zu Papier gebrachten Idee bis zur praktischen Durchführung aber war noch ein langer Weg!

In mehrmonatiger Arbeit und mit Unterstützung seines Chefs Grünzweig entwickelte Behm im Labor zunächst den Kurzzeitmesser. Dieser bestand aus einer leichten Aluminiumscheibe, die sorgsam ausgewuchtet und zur Erzielung einer möglichst geringen Reibung mit ihrer Achse in Rubinen gelagert war. Das Echolot arbeitete nun nach Behms Vorstellungen folgendermaßen:

Zuerst fällt eine *Knallkapsel* ins Wasser und explodiert; gleichzeitig wird ein *Kurzzeitmesser*, eine Alu-Scheibe, in Bewegung gesetzt. Der Schall wird vom Boden reflektiert und kehrt zur Empfangsstelle zurück. Dort wird er von einem Mikrophon aufgefangen und in einen elektrischen Impuls zurückverwandelt, der die Alu-Scheibe ruckartig stoppt. Aus der Drehung der Scheibe bis zu diesem Augenblick kann die Signallaufzeit bestimmt werden.

Weitere Versuche in Kiel

Das so in groben Zügen geschilderte Modell des Echolotes mußte natürlich zunächst auf seine Brauchbarkeit geprüft werden.

Das aber konnte in Wien auf der Donau nicht geschehen. Behm verließ deshalb den Betrieb des Herrn Grünzweig und zog nach Kiel, um hier die ersten praktischen Versuche durchzuführen.

Endlich nach einer weiteren, mehrmonatigen Arbeit konnte er das *Behmlot*, wie es in der nächsten Zeit hieß, als Patent anmelden.

Es wurde ihm am 22. Juli 1913 unter der DRP-Nr. 282 009 (Klasse 42 c, Gruppe 30) erteilt und hatte die Bezeichnung: „Einrichtung zur Messung von Meerestiefen und Entfernungen und Richtungen von Schiffen oder Hindernissen mit Hilfe reflektierter Schallwellen".

Diese Anmeldung gehörte ohne Zweifel zu den sogenannten Pionierpatenten. Es lag auf der Hand, daß sie nur der Anfang einer Entwicklung war, die im Laufe der Zeit immer weiter verbessert wurde.

Zunächst änderte man den Schallimpulsgeber und ersetzte ihn schließlich durch einen elektrisch betriebenen Schlagsender.

Dieser bestand im wesentlichen aus einer ein bis zwei Zentimeter dicken Stahlplatte, die in den Schiffsboden eingesetzt wird und gegen die ein durch Federkraft betriebener Hammer schlug. Die Feder wurde anfangs durch Druckluft, später elektrisch gespannt.

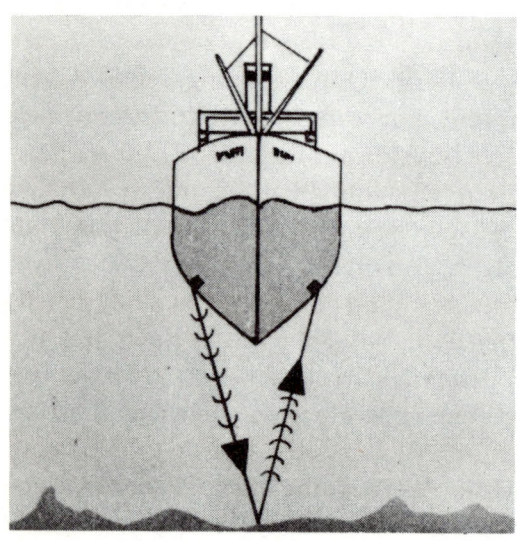

Der Schall stößt auf den Boden, wird von dort reflektiert und kehrt zur Empfangsstelle zurück. Dort wird er von einem Mikrophon aufgefangen und in einen elektrischen Impuls zurückverwandelt

Um für seine Versuche weitere Geldmittel zu beschaffen, suchte Behm die verschiedensten Großfirmen auf. Dabei lernte er den wohlhabenden und vielseitigen Erfinder Hermann Anschütz-Kaempfe kennen, der 1904 den Kreiselkompaß entwickelt hatte.

Anschütz-Kaempfe stellte Behm nicht nur größere Geldmittel zur Verfügung, sondern stand ihm auch mit Rat und Tat zur Seite. In Zusammenarbeit entstand das *Atlas-Echolot*, Modell *Duo Type*.

Es besaß für die Momentanzeige zwei Anzeigescheiben: eine schnellaufende für kleine Meßbereiche und eine langsamere für die größeren. Die gemessene Tiefe wurde nicht mit Hilfe eines Spiegels, sondern direkt durch eine umlaufende Lampe angezeigt. Außerdem hielten zwei Bandschreiber die jeweils gemessene Tiefe graphisch fest. Das war besonders deshalb von Bedeutung, weil man durch diese laufenden Aufzeichnungen die Seekarten berichtigen konnte.

Auf einer zweieinhalbjährigen Forschungsfahrt machte auf diese Weise das deutsche Vermessungsschiff *Meteor* 67 000 Lotungen und verbesserte so die Seekarten.

Mit dem Behmschen Echolot lassen sich alle Meerestiefen feststellen. Die größte Tiefe wurde in der Südsee von dem deutschen Kreuzer *Emden* mit rund 12 000 Meter gelotet. Sie heißt seitdem das *Emden-Tief*. Für diese Tiefenmessung wurden 16 Sekunden benötigt.

Sein Ziel hatte Behm jedoch nicht erreicht, wie die verschiedenen Forschungsfahrten zeigten. Es wurde immer wieder festgestellt, daß das Reflektionskoeffizient von Eis gegen Wasser zu klein ist und das Echolot daher nicht als Warnmittel gegen Eisberge verwendet werden kann. Die Erfindung also, die gemacht worden war, um Katastrophen wie die der *Titanic* zu verhindern, ließ sich für den Zweck nicht einsetzen.

Immerhin aber leitete die weitere Auswertung des Behmschen Echolotes nicht nur in der Seefahrt, sondern auch auf anderen Gebieten eine neue Epoche ein.

Man kann heute nicht nur Standortbestimmungen durchführen, indem man die gelotete Tiefe mit den in den Seekarten angegebenen Messungen vergleicht. Auf Bagger- und Bergungsschiffen ist ein Echolot zur Wrack- und Trümmersuche bestens geeignet.

Auch für die Luftfahrt wird bei den Zeppelinen die Schall-Lotung zur Höhenbestimmung eingesetzt, wenn bei schlechtem Wetter, Wolkenschichten oder in der Nacht andere optische Verfahren versagen.

Die deutschen U-Boote rüstete man mit dem Echolot aus. Die sogenannte *Fischlupe* beruht auf demselben Prinzip. Sie hilft bei der Suche nach Fischschwärmen.

Ebenfalls das gleiche Verfahren wendet man bei der Suche nach Erdöl an. Mit Explosionen und der Schallreflexion kann man ölhaltige Schichten bis zu einer Tiefe von 2000 Metern aufspüren.

Auf dem Prinzip des Echolotes beruht im übrigen auch das Prinzip des Radar und der Funkmeßtechnik, wie beispielsweise die *Ionosphären-Forschung*, nur daß in diesem Falle Hochfrequenzimpulse verwendet werden.

In den vergangenen Jahrzehnten hat sich nicht nur die Einsatzmöglichkeit, sondern auch das Echolot selbst vielfach gewandelt. Man verwendet jetzt Ultraschallsender, die unhörbare hochfrequente Wellen von 20 000 bis 500 000 Hz (= Schwingungen in der Sekunde) erzeugen. Sie arbeiten nach dem *magnetostriktiven* oder nach dem *piezoelektrischen Prinzip*.

Die magnetostriktiven Schwingungen beruhen auf folgendem Effekt: Ein Nickelstab ist von einer Spule umgeben, durch die man einen hochfrequenten Wechselstrom schickt. Dabei entsteht ein wechselndes magnetisches Kraftfeld, und der Nickelstab wird im Rhythmus der Wechselstromfrequenz in seiner Länge geändert, das heißt, er dehnt sich aus und verkürzt sich. Im Gegensatz dazu werden die piezoelektrischen Schwingungen durch eine Quarzplatte hervorgerufen, die durch eine angelegte Wechselspannung zu Schwingungen angeregt wird. Um eine größere Schwingungsenergie zu erzielen, werden in letzter Zeit auch *Seignette-Salzkristalle* verwendet.

Diese neuartigen Lotimpulse werden deshalb benutzt, um das Echo auch in kleineren Tiefen besser empfangen zu können. Auf diese Weise dauert die Reflexion für die Tiefe von einem Meter nicht länger als ein tausendstel Sekunde. Außerdem sind die Lotimpulse hierbei besser ausgerichtet. Denn für die Tiefenmessungen können nur die senkrecht nach unten abgestrahlten Schallenergien genutzt werden. Die schräg und seitlich abgestrahlte Energie ist dagegen nutzlos vergeudet. Eine derartige Ausrichtung aber gestatten die Ultraschallwellen.

Man kann die Frequenz jedoch nicht beliebig vergrößern; denn je kürzer die Wellenlänge ist, um so weniger tief dringen die Schallwellen in das Wasser ein, da die kürzeren schneller absorbiert werden als die längeren. So wendet man die längeren Wellen heute nur noch dort an, wo es darauf ankommt, sehr große Tiefen zu erreichen. Viele Echolote sind deshalb auf verschiedene Wellenlängen bzw. Frequenzen umschaltbar.

Eine andere Weiterentwicklung sind die schreibenden Echolote, die *Echographen*. Sie zeichnen automatisch die vermessenen Tiefen in Form einer Kurve auf den Papierstreifen. Durch die hierbei verwendete hohe Ultraschallfrequenz von 40 kHz ist das Auflösungsvermögen so groß, daß selbst die schwächsten Veränderungen des Meeresbodens festgehalten oder kleine Fischschwärme festgestellt werden können.

Eine Weiterentwicklung des Echographen ist das *Grundabbildungsgerät* zum Abtasten von Kanälen und Flüssen. Das Gerät tastet mit 20 Impulsen je Sekunde den Boden ab, so daß selbst kleinste Gegenstände aufgezeichnet werden.

Die weiteren Auswertungen des Echolot-Verfahrens sind noch gar nicht abzusehen. Der glückliche Augenblick, in dem in Wien aus einer Jugenderinnerung heraus eine Idee geboren wurde, kann deshalb wohl mit Recht als eine der Sternstunden der Menschheit gelten!

Die Lochkarte wird hundert Jahre alt

Dr. Hermann Hollerith war nach den Äußerungen der wenigen Leute, die ihn näher gekannt haben, „ein merkwürdiger Kauz" und „ein eigenartiger Mensch, der verschlossen, aber mit offenen Augen die Welt um sich herum beobachtete". An diesem eigenartigen Wesen und der sich daraus ergebenden Lebensweise mag es wohl liegen, daß heute über Hermann Hollerith nur wenig Authentisches bekannt ist und deshalb mit den Tatsachen nicht übereinstimmende Behauptungen aufgestellt wurden. So erzählt man sich, daß er seine Erfindung bereits in den siebziger Jahren des vergangenen Jahrhunderts in Deutschland gemacht habe. Hier aber habe er kein Verständnis dafür gefunden und sei deshalb gezwungen gewesen, nach Amerika auszuwandern, um sie dort mit der Hilfe aufgeschlossener und reicher Leute in die Praxis einzuführen.

Die gern erzählte Geschichte entspricht jedoch nicht den Tatsachen! Denn Hermann Hollerith wurde gar nicht in Deutschland geboren. Er war der Sohn von Johann Georg Hollerith und seiner Frau Franziska, einer geborenen Brunn. Dieser Johann Georg Hollerith wanderte aus politischen Gründen nach einem Gefängnisaufenthalt in Rastatt nach Amerika aus. Abertausende von Deutschen teilten damals das gleiche Los mit ihm!

Am Anfang waren die wirtschaftlichen Verhältnisse des ehemaligen Professors wohl nicht besonders glänzend. Er schlug sich in Buffalo als Gärtner und später als Lehrer durch. Aber die allen Holleriths eigene Energie, ihr Fleiß und ihr Durchstehvermögen änderten schon bald die Verhältnisse. Bereits zwei Jahrzehnte später besaß die Familie umfangreichen Landbesitz in Minnesota und Wisconsin. Bei einem Unfall wurde J. G. Hollerith schwer verletzt und starb schließlich am 9. März 1869 an den Folgen.

Seine Witwe hatte nun für vier Kinder zu sorgen, für zwei Töchter, die noch in Deutschland das Licht der Welt erblickt hatten, und zwei

Söhne, von denen Georg Karl am 23. Oktober 1855 und Hermann am 29. Februar 1860 in den Staaten geboren worden war.

Hermann Hollerith, der jüngste der Geschwister, besuchte die Volksschule und studierte dann an der Bergakademie der Columbia-Universität, an der er bereits als Neunzehnjähriger seine Diplomprüfung ablegte. Anschließend blieb er zunächst bei seinem Lehrer, William P. Trowbridge, der um diese Zeit an der Vorbereitung der zehnten amerikanischen Volkszählung mitarbeitete.

Hollerith befaßte sich gerade mit Fragen der Industriestatistik. Aus diesem Grunde beschäftigte ihn die kommende Volkszählung sehr, und er überlegte sich immer wieder, wie man sie unter Umständen vereinfachen könne. Rein zufällig hatte er gerade eine mechanische Weberei besucht und dabei die von Edmund Cartwright erfundenen und später von J. M. Jacquard vervollkommneten automatischen Webstühle gesehen. Die einzelnen Arbeitsvorgänge wurden dabei von durchlöcherten Karten gesteuert. Der Webvorgang war auf diese Weise voll mechanisiert.

Eine ganze Zeit war Hollerith nachdenklich vor einem dieser Webstühle gestanden. Er sah das erstemal einen solchen von Lochkarten gesteuerten Mechanismus.

Ob man nicht in ähnlicher Weise eine Volkszählung mechanisieren könnte, fragte er sich. Aber er wußte noch nicht, wie so ein Rechen- und Auswählvorgang durchzuführen sei. Auf Anraten des versierten Statistikers J. C. Billings beschäftigte er sich mit aller nur erreichbaren Literatur, die sich mit der Steuerung von Webstühlen und ihrer Weiterentwicklung befaßte. Er fand dabei auch einen Hinweis auf den englischen Mathematiker Charles Babbage, der als einer der Pioniere der Rechenmaschinentechnik gilt. Babbage hatte sich bereits im Jahre 1839 mit dem Bau einer *Differenz- und Analysiermaschine* befaßt und in diesem Zusammenhang den Vorschlag gemacht, die von dem Franzosen Jacquard im Jahre 1804 erfundene Steuerung von Webstühlen durch ein fortlaufendes Band von gelochten Karten auch auf Rechenmaschinen anzuwenden.

Die Löcher derartiger Karten sollten entsprechend ihrer Zahl und Anordnung auf die Rechenelemente einer Maschine einwirken, um auf rein maschinellem Wege so die gewünschten Rechenergebnisse zu ermitteln.

Eine Rechenmaschine war der Vorläufer

Im Jahre 1864 veröffentlichte Babbage zum ersten Mal seine Idee einer *Rechenkarte.* Jede der Ziffern von 0 bis 9 wurde durch eine bestimmte Anzahl und Anordnung von ausgestanzten Löchern auf dieser Karte dargestellt *(codiert).* Babbage plante bereits damals, von seiner *Analysier-Maschine* Logarithmen ausrechnen zu lassen und das Ergebnis auf der Rechenkarte in Form von gestanzten Lochreitern wiederzugeben.

Leider hat das so genial ausgedachte Verfahren niemals Eingang in die Praxis gefunden. Es war Hermann Hollerith vorbehalten, das von dem Mathematiker Babbage entwickelte System in seinem Grundgedanken für seine „Volkszählungsmaschine" auszuwerten.

Hollerith kam darauf, während er die vierspaltigen, bisher für die Zählung benutzten und mit der Hand auszufüllenden Blätter genau studierte und zugleich überlegte, wie man sie in eine Art Rechenmaschine eingeben könnte, um so die darin angegebenen einzelnen Fragen zu sammeln und zusammenzurechnen. Um das jedoch zu verstehen und ein Bild der von Hollerith entwickelten Maschine zu bekommen, ist es zweckmäßig, die Volkszählungskarten zunächst kurz zu beschreiben. Sie bestanden aus vier Längsspalten mit einer zehnfachen Unterteilung. Die erste Spalte betraf das Alter und ging von fünf bis über achtzig Jahre. Die andere befaßte sich mit dem Familienstand und der Zahl der Kinder. Die dritte Spalte gab den Beruf an und beantwortete die Frage, ob der Betreffende das Bürgerrecht besaß oder nicht. Die vierte endlich betraf die Religion und das Einkommen.

Diese Zählblättchen wurden später an den betreffenden Stellen abgehakt und nach den einzelnen Fragen sortiert und zusammengezählt. Das war eine mühsame und zeitraubende Arbeit, bei der oft Irrtümer vorkamen.

Wenn man nun, so überlegte Hollerith, die Zählblättchen anstelle der Häkchen mit Löchern versah, dann konnte man ähnlich wie bei der Maschine von Babbage auf diese Weise ein Zählelement für eine Maschine schaffen. Während allerdings Babbage von der Rechenmaschine ausging, um sie durch Lochkarten zu steuern, wollte Hollerith zuerst die Lochkarte auswerten und die darauf vorhandenen Informationen sammeln.

Wie alle Pioniere, die sich mit der Lösung großer technischer Probleme befaßten, versuchte Hollerith zunächst, mit den einfachsten technischen Mitteln die gestellte Aufgabe zu lösen. Erstaunlich ist, daß seine Idee nicht lange an Kinderkrankheiten litt und, wie es sein Biograph James Perry ausdrückt, „die ersten Kinderschuhe seines Strebens schon bald bequeme Marschstiefel waren".

Das bezog sich vor allem auf die Maschine, die er für die Auswertung der gelochten Zählkarten schuf. Sie war ein einem Schreibpult ähnliches Gebilde, in dessen Oberteil, gut sichtbar, für jede der vierzig Fragen ein uhrenartiges Zählwerk angebracht war. Rechts auf der Pultplatte befand sich der sogenannte *Abtaster*, der nicht nur das Zählwerk betätigte, sondern auch ein Sortierwerk auslöste, das jeweils nach der gewünschten Information eingestellt werden konnte. Dadurch konnten die Karten in ein bestimmtes Sortierfach abgelegt werden. Das Zähl- und Sortierwerk, das Hollerith zum Patent anmeldete, war eine Neuheit, die bisher noch niemand entwickelt hatte.

Die Brauchbarkeit der patentierten Vorrichtung wurde dadurch bestätigt, daß die erste im Jahre 1880 in Betrieb genommene Hollerith-Maschine genau der Patentzeichnung entsprach und nicht geändert zu werden brauchte. Das traf auch für die sogenannte „Abfühlvorrichtung" zu. Sie bestand aus einem Hebel, der beim Herunterdrücken den Abfühlstiftkasten mit federnd gelagerten Abfühlstiften auf den mit Löchern versehenen Zählbogen herabschob. Die Stifte drangen dann durch die vorgebohrten Löcher, traten durch sie hindurch und tauchten in die unterhalb des Zählbogens befindlichen Quecksilbernäpfchen ein. So wurde der Stromkreis für die Schaltmagnete der Zähler hergestellt, und je nach dem Vorhandensein bestimmter Löcher in den Zählblättchen wird das eine oder andere Zählwerk um einen Schritt fortgeschaltet.

Die durchgelaufenen Karten wurden dann automatisch im „Sortierkasten" abgelegt. Er bestand aus verschiedenen Fächern. Alle Karten mit einem bestimmten eingelochten Merkmal wurden in eines dieser Fächer abgelegt und die Karten insgesamt so während der Ablage sortiert.

Die ganze Einrichtung war zunächst darauf abgestimmt, die Zählkarten in der Ruhelage auszuwerten. Um Zeit bei der Auswertung zu sparen, schuf Hollerith schon im nächsten Jahr eine Vorrichtung, mit der es möglich war, die Zählblätter auch in der Bewegung auszuwerten.

Alle diese Erfindungen und Verbesserungen machte Hermann Hollerith in den achtziger Jahren des vergangenen Jahrhunderts. Sie wurden, wie man verschiedentlich angenommen hat, noch nicht bei der zehnten amerikanischen Volkszählung vom Jahre 1880 eingesetzt. Hollerith war lediglich in den Jahren 1880 bis 1882 mit der Bearbeitung der Ergebnisse dieser Volkszählung in einem anderen Zusammenhang beschäftigt. Immerhin dienten ihm die dabei gemachten Erfahrungen als wesentliche Grundlagen für die Entwicklung des *Electrical Numerating Mechanism*.

Nach Erledigung der Auswertungsarbeiten nahm Hollerith zunächst eine Stellung als Lehrer an dem Institut für Technologie in Massachusetts an. Seinem schöpferischen Charakter entsprach die Vermittlertätigkeit eines Lehrers jedoch nur wenig. Er gab deshalb die Stelle schon nach einem Jahr wieder auf und betätigte sich in St. Louis als freier Ingenieur mit der Konstruktion automatischer Bremsen für Eisenbahnwagen. Das war für die damalige Zeit ein großes Problem, da bis dahin mit jedem Zug verschiedene Bremser mitfahren mußten, die in besonderen über die Dächer herausragenden Häuschen saßen. Die ersten Konstruktionen führten zur Entwicklung einer elektromagnetischen Luftbremse, für die er allein vier Patente anmeldete. Diese Erfindung führte zu den später allgemein eingeführten Luftdruckbremsen, wie sie heute noch überall verwendet werden.

Aber nicht nur mit der Verbesserung der Eisenbahn befaßte sich Hermann Hollerith in diesen Jahren. Er konstruierte eine Maschine, die auf mechanischem Wege Eisenwellbleche herstellte und so die Produktion erheblich verbilligte. Das Verfahren war so erfolgreich, daß er seine patentmäßig geschützte Idee als Lizenz weitergab und auf diese Weise erhebliche Geldmittel erwarb. Schon die Aufzählung seiner Erfindungen zeigt, wie sich Hollerith mit den verschiedensten technischen Problemen befaßte und stets auch einen Weg fand, sie zukunftsweisend zu lösen.

Die große Bewährungsprobe

Inzwischen hatte Hollerith aber immer wieder an der Weiterentwicklung der Lochkarten-Zählmaschine gearbeitet. Besonders die Auswertung der zehnten amerikanischen Volkszählung hatte ihm eindeutig gezeigt, daß die dabei angewandte Handmethode nicht nur geisttötend, sondern auch unzuverlässig und kostspielig gewesen war. Er hatte zwar eine Zähl- und Ablagemaschine entwickelt, was jedoch fehlte, war noch eine mechanische Einrichtung, welche die Durchlochung der Zählkarten so genau vornahm, daß die Taststifte exakt an der richtigen Stelle einrasten konnten. Dafür war es zunächst notwendig, für jede statistisch zu erfassende Person eine für die gesamte spätere Verarbeitung dienende Unterlage in Form einer Karte einheitlichen Formates zu schaffen, in der für jede Eigenschaft des Gezählten ein bestimmter Platz vorgesehen war und in der hierfür bestimmten Stelle ausgelocht werden mußte.

Für die exakte Ausfüllung konstruierte Hollerith ein neuartiges Gerät. Es war eine mit der Hand betriebene Stanzmaschine. Sie hatte Ähnlichkeit mit späteren einfachen Schreibmaschinen, bei denen man mit einem Hebel auf einen Buchstaben zeigte und ihn dann mit einer Walze auf das Papier übertrug. Hollerith entwickelte fünfzig Jahre früher ein ähnliches Verfahren.

Die Tastatur hat hierbei das Format der Zählkarte. Ein bogenförmiger, in einem Gelenk schwingender Hebel wurde auf die zu beantwortende Frage entsprechend der ausgefüllten Antwort von dem Auswerter mit der Hand heruntergedrückt, womit gleichzeitig die Lochung auf der für die Hollerith-Maschine bestimmten Karte erfolgte. Damit war die letzte Lücke in dem Hollerith-System geschlossen. Am 8. Januar 1889 erhielt Hermann Hollerith das Patent Nummer 395 782 auf seinen *Electrical Numerating Mechanism*.

Die nunmehr freigegebene Erfindung wirkte sich geradezu revolutionierend auf die Methode der Erstellung von Statistiken aus. Bei ungefähr nur einem Drittel der bisher dafür aufgewendeten Kosten, aber mit einer unvergleichlich größeren Zuverlässigkeit konnten Statistiken aller Art in dem zehnten Teil der früher hierfür benötigten Zeit durchgeführt werden.

Die ersten Anwendungen fand das neue Verfahren bei der Erstellung der Sterblichkeitsstatistik der Stadt Baltimore, bei der Geburten- und Lebensdauererhebung von New Jersey und schließlich bei den Gesundheitsermittlungen der Stadt New York. Im Jahr 1890 war die elfte amerikanische Volkszählung fällig.

Ein besonderes Amt war dafür errichtet und in einem eigenen Gebäude untergebracht worden. Hier kamen in Kisten die sogenann-

Hollerith-Sortiermaschine (1908)

ten *Return Cards* aus allen Teilen des Landes an, wurden vorsortiert, ausgewertet und schließlich nach den Orten in Regalen abgelegt.

Bei diesem Verfahren war allerdings, wie bereits erwähnt, jedes statistische Merkmal durch die Lochung an einer bestimmten Stelle zu kennzeichnen, was mit den vorhandenen Rechenwerken zwar ein Auszählen der einzelnen Merkmale, nicht aber eine Addition bestimmter Zahlen zuließ. Deshalb schuf Hollerith eine Lochkarte mit Dezimaleinteilung, deren Fassungsvermögen das der alten Lochkarten erheblich übertraf.

Nachdem auch die Abtastapparatur dem neuen Kartensystem angepaßt worden war, stand nunmehr ein Datenerfassungssystem zur Verfügung, das der Möglichkeit der Verfeinerung und der weit-

340

PERSONENSTATISTIK | HAUSHALTUNGSSTATISTIK | WOHNUNGSSTATISTIK

(Lochkarte — Volkszählung 1910)

Nr. 18 Deutsche Hollerith Maschinen-Ges. m.b.H.

Columns: Zählort (O. A. / Gem.) · G. u. F. St. · Geb. Jahr (Dez. I) · Arbeitsort (O. A. / Gem.) · Beruf d. V. · Ehefr. · Kind. · näh. Verw. · Gev Ges · Mieter · Dienstb · and Pers. · Grösse · ART (F / D) · Wohnräume · Küche · Schlafräume · Sonst. S.R. · Ist Wohnung übervölkert?

ART-Werte: G · M · DG · GM · DGM · Eig. · Dienst · Miet — Ja

Ziffernreihen: 0 1 2 3 4 5 6 7 8 9

Diese Lochkarte wurde zur Volkszählung im Jahre 1910 entwickelt. Sie war bereits in eine Personen-, Haushalts- und Wohnstatistik unterteilt.

gehenden Unterteilung keine Grenzen mehr setzte. Damit konnte das Hollerith-Lochkartenverfahren nicht nur umfassender in der Statistik angewendet werden, sondern darüber hinaus auch im Rechnungswesen von Handel und Industrie.

Mit dieser neuartigen, auch zur Addition zu verwendenden Maschine, die ebenfalls ein amerikanisches Patent erhielt, war die Zählkarte an sich die wirklich revolutionierende Neuheit. Im Gegensatz zu der bereits von dem englischen Gelehrten Babbage entworfenen Rechenkarte, die mit senkrechten Ziffernkolonnen arbeitete und bei der mehrere Lochungen zur Bezeichnung eines Ziffernwertes erforderlich waren, benötigte man bei der neuen Karte nur ein einziges Loch für die jeweilige Zahl.

Entsprechend mußte natürlich auch die Lochkarten-Addiermaschine geändert werden, deren Abtastvorrichtung natürlich ein wenig anders aussah. Der Wert dieser neuen Anlagen wurde nicht nur in den Vereinigten Staaten, sondern auch in anderen Ländern erkannt. Sie waren eine wesentliche Erleichterung für die Erstellung statistischen Materials im Handel, in der Industrie, wie überhaupt für die gesamte Wirtschaft, für die Verwaltung des Staates, der Städte und selbst für die Gemeinden.

Namhafte wissenschaftliche Institute erkannten dies schon bald und ließen Hermann Hollerith akademische Ehrungen zuteil werden. So ernannte ihn die Columbia-Universität bereits im Jahre 1890 zu ihrem Ehrendoktor. Das Komitee für Wissenschaft und Künste des Franklin-Institutes von Philadelphia ehrte ihn durch die Überreichung der Elliot-Cresson-Medaille für die größte Erfindung des Jahres 1890.

Im Jahre 1896 gründete Hollerith zum Zwecke einer rationellen Herstellung seiner Maschinen die *Tabulating Machine Company* in New York, die bis zum Jahre 1911 unter seiner alleinigen Leitung stand. Nach der Fusion seiner Firma mit einigen anderen Firmen zu der *International Business Machines Corporation* zog sich Hollerith von den Geschäften zurück und betätigte sich in den Jahren 1911 bis 1921 nur noch als beratender Ingenieur für die Fusionsfirma.

Er starb am 17. November 1929 im Alter von 69 Jahren an einem Herzschlag in Washington. Er hatte es noch erlebt, daß in der ganzen Welt seine Maschinen nicht nur verkauft, sondern von Tochtergesellschaften, wie beispielsweise von der 1912 in Berlin gegründeten *Deutschen Hollerith-Maschinengesellschaft*, weiterentwickelt wurden. Ähnlich war es in England, wo ebenfalls eine unabhängige Gesellschaft für Hollerith-Maschinen entstand.

Ein Siegeszug trotz anfänglicher Bedenken

Obwohl sich aber die Hollerithsche Auswertungsmethode bei der amerikanischen Volkszählung im Jahre 1890 so hervorragend bewährt hatte und alsbald auch in Österreich und Rußland eingeführt wurde, konnte man sich in Deutschland lange nicht zur Einführung dieses Verfahrens entschließen. Der hierfür zuständige Beamte im Berliner Innenministerium lehnte den Einsatz von Hollerith-Maschinen nicht nur wegen der hohen Miete ab, die tausend Dollar pro Einheit im Jahr betrug, sondern auch aus sozialpolitischen Gründen. Er hatte bisher neben den etatmäßig zur Verfügung stehenden Beamten auch durchschnittlich tausend Hilfskräfte, meist Invaliden und sonstige Unterstützungsempfänger, als Auszähler eingestellt, denen er diesen Nebenverdienst nicht nehmen wollte.

Er schrieb deshalb in seinem Rechenschaftsbericht aus dem Jahre 1896: „Wenn unsere Reichsregierung heutzutage mit allen Kräften daran denkt und darin zu wirken versucht, daß man nach Möglichkeit derartigen Opfern der Arbeitslosigkeit hilft – wir haben Arbeiterversicherungen, wir haben alles mögliche –, dann scheint es mir auch unsere Pflicht zu sein, Menschen einer mechanischen Maschine vorzuziehen und vielleicht eines entbehrlichen Mehrgewinnes an gewissen Einzelheiten und Kombinationen wegen eine sehr bedeutende Summe jährlich nicht in der Weise zu verwenden, wie sie aus jenen sozialpolitischen Gründen eingesetzt werden müßte."

Selbst sozialpolitische Gründe wurden also gegen die Einführung der Hollerith-Maschinen ins Feld geführt. Aber die Kosten und die arbeitszeitlichen Einsparungen waren doch so groß, daß sich keine Behörde auf die Dauer gegen die praktischen Maschinen wehren konnte. Hinzu kam noch, daß die Lochkartentechnik in den nächsten Jahren erhebliche Fortschritte machte. Bereits im Jahre 1908 gab es kontinuierlich arbeitende Sortier- und Addiermaschinen, die *Tabelliermaschinen* genannt und hauptsächlich zur Aufstellung von Tabellen eingesetzt wurden. Die Arbeitsgeschwindigkeit betrug schon damals 18 000 Karten pro Stunde.

So wird es verständlich, daß in Berlin die Volkszählung vom Jahre 1910 mit ihrer umfangreichen Personen-, Haushaltungs- und Wohnungsstatistik mit Hilfe von Hollerith-Maschinen durchgeführt wurde. Fast zur selben Zeit traten auch die Lochkartenmaschinen ihren Siegeszug bei der Industrie an, wie beispielsweise bei der Bayer AG in Leverkusen. Auch die Behörden schlossen sich nicht mehr aus. So hatte bereits im Jahre 1912 das Berliner Elektrizitätswerk eine Lochkartenanlage für die Abrechnungsstelle.

Eine Lochkartenanlage bestand in ihrer Grundausführung aus einem Kartenlocher, einem Kartenprüfer, einer Sortiermaschine und einer Tabelliereinrichtung. Der bisherige Handkartenlocher war dem Schnellstanzer gewichen, der eine registrierkassenähnliche Einstellung besaß. Ihm zugeordnet war eine zweite Maschine, der *Kartenprüfer*, der kontrollierte, ob die ausgestanzte Karte auch stimmte, und sie dann mit einem Prüfzeichen versah. So wurden Fehlerquellen weitgehend behoben.

Die Sortiermaschine besaß eine *Abfühlstation* und im allgemeinen dreizehn Ablagefächer, zwölf für die Lochungen in einer Spalte und eine für ungelochte Spalten. Die Abfühlbürste in der Abfühlstation wurde auf die zu sortierende Spalte eingestellt und bewirkte die Ablage der gerade abgefühlten Karte in das Fach, das der angegebenen Lochung entsprach. Für weitere Sortierbegriffe wie Kontonummer, Jahrgang oder ähnliches waren weitere Kartendurchläufe erforderlich. Der Kartendurchlauf erfolgte jetzt kontinuierlich von einem Kartenmagazin aus, in das ein ganzer Kartenstapel eingelegt werden konnte.

Im Laufe der Zeit wurden die Hollerith-Maschinen durch eine Reihe von Zusätzen immer mehr verbessert. Es kamen Ergänzungsmaschinen wie Mischer, Summenstanzer, Rechenlocher und vieles andere hinzu, welche die Lochkartenanlagen immer leistungsfähiger und schneller werden ließen. Die Zählräder der elektromagnetischen Zähler wurden mit elektrisch abfühlbaren Kontakten versehen, so daß das Ergebnis maschinell erfaßt und auch berechnet werden konnte. Subtraktionen wurden durch komplementäre Additionen und Multiplikationen durch fortgesetzte Addition mit einer entsprechenden Stellenverschiebung durchgeführt. Diese Lochkartenmaschinen waren bereits damals mit zehn Rechenwerken für zwölfstellige Zahlen und einem Schreibwerk mit bis zu hundert nebeneinanderliegenden, beliebig zusammenfaßbaren Schreibstellen für Ziffern und Buchstaben ausgerüstet. Auf diese Weise können zwischen die Rechenergebnisse vollständige Texte geschrieben werden.

Die Maschinen waren nun mit einer elektrischen Programmsteuerung ausgestattet. Auf einer Stecktafel, dem sogenannten „Schnellschalter", konnten die jeweils gewünschten Arbeitsgänge durch Kabelverbindungen eingestellt werden. Ein wesentlicher Fortschritt waren auch die elektrischen Markierungsfühler, die selbst Bleistift-Strichmarkierungen auf der Karte feststellten und diese danach lochten. Bei dieser Einrichtung wird die elektrische Leitfähigkeit des Graphits oder die Verdunklung einer Photozelle ausgenutzt.

Die elektrischen Schnellschalter wurden bei den weiteren Modellen immer mehr ausgebaut und sind heute auswechselbar. Die Steuerelemente der Lochkartenmaschinen sind elektromechanische Relais mit Schaltzeiten von fünf bis zehn Millisekunden, also tausendstel Sekunden. Diese elektrischen Relais – und das ist der Vorteil der Anlagen – können in Reihen hintereinander geschaltet werden und so den Programmablauf weitgehend ausdehnen. Auf diese Weise lassen sich die in einer Tabelliermaschine abgefühlten Daten beispielsweise in einem Rechenwerk verarbeiten, in einem Speicher festhalten, in einem Schreibwerk niederschreiben oder in einem angeschlossenen Stanzer in einer neuen Lochkarte festhalten.

Die Umsteuerung selbst aber erfolgt bei den modernen Geräten

344

entweder von der Maschine her oder wird von der Lochkarte abgerufen, in der sogenannte *Steuerlochungen* vorhanden sind. Auf diese Art wird beispielsweise bestimmt, ob der gelochte Zahlenwert zu addieren oder zu subtrahieren ist, dem Summenzähler A oder B zugeleitet wird und in der Schreibstellengruppe X oder Y eine entsprechende Schreibzelle herausgeschrieben werden soll. Derartige Lochkartenanlagen sind deshalb hervorragend geeignet zum gleichartigen Verarbeiten großer Datenmengen, wenn nur eine bestimmte Anzahl von Operationen nicht überschritten werden soll. Typische Beispiele hierfür sind Kostenbewegungen bei Sparkassen und Banken, Lohnabrechnungen in Betrieben mit großer Belegschaft, Lagerabrechnungen und die automatische Rechnungsschreibung.

Aber auch bei der Kriminalpolizei können Lochkartenmaschinen hervorragende Dienste leisten. So wurde bereits im Jahre 1962 eine Hollerith-Anlage bei der Münchner Kriminalpolizei eingesetzt. Sie arbeitet mit bestimmten Tatortmerkmalen, dem Aussehen, Alter und sonstigen Eigentümlichkeiten des Täters. Hat beispielsweise ein Augenzeuge einen Mann bemerkt, der hinkt, etwa 35 Jahre alt ist, rote Haare besitzt und seinem Komplizen etwas in einem bestimmten Dialekt zurief, so sind das schon wertvolle Hinweise, die möglicherweise durch andere Merkmale noch ergänzt werden.

Alle diese Dinge sind in der Lochkartenkartei der Kripo aufgezeichnet und können in Sekundenschnelle herausgesucht werden, da es nur wenige Verbrecher gibt, auf welche die gemachten Beobachtungen in ihrer Gesamtheit zutreffen. Die Münchner Kripo hat so ein wertvolles Hilfsmittel in der Hand, um einen registrierten Verbrecher aus der großen Anzahl seiner „Berufskollegen" herauszufinden.

Für die Durchführung umfangreicher wissenschaftlicher Berechnungen reicht allerdings die begrenzte Zahl der Programme, die nur bedingte Speicherfähigkeit und die geringe Rechengeschwindigkeit meist nicht aus. Dies gab den Anstoß für die Entwicklung leistungsfähigerer Rechenautomaten mit höherer Verarbeitungsgeschwindigkeit und größerer Speicherkapazität, den sogenannten *Datenverarbeitungsmaschinen*. Zunächst jedoch brachte die Lochkarte die Techniker auf den Gedanken, die Ein- und Ausgabe von Informationsspeicherungen wie überhaupt die Steuerung der Hollerith-Anlagen auch bei anderen Maschinen für die Durchführung eines Produktionsprozesses auszunutzen.

Schreibende Hollerith-Tabelliermaschine aus dem Jahr 1927

Eine Fabrik ohne Menschen

Die Steuerung solcher Maschinen erfolgt nicht durch Lochkarten, sondern durch Lochstreifen. Genau wie die Karten können diese von einem Mechanismus abgetastet, also „gelesen" werden. Einmal gelochte Steuerungsbefehle können allerdings nicht wie Lochkarten umsortiert oder in ihrer Folge unterbrochen und durch Zwischenschaltungen erweitert werden.

Lochstreifen eignen sich deshalb nur zur Speicherung von Steuerprogrammen, deren einzelne Abschnitte in ihrer Reihenfolge festliegen und nicht mehr geändert werden. Eine Steuerung durch den Menschen ist also nach der „Einrichtung", nach dem Beschicken mit dem Werkstück und nach dem Ingangsetzen nicht mehr erforderlich und auch nicht mehr möglich. Denn die Lochstreifen-Automatik führt die an einem Werkstück vorzunehmenden Arbeitsgänge hintereinander in der richtigen Reihenfolge und mit der gewünschten Geschwindigkeit aus und schaltet dabei von einem Arbeitsgang selbsttätig auf den anderen um.

Diese *Automation* begann zunächst an einzelnen Maschinen. So wurden Drehbänke durch eine Lochstreifensteuerung zu „Drehautomaten", Fräsmaschinen zu „Fräsautomaten", Schleifmaschinen zu „Schleifautomaten" und so fort. Stangenautomaten schneiden das benötigte Werkstück selbst von der Stange ab. Magazinautomaten entnehmen es einem Vorratsbehälter. Werden die Werkstücke einzeln von Hand ein- und ausgespannt, spricht man von Halbautomaten.

Von dieser zum größten Teil mechanischen Erledigung einer Arbeit oder einer Reihe von Arbeitsvorgängen bis zu jenen Geisterfabriken mit nur wenigen, die Aufsicht führenden Menschen, in denen nur Automaten produzieren, ist es nur ein kleiner Schritt.

Ein jeder von uns kennt den Begriff des Fließbandes, das einst bei Ford „erfunden" wurde und an dem jeder Arbeiter in einer stumpfsinnigen Wiederholung nur einen oder mehrere bestimmte Griffe zu tun hat. Der Mensch wird dabei selbst zu einer seelenlosen Maschine. Es lag auf der Hand, daß in der Zeit der sich immer mehr vervollkommnenden Mechanisierung schon bald auch der Gedanke aufkam, derartige Arbeiten von Automaten ausführen zu lassen.

Wiederum waren es die Fordwerke, die als erste eine weitgehende Automatisierung vornahmen. Auf einem Fließband rollt dort heute nur der Motorblock im Rohguß heran. Er wird von dem ersten Automaten ergriffen, bearbeitet, geformt und mit einer Anzahl Löcher versehen. Dann läuft er an die nächste Maschine und von da zu einer dritten, vierten und fünften. Durch 42 hintereinander geschaltete Automaten wandert dabei der Block. 530 Arbeitsgänge werden in dieser Zeit an ihm vorgenommen, bis er schließlich als fertiger Motor das Band verläßt.

Während dieser Zeit berührt keines Menschen Hand das Werkstück. Nur hin und wieder prüft es eine dazwischenliegende automatische Anlage, klopft es ab, nimmt das Geräusch auf und wertet es aus, macht eine Röntgenaufnahme und sucht nach verborgenen Fehlern. Blöcke, die den Anforderungen nicht hundertprozentig entsprechen, werden selbsttätig ausgeschieden. Die für einwandfrei befundenen werden durch eine elektronisch gesteuerte Anlage auf das Lager gefahren, dort gestapelt, registriert und gezählt. Ist hier kein Platz mehr vorhanden, wandern sie automatisch in ein Ausweichlager. Nur ganz selten ist in dieser Fabrik ein Ingenieur oder Techniker zu sehen, der die planmäßige Arbeit überwacht.

Ähnliche automatische Anlagen gibt es heute in den verschiedensten Ländern. Sie sind in Deutschland ebenso wie in der Sowjetunion zu finden. In der UdSSR laufen selbsttätig gesteuerte Fabriken in zahlreichen Industriekombinaten. Sie werden dort, wie in den Vereinigten Staaten, nicht nur in der Schwerindustrie, sondern auch in Ölraffinerien, Elektrizitätswerken, chemischen Fabriken, Textilfabriken und in Großmühlen eingesetzt. In England nahm kürzlich die *Sargrofs Electronic Ltd.* eine Fabrik in Betrieb, die vollautomatisch Radiogeräte herstellt. Sie hat eine Belegschaft von nur fünfzig Mann und erreicht damit den gleichen Ausstoß wie ein Werk, das 1500 Arbeiter am Fließband beschäftigt.

Auch in den handwerklichen Großbetrieben ist der Übergang zur Automatisierung zu beobachten. In New Jersey in den USA gibt es bereits eine Bäckerei, die selbsttätig durch Automaten die Materialien für den Teig herbeischaffen, die Zutaten dann abwiegen, mischen, kneten, in vorgeschriebene Portionen teilen und den Laib oder das Gebäck in den Ofen schieben läßt. Das gebackene Produkt wird automatisch geprüft, das Schlechtgeratene ausgeschieden, der Rest in Schnitten geteilt, abgewogen und verpackt.

Damit sind die Möglichkeiten der Automatisierung bei weitem nicht erschöpft. Besonders in Verbindung mit anderen Anlagen kann die Automation noch weiter vorwärtsgetrieben werden. So befindet sich in einer Spielzeugfabrik in New York eine Anlage, welche die vor einer Art „Kontrollauge" vorbeigleitenden, in verschiedenen Farben bemalten Spielzeugteile farblich genau prüft, abwiegt, vermißt und auf Fehler untersucht. Die nicht genau stimmenden Teile werden darauf ausgeschieden.

Diese Art der visuellen automatischen Lenkung ist bei einem anderen Unternehmen in Pittsburg/USA über einen Bandregistrierungsapparat noch viel weiter gediehen. Hier stellt eine Maschine Gegenstände her, nachdem man ihr das Muster zur Begutachtung und Prüfung „gezeigt" hat. Der Automat nimmt dann selbständig die Aufteilung und Zerlegung in die verschiedensten Produktionsprozesse vor und leitet sie an die entsprechenden Maschinen weiter. Kein Mensch ist bei diesem Vorgang eingeschaltet. Auch hier überwacht nur ein einziger Techniker den störungsfreien Ablauf.

Gewiß, diese Leistungen sind verblüffend! Aber sie liegen im Rahmen jener Entwicklungen, die mit der Übernahme der Maschinen in den Produktionsprozeß begannen. Es war vorauszusehen, daß die Mechanisierung immer weiter fortschreitet und schließlich über die Lochsteuerung in einer vollen Automatisierung endet.

Die Geschichte der Computer

Zu den Hilfsmitteln, die der Mensch entwickelte, um die Arbeiten im Büro und in der Technik zu erleichtern, gehören auch die Rechenmaschinen. Schon frühzeitig erfand man Rechensteine und Rechentafeln, um sich das Rechnen mit größeren Zahlwerten zu erleichtern. Die Griechen benutzten bereits ein Rechenbrett, das *abakion*, das später bei den Römern *abacaus* genannt wurde und auf dem, durch Verschiebung von in Schlitzen laufenden Metallkugeln, gewisse Zahlenwerte zusammengezählt und abgezogen werden konnten. Genial lösten die Chinesen das Problem, indem sie bereits vor drei Jahrtausenden mit einem Gerät arbeiteten, wie es heute noch von Kindern benutzt wird. Es sind dies die in einem Rahmen an Stangen befestigten Kugeln, die man hin- und herschieben kann, um so die einfachsten Rechenaufgaben zu erledigen. Die Chinesen nannten das Gerät *Suapan*, die Japaner *Soroban*, und es wurde bald in ganz Ostasien, Indien und Rußland bis in unsere Zeit benutzt. Diese einfache Maschine, leicht herzustellen, ist eine der Großtaten menschlichen Erfindergeistes, die man ruhig mit der des Rades oder der Buchdruckerkunst vergleichen kann.

Auch bei uns in Europa wurde diese Rechenmaschine bis ins 17. Jahrhundert benutzt. Der Gedanke, den Rechenvorgang anders durchzuführen, kam dem später so berühmt gewordenen französischen Philosophen und Mathematiker Blaise Pascal in seinen Jugendjahren. Der Siebzehnjährige soll die Grundidee zum Bau einer mechanischen Rechenmaschine gehabt haben, weil er seinem Vater bei der Arbeit helfen mußte. Dieser hatte nämlich im Jahre 1640 den Posten eines Steuerintendanten in Rouen erhalten und sollte das zerrüttete Finanzwesen in der Normandie reformieren. Dazu mußte der Vater mit seinem Mitarbeiterstab eine Reihe umfangreicher und langwieriger Berechnungen mühsam mit der Hand auf den „Zählmaschinen" durchführen. Dies regte den jungen Pascal zum Nachdenken an. Gab es denn keine Möglichkeit, eine Maschine zu bauen, welche die einfachsten Grundrechnungsarten durchzuführen vermochte?

Nach zwei Jahren hatte der neunzehnjährige Blaise die Lösung gefunden! Seine Maschine bestand aus sechs Einstellrädern. Jedes Rad bedeutet eine Dezimalstelle, es gab ein *Einerrad*, *Zehnerrad*, *Hunderterrad* usw. Pascal konnte also sechsstellige Zahlen darstellen. Der Umfang von jedem Rad war in zehn Einheiten eingeteilt, die unseren zehn Ziffern entsprechen. Wollte man zum Beispiel 8 und 5 addieren, so stellte man zuerst das Einerrad auf „5" und drehte es dann um 8 Einheiten weiter. Wurde dabei die „10" erreicht, so drehte ein Stift das *Zehnerrad* um eine Einheit weiter, während das Einerrad wieder auf 0 stand. Am Ende der Addition stand das Zehnerrad auf 1 und das Einerrad auf 3: 5 + 8 = 13.

Die Idee des maschinellen *Zehnerübertrags* war die wesentliche Entdeckung von Pascal.

Subtrahieren und multiplizieren konnte man ebenfalls mit seiner Maschine, was aber viel umständlicher war. Die Multiplikation bestand nämlich aus einer fortlaufenden Addition und ergab daher bei großen Zahlen eine sehr lange Rechnung.

Alle vier Rechnungsarten, also auch Multiplizieren und Dividieren mit größeren Zahlenwerten, soll eine Rechenmaschine gekonnt haben, die bereits im Geburtsjahr Blaise Pascals der Tübinger Professor Wilhelm Schickard erfunden hat. Seine Maschine ging allerdings in den Wirren des Dreißigjährigen Krieges verloren und ist uns nur aus einem Brief an Johannes Kepler bekannt. Man hat versucht, die *Rechenuhr*, wie sie Schickard nannte, nach seinen Angaben und einer Handskizze im Kepler-Brief nachzubauen.

Der deutsche Philosoph, Naturwissenschaftler und Mathematiker Gottfried Wilhelm Freiherr von Leibniz besichtigte die Pascalsche Maschine in Paris. Nachdem er sich danach mit namhaften Wissenschaftlern seiner Zeit eingehend über die Materie unterhalten hatte, befaßte er sich in den Jahren 1671 bis 1674 selbst mit dem Bau einer Rechenmaschine. Ohne Zweifel war seine Rechenmaschine eine Fortentwicklung der Pascalschen. Sie hatte acht Einstellräder, die *Rotae Minusculae*. Daneben befand sich allerdings – und das war die Neuheit – noch ein größeres Rad, das *Rota Majuscula*, das als Umdrehungszähler bei der Multiplikation oder zur Quotientenanzeige bei der Division diente. Mit einer links angebrachten Kurbel ließ sich das zur

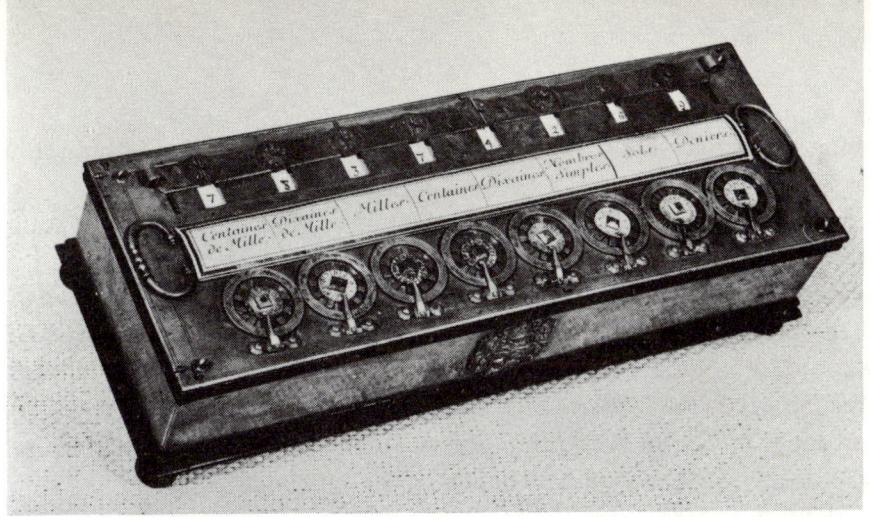

Das Hauptmerkmal dieser Rechenmaschine von Blaise Pascal ist die automatische Kraftübertragung. Die Maschine besteht aus einer Reihe von Rädern, numeriert von 0–9, die so miteinander verbunden sind, daß die ganze Umdrehung eines Rades die Weiterbewegung des nächstfolgenden Rades um eine Einheit zur Folge hat.

Zahleneingabe notwendige Einstellwerk relativ zum Resultatwerk nach links und rechts verschieben. Das Haupttriebwerk *Magna Rota* war vorn angebracht und lieferte über eine Kurbel die Antriebskraft.

Divisionsaufgaben löste Leibniz nach dem Prinzip einer fortgesetzten Subtraktion. Er hat außerdem schon den Gedanken gehabt, die Verschiebung des Einstellwerkes nach jeder Teilmultiplikation automatisch durchzuführen. Vermutlich hat er sich auch mit einer weiteren wichtigen Entwicklung, der *Sprossenradmaschine* befaßt. Sie arbeitet mit Zahnrädern, die bewegliche „Zähne" besitzen, sich durch Drehen einer Kurvenscheibe nacheinander herausschieben lassen und dann in andere Zählräder eingreifen. Der italienische Mathematiker Giovanni Polenus entwickelte die Einrichtung weiter. Erst der Wiener Mechaniker Antonius Braun konnte im Jahre 1727 eine verwendbare Sprossenradmaschine schaffen.

Es vergingen jedoch erst weitere 50 Jahre, bis der schwäbische Pfarrer Matthäus Hahn zwischen den Jahren 1774 und 1790 eine wirklich brauchbare Rechenmaschine mit einer für alle Ziffern gemeinsamen Staffelwalze baute. Erst mit dem Aufkommen der Maschinenarbeit ließen sich vom Jahre 1850 an die für diese Art von Rechenmaschinen benötigten mechanischen Teile mit der nötigen Genauigkeit herstellen. Fabriken befaßten sich bald mit der Serienherstellung von Rechenmaschinen, die immer mehr die Form der heutigen mit der Hand betriebenen Tischrechner erreichten. Es bedurfte nur noch der Verbindung mit einem Elektromotor, um eine der heutigen Rechenmaschinen zu schaffen.

Inzwischen bahnte sich vor rund 150 Jahren eine andere Entwicklung an, die für die Konstruktion der Rechenmaschinen besonders wichtig werden sollte. Leibniz hatte schon 1677 darauf hingewiesen, daß man Zahlen statt mit zehn verschiedenen Ziffern auch mit zwei schreiben kann: „Um alle Zahlen darzustellen", schrieb er damals, „sind bloß die Ziffern 0 und 1 notwendig. Man braucht dazu das Dezimalsystem gar nicht." Um zu verstehen, wie das gemeint ist, wollen wir einige Zahlen im *Zweiersystem* angeben:

Dezimalsystem	Zweiersystem	
0	0	
1	1	
2	10	
3	11	
4	100	usw.

18 wäre z. B. im Zweiersystem 10010.

Dieses *binäre System*, wie es auch genannt wird, mag manchen im Vergleich zu unserer heutigen Zifferndarstellung verrückt oder sinnlos erscheinen. Es ist es aber durchaus nicht! Denn es ist die Sprache der Computer. Jeder in die Maschine gegebene „Auftrag" muß auf diese Weise ausgedrückt werden.

Ein Mann, der 150 Jahre zu früh lebte

Nach diesem System wollte schon der englische Mathematiker Charles Babbage seine Rechenmaschine aufbauen. Aber er teilte das Schicksal vieler Erfinder, die ihrer Zeit zu weit vorausgeeilt waren. Die wenigsten seiner Zeitgenossen begriffen überhaupt seine Idee!

Charles Babbage wurde 1792 als einziger Sohn eines reichen Bankiers geboren. Er war ein mathematisches Wunderkind. Er liebte es schon als kleiner Junge, sich mit Rechenaufgaben zu befassen. Wie andere Kinder unter der Bettdecke Abenteuerbücher verschlingen, beschäftigte er sich nachts mit Algebra und Arithmetik.

Als seine Lehrer auf der Universität Cambridge seine Begeisterung für mathematische Probleme nicht ganz teilten, suchte Babbage sich einen kleinen Kreis Gleichgesinnter und gründete eine *Analytical Society*, die eigene mathematische Studien betrieb. Einige wurden sogar gelegentlich veröffentlicht. Das machte Babbage in Kreisen von Fachgelehrten bekannt, so daß man ihm schon bald einen Lehrstuhl für Mathematik an der Universität Cambridge übertrug.

Als praktischer Mathematiker hatte sich Babbage schon seit langem mit der Aufgabe beschäftigt, umfangreiche Rechenprozesse in eine Folge von Einzelteilen zu zerlegen. Er war erst zwanzig Jahre alt, als ihm der Gedanke kam, derartige Berechnungen mit Hilfe einer Maschine schneller und einfacher zu lösen. Er konstruierte deshalb zunächst eine *Difference Engine*, die nach dem Differenzprinzip arbeitete und zur Berechnung von Logarithmen und nautischen und astronomischen Tabellen dienen sollte.

Schon im Jahre 1822 konnte der junge Gelehrte ein kleines Arbeitsmodell für zwei Differenzen und acht Dezimalstellen der *Royal Society*, der führenden wissenschaftlichen Gesellschaft Großbritanniens vorführen. Diese Demonstration erregte so erhebliches Aufsehen, daß der junge Erfinder ermutigt wurde, eine größere Maschine für sieben Differenzen und zwanzig Dezimalstellen in Angriff zu neh-

Charles Babbage entwickelte 1812 als erster die Idee einer „Differenzenmaschine" zum Berechnen und Ausdrucken mathematischer Tabellen, z. B. Logarithmen oder dritte Potenzen.

men. Allerdings wurde diese Rechenmaschine nie fertig, sie scheiterte an dem Unvermögen der Zeit, die mechanischen Einzelteile präzise anfertigen zu können. Das wird einem sofort klar, wenn man sich das noch vorhandene Teilstück der Maschine im Science Museum in London ansieht.

Bei seinem neuen Modell wollte Babbage das Problem der Zehnerübertragung auf völlig andere Weise lösen. Er hatte nämlich herausgefunden, daß die *durchlaufende Übertragung*, wie sie Pascal und Leibniz eingeführt hatten, die Rechengeschwindigkeit bei großen Zahlen äußerst ungünstig beeinflußte, ganz abgesehen von den mechanischen Schwierigkeiten, die bei einer durchlaufenden Übertragung von Zahlen bis zu zwanzig Dezimalstellen auftreten mußten.

Babbage entwickelte deshalb — und damit eilte er seiner Zeit um mehr als hundert Jahre voraus — den *parallelen mechanischen Übertrag*, dessen Grundidee wir heute bei unseren elektronischen Maschinen ausnutzen. Diese völlig neuartigen Konstruktionen verschlangen natürlich erhebliche Geldmittel. Wie viele Genies, hatte sich auch Babbage zunächst darüber keine Gedanken gemacht, was alle diese Entwürfe und Experimente kosten könnten. So verbrauchte er bei seinen Arbeiten nicht nur sein nicht unbeträchtliches Vermögen, sondern auch die erheblichen Summen, die ihm auf seine Anträge hin das britische Schatzamt zur Verfügung stellte. Als schließlich nach heutiger Währung einige Millionen ausgegeben waren und immer noch keine Aussicht bestand, die Maschine in absehbarer Zeit überhaupt fertigzustellen, sperrte das Schatzamt die Zuschüsse.

Aber noch war Babbage nicht entmutigt. Mit einer noch größeren und komplizierteren Maschine, die nicht allein mit Rädern, sondern mit den Jacquardschen Lochkarten arbeitete, war er auch Hollerith um ein halbes Jahrhundert voraus. Er wollte allerdings die Lochkarten nicht für die Auswertung von Statistiken einsetzen, sondern, wie es heute geschieht, für die Steuerung von Rechenautomaten ausnutzen. Wenn man seine weiteren Konstruktionsabsichten liest, glaubt man beinahe den Prospekt eines hochmodernen Rechenautomaten vor sich zu haben. Wie bereits Leibniz erwähnte, sollte die neue Maschine nach dem binären System, also nur mit den Ziffern Eins und Null arbeiten. Die Maschine sollte außerdem einen riesigen Zahlenspeicher von 1000 Zahlen zu je 50 Dezimalstellen besitzen. Lochkarten steuerten den gesamten Programmablauf, einschließlich der Rechenoperationen und des Datentransportes. Das Lochkartenband hätte darüber hinaus abhängig von dem Vorzeichen eines Zwischenergebnisses entweder vorwärts oder rückwärts bewegt werden können. Vorwärts zum Überspringen von Programmabschnitten, rückwärts zum Wiederholen, zur Aufstellung von Zwischenergebnissen, womit die wichtigsten Eigenschaften unserer heutigen Datenverarbeitungsanlagen erstmals erdacht worden waren. Für die Datenausgabe waren Resultatdrucker und Kartenlocher eingeplant.

Auch für diese Maschine waren die technischen Herstellungsmittel der damaligen Zeit noch nicht weit genug entwickelt. Es fand sich zudem niemand, der die Tragweite des Entwurfs richtig begriff. So stieß Babbage überall nicht nur auf technisches Unvermögen, sondern auch auf völliges Unverständnis.

Aus dem freundlichen, von seinen Ideen begeisterten Gelehrten wurde so ein verbitterter alter Mann, der am Ende seines Lebens – er starb im Jahre 1871 mit 79 Jahren – sagte, seine glücklichsten Augenblicke seien nur die gewesen, in denen er eines seiner vielen Probleme hätte lösen können!

Als vor einigen Jahrzehnten einige Schriften aus seinem Nachlaß veröffentlicht wurden, mußten die Mathematiker und Ingenieure, die sich mit Rechenautomaten und Datenverarbeitungsmaschinen befaßten, mit Erstaunen feststellen, daß ihre Ideen keineswegs so neu waren, wie sie angenommen hatten. Charles Babbage war ihnen um fast hundert Jahre zuvorgekommen.

Die ersten elektromechanischen Rechenautomaten

Die Ideen von Charles Babbage wurden erstmals von dem deutschen Bauingenieur Konrad Zuse zu Anfang der dreißiger Jahre unseres Jahrhunderts wieder aufgegriffen. Dieser wollte zunächst auf rein mechanischem Wege mit Hilfe des Binärsystems eine Rechenmaschine aufbauen, die umfangreiche Rechenoperationen in einzelne Rechenprogrammschritte auflöste. Zuse arbeitete dabei mit festen und beweglichen Steuerblechen.

Wegen seiner beschränkten Mittel war er jedoch gezwungen, zu Hause in der elterlichen Wohnung die Bleche selbst auszusägen. Infolge dieser doch zu primitiven Herstellungsweise arbeitete seine erste

Maschine, die außer den mechanischen Teilen auch ein Speicherwerk enthielt, nicht in allen Teilen einwandfrei.

Konrad Zuse überlegte sich deshalb eine andere und bessere Schaltmöglichkeit. Er verwendete bei seinem zweiten Modell auf Kugeln drehbare Elektromagneten, welche die Schaltungen durchführten. Den bewährten mechanischen Speicher behielt er jedoch bei. Der Kriegsausbruch und die Einberufung Zuses zum Militär im Jahre 1939 verhinderten den Weiterbau von *Z 2*, wie der Erfinder sein Modell nannte.

Im Jahre 1940 wurde Zuse vom Militärdienst befreit, um im Auftrag der *Deutschen Versuchsanstalt für Luftfahrt* ein drittes Gerät zu bauen, das dieses Mal mit Relaisschaltungen arbeiten sollte, wie sie in ähnlicher Weise im Fernsprech- und Fernmeldedienst gebaut wurden. Für die *Z 3* wurden 2600 solcher Relais als Schaltelemente eingebaut. Die Zahlenwerte wurden über eine Tastatur eingegeben. Ein Lampenfeld darüber diente zur Anzeige der Ergebnisse.

Eine Schaltwalze gab den Rechentakt an und steuerte mit *Nockenkontakten* die Relais. Das Rechenprogramm war in einem achtspurigen Streifen eingelocht. Jeder der „Befehle" enthielt einen Adreß- und einen Operationsteil. Auf diese Weise wurde ein bestimmter Schaltteil „angesprochen". Er brachte eine bestimmte Zahl zur weiteren Verarbeitung in das Rechenwerk, in dem dann aufgrund des „Operationsbefehles" angegeben wurde, was mit der eingegebenen Zahl zu geschehen habe, ob sie addiert, multipliziert, subtrahiert, dividiert und dann gespeichert werden sollte. Fünfzehn bis zwanzig mathematische Operationen konnten so in einer Sekunde durchgeführt werden. Diese für ein elektromagnetisches Rechenwerk höchst erstaunlichen Zeiten waren einmal durch die binären Zahlendarstellungen und zum anderen durch die stellenparallele Arbeit des Rechenwerkes ermöglicht worden. Konrad Zuse setzte damit die vorausschauenden Planungen von Charles Babbage zum ersten Mal in die Tat um.

Eine ähnliche Entwicklung nahm fast zur gleichen Zeit, ohne daß man durch den Krieg etwas voneinander wußte, der Rechenautomatenbau in den Vereinigten Staaten. Der Mann, der hier die Konstruktionen durchführte, war ein weithin bekannter Wissenschaftler, Dr. Howard H. Aiken, Professor für angewandte Mathematik an der Harvard-Universität in Cambridge, Mass. Er begann im Jahre 1939 mit dem Bau eines elektromagnetischen Rechenautomaten. Ähnlich wie bei Zuse bestand dieser aus dem Rechenwerk, das die mathematischen Operationen durchführte und zugleich auch eine Speicherung von Zahlen und Zwischenresultaten vornahm, und einem Lochstreifen, der dem Rechenwerk die Aufgabe und die Reihenfolge der Arbeiten vorschrieb.

Professor Aiken verwendete als Rechenelement und Zwischenspeicher das *dekadische Zählrad*, das also im Dezimalsystem rechnete. Er nannte seine Maschine *Automatic Sequence Controlled Computer*, womit das Wort *Computer* zum ersten Mal als Name für eine solche Maschine auftauchte. Offiziell bekam jedoch seine Maschine den Namen *Harvard Mark I*. Im Gegensatz zu dem Automaten *Zuse 3* war sie ein Ungetüm von siebzehn Meter Länge und zweieinhalb Meter Höhe. Sie bestand aus 700 000 Einzelteilen, die Elektromagneten waren über 3000 Kugellager beweglich. Fast 800 000 Meter elektrischer Leitungsdraht waren in die Maschine eingebaut worden. Obwohl sie komplizierte Rechenoperationen in kürzester Zeit durchführte, war die Speicherung, die man erstmals „Gedächtnis" nannte, doch höchst unzureichend.

Die gewaltige Maschine war erst am 7. August 1944 soweit fertiggestellt, daß man sie dem Computation Laboratory der Harvard-Universität übergeben konnte.

Zwei Jahre später wurde die Welt von der Meldung überrascht, in den Vereinigten Staaten sei ein weiterer, sensationeller Rechengigant gebaut worden, der ein erstaunliches „Gedächtnis" besäße. Dieses könne, so hieß es in der Meldung, so viele Informationen speichern, wie sie in einer großen Bibliothek mit vielen hunderttausend Bänden vorhanden sind.

Die Entwicklung des erstaunlichen Wissensspeichers hatte allerdings mehr als 25 Jahre gedauert. Er erhielt den wissenschaftlichen Namen *Electronic Numerical Integrator and Computer* und wurde allgemein als *Elektronengehirn* bezeichnet. Es arbeitete nicht mehr mit elektromagnetischen Schaltungen, sondern mit Elektronenröhren.

Der elektronische Schalter

Die Elektronenröhre läßt in bestimmten Fällen einen Strom durch oder sperrt ihn in anderen. Die Röhre übt damit die gleiche Funktion aus wie ein gewöhnlicher elektrischer Schalter in unserer Wohnung, der je nach der Stellung einen Strom durchläßt oder sperrt.

Diese Funktion der Elektronenröhre war bereits im Jahre 1919 bekannt und wurde nach dem Professor, der als erster diesen Effekt ausnutzte, *Eccles-Jordan-Schaltung* oder auch kurz *Flip-Flop* genannt. Es dauerte jedoch mehr als 25 Jahre, bis man in Rechenautomaten derartige Röhrenschaltungen einbaute. Der Vorteil gegenüber einem elektromechanischen Relais bestand in der weitaus größeren Schnelligkeit, mit der eine solche Röhre den Strom aus- und einschaltet. Und das Ziel ist ja, möglichst „schnelle" Maschinen zu bauen. Die ersten Versuche hiermit machten die Amerikaner I. P. Eckert und J. W. Mauchly, die Professoren an der Moore School of Electrical Engineering der Pennsylvania University waren. Sie nannten ihren ersten, auf dieser Basis entwickelten Röhrenrechner *ENIAC* (Electronic Numerical Interator and Computer). Er wurde im Sommer 1946 fertig.

358

In der ersten Zeit war *ENIAC* noch wenig zuverlässig. Beim Einschalten fielen fast immer einige Röhren aus. Die Techniker waren deshalb anfangs mehr damit beschäftigt, Fehler aufzuspüren als Rechenaufgaben zu lösen. Wenn *ENIAC* aber rechnete, dann war er zweitausendmal schneller als Mark I. Während sein Vorgänger „nur" zwölf Rechenoperationen in der Sekunde durchzuführen vermochte, löste die Maschine in der gleichen Zeit Tausende von Rechnungen. Deshalb erkannten die Wissenschaftler schon bald, daß dem ENIAC die Zukunft gehört.

Die Elektronenröhren sorgen in Blitzesschnelle dafür, daß der elektrische, das Rechenwerk betreibende Strom in die richtige Bahn geleitet wird, die Leitungen zusammengeschaltet und wieder getrennt, die Zählwerke betätigt und elektrische Schreibmaschinen in Gang gesetzt werden, die das Ergebnis drucken und sichtbar machen.

Zwar war auch der *ENIAC* noch ein ziemliches Ungeheuer mit über 18 000 Elektronenröhren und 1500 Relais. Er hatte eine Länge von fünfzehn und eine Breite von neun Metern. Seine Maße wurden erst geringer, als man anstelle der Elektronenröhren Halbleiterdioden und Transistoren verwendete. Diese arbeiten nämlich in derselben Weise, beanspruchen aber viel weniger Platz.

Die bisher letzte Entwicklung ist die *integrierte Schaltung*. Auf einem Plättchen von wenigen Kubikmillimetern sind mehrere komplette Schaltkreise enthalten. Und jede Maschine enthält Tausende solcher Plättchen. Die Geräte werden noch kleiner, und die Arbeitsgeschwindigkeit wird heute nicht mehr in Sekunden, sondern in *Nanosekunden* – Milliardstelsekunden – gemessen. Eine normale Multiplikation dauert heute – und das ist kein Druckfehler – den dreihundertmillionsten Teil einer Sekunde. Eine Addition wird in einer zwölfmillionstel Sekunde erledigt.

Alle diese Maschinen arbeiten nicht mit den gewohnten Ziffern 0, 1, 2, 3 bis zur 9, sondern mit dem binären Zahlensystem.

Unsere Zahlen des Dezimalsystems müssen deshalb bei der Eingabe in einen derartigen Rechner zunächst in das Binärsystem umgesetzt und bei der Ausgabe zurückübertragen werden.

Mögen diese Dinge bis jetzt noch allgemein verständlich sein, so wird es ein wenig kompliziert, wenn man die Rechenverfahren schildern will, die mit Hilfe eines solchen Rechenautomaten möglich sind.

Das hat nichts mit den physikalischen Schaltvorgängen zu tun.

Diese darzustellen, würde eine ganze Bibliothek mit dicken Wälzern füllen. Womit wir uns beschäftigen wollen, sind zwei grundverschiedene Arbeitsprinzipien, die mit Computern möglich sind. Man spricht von *Digitalrechnern* und *Analogrechnern*. Der Digitalrechner ist der „normale" Computer. Er ist am weitesten verbreitet und löst Aufgaben so, wie wir uns das vorstellen: Irgendwelche Probleme werden in Form von Zahlen und Formeln der Maschine vorgelegt, und sie bearbeitet nach dem jeweiligen Programm diese Daten und druckt ihre Ergebnisse wieder aus in Form von Tabellen, Statistiken oder Zahlen.

Der Analogrechner oder: Ein Computer zeichnet

Demgegenüber arbeitet der Analogrechner nach einem ganz anderen Prinzip: An einem Beispiel ließe sich es so darstellen: Wenn der Herr Müller in irgendeiner Lebenslage analog handelt wie der Herr Schmidt, so bedeutet dies, daß sein Verhalten dem des Herrn Schmidt entspricht. Wenn viele das gleiche in derselben Lebenslage machen, so ist das ein Erfahrungswert, der unter Umständen eine allgemeine Gültigkeit erreichen kann. Aus derartigen Vorkommnissen aber kann man *Analogien* oder Vergleiche bei anderen Vorkommnissen ziehen, um so Voraussagen zu treffen. Diese sind natürlich nicht hundertprozentig, aber mit Einfühlungsvermögen und vielseitigen Erfahrungen können erstaunlich zutreffende Ergebnisse erreicht werden.

Das trifft besonders dann zu, wenn man allgemeingültige Naturgesetze als Informationsquellen benutzt. Sie gelten nicht nur heute wie morgen, in Europa wie in Amerika, sondern sind auch bei den unterschiedlichsten Vorgängen zu beobachten. So gehorcht beispielsweise das Pendel einer Uhr den gleichen Gesetzen wie ein elektrischer Schwingungskreis und ein Schwungrad hat in mancher Hinsicht dieselben Eigenschaften wie eine elektrische Spule. Das heißt, diese physikalischen Vorgänge sind *analog*. Sie können verglichen und in gleicher Weise rechnerisch behandelt werden. Deshalb kann man solche Probleme auch auf einer Maschine analog darstellen. Das kann der Ausschlag eines Uhrpendels oder ein Problem bei einem Kernkraftwerk, eine Mondlandung, aber auch der Geldumlauf in einem ökonomischen System sein.

Die Größen, zum Beispiel die Masse oder die Temperatur, Bewegung oder das Geldvolumen können dabei in elektrischen Spannungen ausgedrückt werden. Diese Spannungen sind die *Rechenimpulse* der Maschine und werden nach denselben Gesetzen verändert, die für die wirklichen Größen gelten. Die Veränderungen erfolgen stetig, ohne daß die Maschine dabei mit „Zahlen" rechnet. So lassen sich für die meisten physikalischen Vorgänge elektrische Analogien herstellen und in beliebiger Weise zu einer Analogrechnung zusammenschalten.

Häufig werden die elektrischen Spannungen, die also in analoger Weise den ursprünglich zu verarbeitenden Größen entsprechen, auf einem Bildschirm ähnlich unserem Fernsehschirm sichtbar gemacht. Mit Knöpfen kann man dabei die Eingangsgrößen in einem bestimmten Ausmaß willkürlich einstellen, und der Bildschirm zeigt uns dazu jeweils anschaulich die Ergebnisse.

Sehr oft aber ist die Aufgabenstellung umgekehrt. Man weiß vorher, welches Ergebnis angestrebt werden soll, und sucht die dafür geeigneten Eingangsgrößen. Man will beispielsweise für ein geplantes Auto die günstigste Achsaufhängung finden. Ein Analogrechner wird dann so programmiert, daß seine Ausgangsgröße die geplante Karosserie des Autos und ihr Verhalten ist. Als Eingangsgrößen werden deshalb ihr Gewicht, die Massenverteilung, Federkonstanten und vieles mehr an den Potentiometerknöpfen eingestellt. Auch die Eigenschaften eines unterschiedlichen Straßenzustandes werden so eingegeben

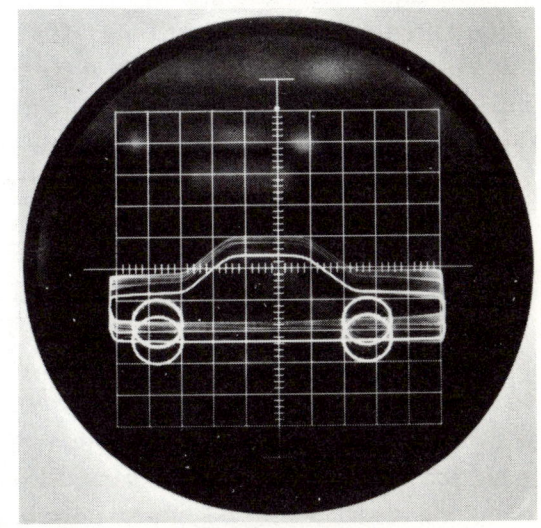

Welche Belastung hält die Federung eines Kraftwagens aus? Das ist eine von vielen Fragen, die der Analogrechner beantworten kann. Das Fahrverhalten und die Reaktionen lassen sich deshalb schon untersuchen, wenn der Wagen erst auf dem Reißbrett gezeichnet ist.

oder, wie man fachmännisch sagt, „eingespielt". Auf dem Bildschirm des Analogrechners erscheint dann der Umriß eines Autos, das sich je nach der Straße verschieden verhält. Und jetzt kann man in Ruhe die Werte der Federn oder die Stoßdämpfer verändern, bis die günstigsten gefunden sind.

Der Vorteil des Analogrechners gegenüber dem Digitalrechner liegt vor allem in der leichten Veränderlichkeit der eingegebenen Werte. Bei einem Analogrechner kann man – um bei unserem Beispiel zu bleiben – „während der Fahrt" die Autofedern auswechseln oder bei einer anderen Berechnung ein Regulierventil in eine Rohrleitung einbauen oder einen Gasbehälter mit einer stärkeren Wärmeisolierung versehen. Die phänomenale Anpassungsfähigkeit eines Analogrechners macht ihn auch zu einem „Ausbildungsmittel". Das Fliegen von Düsenflugzeugen, die Steuerung eines Kernreaktors, ja sogar die Landung auf dem Mond kann ohne Gefahr mit ihm geprobt werden.

Aber er ist eben nicht für alle Rechnungen geeignet und hat ein ziemlich schwaches „Gedächtnis". Der Digitalrechner ist hingegen eine reine Rechenmaschine, die eindeutige Ergebnisse anbietet und logische Entscheidungen trifft.

Außerdem kann der Digitalrechner nicht nur Zahlen verarbeiten, sondern auch alle Buchstaben und Satzzeichen. Sie werden ebenfalls durch das Binärsystem dargestellt. Die Digitalautomaten können deshalb sogar zur Auswertung von Texten verwendet werden.

Seit einiger Zeit liest man immer wieder Schlagzeilen wie „Computer hilft der Keilschriftforschung" oder „Elektronengehirn überprüft das Lukas-Evangelium". Bereits vor einem Jahrzehnt setzte man das größte Elektronengehirn der Harvard-Universität dazu ein, die vielen Abschriften des neuen Testamentes zu vergleichen. Mit den bisher benutzten Methoden wären die Bibelforscher in einem ganzen Menschenalter nicht zu dem Ergebnis gekommen, das der *Mark IV* nach einem halben Jahr vorlegte.

Noch erstaunlicher war die Unterstützung, die Computer bei der Entzifferung der wenigen Reste der Maya-Schrift leisteten. Sie benutzten dabei ein Verfahren, das dazu entwickelt worden war, um feindliche Code-Botschaften zu entschlüsseln. Mit den auf diese Weise gewonnenen Erkenntnissen machte sich der sowjetische Wissenschaftler Sergej Sobolew daran, mit Hilfe eines Computers die Madrider und Dresdener Maya-Texte zu entschlüsseln. Rund elf Milliarden

Rechenoperationen waren hierfür erforderlich, um die noch vorliegenden schriftlichen Zeugnisse dieser einstigen indianischen Hochkultur zu übersetzen.

Wie der bekannte sowjetische Völkerkundler Juri Knorosow vor kurzem in einem Vortrag in der Akademie der Wissenschaft in Moskau erklärte, haben auch die Amerikaner sich fast zur gleichen Zeit mit der elektronischen Entschlüsselung der Maya-Schrift befaßt, so daß – wie er es ausdrückt – eine Kontrolle der sowjetischen Arbeiten möglich ist. In ähnlicher Weise will übrigens auch der sowjetische Gelehrte Sergej Tolstow die Geheimnisse der Osterinsel-Schrifttafeln lösen.

Alle diese mit dem Computer durchgeführten Lösungen bauen sich auf den Erfahrungswerten auf, die man aus dem analysierenden Studium der verschiedensten Sprachen gewann, wie häufig zum Beispiel Worte wie „Nahrung", „Brot", „Früchte", „laufen", „gehen", „Haus", „Baum" oder „Tier" gewöhnlich eben bei einem gewissen Kulturstand gebraucht werden. Auf diese Weise ergeben sich Schlußfolgerungen, die man maschinell auswertet.

Anders arbeiten Übersetzungs-Automaten, von denen der *Zephir* der bekannteste ist. Dieser überträgt in verblüffend kurzer Zeit Texte aus dem Englischen in drei verschiedene Sprachen. Diese erstaunliche Fähigkeit eines „Elektronengehirnes" beruht u. a. auf der großen Speicherfähigkeit der Maschinen. Bei dem *Zephir* beträgt die Speicherfähigkeit rund 60 000 Vokabeln, wobei man bedenken sollte, daß ein Durchschnittsengländer kaum mehr als 3000 Worte für seine Unterhaltung benötigt.

Die große Merkfähigkeit der Maschine wird erreicht durch die Verwendung einer magnetischen Trommel, die ähnlich wie ein Tonband jedes Wort in Form von unterschiedlichen magnetischen „Zuständen" festhält. Die Trommel ist mit anderen Worten das „Wörterbuch" des Computers, in dem er die Vokabeln „nachschlägt".

Die Maschine ist natürlich nicht imstande, einen grammatikalisch richtigen Text zu liefern, sie schafft lediglich eine Wort-für-Wort-Übersetzung, die dann erst in eine richtige Form gebracht werden muß. Worte mit mehreren Übersetzungsmöglichkeiten werden mit Kennziffern ausgestattet, mit deren Hilfe der den Text Übertragende in einer Art Lexikon unter der angegebenen Nummer sich die passende Bedeutung heraussuchen muß.

Ein anderer Computer, der in Amerika zur Auswertung der letzten

Ein Blick in das Institut für Plasmaphysik, das mit der Rechenanlage IBM 360 arbeitet.

Volkszählung herangezogen wurde, zeigt sogar logisches Verhalten. Dieser Elektronenautomat, der innerhalb weniger Stunden alles das verarbeitete und seinem „Gedächtnis" einverleibte, was 140 000 Beamte ihm über die Lebensumstände der Bevölkerung der Vereinigten Staaten eingaben – insgesamt waren es 14 Milliarden Einzelfakten – ließ sich dabei in keinem Falle täuschen. Er protestierte, wenn ein unmöglicher Sachverhalt in seinem Gedächtnis gespeichert werden sollte, beispielsweise wenn ein zehnjähriges Mädchen als „verheiratet" bezeichnet wurde, das wöchentliche Einkommen eines Bankdirektors nur 50 Dollar betragen sollte oder ein Vierzehnjähriger als „Kriegsteilnehmer" eingereiht wurde.

In einem solchen Fall leuchtete sofort eine rote Lampe auf und ein akustisches Signal ertönte, zugleich wurde die falsche Angabe aufgezeichnet und ausgestoßen. Eine solche Fähigkeit verblüfft natürlich, aber sie muß vorhanden sein, um Fehlberechnungen zu vermeiden. Mit einem selbständigen Denken hat das nichts zu tun, wie wir noch hören werden.

Von welchem ungeheueren praktischen Wert eine solche Speicherung sein kann, mag ein Computer beweisen, der in der amerikanischen Zentralstelle für Meteorologie ausschließlich mit der Vorhersage von Hochwasser betraut ist. Die Meldungen über die registrierten Niederschlagsmengen werden ihm von Tausenden von Beobachtungsplätzen eingegeben. Innerhalb kürzester Zeit vermag der Automat dann vorauszusagen, wann, wo und wieviel Hochwasser in den einzelnen Flußgebieten zu erwarten ist.

Können Computer denken?

Gewiß, die heutigen Elektronenroboter vermögen viele geistige Funktionen des menschlichen Gehirns zu übernehmen und es an Schnelligkeit zu übertreffen. Ihr Gedächtnis ist besser und vor allem umfangreicher als das eines Menschen. Ein Elektronengehirn kann nichts vergessen, nichts verwechseln und nichts falsch ablaufen lassen. Aber es fehlt ihm die Fähigkeit des geistigen Erlebens und der darauf sich aufbauende schöpferische Augenblick. Ein Computer hat keine Phantasie, hat nicht jenes Vorstellungsvermögen, das zu den großen Erfindungen führte oder Goethe veranlaßte, den Faust zu schreiben.

Vor kurzem wurde in Seattle in den Vereinigten Staaten ein Computer vorgeführt, von dem die Erbauer behaupteten, daß er der erste Schritt zu einer denkenden Maschine sei. Als Beweis hierfür führten sie vor, daß die von ihnen gebaute Maschine über die Weisheit der bedeutendsten Denker und Dichter der Weltgeschichte Auskunft geben konnte. Mit einem selbständigen Denken hat das natürlich gar nichts zu tun! Die Maschine gibt nur das wieder, was vorher in ihr gespeichert wurde. Sie ist also nur ein Automat und nichts weiter. Insofern ist der Computer völlig abhängig von den Ingenieuren, Technikern und Wissenschaftlern, die ihn entworfen und gebaut haben. Der Geist und das Können des Menschen hat es überhaupt nur möglich gemacht, daß solche Elektronengehirne derartige Aufgaben durchführen.

Ein solcher Elektronenautomat beginnt nicht von selbst eine Aufgabe zu erfüllen; das heißt, er hat keine eigene Entschlußkraft, keinen freien Willen, um dieses oder jenes zu tun. Das aber ist das wesentliche Merkmal eines freien und schöpferischen Denkens! Die Automaten brauchen ein Programm, nach dem sie arbeiten. Und dieses

Programm wird allein von Menschen aufgestellt. Die Elektronengehirne werden deshalb in der Fachsprache *programmgesteuerte elektronische Rechenautomaten* genannt. Die Bezeichnung bringt die Abhängigkeit vom Menschen mehr als deutlich zum Ausdruck. Wenn auch die Rechenleistung und sonstige Auswertungsmöglichkeiten des Computers noch so erstaunlich sind, stets hat vorher ein Mathematiker, Ingenieur und Techniker die Grundlagen für den Arbeitsvorgang geschaffen, den das Elektronengehirn nur ausführt.

Natürlich können Computer in einer erstaunlichen Zeit verblüffende Ergebnisse errechnen. Es mag auch möglich sein, daß ein Computer Schach spielt oder komponiert. Aber er führt dabei keine selbständige, geistig sinnvolle oder gar schöpferische Leistung aus; denn die Programmierer haben lediglich die Regeln des Schachspieles, die Gesetze der Harmonie oder der Zwölftonmusik in ihm gespeichert.

Nehmen wir an, ein Computer ist Partner bei einem Schachspiel. Bei jeder Spielkombination sind 30 verschiedene Züge erlaubt, auf die der andere Spieler mit 30 Gegenzügen antworten kann. In jeder Spielsituation sind also 30 mal 30, das heißt 900 Positionen gegeneinander abzuwägen, und zwar in allen Konsequenzen, die sich aus den einzelnen Zügen ergeben. Für eine Schachpartie, die, sagen wir, aus 40 Zügen besteht, sind also 900^{40} mögliche Positionen zu überlegen. Eine gedankliche Arbeit, die keine Maschine zu leisten vermag. Selbst wenn ein solcher Automat nur für die Berechnung der einzelnen Stellungen lediglich eine Millionstelsekunde benötigt, wäre dafür eine unvorstellbare Zeit erforderlich; denn ein Jahrhundert hat „nur" 10^{16} Millionstelsekunden. Zur Berechnung aller Stellungen und ihrer Auswirkungen auf das Spiel – so haben die Mathematiker weiter errechnet – sind 10^{114} Jahrhunderte erforderlich. Seit der Entstehung der Erde sind bisher allerdings „nur" 10^8 Jahrhunderte verflossen. Ein Automat kann also, wie es erforderlich wäre, alle denkbaren Positionen nicht auswerten oder gar berechnen. Seine Lebensdauer würde dazu gar nicht ausreichen. Der Mensch aber spielt anders, er denkt und zieht daraus die Schlußfolgerungen. Ein Automat kann das nicht, da er ja die einzelnen Positionen und die daraus folgenden Gegenzüge immer wieder im einzelnen errechnen muß.

So liegen also die Einsatzmöglichkeiten des Computers nicht auf dem Gebiet des schöpferischen Arbeitens und Erfindens, sondern in der regelmäßigen Bearbeitung sehr großer Datenmengen. Auch dafür ein Beispiel, wie wichtig es oft ist, daß man aus Abertausenden im elektronischen Gedächtnis gespeicherten Zahlen in einem Bruchteil von Sekunden bestimmte Zahlen abrufen kann. Das bewies eine vor einiger Zeit in New York durchgeführte Fahndung nach gestohlenen Autos. Das geht auf verhältnismäßig einfache Weise mit Hilfe eines neuartigen Computers vor sich. An dem einen Ende der langen Auffahrten auf die New Yorker Brücken gibt per Sprechfunk ein Beamter laufend die Nummern der an ihm vorbeifahrenden Autos durch, die in einen Computer eingegeben sind und, wie es in der Fachsprache heißt, „abgerufen" werden. Ist das Auto als gestohlen gemeldet und in dem elektronischen Gedächtnis verzeichnet, dann wird das Kennzeichen in Sekundenschnelle ausgeworfen und von einem Beamten wiederum per Sprechfunk an einen anderen Streifenwagen weitergegeben, der am entgegengesetzten Ende der Brückenauffahrt steht. Dieser hat dann immer noch ausreichend Zeit, das Fahrzeug aus dem Verkehrsstrom zu winken und anzuhalten. Auf diese Weise konnten Hunderte von gestohlenen Autos gestellt und an ihre Besitzer zurückgegeben werden.

Auch in der Medizin sind die Computer heute ein wichtiges Hilfsgerät. Diagnose und Laborbefunde werden in das Elektronengehirn eingegeben und in Sekunden die hierfür in Frage kommenden Krankheiten oder Organstörungen aufgezeichnet. Die letzte Entscheidung trifft natürlich auch hier der Arzt, für den der schnelle Computer nur eine Art Hilfsgerät ist. Diese „Schnelldiagnose" wird noch durch ein System ergänzt, das man vor kurzer Zeit in Schweden einführte. Hier ist bereits über mehr als 200 000 Patienten auf Computertrommeln ein „magnetisches Gedächtnis" eingerichtet worden. Falls der Kranke schon irgendwo in Schweden einmal behandelt worden ist, können über Telefon von der Zentrale die damaligen Diagnosen abgerufen werden. Ein Verfahren, das sich sehr bewährt hat und sicher bald auch in anderen Ländern eingeführt werden wird.

Ohne die Elektronengehirne wäre auch die Weltraumfahrt kaum möglich. Nicht nur, daß Kursberechnungen, zu denen man sonst Wochen brauchte, in Minuten erstellt werden können, auch während des Fluges bei Kursabweichungen lassen sich die erforderlichen Berichtigungen sehr schnell ermitteln und sogar im Raumfahrzeug selbst durch Kleincomputer errechnen.

Der Computer als Wissensstapler

Wissen ist Macht – das ist ein alter Spruch. Mehr zu wissen als alle anderen und diese Kenntnisse jederzeit für entsprechende Aufgaben bereit zu haben, ist für einen Staat in unserem technischen Zeitalter zukunftsentscheidend. Das erkannte schon vor zwei Jahrzehnten die Regierung der Sowjetunion. Sie beschloß daher, eine zentrale Sammlung und Registrierung aller wissenschaftlichen Arbeiten und technischen Erkenntnisse vorzunehmen.

Der äußere Anlaß hierzu – so schrieb die Moskauer Zeitung *Prawda* – soll folgender Vorfall gewesen sein: Beim Umzug eines physikalischen Institutes in eine Moskauer Zentralstelle platzte eines der in grobes Packpapier eingeschlagenen Bündel, in denen sich nach Jahren geordnet noch Eingaben und Denkschriften aus der zaristischen Zeit befanden. Dabei fiel eine handgeschriebene Arbeit heraus, in der vor mehr als einem halben Jahrhundert ein gewisser Ziolkowsky die Prinzipien einer mit Petroleum betriebenen Flüssigkeitsrakete beschrieb. Zufällig kam ein Fachingenieur vorbei und hob diese auf dem Boden liegende Arbeit auf. Interessiert las er, was Ziolkowsky über den Flüssigkeitsantrieb schrieb.

„Wieviel Zeit, Geld und Entwicklungsarbeit", so teilte er darauf der *Prawda* mit, „hätten wir sparen können, wenn wir von dieser Arbeit nur etwas gewußt hätten!"

Ohne Zweifel enthält diese Geschichte einen wesentlichen und nachdenkenswerten Kern. Es ist nämlich eine alte Erfahrung, die in der Geschichte der Technik immer wieder zu beobachten ist, daß manche Erfindung mehrfach gemacht wurde, bevor man sie endlich in entsprechender Weise ausnutzte. Selbst Fachleute vermögen heute nicht einmal zu schätzen, welche wichtigen Erkenntnisse und bedeutenden Erfindungen allein in den letzten hundert Jahren gemacht und gelegentlich auch veröffentlicht worden sind, dann aber wieder in Vergessenheit gerieten, weil sie ihrer Zeit vorauseilten und daher nur von wenigen in ihrer Bedeutung erkannt wurden.

Um das zu vermeiden, beschlossen die Sowjets und später auch die Amerikaner, ein sogenanntes „Informationsamt" einzurichten, in dem eine völlig neuartige „Stapelung des Wissens" durchgeführt werden sollte. Bei den Russen ging das so vor sich, daß Abertausende von Professoren, Ingenieuren und sonstigen Wissenschaftlern in Moskau zusammengezogen wurden. Da dies nicht ohne Störung anderer wissenschaftlicher Arbeiten vor sich gehen konnte, wurden zugleich an den verschiedensten Hochschulen und Universitäten entsprechend geschulte Studenten herangebildet, die allmählich in den Betrieb eingeschleust wurden.

Man registrierte zunächst das eigene Material, wozu auch die „geistige Kriegsbeute" aus den deutschen Patentämtern und anderen Einrichtungen gehörte, und stapelte alles in Computern, in deren Magnetspeichern dieses Wissen aufgezeichnet und jederzeit durch bestimmte Kennzahlen wieder abgerufen werden konnte.

Schon bald erkannte man allerdings, daß diese Stapelung nur dann einen wirklichen Wert hatte, wenn laufend auch alle erreichbaren ausländischen Veröffentlichungen ergänzt wurden. Die Zahl derartiger Veröffentlichungen ist ungeheuer! Sie wird auf rund 2,9 Millionen im Jahr geschätzt. Selbst ein Fachgelehrter ist heute kaum mehr imstande, die Neuerscheinungen auf seinem Wissensgebiet zu verfolgen. Schon bald kamen außerdem Zweifel auf, ob trotz des erhöhten Einsatzes von sprachkundigen Akademikern, Ingenieuren und Technikern die Russen jemals in der Lage sein würden, dieses gewaltige Vorhaben durchzuführen. Es gab in den gesamten Oststaaten einfach nicht genügend geschulte Übersetzer, um nur in den wichtigsten Kultursprachen diese Arbeit laufend erledigen zu können.

Die Erfindung der Übersetzungscomputer, wie beispielsweise des amerikanischen *Zephir*, brachte hier gerade im richtigen Augenblick eine wertvolle Unterstützung. Nun konnten auf elektronischem Wege die Übersetzungen ins Russische zwar nicht stilistisch einwandfrei, jedoch für den Fachmann verständlich erfolgen.

Mit der Stapelung des Wissens auf den Magnettrommeln der Computer allein ist es nicht getan! Man muß die neuesten Forschungen, Entdeckungen und Erfindungen auch laufend an die Fachgelehrten und Ingenieure heranbringen, um sie auf diese Weise über den augenblicklichen Stand der Technik und Wissenschaft zu unterrichten und so zur Weiterentwicklung anzuregen.

Um das aber zu erreichen, wird monatlich von dem Zentralarchiv am Bereschkowski-Quai in Moskau *Die Zeitschrift für Information* herausgegeben, die über die wichtigsten Forschungen und Entdeckungen in kurzen Stichworten unterrichtet. Sie hat einen Umfang von durchschnittlich 4000 Druckseiten und ist nach den einzelnen Dis-

Zwei Steuerpulte für Datenvermittlerkanäle gehören mit zum Datenverarbeitungs-system IBM 7090, das die IBM in ihrem Rechenzentrum Düsseldorf unterhält. Die Anlage, die beispielsweise 200 000 zehnstellige Zahlen in einer einzigen Sekunde addieren kann, zählt mit zu den leistungsfähigsten elektronischen Systemen in Deutschland.

ziplinen geordnet. Nach den darin angegebenen Leitzahlen kann der Leser die gewünschten Unterlagen anfordern. Diese werden ihm seit kurzem in Form von Mikrofilmen geliefert, die von den Übersetzungen durch die Übersetzungsroboter gemacht wurden. Die benötigten Lesegeräte für die Mikrofilme stehen heute in den Bibliotheken der UdSSR überall zur Verfügung.

Ähnliche Informationsstellen gibt es auch in den Vereinigten Staaten, außerdem sind sie auch in anderen Ländern geplant. Der Anstoß hierfür liegt in der Erkenntnis, daß wichtige Entscheidungen, die sich auch auf den Verlauf der Weltgeschichte auswirken, heute in den Forschungsinstituten und auf den Reißbrettern der Ingenieure gefällt werden. Nur ein Staat, welcher der technischen und wirtschaftlichen Entwicklung seiner Gegner um einen Schritt voraus ist, kann die Zukunft seines Volkes garantieren.

So kommt dem Computer heute auch eine politische Bedeutung zu. Das sollte man überlegen, wenn man immer wieder gegen den Einsatz von Datenverarbeitungsmaschinen wettert, die Tausenden von Angestellten „die Arbeit wegnehmen". Da die Einsatzmöglichkeiten der Elektronengehirne nahezu unbegrenzt sind, wird die Zahl der Computer in aller Welt ständig zunehmen und manchen nicht mehr zeitgemäßen Arbeitsplatz einsparen. Niemand sollte aber deswegen den unschätzbaren Nutzen der Elektronengehirne bestreiten. Wie alles Neue, das relativ schnell über die Menschheit hereinbricht, bringt die „Computerisierung" ohne Zweifel auch Gefahren mit sich. Viele werden unter Anpassungsschwierigkeiten leiden und können sich nur schwer an das neue elektronische Hilfsmittel gewöhnen. Auf der anderen Seite neigen manche Technokraten dazu, die Möglichkeiten der Datenverarbeitung erheblich zu überschätzen. Sie räumen den Elektronengehirnen eine schon fast selbständige, vom Menschen unabhängige Funktion ein. Auf lange Sicht gesehen, kann es nur vorteilhaft sein, wenn der programmierbare Teil der Arbeit in zunehmendem Maße von Datenverarbeitungsanlagen übernommen wird und der Mensch sich entsprechend stärker auf den schöpferischen Teil einer Tätigkeit zu konzentrieren vermag.

Es begann mit einem Autounfall

Man schreibt den 2. Mai 1960. Ein Auto fährt über die endlosen Landstraßen der Ukraine. Am Steuer sitzt der Ingenieur Michaelaijowitsch Brejdo. Seit einigen Stunden ist er unterwegs. Er sieht auf die Uhr im Armaturenbrett. Es ist zwanzig vor elf!

Wenn er Kursk noch rechtzeitig erreichen will, muß er sich beeilen. Er steigert seine Geschwindigkeit auf der jetzt wieder geraden Strecke. Bäume und Sträucher huschen in schnellerem Tempo vorüber. Halbverdeckt durch ein Gebüsch, biegt von rechts ein Zufahrtsweg ein. Ein hoch beladener Lastwagen rumpelt von dort gerade auf die Straße.

Im gleichen Augenblick, Brejdo sieht es mit lähmendem Entsetzen, kommt ihm auf der anderen Fahrbahn mit erheblicher Geschwindigkeit ein Kraftwagen entgegen.

Der Ingenieur kann dem Lastwagen nicht mehr ausweichen. Bremsen kreischen – zu spät! Ein krachender Aufprall . . .

Brejdo ist auf den Lastwagen aufgefahren. Sein Pkw wird in weitem Bogen auf das Feld neben der rechten Fahrbahn geworfen. Das rettet den Fahrer auf der anderen Straßenseite.

Erschrocken hält der gut hundert Meter weiter an und läuft zur Unfallstelle. Er sieht den Lkw-Fahrer aus der Kabine seines beschädigten Wagens klettern und zu dem umgekippten Pkw rennen, der in diesem Augenblick zu brennen beginnt.

Mit vereinten Kräften gelingt es den beiden Männern, den bewußtlosen und anscheinend schwer verletzten Brejdo aus dem Wagen zu ziehen.

Sie schleppen den Schwerverletzten, der augenscheinlich beide Beine gebrochen hat, zur Seite.

„Was tun?" fragt der Pkw-Fahrer. „Bis der Ambulanzwagen hier ist, dürfte es wahrscheinlich zu spät sein. Es ist das beste, wir fahren ihn, so schnell es geht, nach Kursk ins Krankenhaus."

Der Lkw-Fahrer nickt zustimmend. „Ich hole einige Decken, und Sie, Genosse, fahren mit Ihrem Pkw möglichst nahe heran!"

Sie wickeln Brejdo, der immer noch ohnmächtig ist, vorsichtig in eine der Decken und legen ihn dann auf den Hintersitz des Wagens. Dann fahren sie los.

Stunden später wacht der Ingenieur Brejdo in einem der Betten des Kursker Krankenhauses wieder auf. Es dauert eine ganze Weile, bis er erfaßt, daß er anscheinend in einem Krankenhaus liegt.

Er hat starke Schmerzen in der Brust, und dann stellt er erschrocken fest, daß er seine Beine nicht bewegen kann. Er hebt vorsichtig die Bettdecke und sieht, daß sie eingegipst sind.

„Das ist gerade kein erfreulicher Anblick", murmelt er sarkastisch. Der Unfall fällt ihm ein, besonders die letzten Sekunden davor, die er noch bewußt erlebt hat. In den nächsten Wochen und Monaten hat Brejdo genügend Gelegenheit, über das Unglück und seine Folgen nachzudenken.

Er weiß, er hat sofort gebremst, als er den Lastwagen aus dem Feldweg herauskommen sah. Er versucht sich die Entfernung in dem Augenblick ins Gedächtnis zurückzurufen, als er das Hindernis sah. Es müssen doch mindestens hundert Meter gewesen sein. Eine Strecke, die hätte ausreichen müssen, bei seiner Geschwindigkeit rechtzeitig vor dem Hindernis zu halten.

Sein alter Wagen schafft selbst auf der Autobahn kaum noch hundert Kilometer, und das auch nur dann, wenn er das Gaspedal durchtritt. Das aber – daran glaubt er sich genau zu erinnern – war vor dem Unglück nicht der Fall gewesen. So dürften es höchstens 90 Stundenkilometer gewesen sein, die er gefahren war.

Brejdo weiß, daß der Bremsvorgang von dem Zustand der Straße und der Reifen abhängt. Beide waren gut, die Straße trocken und die Reifen erst einige Monate alt.

Selbst wenn man noch die Ansprechzeit der in seinem Wagen vorhandenen Bremsen mit 0,2 Sekunden veranschlagte und seine eigene Reaktionszeit, die Zeit zwischen dem Erkennen der Gefahr und dem Beginn der Bremspedalbetätigung, die im allgemeinen mit 0,7 Sekunden angenommen wird – hätte die zur Verfügung stehende Zeit für den Bremsvorgang noch ausreichen müssen.

Irgendwo liegt da ein Fehler, und da er nun einmal im Bett zur Untätigkeit verdammt ist, bemüht Brejdo sich, ihn zu finden.

Einige Tage danach sucht der Verkehrsinspektor ihn im Krankenhaus auf, um ihn wegen des Unfalles zu vernehmen. Brejdo ist überrascht, als der Inspektor ihm erklärt, der von ihm gemessene Bremsweg habe nur 49 Meter betragen.

„Das hat natürlich nicht ausgereicht", meint der Beamte, „um das Unglück zu verhindern. Sie haben eben zu spät gebremst."

Diese Worte liegen dem ans Bett Gefesselten noch lange im Ohr. Immer wieder denkt er darüber nach. Er glaubt, rechtzeitig gebremst zu haben. In Wirklichkeit aber – und die kurze Bremsstrecke beweist es – ist zu viel Zeit zwischen dem Augenblick, da er die Gefahr erkannt hatte, und dem Druck aufs Bremspedal verstrichen.

Woran liegt das? Da ist zunächst das Erkennen der Gefahr und der Zeitraum bis zu seinem Entschluß, die Bremse zu betätigen, die sogenannte „Schrecksekunde". Darauf erst signalisiert das Gehirn dem Fußmuskel des rechten Beines den Befehl, die Bremse zu betätigen. Der Muskel zieht sich zusammen, der Fuß bewegt sich und drückt schließlich das Pedal herunter. Wie viele Einzelbewegungen sind das, wie viele Schaltstufen, so würde er als Elektroingenieur sagen, bis der Bremsvorgang endlich durchgeführt wird? Kostbare Zeit verstreicht dabei, und es ist verständlich, daß der Bremsvorgang zu spät einsetzte.

Das Geheimnis der Gehirnströme

Brejdo denkt fieberhaft nach. Wie kann der Weg über die vielen Schaltstationen vom Gehirn bis zu den Muskeln, die die gewünschte Bewegung ausführen, verkürzt werden? Er hatte ja selbst am eigenen Leib gespürt, wie verhängnisvoll sich dieser Zeitverlust auswirken kann, wenn es dabei auch nur um ein oder zwei Sekunden geht.

Das ganze Problem, das erkennt der Ingenieur sofort, liegt einzig und allein am Menschen! Den Bremsvorgang selbst kann man nur durch eine Verbesserung der Bremsen und ihrer Ansprechzeit verkürzen. Dabei geht es im günstigsten Falle um Bruchteile von Sekunden.

Der größere Zeitverlust entsteht durch die menschliche Unzulänglichkeit, das Unvermögen, die Gefahr sofort zu erkennen und schnell genug die erforderliche Abwehrmaßnahme auszulösen.

Der Mensch ist von Natur aus nicht für so hohe Geschwindigkeiten eingerichtet. Sie sind in seiner natürlichen Bewegungsaktion nicht vorgesehen.

Kann man das nicht ändern? Wenn er hier einen Ansatzpunkt finden wollte, mußte er zunächst wissen, wie die „Befehlsübertragung" im Innern des Menschen vor sich geht.

Die Gelegenheit dazu findet sich bald. Brejdo bittet einen der jüngeren Ärzte, der eines Nachmittags zur Abendvisite in sein Zimmer kommt, um Auskunft.

„Ich habe da noch eine Frage", meint er, als sich der Arzt bereits zum Gehen anschickt, „ich möchte gern wissen, wie sich im Menschen die Durchführung einer Bewegung vollzieht."

Betroffen blickt ihn der Arzt an. Er hat bereits eine spaßhafte Antwort auf den Lippen, da fährt Brejdo fort:

„Ich frage nicht, um mein Allgemeinwissen zu vervollständigen, sondern aus einem ganz bestimmten Grunde, der unter Umständen mit einer neuartigen Erfindung zusammenhängen könnte."

Der Arzt sieht ihn eine Weile nachdenklich an, dann setzt er sich auf den Bettrand.

„Ihre Frage", so beginnt er, „ist nicht so einfach zu beantworten, da es sich um ein ziemlich junges Forschungsgebiet handelt. Bis jetzt weiß man, daß bei manchen Bewegungs- und Denkvorgängen im Gehirn schwache elektrische Ströme erzeugt werden, die man auch messen kann. Diese Impulse werden über das Nervensystem, so nimmt man an, an die entsprechenden Muskeln weitergegeben und lösen dort die gewünschte Bewegung aus.

Die Wissenschaft, die sich damit befaßt, nennt man *Elektromiographie* und die von mir erwähnten elektrischen Impulse *Bioströme*.

Diese Bioströme kann man mit Hilfe eines Elektroenzephalographen sogar festhalten und aufzeichnen. Auf diese Weise erkennt man auch krankhafte Störungen in der Gehirntätigkeit.

Wie die vom Gehirn ausgehenden Bioströme entstehen, ist wohl noch unerforscht. Wenn Sie sich dafür interessieren, will ich mich bemühen, Ihnen darüber Fachliteratur zu beschaffen. Denn ich bin Unfallarzt und habe mich nur während meines Studiums mit diesen Dingen befaßt und auch da nur am Rande, ohne tiefer in die Materie einzudringen."

Milliarden Nervenzellen bilden eine elektrische Zentrale

Nachdem der Arzt gegangen ist, denkt Brejdo noch lange über das Gehörte nach. Wenn er den Doktor richtig verstanden hat, dann werden die Bewegungen eines Menschen durch schwache elektrische Ströme oder Impulse ausgelöst.

Das kann ihm vielleicht weiterhelfen! Denn jeden Strom, auch wenn er noch so schwach ist, kann man mit den modernen elektronischen Hilfsmitteln verstärken.

Dann aber – unwillkürlich richtet sich Brejdo im Bett auf – hatte man einen Stromimpuls, mit dem man als einem „auslösenden Faktor" etwas anfangen kann.

Man brauchte diesen verstärkten Impuls nur mit einer elektrischen Schaltanlage zu verbinden und könnte – der Ingenieur ist immer noch bei seinem Unfall – „in Gedankenschnelle" ohne die verschiedenen komplizierten Muskelbetätigungen den Bremsvorgang auslösen.

Das sparte bei der ungeheuren Geschwindigkeit des elektrischen Stromes kostbare Zeit und würde die Durchführung der Bremsung derart beschleunigen, daß ein Unglück wie das seine vermieden werden könnte.

Von diesem Gedanken fasziniert, wartet Brejdo mit Ungeduld auf die Fachbücher, die ihm der Arzt versprochen hat.

Als er sie endlich erhält, dauert es eine ganze Zeit, bis er sich über die vielen lateinischen Fachausdrücke, die er sich oft erst erklären lassen muß, mit der Materie vertraut gemacht hat.

Er bemüht sich dabei, die medizinischen Beschreibungen in seine technischen Vorstellungen zu übertragen. Nach den in den Büchern vorhandenen Zeichnungen gibt es in der menschlichen Großhirnrinde sieben verschiedene Schichten. In jeder befindet sich eine andere Art von Nervenzellen. Die Dicke der einzelnen Schichten ist unterschiedlich, bleibt aber für einige Quadratzentimeter konstant und verändert sich dann stark. Auf diese Weise lassen sich 200 Rindenfelder unterscheiden.

Sie sind sozusagen die Telefon-Vermittlungszentralen in den einzelnen Gehirnteilen. Milliarden mikroskopisch feiner Nervenfäden verbinden sie untereinander, das sind die Telefonleitungen, in denen die Bioströme hin und her wandern.

In zwei solcher Felder – das liest Brejdo mit Erstaunen – münden

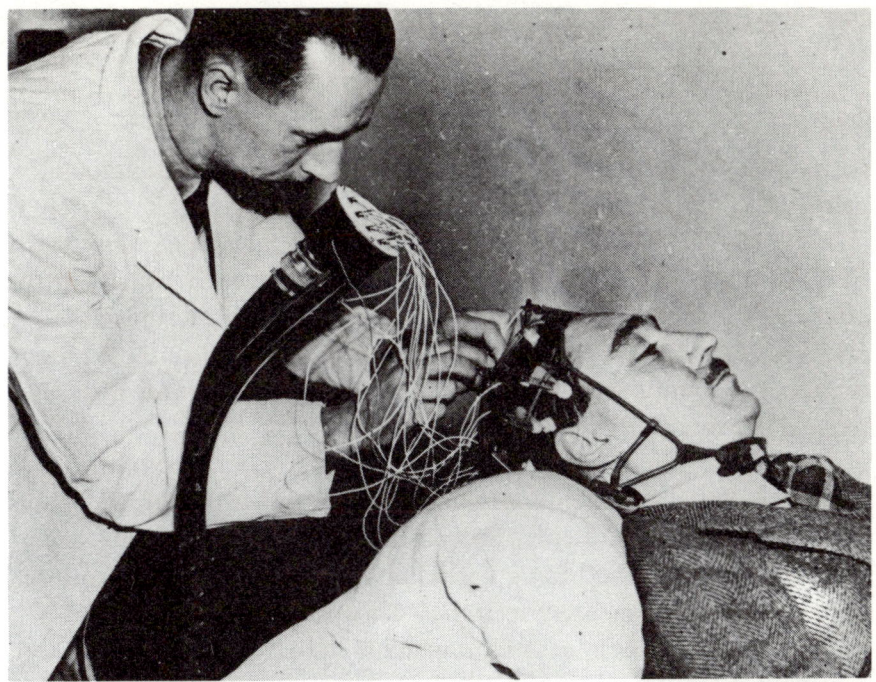

Unser Gehirn ist ein elektrischer Sender. Jeder Gedanke oder Befehlsimpuls, der ein Glied bewegt, löst einen schwachen Stromstoß aus, der mit entsprechend feinen Geräten gemessen werden kann.

beispielsweise Nervenbahnen ein, welche die Stromimpulse aus etwa 130 Millionen Licht- und Farbrezeptoren der Augen in das Gehirn leiten. Andere empfangen in ähnlicher Weise die Reize von Tast-, Hör- und Geruchsempfindungen.

Wieder andere – und das ist für den Ingenieur besonders wichtig – senden elektrische Impulse zur Reizung einzelner Muskelgruppen aus. Mit Hilfe von Elektroden hatte man die verschiedenen Gehirnpartien angezapft und die Bioströme aufzufangen versucht, nachdem bereits im Jahre 1924 dem deutschen Arzt Dr. Berger erstmalig die Messung elektrischer Stromschwingungen im lebenden Gehirn gelungen war.

Aus den dabei erworbenen Kenntnissen hatte sich die *Elektroenze-phalographie* entwickelt. Heute ist man bereits so weit, daß man mit Hilfe einer einfachen, von dem Amerikaner Dr. John C. Lilly ent-wickelten Anlage über eine schnell laufende Filmkamera die Strom-impulse photographieren kann.

Die Bio-Prothese

Es ist erstaunlich, so überlegt sich Brejdo, daß niemand trotz all dieser Forschungen auf den Gedanken gekommen war, die Bioströme abzufangen, entsprechend zu verstärken und direkt auszunutzen.

Er spricht darüber mit dem Arzt, der ihm die ersten Informationen über die vom Gehirn ausgehenden elektrischen Ströme gegeben hatte.

„Warum wollen Sie", fragt dieser ihn nach kurzem Nachdenken, „diese elektrischen Ströme gleich für komplizierte Steuerungsanlagen im Auto ausnutzen? Wäre es nicht zweckmäßiger, sie zunächst dafür einzusetzen, wofür sie auch von der Natur gedacht sind: für die Bewegung der menschlichen Gliedmaßen?

Ich verstehe nichts von technischen Dingen, aber ich könnte mir vorstellen, daß die einzelnen Impulse, die zur Bewegung der verschiedenen Muskelpartien dienen, recht unterschiedlich sind und – wenn ich es mir recht überlege – vielleicht ein uns noch unbekanntes Geheimnis gerade in ihrer vielfachen Gestalt besitzen.

Da wir diese Dinge noch nicht ausreichend erforscht haben, dürfte es möglicherweise einfacher sein, sie zuerst für das auszunutzen, wofür sie bestimmt sind: Man bewegt künstliche Gliedmaßen damit.

Ich rede jetzt sozusagen in eigener Angelegenheit! Sie wissen, ich bin Unfallarzt, und da sehe ich immer wieder, wenn ich nach schwierigen Verkehrsunfällen amputieren muß und die Verunglückten später Prothesen bekommen, wie unvollkommen diese doch noch sind.

Ich habe mich deshalb bereits vor einem Jahr an den Oberingenieur J. Poljan gewandt, einen der maßgebenden Herren des Instituts für Prothesenversorgung und Prothesenbau in Moskau.

Wenn Sie sich nun mit ihm in Verbindung setzen würden und ihre Gedanken vortrügen, könnte dies unter Umständen zu einer fruchtbaren Zusammenarbeit zum Segen der ganzen Menschheit führen.

Ihre anderen Pläne laufen Ihnen ja nicht weg, ganz abgesehen davon, daß die Studien für den Prothesenbau sicher eine wertvolle Vorarbeit für die weiteren Projekte wären."

Brejdo sieht ein, was der Arzt sagt. Er hat ja nicht einmal den ersten zögernden Schritt in dieses ihm völlig unbekannte Gebiet getan. Nichts als ein Gedanke ist zunächst da, und was er braucht, ist die Hilfe eines geschulten Teams und vor allem eine Arbeits- und Forschungsmöglichkeit, um die ersten Versuche zu unternehmen. Er entwirft deshalb zunächst einen Brief, in dem er sich bemüht, den Oberingenieur Poljan vom Protheseninstitut mit seinen Überlegungen vertraut zu machen.

Um seine Ausführungen, was die medizinische Seite angeht, fachgemäß zu begründen, bespricht er sich mehrfach mit dem ihn betreuenden Arzt.

Brejdo erklärt in seinem Schreiben, wie er sich die Arbeitsweise der Bein- oder Armprothese vorstellte: „Wenn man die Bioströme mit Hilfe eines Bein- oder Armbandes, in dem sich höchst empfindliche Stromempfänger befinden, abfängt und über einen Draht zu einem Verstärker weiterleitet, könnte dieser spezielle mechanische Vorrichtungen einschalten, die beispielsweise die Finger einer Prothese krümmen und strecken oder sonstige Bewegungen ausführen lassen.

Bei dem heutigen Stand der Technik dürfte eine derartige Konstruktion keine allzu großen Schwierigkeiten bereiten, weil die Schaltung sich mit Hilfe moderner Elektronik auf kleinstem Raum zusammenbauen ließe."

Brejdo fertigt noch einige Zeichnungen an, wie er sich die Verstärkeranlage mit dem Stromabnehmer vorstellt, dann geht das umfangreiche Schreiben schließlich ab. Gespannt wartet der Ingenieur auf eine Antwort.

Sind andere auf dem gleichen Weg?

Einige Tage später kommt Jewsejew, der Arzt der Unfallstation, ganz aufgeregt in sein Zimmer. Er hält eine medizinische Fachzeitschrift in Händen, in der er einen Artikel mit Rotstift angestrichen hat.

„Bitte lesen Sie das!" ruft er aufgeregt. „Augenscheinlich ist man auch an anderer Stelle auf einen ähnlichen Gedanken gekommen!"

Er reicht dem Patienten die aufgeschlagene Zeitschrift und zeigt auf den angestrichenen Artikel.

„Interessantes aus aller Welt", liest Brejdo als Spalten-Überschrift. Weiter unten steht ein Bericht mit dem Titel:

Willens-Impuls hörbar gemacht

Daß eine Willensanstrengung als Trommelwirbel aus einem Lautsprecher ertönt, ist eine der neuesten Errungenschaften, die Techniker und Ärzte gemeinsam ermöglicht haben. Mit Hilfe elektronischer Verstärker ist es gelungen, die Nervenströme, die vom Gehirn kommen und einem Muskel befehlen, sich zu strecken oder zusammenzuziehen, so zu verstärken, daß sie auf einer Bildröhre sichtbar und in einem Lautsprecher hörbar werden.

Die Experimente wurden von dem kanadischen Anatom J. V. Basmajian durchgeführt. Der Arzt schloß eine haarfeine Metallelektrode an jener Stelle an, an der der Nerv mit der zugehörigen Muskelfaser Verbindung hat. Hier wird das Stromsignal in eine mechanische Bewegung umgewandelt. Der abgeleitete Strom wurde mehrere tausend Mal verstärkt und dann auf einen Lautsprecher übertragen.

Der Gedanke der Versuchsperson: „Jetzt will ich den Finger krümmen!" wurde als kurzer Trommelwirbel im Lautsprecher hörbar, noch bevor der Finger die Bewegung ausführte. Es zeigte sich, daß wir mit dem Willen viel feinere und mehr in die Einzelheiten gehende Bewegungen lenken können, als man bisher angenommen hat, wenn Elektroden an verschiedene, voneinander getrennte Muskelfasern angeschlossen werden.

„Was sagen Sie dazu?" meint der Arzt, nachdem Brejdo den Artikel gelesen hat. „Im Westen beschäftigt man sich mit dem gleichen Problem!"

„Der Artikel ist wirklich recht aufschlußreich", erwidert Brejdo. „Besonders, was man da am Schluß über die einzelnen Muskelfasern schreibt. Vielleicht können wir das verwenden! Aber über die weiteren Ausnutzungsmöglichkeiten schreibt man nichts! Sollte man dort noch nicht darauf gekommen sein?"

„Man könnte das sicher über die Zentralbibliothek in Moskau erfahren. Alle Fachartikel aus der ganzen Welt werden dort übersetzt und gesammelt", schlägt Jewsejew vor. „Sie werden mikrophotographiert, und man kann sich die Fachartikel schicken lassen."

„Das werde ich wohl auch tun müssen", antwortet Brejdo. „So könnte man sich vielleicht viel Arbeit sparen, und schließlich ist es ja eine Angelegenheit, die die ganze Welt angeht!"

Wieder schreibt der Ingenieur einen Brief nach Moskau und bittet zugleich um die Überlassung eines Mikrofilm-Lesegerätes, damit er das so aufgespeicherte Material auch lesen kann.

Mit Hilfe von Fachbüchern versucht er in der Zwischenzeit sich über den augenblicklichen Stand des Prothesenbaus zu informieren. Da es sich dabei zum größten Teil um technische Lösungen handelt, wird ihm die Materie schnell vertraut.

Wie er schon bald feststellt, hat die Beinprothese schon einen gewissen Grad der Vollkommenheit erreicht, während der Ersatz eines Armes und der Hand aufgrund der vielseitigen Bewegungsvorgänge bedeutend schwieriger und bisher kaum in einer befriedigenden Weise gelöst ist.

Viele Amputierte zogen es deshalb bis dahin vor, mit Hilfe einer Operation aus den Unterarmknochen, soweit diese noch vorhanden waren, eine Greifzange zu bilden.

Eine geniale Lösung hatte der berühmte deutsche Arzt Dr. Sauerbruch in einem nach ihm benannten Operationsverfahren entwickelt. Ihm war es gelungen, durch die Schaffung von Muskelkanälen oder Durchbohrungen der Muskelstümpfe, in die man Elfenbeinstifte steckte, die noch vorhandene Kraft der Muskelreste auf eine Armprothese zu übertragen.

Diese Operation war aber nur dann durchzuführen, wenn noch Muskelreste vorhanden waren. Außerdem hatte sich gezeigt, daß sich schwere Arbeiten mit dieser Prothese auf die Dauer nicht durchführen ließen.

Man hat deshalb versucht, leistungsfähigere Armprothesen zu bauen, die durch Züge von Schultergürtel und Rumpf her bewegt werden.

In England gibt es den sogenannten *Steeperarm* und in den Vereinigten Staaten die *Hook-Prothese*, einen durch Züge beweglichen Doppelhaken.

Auch künstliche Kraftquellen hatte man zur Bewegung der Prothese heranzuziehen versucht. Dieses Experiment studiert Brejdo mit besonderem Interesse.

In einem Fall hatte man als Hilfskraft Preßluft eingesetzt und die *Heidelberger Pumpe* entwickelt. Es gibt auch *Elektroprothesen*, die mit einem kleinen Elektromotor mit vorgeschaltetem Getriebe arbeiteten; sie wurden von einem gewissen Wilms gebaut.

Das alles ist für Brejdo recht aufschlußreich. Anscheinend war bisher niemand auf den Gedanken gekommen, die vom Gehirn ausgehenden Bioströme für die Bewegung der Prothese auszunutzen.

Das bestätigt auch das Antwortschreiben von der Zentralbücherei in Moskau. Es seien keinerlei Veröffentlichungen, so heißt es in dem Brief, bioelektrische Gehirnströme für den Prothesenbau auszunutzen, registriert oder auffindbar.

Ein unerwarteter Besuch

Brejdo liest den Brief mehrfach durch. Er hat zwar gehofft, daß sich auch andere vor ihm mit dem Problem befaßt hätten und ihre Arbeiten möglicherweise eine Hilfe wären. Anscheinend aber steht er mit seiner durch den Autounfall ausgelösten Idee allein. Würde er das Projekt allein lösen können?

Noch mit diesen Gedanken beschäftigt, wird er durch das plötzliche Auftauchen seines Stationsarztes gestört.

„Besuch für Sie", meldet er atemlos, „zwei Herren vom Protheseninstitut in Moskau! Sie sind bereits draußen auf dem Flur."

Betroffen richtet sich Brejdo auf. „Führen Sie sie bitte herein", stammelt er überrascht.

Zwei Herren betreten das Zimmer und grüßen freundlich.

„Kobrinksi", stellt sich der eine vor und fährt dann fort: „Dies hier ist mein Kollege Gurfinkel."

Während der Arzt eilig zwei Stühle heranschiebt, spricht der eine der Herren weiter: „Wir sind zu Ihnen gereist, Herr Brejdo, weil das, was Sie uns schrieben, so erstaunlich, ich möchte fast sagen für den Prothesenbau so revolutionierend ist, daß wir uns so schnell wie möglich mit Ihnen unterhalten möchten. Und da Sie aufgrund Ihres Unfalles nicht reisefähig sind, kommen wir zu Ihnen.

Doch zur Sache: Wie ich aus dem Stoß Bücher dort auf Ihrem Nachttisch ersehe, sind Sie auch in der Zwischenzeit nicht untätig geblieben. Haben Sie noch weiteres Material gefunden?

Was uns vor allem interessiert, ist neben der überraschenden bioelektrischen Steuerungsmöglichkeit die technische Ausnutzung, die nach Ihrem Schreiben nicht einmal sehr kompliziert wäre."

Brejdo erläutert seine Gedanken, wie er sich zunächst den Biostrom-Abnehmer vorstellt, und fertigt auch eine Zeichnung über den Elektroden-Verstärker an.

„Er braucht durchaus nicht groß zu sein", fügt er erklärend hinzu. „Wenn wir, sagen wir einmal, zunächst von einer 1000fachen Verstärkung ausgehen – und das dürfte für die Auslösung der mechanischen Bewegung ausreichen –, genügten 25 Transistoren in der ersten und 25 in der zweiten Verstärkerstufe. Die Transistoren sind in diesem Falle nicht stärker als neunzehntel Millimeter im Durchmesser. Sie würden mit allen Schaltungen in ein Kästchen passen, das man bequem am Körper tragen kann.

Worin ich aber noch nicht klar sehe, ist der mechanische Prothesenantrieb. Ich habe gelesen, daß es Elektroprothesen und Preßluftprothesen gibt. Vielleicht wäre das ein Ausgangspunkt?"

Ernst diskutieren die drei Männer die auftretenden Probleme, bis Gurfinkel das Gespräch beendet: „Unserer Meinung nach könnte hier eine Zusammenarbeit sehr fruchtbar sein. Und so kommen wir zum Hauptzweck unseres Besuches: Wir möchten Sie fragen, ob Sie nach Moskau kommen können, um dieses wichtige Projekt zu entwickeln und auszuarbeiten?"

Mühsame Vorarbeiten

Einige Wochen später – im August 1960 – wird Michaelaijowitsch Brejdo aus dem Krankenhaus entlassen und fährt, ohne den ihm zustehenden Genesungsurlaub auszunutzen, zum Institut für Prothesenbau nach Moskau.

Er wird in ein Team von Fachleuten aufgenommen, das für die Verwirklichung seiner von Gedanken gesteuerten Prothese zu den größten Hoffnungen berechtigt.

Die erste Arbeit, die Brejdo mit Unterstützung seiner Mitarbeiter unternimmt, ist die Entwicklung des Biostrom-Abnehmers. Dabei zeigt sich nach zahlreichen Versuchen, daß hierfür eine Plattenelektrode am besten geeignet ist. Sie kann bequem und unauffällig in einem Armband untergebracht und durch einen dünnen Draht mit dem Verstärker verbunden werden.

Dann wird der Verstärker gebaut. Er ist zunächst etwas größer, als er für den späteren Gebrauch geplant ist. Seine Einzelteile müssen nämlich während der Versuche bequem auseinandergenommen und geändert werden können.

Inzwischen haben sich andere Fachleute darangemacht, eine künstliche Hand zu entwickeln, die in allen Einzelheiten der menschlichen gleicht. Die Muskeln werden durch Drähte verbunden, die in einem dreieckigen Kästchen enden. In diesem Kästchen sollte sich der Steuerungsmechanismus für die Hand befinden.

Den Steuerungsmechanismus zu konstruieren, war eine ungeheuer schwierige und langwierige Arbeit. Denn die einzelnen Bewegungen mußten genau denjenigen entsprechen, die man auch mit der Hand ausführen kann.

Das ist die Grundbedingung für die Ausnutzung der vom Gehirn ausgehenden „Befehlsströme", die nur auf die von der Natur geschaffenen Gegebenheiten abgestimmt sind. Man hat für diese Arbeiten kein Vorbild; denn die elektrisch bewegte Prothese vermag die Kunsthand nur in drei Hauptaktionen zu bewegen. Und diese reichen für den geplanten Zweck nicht aus.

So schafft man in Moskau etwas völlig Neues. Einem Modell folgen viele andere, werden verworfen, neu probiert. Monat um Monat vergeht mit diesen Arbeiten, und erst im Dezember 1961 ist man soweit, die Bewegungsaktionen im wesentlichen der menschlichen Hand angeglichen zu haben.

Eine weitere Schwierigkeit ist der Antrieb. Auch hier muß man Neuland beschreiten. Nach zahlreichen und langwierigen Versuchen konstruiert man schließlich die Kombination einer Hydropumpe mit einem Elektromotor, die für das Testmodell, d. h. für die Bewegungen der künstlichen Hand mit Hilfe der Bioströme, im Experimentierstadium zunächst ausreicht.

Man ist sich dabei natürlich im klaren, daß später für die Bewegungen der Bioprothese am menschlichen Körper ein anderer Antrieb geschaffen werden muß.

Eine Geisterhand bewegt sich

Im Februar 1963 werden die ersten Versuche mit diesem Aggregat unternommen.

Brejdo legt sich gespannt und leicht nervös das metallische Arm-

384

band an seinen rechten Unterarm, und zwar so, daß die Plattenelektrode auf die Innenseite unterhalb der Ellenbogenbeuge trifft.

Der Verbindungsdraht wird darauf mit dem Verstärker verbunden. Das Versuchsgerät, auf dem dieser montiert ist, macht zunächst noch einen unhandlichen Eindruck. Auf einem aufrecht stehenden Rohr, das mit einem Fuß versehen ist, sitzt der Verstärker und darüber der dreieckige Kasten des Manipulators, aus dem die künstliche Hand herausragt.

Nun schaltet Kobrinski den Motor an. Die Hydropumpe beginnt zu arbeiten . . .

Erwartungsvoll hat sich das Team um Brejdo versammelt.

Vorsichtig schließt dieser die Hand und macht eine Faust. Die Biohand macht die Bewegung in dem gleichen langsamen Tempo mit.

Dann öffnet sie sich wieder, gleichzeitig mit Brejdos Hand, mit der gleichen Geschwindigkeit und in derselben Sekunde. Es ist beinahe gespenstisch!

Obwohl Brejdo mit dem Erfolg gerechnet hat, ist er selbst verblüfft, daß jede seiner Handbewegungen so getreulich kopiert wird.

Auch die anderen sind erstaunt! Um besser sehen zu können, drängen sie von allen Seiten heran, und Professor Kobrinski streckt, einer Laune des Augenblicks folgend, seine Hand der Bioprothese entgegen und sagt dabei:

„Ich beglückwünsche dich zu deiner Geburt, Biohand! Mögest du in deinem zukünftigen Leben den unglücklichen Menschen, die einen Arm verloren haben, ein hilfreicher und vollwertiger Ersatz sein."

Brejdo, der die Situation sofort erfaßt, erwidert über die Kunsthand den Händedruck und antwortet: „Ich werde mir Mühe geben, Herr Professor, und bin mir meiner Aufgabe wohl bewußt."

Da zu jeder Geburtstagsfeier auch ein Glas Wein gehört, holt Syssin eine Flasche herbei, die für die spätere Feier gedacht war, öffnet sie und füllt einige Gläser.

Die Biohand stößt mit den Anwesenden an, und nur Brejdo muß zusehen, da er die Prothese mit seinen Gedanken steuert. „Nasda rowje! – Zur Gesundheit!" wünscht er den Kollegen.

Die Biohand übergibt ihm das gefüllte Weinglas, das Brejdo nun endlich selbst austrinkt. Darauf hält sie folgsam eine Schachtel Streichhölzer und einen Schraubenzieher.

Schließlich – und das ist das nächste Stadium – stellt sich ihr

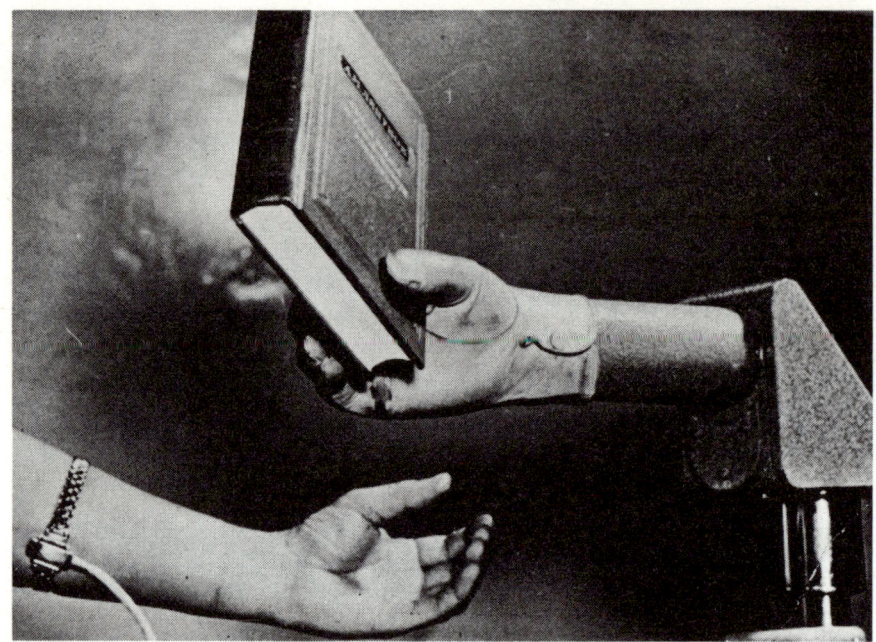

Die von Gedanken gelenkte Bio-Prothese kann die verschiedenartigsten Bewegungen in Sekundenschnelle ausführen. Sie ist imstande, ein Buch zu halten und an einen Menschen zu übergeben.

Erfinder, der bisher hinter der Hand gestanden hatte, nun davor und läßt sich ein Buch übergeben.

Das geschieht mit einer so gelassenen Natürlichkeit, daß es verblüffend ist. Immer wieder macht Brejdo mit der Hand diese oder jene Bewegung, dreht und verändert sie, und er beherrscht die Steuerung nach einigen Stunden endlich so, daß man meinen könnte, er besitze eine zweite Rechte.

Der nach jahrelangen Vorarbeiten durchgeführte Versuch ist damit vollauf gelungen!

Weitere Verbesserungen

In den nächsten Monaten des Jahres 1963 ist man zunächst damit beschäftigt, aus dem auf dem Rohr montierten Versuchsmodell eine tragfähige Prothese zu entwickeln.

Zunächst verschwindet der Verstärkerkasten. Er ist mit seinen fünfzig Transistoren nicht größer als eine flache Zigarettenschachtel. Der 13jährige Andrej Manewitsch, ein an der rechten Hand amputierter Junge, der „Modell steht", kann ihn bequem in seiner Hemdtasche tragen.

Das „Mannequin", wie man Manewitsch im Institut nennt, hat noch seinen rechten Unterarm bis zum Handgelenk zur Verfügung. Der Biostrom-Abnehmer kann daher bequem befestigt werden. Ein dünner Draht führt zum Verstärker in der rechten Hemdentasche von Manewitsch und weiter zum Steuerungsmechanismus.

Dessen Konstruktion bereitet in der Praxis die nächste größere Schwierigkeit. Das dreieckige Kästchen des ersten Versuchsmodelles muß nämlich in Zukunft nicht nur kleiner, sondern auch so konstruiert sein, daß es in einer Oberarmmanschette Platz hat.

Eine Konstruktion löst die andere ab und wird wieder verworfen. Erst im Sommer 1964 hat man eine befriedigende Lösung gefunden.

Das Problem des Prothesenantriebs, und zwar in der benötigten kleinen Form, ist jedoch immer noch nicht gelöst. Man ist sich wohl im allgemeinen darüber im klaren, daß man einen Elektroantrieb wegen seiner geringeren Abmessungen bevorzugen würde, aber man kommt schon seit Monaten nicht weiter.

Immerhin ist ein weit kleineres Antriebsaggregat in dieser Zeit entwickelt worden, um die Versuchsprothese damit zu bewegen.

Die Teilnehmer des I. Internationalen Kongresses der Föderation für automatische Steuerung, der im Sommer 1965 in Moskau tagt, sind jedenfalls – wie es in den Zeitungen heißt – „verblüfft, als ein handamputierter fünfzehnjähriger Junge mit seiner Prothese ein Stück Kreide ergriff und klar und leserlich schrieb: ‚Gruß den Kongreßteilnehmern!' Die anwesenden Wissenschaftler bedachten die Schöpfer des wundervollen bioelektrischen Steuerungssystems – der Manipulatorprothese, die man auch *eiserne Hand* nennt – mit donnerndem Applaus."

Was die Kongreßteilnehmer aber weiter erfahren, verschlägt ihnen fast die Sprache. „Man könnte nämlich", so berichtet die Presse, „die eiserne Hand mit biegsamen, künstlichen Gliedmaßen bauen, die fähig sind, die verschiedensten Manipulationen auszuführen. Diese Prothesen sollen jeden Finger bewegen können, wobei sie eine Kraft zu entwickeln vermögen, die weit über die des Menschen hinausgeht.

Alle diese *Manipulatoren*, wie man sie nennt, werden ebenso durch bioelektrische Ströme gesteuert wie die Prothese des oben erwähnten Jungen.

Auf diese Weise könnte man Männer, die Arbeiten an verschiedenartigen Ofenanlagen zu verrichten haben, mit ‚feuerfesten Händen‘ ausrüsten. Man kann diese Kunsthände auch aus widerstandsfähigem Isolierstoff anfertigen – dann wird ihnen kein noch so starker Strom etwas antun können. Andere Biomanipulatoren werden dem Menschen die Möglichkeit geben, ohne sich vor der Strahlung zu fürchten, in besonders gefährliche Zonen von Atomanlagen einzudringen und dort Arbeiten zu erledigen.“

Soweit der Zeitungsbericht von dem I. Internationalen Kongreß für automatische Steuerung.

Inzwischen aber haben Brejdo und seine Helfer durch zahllose Untersuchungen weitere Anwendungsmöglichkeiten für die bioelektrischen Ströme gefunden. Verschiedene Experimente haben nämlich ergeben, daß sich verstärkte bioelektrische Ströme auch über große Entfernungen durch Drahtleitungen oder auf dem Funkweg übertragen lassen. Auf diese Weise kann man künstliche Hände über größere Entfernungen steuern.

Auch über die Sichtweite hinaus ließe sich mit Hilfe einer Fernseheinrichtung eine künstliche Hand über Dutzende von Kilometern steuern. Man könnte sie beispielsweise allein in größere Meerestiefen tauchen lassen. Der Forscher wird am Bildschirm die Arbeiten der Biohand verfolgen und von einem Schiff aus leiten.

Mit solchen „Händen“ könnte man Kammern für besondere Tiefen ausstatten und gesunkene Schiffe zur Hebung vorbereiten.

In ähnlicher Weise ist auch die Möglichkeit gegeben, daß Biomanipulatoren auf dem Mond Forschungsarbeiten erledigen, die nur von gut durchtrainierten Händen ohne Raumschutzhandschuhe durchgeführt werden können. Die Raumpiloten brauchen dabei gar nicht ihre strahlen- und luftdrucksichere Kabine zu verlassen.

Die „Befehlsübertragung“ durch Draht und Funk ermöglicht also eine weitgehende Anwendung der von bioelektrischen Strömen gesteuerten Bewegungen, die sich nicht allein auf die Hand, sondern auf die Arme und Beine erstrecken.

Gedanken steuern Flugzeuge

Während die Entwicklung der bioelektrischen Prothese zur Zeit ihrer Vollendung entgegengeht, bemüht sich das Institut in Moskau, den nächsten Schritt in der Ausnutzung der „Gedankensteuerung" zu tun.

Ist es auch möglich, so fragte man sich schon vor einiger Zeit, außer einer den natürlichen Gegebenheiten entsprechenden Bewegung – wie die Steuerung einer Arm- oder Beinprothese – andere Vorgänge, die außerhalb unseres Körpers liegen, durch bioelektrische Signale zu beeinflussen?

Wenn das ginge, wäre es beispielsweise denkbar, daß man – wie es sich eingangs Brejdo überlegt hatte – auf dem direkten Weg ein Auto schneller abbremsen könnte.

Wesentlich hierbei ist, daß zur Erreichung einer solchen Leistung die bioelektrischen Impulse, die gewisse Muskelfunktionen in uns auslösen, unmittelbar einzusetzen sind. Denn unser Gehirn hat zwar den Gedanken, das Auto abzubremsen, es führt diese Absicht aber dadurch aus, daß die entsprechenden Muskeln bewegt werden und unser Fuß darauf das Bremspedal tritt.

Dieser Vorgang ist nämlich recht kompliziert, aber er kann vereinfacht werden. Die in den letzten Jahren hierzu durchgeführten Untersuchungen und Experimente erbrachten folgendes aufschlußreiche Ergebnis:

Ohne eine Bewegung ausführen zu müssen, kann ein Mensch Bioströme erzeugen und ihre Stärke regulieren. Dazu genügt ein Befehl des Gehirnes!

Er vermag also – um es noch klarer auszudrücken –, ohne irgendeinen Muskel zu betätigen, einen Biostrom mit bestimmter Stärke zu entwickeln.

Diese Fähigkeit, die man das *Biopotential* nennt, wird für die weitere Entwicklung ausgenützt. Man kann die bioelektrischen Impulse ebenfalls mit einer Plattenelektrode ableiten und entsprechend verstärken.

Es wurde des weiteren ein Weg gefunden, derartige Signale auszuwerten und an einen Vollzugsmechanismus weiterzuleiten. Auf diese Weise könnte man, wie es Brejdos Plan war, mit einer elektronischen Einrichtung den Bremsvorgang, ohne irgendeine Muskelbetätigung, unmittelbar nur durch den Gedankenimpuls auslösen.

Milliarden mikroskopisch feiner Nervenfäden übertragen die bioelektrischen Ströme. Um das Arbeiten unseres Gehirns zu veranschaulichen, wurde dieses Riesenmodell gebaut, das über zahllose Schaltstellen, Glühlampen und viele Kilometer Draht den Weg eines Gedankens oder eines Bewegungsimpulses an unsere Gliedmaßen über einen der Hauptnervenstränge anzeigt.

„Wenn man sich", so sagte kürzlich Brejdo, „an der Quelle eines Flusses befindet, kann man unmöglich – wie es in einem russischen Sprichwort heißt – seine Breite an der Mündung vorhersagen. Ebenso vermag heute niemand vorauszusehen, was sich eines Tages aus der bioelektrischen Steuerung noch alles ergeben und welchen Zweigen der Wissenschaft und Technik sie in Zukunft von Nutzen sein wird!"

Nicht Phantasten, sondern Fachleute, die auf dem Gebiet der Bioelektrik tätig sind, schreiben bereits von Schnellflugzeugen, die, allein den Gedanken der Piloten gehorchend, in Bruchteilen von Sekunden Steuerungsmanöver ausführen, um so bei dreifacher Schallgeschwindigkeit Zusammenstöße und Katastrophen in der Luft zu vermeiden. Vielleicht wird sogar schon bald ein Flugzeuglotse, der die Landeverhältnisse genau kennt, nach einem Fernsehbild vom Boden aus mit seinen Gedanken ein solches Überschallflugzeug sicher auf die Piste bringen. Ob diese Ideen Brejdos Utopie bleiben, wird die Zukunft zeigen.

Vor kurzem erregte Professor A. A. Blagonrawow, ein Mitglied der sowjetischen Akademie der Wissenschaften und Fachmann für automatische Systeme, in seinem Vortrag *Die Wissenschaft und Menschheit in 100 Jahren* mit einer Schilderung der verblüffenden Möglichkeiten der Technik die Aufmerksamkeit der Öffentlichkeit. Er sagte unter anderem:

„Wir befassen uns schon heute durchaus konkret mit dem Problem eines Roboters, der tatsächlich unser Doppelgänger sein und nach unserem Wunsch Mineralien auf dem Mars sammeln oder in Rio de Janeiro einem neuen Weltmeister zum Sieg gratulieren wird, während wir selber in Moskau bleiben. Dabei handelt es sich keineswegs um die Entwicklung eines mechanischen Roboters, der ein aufgegebenes Programm erfüllt, sondern vielmehr um eine uns ähnliche Maschine, die von unseren Gedanken geführt wird. Und das ist weder Mystik noch bodenlose Träumerei."

Das Zeitalter der Biostrom-Steuerung – so sagen übrigens auch andere – ist nämlich mit seinen ersten Ideen gerade geboren worden. Es ist nicht abzusehen, wohin es die Menschheit noch führen wird!

Die rechte Hand und der Unterarm dieses Mannes wurden durch eine künstliche Prothese ersetzt. Der künstliche Arm empfängt bioelektrische Signale aus dem Gehirn, setzt sie um und führt die Kommandos aus.

Literatur-Nachweis

Baier, Dr. Wolfgang: Geschichte der Fotografie. Fotokinoverlag, Leipzig 1966
Bekker, Cajus: Radar-Duell im Dunklen. Oldenburg 1958
Brugg, Elmar: Spießbürger gegen Genie. Gyr-Verlag, Baden/Schweiz 1952
Eger, Rudolf: Genie ohne Erfolg. Benziger-Verlag, Einsiedeln-Zürich 1957
Evans, I. O.: Inventors of the World. Frederick Warne & Co. Ltd., London 1962
Forbes, R. J.: Vom Steinbeil zum Überschall. Paul List Verlag, München
Frahm, Hans: Das drahtlose Jahrhundert. Süddeutscher Verlag, München 1957
Ganzhorn, Karl, Walter u. Wolfgang: Die geschichtliche Entwicklung der Daten-verarbeitung. Verlag für Wissenschaft und Leben, Georg Heidecker, Bad Winds-heim 1966
Glaser, Otto: Wilhelm Conrad Röntgen. Springer-Verlag, Berlin 1959
Goldbeck, Gustav: Siegfried Marcus. V. D. I.-Verlag, Düsseldorf 1961
Griffin, R. Donald: Vom Echo zum Radar. Sammlung „Natur und Wissen", Kurt-Desch-Verlag, München 1961
Hylander, Clarence: Amerikanische Erfinder. Hanser-Verlag, München 1947
Klemm, Peter: Ideen, Erfinder und Patente. Der Kinderbuchverlag, Berlin 1965
Kaempfert, Waldemar: Bahnbrechende Erfindungen. Rudolf Mosse, Berlin 1927
Karlson, Dr. Paul: Du und die Natur. Ullstein-Verlag 1958
Klinkowstroem, Carl Graf von: Geschichte der Technik. Zürich 1959
Larsen, Egon: Kleine Geschichte der Technik. Gebrüder Weiss-Verlag, Berlin 1961
Larsen, Egon: Erfindungen und kein Ende. Büchergilde Gutenberg 1956
Larsen, Egon: Zwölf, die die Welt veränderten. Langewiesche-Brandt 1954
Larsen, Egon: Abenteuer der Technik. Cecilie Dressler Verlag, Berlin 1958
Leithäuser, Joachim: Die zweite Schöpfung der Erde. Safari-Verlag, Berlin 1954
Lorenz, Wilhelm: Väter der Maschinenwelt. Leipzig 1936
Mende, Herbert G.: Radar in Natur, Wissenschaft und Technik. Franzis-Verlag, München 1963
Posniak, Heinrich von: Taschenlexikon der Erfindungen. Humboldt-Taschenbücher
Rousseau, Pierre: Sie prägten unsere Zeit. Bechtle Verlag 1960
Stanner, Walter: Wellen weisen den Weg. Murnau 1954
Stanner, Walter: Radar. Garmisch 1960
Tabbert, Curt: Welt der Technik. Urania-Verlag, Leipzig 1961
Weher, Franz: Blick ins Unsichtbare, Entdeckung der Röntgenstrahlen. R. Barten-schlager-Verlag, Reutlingen 1956
Zacharias, Thomas: Empor zu Wind und Wolken. Sebaldus-Verlag, Nürnberg 1961

Register

393

395

Fotonachweis: Aerospatiale 1, Anthony 2, Archiv für Kunst und Geschichte 1, Bavaria 2, Deutsches Museum 19, Epoca 1, Gaebert 21, IBM 7, Interfoto 7, Staatsbibliothek Berlin 6, Süddeutscher Verlag 6, Telefunken 1, Ullstein 4.